MATHÉMATIQUES
&
APPLICATIONS

Directeurs de la collection :
G. Allaire et J. Garnier

68

Instructions aux auteurs :

Les textes ou projets peuvent être soumis directement à l'un des membres du comité de lecture avec copie à G. ALLAIRE OU J. GARNIER. Les manuscrits devront être remis à l'Éditeur sous format LaTeX2e (cf. ftp://ftp.springer.de/pub/tex/latex/svmonot1/).

Bruno Després

Lois de Conservations Eulériennes, Lagrangiennes et Méthodes Numériques

Springer

Bruno Després
Laboratoire Jacques-Louis Lions
Université Pierre et Marie Curie
Boite Courrier 187
75252 Paris Cedex 05, France
despres@ann.jussieu.fr

ISSN 1154-483X
ISBN 978-3-642-11656-8 e-ISBN 978-3-642-11657-5
DOI 10.1007/978-3-642-11657-5
Springer Heidelberg Dordrecht London New York

Library of Congress Control Number: 2010924286

Mathematics Subject Classification (2000); 35L65, 76M12, 65N08

Maquette de couverture: SPi Publisher Services

Imprimé sur papier non acide

Springer est membre du groupe Springer Science+BusinessMedia (www.springer.com)

Aux miens.

Table des matières

1 Introduction

Les systèmes de lois de conservation modélisent les écoulements compressibles et incompressibles dans des domaines extrêmement variés tels que l'aéronautique, l'hydrodynamique, la physique des plasmas, la combustion, le trafic routier, l'élasticité non linéaire. Les équations sont non linéaires et expriment les relations de bilan pour diverses quantités telles que masse, impulsion et énergie totale pour la dynamique des gaz compressibles. Le cadre mathématique général est celui des systèmes de lois de conservation. Le caractère non linéaire des équations implique l'existence des solutions discontinues appelées chocs. Cela recouvre le bang sonique, les écoulements hypersoniques (autour des avions par exemple), les phénomènes de mascaret, les bouchons pour le trafic routier, les explosions de supernovae, la détonation en général. Les exemples sont nombreux et souvent spectaculaires. Au plan numérique on peut noter que le développement de méthodes adaptées au calcul de telles solutions discontinues impose des contraintes nouvelles. Cela contribue à fonder une nouvelle discipline, la Mécanique des Fluides Numérique.

Un des objectifs de ce texte est de présenter les raisons pour lesquelles on utilise de tels systèmes d'équations aux dérivées partielles, de les analyser sur le plan mathématique, et de construire quelques schémas de Volumes Finis pour la résolution numérique. Ce faisant nous aurons les outils pour étudier les chocs d'un point de vue tant physique, que mathématique et numérique. Un point capital est le rôle d'une quantité appelée **entropie** (par référence au substrat thermodynamique de cette notion) qui traduit le fait qu'une discontinuité mathématique est de fait une idéalisation.

La présentation proposée portera l'accent sur les systèmes que l'on appellera lagrangiens ou écrits en **coordonnées de Lagrange** et sur leurs relations avec les systèmes en **coordonnées d'Euler**. La différence entre les coordonnées d'Euler et les coordonnées de Lagrange tient au référentiel utilisé pour écrire les systèmes d'équations aux dérivées partielles. Les coordonnées d'Euler sont les coordonnées du laboratoire. Pour un fluide les coordonnées de Lagrange sont les coordonnées du fluide en mouvement. On peut aussi choisir

B. Després, *Lois de Conservations Eulériennes, Lagrangiennes et Méthodes Numériques*, Mathématiques et Applications, DOI 10.1007/978-3-642-11657-5_1,

les coordonnées eulériennes au temps initial. Les systèmes lagrangiens ayant une entropie ont une structure particulière que nous étudierons en détail.

L'écriture en coordonnées de Lagrange a de nombreuses et fructueuses conséquences pour **la construction et l'analyse de méthodes numériques** adaptées à la discrétisation des équations de la physique mathématique. Le contrôle de la stabilité de ces méthodes numériques reposera de manière systématique sur l'obtention d'**inégalités discrètes d'entropies** qui permettent en pratique d'obtenir la **stabilité au sens** L^2. En dimension un d'espace les méthodes présentées sont tout à fait classiques, au sens où elles ont été publiées et republiées maintes fois dans des contextes parfois différents. On consultera à profit [GR96]. L'originalité revendiquée de la présentation choisie est le lien qui sera fait entre certaines performances numériques de ces méthodes et les inégalités discrètes d'entropies. Puis nous construirons des schémas originaux en dimension deux d'espace à partir d'inégalités discrètes d'entropies. Les méthodes numériques présentées seront restreintes à l'ordre un.

Le public visé se situe au niveau M2. Une partie de ce texte a servi de support à un cours à l'École Polytechnique en majeure SeISM (Sciences pour l'Ingénieur et Simulation Numérique). Un cours précédent [DD05] a été conduit par François Dubois avec une inspiration d'origine aérodynamique. Une autre partie de ce même texte a été présentée dans des cours d'Ecole Doctorale de l'Université Pierre-et-Marie-Curie, Laboratoire JLL. Les résultats théoriques sont présentés de façon la plus élémentaire possible en s'aidant d'exemples numériques qui tendent à montrer le caractère nécessaire des concepts théoriques. Les compléments sur les systèmes lagrangiens concernent un domaine de recherche en cours au Commissariat à l'Énergie Atomique sur la discrétisation numérique des modèles de la mécanique des milieux continus et de la physique des plasmas, dans le cadre des études de base pour la fusion contrôlée. Le système de la magnétodydrodynamique idéale et le système de la dynamique des gaz en coordonnées de Lagrange sont des exemples importants. La prise en compte de ces modèles a nécessité un aménagement substantiel de certaines parties de la théorie : le plus important étant que **nous ne ferons pas l'hypothèse que les systèmes sont strictement hyperboliques** car le cas des valeurs propres multiples est très courant pour les systèmes qui viennent de la mécanique des milieux continus.

De nombreux modèles sont présentés en liaison avec le contexte physique. Des exemples de simulations numériques viennent illustrer les concepts théoriques. Des exercices sont proposés à chaque fin de chapitre avec une indication de difficulté éventuelle • ou ••. Chaque chapitre se termine par des notes bibliographiques supplémentaires.

Toute erreur ou ommission manifeste est à porter à la responsabilité du seul auteur. Merci de transmettre toute remarque à l'adresse électronique despres@ann.jussieu.fr.

L'auteur remercie plus particulièrement Grégoire Allaire à l'Ecole Polytechnique dans le cadre des cours dont ce texte est initialement issu, ainsi que l'ensemble de ses collègues du Commissariat à l'Energie Atomique pour toutes ces années passées à mieux comprendre le rôle de la thermodynamique dans le calcul numérique.

2

Modèles

A partir de la notion de bilan appliquée à des exemples, nous construirons des lois de conservation et des systèmes de lois de conservation. Ces systèmes sont intrinsèquement non linéaires et vérifient certains principes d'invariance galiléenne. Puis nous montrons que les changements de coordonnées d'espace préservent la structure de lois de conservation. Nous appliquons cette méthode à la dérivation des équations en coordonnées de Lagrange. Enfin nous définissons ce qu'est un système **stable** linéairement bien posé, un système hyperbolique (cas de la dynamique des gaz en coordonnées d'Euler) et un système faiblement hyperbolique (cas de la dynamique des gaz en coordonnées de Lagrange en dimension deux et plus d'espace).

2.1 Équation de bilan

Plaçons nous en dimension d'espace $d = 1$ pour simplifier et commençons par choisir un quantité notée $u(t, x)$. C'est une fonction du temps $t \in \mathbb{R}$ et de l'espace $x \in \mathbb{R}$. Soit l'intégrale de cette quantité entre deux points $x_0, x_1 \in \mathbb{R}$

$$N(x_0, x_1, t) = \int_{x_0}^{x_1} u(t, x)dx, \quad x_0 < x_1.$$

La variation[1] est donnée par : $\frac{d}{dt}N(x_0, x_1, t) = \int_{x_0}^{x_1} \partial_t u(t, x)dx$. Nous faisons l'hypothèse que les pertes ou gains ne peuvent se faire que par les bords du segment $[x_0, x_1]$. Nous écrivons l'équation de bilan sur l'intervalle de temps

[1] Si les bornes sont elles-mêmes des fonctions du temps, $t \mapsto x_0(t)$ et $t \mapsto x_1(t)$, alors

$$\frac{d}{dt}N(x_0(t), x_1(t), t) = \int_{x_0(t)}^{x_1(t)} \partial_t u(t, x)dx + x_1'(t)u(t, x_1(t)) - x_0'(t)u(t, x_0(t)). \tag{2.1}$$

B. Després, *Lois de Conservations Eulériennes, Lagrangiennes et Méthodes Numériques*, Mathématiques et Applications, DOI 10.1007/978-3-642-11657-5_2,

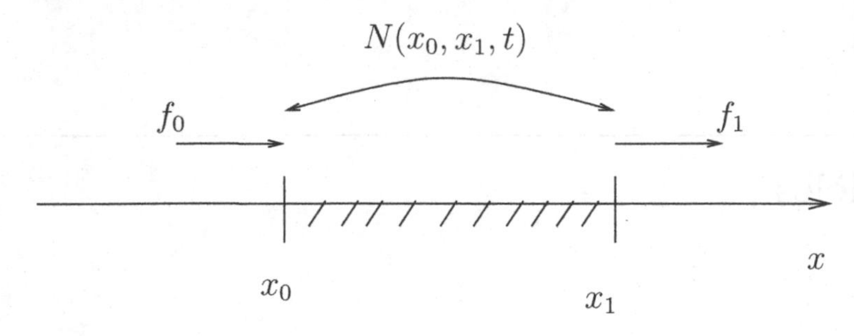

Fig. 2.1. Bilan

$\Delta t > 0$: on a $N(x_0, x_1, t+\Delta t) = N(x_0, x_1, t) - f(t, x_1)\Delta t + f(t, x_0)\Delta t + o(\Delta t)$ où $f(t, x)$ est le terme de perte ou de gain au bord. D'où en passant à la limite pour un pas de temps $\Delta t \to 0^+$

$$\frac{d}{dt}N(x_0, x_1, t) + f(t, x_1) - f(t, x_0) = \frac{d}{dt}N(x_0, x_1, t) + \int_{x_0}^{x_1} \partial_x f(t, x)dx = 0.$$

Comparons avec l'expression précédente. On trouve

$$\int_{x_0}^{x_1} \partial_t u(t, x)dx + \int_{x_0}^{x_1} \partial_x f(t, x)dx = 0, \quad x_0 < x_1.$$

Cette relation étant vérifiée pour tout $x_0 < x_1$, nous obtenons par cette **méthode de bilan** une **loi de conservation**

$$\partial_t u(t, x) + \partial_x f(t, x) = 0. \tag{2.2}$$

En considérant que le temps et l'espace ne jouent pas le même rôle, nous attribuons le rôle d'**inconnue**[2] à la quantité u, la quantité f étant le **flux**. Cette méthode qui consiste à écrire des équations de bilan est très générale et s'étend directement en dimension quelconque d'espace. Par exemple on écrira l'équation de bilan en dimension trois d'espace

$$\partial_t u(t, x, y, z) + \partial_x f(t, x, y, z) + \partial_y g(t, x, y, z) + \partial_z h(t, x, y, z) = 0.$$

Il reste à spécifier f, g et h en fonction de u pour obtenir un système fermé.

2.1.1 Trafic routier

Pour l'équation du trafic routier l'inconnue principale est la densité de véhicules $\rho(t, x)$ le long d'une autoroute supposée rectiligne et infinie $x \in \mathbb{R}$. Le nombre de véhicules entre x_0 et x_1 est

[2] Même si elle est notée u l'inconnue n'est pas nécessairement une vitesse. C'est le contexte physique sous-jacent qui détermine le choix de la notation qui varie de ce fait.

$$N(x_0, x_1, t) = \int_{x_0}^{x_1} \rho(t,x)dx, \quad x_0 < x_1.$$

Soit $u(t,x)$ la vitesse des véhicules. Le facteur de perte ou de gain de véhicules est, avec les notations précédentes, $f(t,x) = \rho(t,x)u(t,x)$. D'où l'équation de conservation

$$\partial_t \rho + \partial_x \rho u = 0. \tag{2.3}$$

Nous ajoutons l'**hypothèse de modélisation** : un conducteur standard adapte sa vitesse à la densité locale de véhicules. En pratique on roule vite quand il y a peu de voitures : inversement on roule doucement quand il y a beaucoup de voitures. Nous considérons alors que la vitesse u est une fonction de la densité ρ. On obtient l'équation $\partial_t \rho + \partial_x f(\rho) = 0$ dont le flux est $f(\rho) = \rho u(\rho)$. Le modèle LWR (pour Lighthill-Whitham-Richards) correspond à au choix

$$\rho \mapsto u(\rho) \equiv u_{\max}\left(1 - \frac{\rho}{\rho_{\max}}\right),$$

les constantes $u_{\max}$ et $\rho_{\max}$ devant être spécifiées par ailleurs[3]. La loi LWR est représentée dans la figure 2.2.

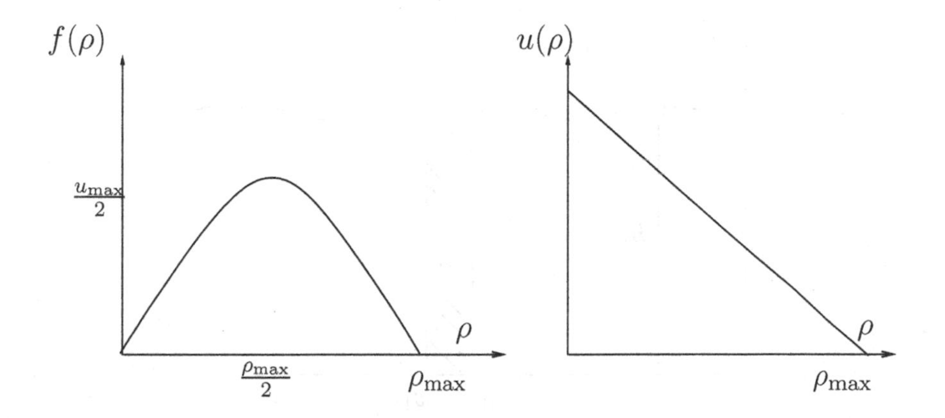

Fig. 2.2. Loi LWR $\rho \mapsto f(\rho) = \rho u(\rho)$ pour le trafic routier

L'équation de conservation prend la forme standard

$$\boxed{\partial_t \rho + \partial_x f(\rho) = 0, \quad f(\rho) = \rho u(\rho).} \tag{2.4}$$

Passons en variable adimensionnée $u_{\max} = 1$ et $\rho_{\max} = 1$. Nous obtenons l'équation $\partial_t \rho + \partial_x(\rho - \rho^2) = 0$. Posons $v = \frac{1}{2} - \rho$. L'équation satisfaite par v

[3] Sur autoroute $u_{\max} = 130$ km/h. La densité maximum se calcule en fonction de la taille moyenne d'un véhicule.

est $\partial_t v + \partial_x v^2 = 0$. Après redéfinition du temps $t \to 2t$ on obtient l'équation de Burgers

$$\partial_t v + \partial_x \frac{v^2}{2} = 0.$$

C'est une équation **non linéaire**. Soient v_1 et v_2 deux solutions de l'équation de Burgers. La fonction $v_3 = v_1 + v_2$ n'est *a priori* pas une solution de l'équation de Burgers[4]. On dit aussi que le principe de superposition n'est plus vrai pour les équations non linéaires. Nous verrons par la suite que cette non linéarité est la cause de l'existence des solutions discontinues.

2.1.2 Système de Saint Venant

Nous considérons le lac en coupe (ou une rivière, ou un fleuve, ...) de la figure 2.3. La vitesse du fluide est un vecteur $(u_1(t,x,y), u_2(t,x,y))$ dont la première composante est la vitesse horizontale et la deuxième composante est la vitesse verticale. Pour un fluide incompressible tel que l'eau la masse volumique est constante $\rho = \rho_{\mathrm{m}}$. La condition d'incompressibilité sur le champ

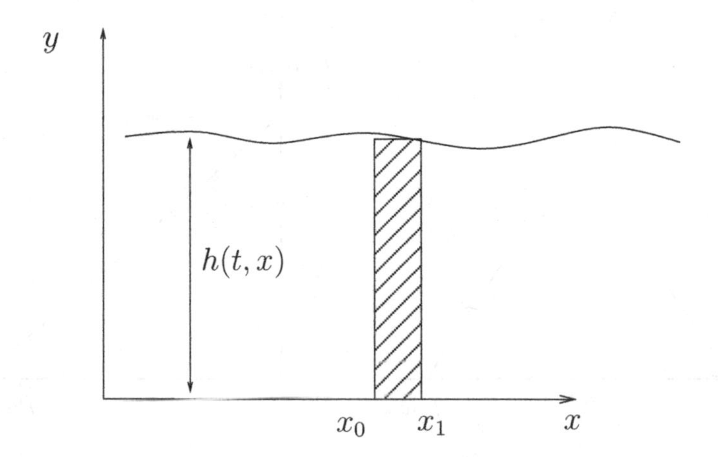

Fig. 2.3. Colonne d'eau entre x_0 et x_1

de vitesse s'écrit $\partial_x u_1 + \partial_y u_2 = 0$. La hauteur d'eau est $h(t,x)$. La vitesse moyenne horizontale le long d'une verticale est

$$u(t,x) = \frac{\int_0^{h(t,x)} u_1(t,x,y)dy}{h(t,x)}.$$

[4] En revanche l'équation de Burgers est invariante par transformation d'échelle. Soit v une solution de l'équation de Burgers et $\lambda \in \mathbb{R}$. La fonction $w = \lambda v$ est solution de $\partial_s w + \partial_x \frac{w^2}{2} = 0$ où on a mis le temps à l'échelle $s = \lambda t$.

Reprenant la méthode de bilan appliquée à la masse d'eau $N(x_0, x_1, t)$ comprise entre les verticales de base x_0 et x_1

$$N(x_0, x_1, t) = \rho \mathrm{m} \int_{x_0}^{x_1} h(t, x) dx.$$

Exprimant le fait que la variation de $N(x_0, x_1, t)$ est due au flux sortant ou entrant sur les bords nous obtenons une première loi de conservation

$$\partial_t h + \partial_x (hu) = 0.$$

Cette première loi de conservation est en tout point similaire à celle du trafic routier, hormis le fait que la vitesse moyenne u n'a pas de raison d'être une fonction de la hauteur d'eau h.

Nous dérivons une deuxième loi de conservation qui va fournir la loi d'évolution de u. Nous commençons par étudier la masse de la colonne d'eau mobile

$$N(x_0(t), x_1(t), t) = \rho \mathrm{m} \int_{x_0(t)}^{x_1(t)} h(t, x) dx,$$

où les bords sont définis par $x_0(0) = X_0$, $x_0'(t) = u(t, x_0(t)$ et $x_1(0) = X_1$, $x_1'(t) = u(t, x_1(t))$. La formule (2.1) implique

$$\begin{aligned}
&\frac{d}{dt} N(x_0(t), x_1(t), t) \\
&= \rho \mathrm{m} \left(\int_{x_0}^{x_1} \partial_t h(t, x) dx + x_1'(t) h(t, x_1(t)) - x_0'(t) h(t, x_0(t)) \right) \\
&= \rho \mathrm{m} \left(\int_{x_0}^{x_1} \partial_t h(t, x) dx + u(t, x_1(t)) h(t, x_1(t)) - u(t, x_0(t)) h(t, x_0(t)) \right) \\
&= \rho \mathrm{m} \int_{x_0}^{x_1} \left(\partial_t h(t, x) + \partial_x (h(t, x) u(t, x)) \right) dx = 0.
\end{aligned}$$

Énoncé autrement **la masse d'eau de la colonne mobile est constante**. Cela autorise l'analogie suivante : **la colonne mobile joue le rôle d'une particule ponctuelle à laquelle nous allons appliquer la loi de Newton**. L'impulsion de la colonne mobile est

$$I(x_0(t), x_1(t), t) = \rho \mathrm{m} \int_{x_0(t)}^{x_1(t)} hu dx = N\left(x_0(t), x_1(t), t\right) \ v\left(x_0(t), x_1(t), t\right) \tag{2.5}$$

où v est la vitesse moyenne de la colonne. Nous écrivons le bilan des forces qui s'exercent sur les faces avant et arrière

$$N(x_0(t), x_1(t), t) \frac{d}{dt} v(x_0(t), x_1(t), t) = f(t, x_1(t)) - f(t, x_0(t)).$$

La force est l'intégrale de la pression hydrostatique $p(t,x,y)$ à la hauteur y, soit $f(t,x) = -\int_0^{h(t,x)} p(t,x,y)dy$ et $p(t,x,y) = \rho\mathrm{m} \int_y^{h(t,x)} g dy = \rho\mathrm{m} g(h(t,x)-y)$. Ici g est la constante de gravitation locale[5]. Donc

$$f(t,x) = -\frac{g\,\rho\mathrm{m}}{2} h^2(t,x).$$

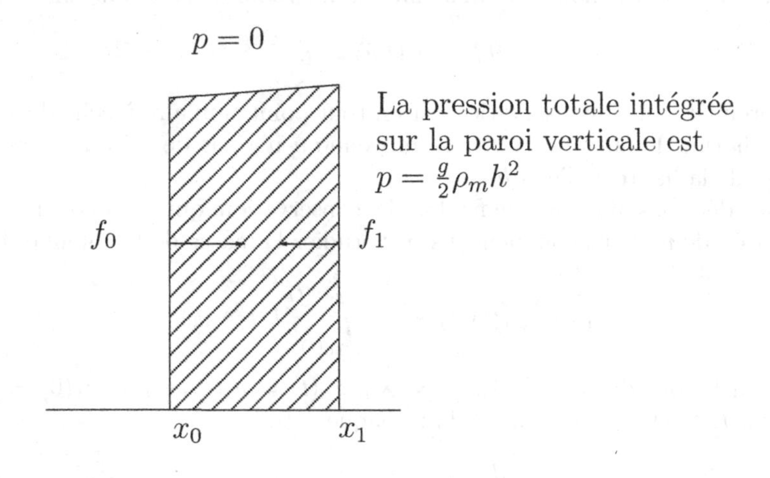
$p = 0$
La pression totale intégrée
sur la paroi verticale est
$p = \frac{g}{2}\rho_m h^2$
f_0
f_1
x_0
x_1

Fig. 2.4. Détail des forces qui s'appliquent sur une colonne d'eau

A partir de (2.5)

$$\frac{d}{dt}\int_{x_0(t)}^{x_1(t)} hudx + \frac{1}{\rho\mathrm{m}}\int_{x_0(t)}^{x_1(t)} \partial_x f dx = \frac{d}{dt}\int_{x_0(t)}^{x_1(t)} hudx + \frac{g}{2}\int_{x_0(t)}^{x_1(t)} \partial_x h^2 dx = 0.$$

La formule (2.1) implique

$$\int_{x_0(t)}^{x_1(t)} \partial_t(hu)dx + \int_{x_0(t)}^{x_1(t)} \partial_x\left(hu^2 + \frac{g}{2}h^2\right)dx = 0.$$

Ceci fournit une deuxième loi de conservation

$$\partial_t(hu) + \partial_x\left(hu^2 + \frac{g}{2}h^2\right) = 0.$$

Au final le système de Saint Venant s'écrit

$$\begin{cases} \partial_t h + \partial_x(hu) = 0, \\ \partial_t(hu) + \partial_x\left(hu^2 + \frac{g}{2}h^2\right) = 0,\ g > 0. \end{cases} \tag{2.6}$$

[5] En première approximation $g \approx 9.81\ m/s^2$.

2.1.3 Dynamique des gaz compressibles

La dérivation du système de la dynamique des gaz compressibles nécessite une hypothèse dont nous donnerons une justification indirecte à la fin de ce chapitre. Nous admettons que la pression d'un gaz est une fonction de la masse volumique ρ du gaz et de la température T de ce même gaz

$$p = p(\rho, T).$$

La température étant elle-même *a priori* fonction de la masse volumique et d'une variable supplémentaire qui est l'énergie interne par unité de masse et que nous noterons ε. Soit u la vitesse du gaz. L'énergie totale par unité de masse est $e = \varepsilon + \frac{1}{2}|u|^2$. Pour un gaz parfait polytropique[6]

$$p = (\gamma - 1)\rho\varepsilon, \quad \varepsilon = C_v T, \quad C_v > 0,\ \gamma > 1. \tag{2.9}$$

Corps	γ
O2, N2	$\frac{7}{5} = 1,4$
Air	1,4
H2	1,405
He, Kr, Xe	1,66
Ar	1,67
CO2	1,3
SF6	1,09
Gaz d'électrons	$\frac{5}{3} = 1,666...$
Gaz de photons	$\frac{4}{3} = 1,333...$

Tableau 2.1. Valeur de la constante γ pour différents corps

Pour dériver les équations de la dynamique des gaz compressibles, nous reprenons la méthode de bilan. Nous considérons le cas en dimension un de la figure 2.5. Le volume élémentaire de gaz est $[x_0(t), x_1(t)]$ avec $x'(t,X) = u(t, x(t,X))$, $x(0,X) = X$. La masse de ce volume mobile est

[6] Bien d'autres lois de pression, ou équations d'état (EOS) sont disponibles. A titre d'exemple citons la loi de Stiffened gaz

$$p = (\gamma - 1)\rho\varepsilon - \gamma\Pi. \tag{2.7}$$

L'eau, qui n'est pas un gaz, correspond typiquement à $\gamma = 5,5$ et $\Pi = 4921,15$ bars. Une autre loi d'état est la loi de van der Waals

$$p = \frac{a\varepsilon}{\tau - b} - \frac{c}{\tau^2}, \quad a, b, c > 0, \quad \tau = \frac{1}{\rho}, \tag{2.8}$$

où τ est le volume spécifique. La loi de van der Waals est utilisée pour les transitions de phase.

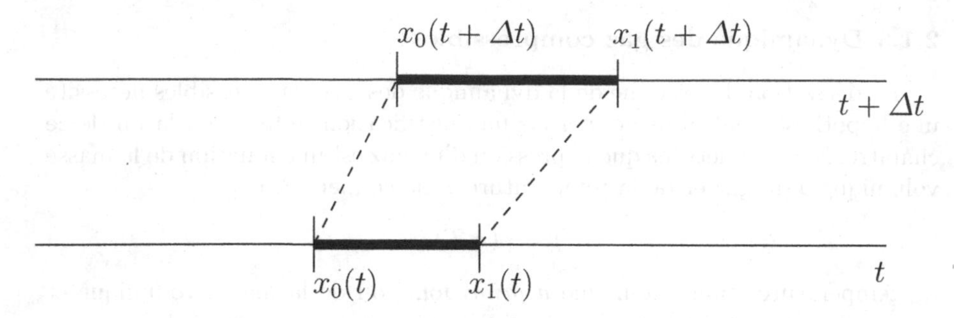

Fig. 2.5. Volume élémentaire de gaz

$$N(x_0(t), x_1(t), t) = \int_{x_0(t)}^{x_1(t)} \rho(t,x)dx.$$

L'impulsion du gaz présent dans le volume est

$$I(x_0(t), x_1(t), t) = \int_{x_0(t)}^{x_1(t)} \rho(t,x)u(t,x)dx.$$

La force qui s'exerce sur le bord du volume mobile de masse constante est $f = -p$. Comme pour le système de St Venant la méthode de bilan fournit deux équations

$$\begin{cases} \partial_t \rho + \partial_x(\rho u) = 0, \\ \partial_t(\rho u) + \partial_x \left(\rho u^2 + p\right) = 0. \end{cases}$$

La pression étant fonction de la masse volumique et de l'énergie interne, il manque une équation pour fermer le système. Pour construire cette équation manquante, nous considérons l'énergie totale présente dans le volume élémentaire

$$E(x_0(t), x_1(t), t) = \int_{x_0(t)}^{x_1(t)} \rho(t,x)e(t,x)dx.$$

La densité d'énergie totale est $e = \varepsilon + \frac{1}{2}u^2$. Pour un intervalle de temps Δt, la force qui s'exerce sur les bords travaille sur une longueur $\Delta l = u\Delta t$. Le travail de la force est $-p\Delta l = -pu\Delta t$. Nous en déduisons

$$E(x_0(t+\Delta t), x_1(t+\Delta t), t+\Delta t) = E(x_0(t), x_1(t), t)$$

$$-\Delta t p(t, x_1(t))u(t, x_1(t)) + \Delta t p(t, x_0(t))u(t, x_0(t)) + o(\Delta t).$$

D'où en passant à la limite en Δt

$$\frac{d}{dt}E(x_0(t), x_1(t), t) + p(t, x_1(t))u(t, x_1(t)) - p(t, x_0(t))u(t, x_0(t)) = 0.$$

Grâce à la formule (2.1), nous obtenons

$$\int_{x_0(t)}^{x_1(t)} \partial_t(\rho e)dx + \int_{x_0(t)}^{x_1(t)} \partial_x(\rho ue + pu) = 0,$$

ou encore

$$\partial_t(\rho e) + \partial_x(\rho ue + pu) = 0.$$

Au final le système de la dynamique des gaz compressibles en dimension un d'espace est

$$\begin{cases} \partial_t\rho + \partial_x(\rho u) = 0, \\ \partial_t(\rho u) + \partial_x\left(\rho u^2 + p\right) = 0, \\ \partial_t(\rho e) + \partial_x(\rho ue + pu) = 0. \end{cases} \tag{2.10}$$

Ce système est fermé car p est une fonction de ρ et $\varepsilon = e - \frac{1}{2}u^2$. En dimension deux d'espace le système devient

$$\begin{cases} \partial_t\rho + \partial_x(\rho u) + \partial_y(\rho v) = 0, \\ \partial_t(\rho u) + \partial_x\left(\rho u^2 + p\right) + \partial_y(\rho uv) = 0, \\ \partial_t(\rho v) + \partial_x(\rho uv) + \partial_y\left(\rho v^2 + p\right) = 0, \\ \partial_t(\rho e) + \partial_x(\rho ue + pu) + \partial_y(\rho ve + pv) = 0. \end{cases} \tag{2.11}$$

On note la présence d'une inconnue supplémentaire v car la vitesse a deux composantes. La pression p est une fonction de ρ et $\varepsilon = e - \frac{1}{2}(u^2 + v^2)$.

2.2 Invariance Galiléenne

Les systèmes de lois de conservation qui dérivent de la mécanique des milieux continus respectent par construction certains principes d'invariance. Parmi eux le principe d'invariance galiléenne joue un rôle central. Une conséquence est qu'il est possible de récrire certains systèmes de lois de conservation sous une autre forme qui, elle aussi, est de type système de lois de conservation.

Définition 1 *Nous dirons qu'un modèle en dimension un d'espace satisfait au principe d'invariance galiléenne si et seulement si les équations prennent la même forme sous l'effet combiné d'un changement de coordonnées d'espace-temps de type translation,* $v \in \mathbb{R}$,

$$t' = t, \quad x' = x + vt, \tag{2.12}$$

et d'un changement de variable qui est dicté par la physique sous-jacente.

La vitesse de translation du référentiel (t', x') par rapport au référentiel (t, x) est $-v$, voir figure 2.6. Les dérivées partielles sont données par les formules de dérivation composée

$$\begin{cases} \partial_t = \partial_t t' \, \partial_{t'} + \partial_t x' \, \partial_{x'} = \partial_{t'} + v\partial_{x'}, \\ \partial_x = \partial_x t' \, \partial_{t'} + \partial_x x' \, \partial_{x'} = \partial_{x'} \end{cases} \tag{2.13}$$

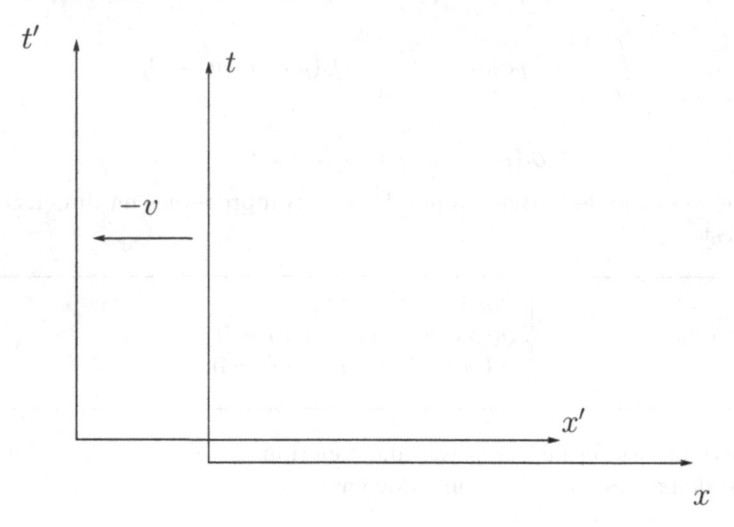

Fig. 2.6. Translation du référentiel

Lemme 1 *Les modèles de trafic routier (2.4), de Saint Venant (2.6) et de la dynamique des gaz compressibles satisfont au principe d'invariance galiléenne.*

Nous utilisons (2.13). Le modèle de trafic routier se récrit

$$\partial_{t'}\rho + v\partial_{x'}\rho + \partial_{x'}(\rho u(\rho)) = 0.$$

Nous définissons $u'(\rho) = u(\rho) + v$ et obtenons

$$\partial_{t'}\rho + \partial_{x'}(\rho u'(\rho)) = 0.$$

Notons que le changement de fonction en vitesse est bien compatible avec le principe d'addition des vitesses. Donc le modèle de trafic routier satisfait au principe d'invariance galiléenne.

Passons au modèle de Saint Venant (2.6). La première équation devient

$$\partial_{t'}h + \partial_{x'}(hu') = 0, \quad u' = u + v.$$

La deuxième équation se récrit grâce à (2.13) sous la forme

$$\partial_{t'}(hu) + v\partial_{x'}(hu) + \partial_{x'}(hu^2 + p(h)) = 0, \quad p(h) = \frac{g}{2}h^2.$$

On ajoute $v\left(\partial_{t'}h + \partial_{x'}(hu')\right) = 0$. D'où

$$\partial_{t'}(hu') + v\partial_{x'}(hu) + \partial_{x'}(hu^2 + p(h)) + v\partial_{x'}(hu) = 0,$$

puis $\partial_{t'}(hu') + \partial_{x'}(hu'^2 + p(h)) = 0$. Cela montre l'invariance galiléenne du modèle de Saint Venant.

La dynamique des gaz est formellement une extension du système de St Venant. Donc pour les deux premières équations

$$\begin{cases} \partial_{t'}\rho + \partial_{x'}(\rho u') = 0, \\ \partial_{t'}(\rho u') + \partial_{x'}(\rho(u')2 + p) = 0. \end{cases} \tag{2.14}$$

Il suffit de montrer que l'équation d'énergie du système de la dynamique des gaz compressibles est invariante. Nous avons

$$\partial_{t'}(\rho e) + v\partial_{x'}(\rho e) + \partial_{x'}(\rho u e + p u) = 0.$$

Posons $e' = \varepsilon + \frac{1}{2}u'^2 = \varepsilon + \frac{1}{2}u^2 + uv + \frac{1}{2}v^2 = e + uv + \frac{1}{2}v^2$. En combinant avec (2.14) on obtient

$$\partial_t(\rho e') + v\partial_{x'}(\rho e) + \partial_x'(\rho u e + p u) + v\partial_{x'}(\rho(u')^2 + p) + \frac{1}{2}v^2\partial_{x'}(\rho u') = 0.$$

Après réarrangement nous obtenons $\partial_t(\rho e') + \partial_{x'}(\rho u' e' + p u') = 0$. Cela termine la preuve.

2.3 Coordonnées de Lagrange

Nous avons vu qu'il est intéressant et fondamental de pouvoir dériver les modèles (St Venant, gaz compressibles, ...) dans un référentiel qui se déplace avec le fluide. C'est la méthode classique de dérivation des équations de ce type, laquelle utilise les opérateurs de dérivation matérielle $\frac{d}{dt} = \partial_t + u\partial_x$ et dérivation par rapport à l'espace ∂_x. Puis on recombine les équations pour obtenir la formulation Eulérienne du modèle considéré.

On peut exploiter cette idéee de manière systématique et plus rigoureuse en utilisant les **coordonnées de Lagrange**, pour distinguer des **coordonnées d'Euler** qui sont celles de l'observateur extérieur (ou du laboratoire). Dans tout ce qui suit les coordonnées de Lagrange sont les coordonnées d'Euler au temps initial

$$x(t = 0, X) = X.$$

Nous verrons que l'opérateur de dérivation temporelle par rapport à X fixé est en fait l'opérateur de dérivation matérielle $\frac{d}{dt}$. L'algèbre pour passer des coordonnées de Lagrange aux coordonnées d'Euler et vice-versa n'est pas complètemente évidente comme nous allons le voir. Cela fait apparaître des lois de conservation supplémentaires appelées **identités de Piola**. La présentation qui suit est semblable à celle de [D00]. Elle s'appuie sur une vision géométrique dans laquelle le temps ne joue pas en première approximation. On peut préférer une autre approche très classique aussi, voir par exemple les références [TN92, SH98] au niveau théorique ou [SLS07] pour les applications numériques dans lesquelles des considérations similaires sont développées à partir du gradient de déformation $F = \nabla_X x$. Les identités de Piola sont aussi appelées lois de conservation géométriques.

2.3.1 Changement de coordonnées et lois de conservation

Soit le système stationnaire (le temps a disparu)

$$\nabla.f(U) = 0, \tag{2.15}$$

où $U \in \mathbb{R}^n$ est l'inconnue, $U \mapsto f(U) \in \mathbb{R}^{n\times d}$ est le flux mis sous forme matricielle et $x \in \mathbb{R}^d$ est la coordonnée d'espace. Nous remarquons que (2.15) est équivalent[7] à

$$\int_{x\in\partial\Omega} f(U)\mathbf{n}d\sigma = 0, \quad \forall\Omega \subset \mathbb{R}^d. \tag{2.16}$$

L'ouvert Ω est **régulier et borné**. Sa frontière est $\partial\Omega$, la normale sortante est $\mathbf{n} \in \mathbb{R}^d$ vecteur unitaire, la mesure au bord est $d\sigma$. Soit le changement de coordonnées **régulier**[8] **et inversible** de classe C^2 de $\mathbb{R}^d$ dans $\mathbb{R}^d$

$$x \mapsto X(x) \in \mathbb{R}^d. \tag{2.17}$$

La matrice Jacobienne de la transformation inverse est

$$\nabla_X x(X) = \left(\frac{\partial x_i}{\partial X_j}\right)_{1\le i,j\le d} = \begin{pmatrix} \frac{\partial x_1}{\partial X_1} & \frac{\partial x_1}{\partial X_2} & \cdots & \frac{\partial x_1}{\partial X_d} \\ \frac{\partial x_2}{\partial X_1} & \frac{\partial x_2}{\partial X_2} & \cdots & \frac{\partial x_2}{\partial X_d} \\ \cdots & \cdots & \cdots & \cdots \\ \frac{\partial x_d}{\partial X_1} & \frac{\partial x_d}{\partial X_2} & \cdots & \frac{\partial x_d}{\partial X_d} \end{pmatrix},$$

avec $\nabla_X x(Y) = (\nabla_x X(x(Y)))^{-1}$ pour tout $Y \in \mathbb{R}^d$.

Lemme 2 *On a la relation*[9]

$$\mathbf{n}d\sigma = cof(\nabla_X x)\,\mathbf{n}_X d\sigma_X.$$

Par définition $cof(M) \in \mathbb{R}^{d\times d}$ est la comatrice, ou matrice des cofacteurs[10]*, telle que $M^t cof(M) = det(M)I$ pour toute matrice $M \in \mathbb{R}^{d\times d}$. Si M est inversible*

$$cof(M) = det(M) \times (M^t)^{-1}.$$

Nous supposons que le bord de Ω est l'isoligne zéro d'une certaine fonction $\varphi : \mathbb{R}^d \to \mathbb{R}$

$$x \in \partial\Omega \Longleftrightarrow \varphi(x) = 0,$$

la fonction φ étant non dégénérée $\nabla\varphi \neq 0$. En supposant que le gradient de φ est orienté vers l'extérieur de Ω la normale sortante est

---

[7] La formule de Stokes est $\int_{x\in\Omega} \nabla.f dx = \int_{x\in\partial\Omega} f\mathbf{n}d\sigma$.

[8] Un affaiblissement important des hypothèses de régularité pour cette transformation aura lieu à la section 4.6.2.

[9] Relation de nature purement géométrique comme la preuve le met en évidence.

[10] Le coefficient en position (i, j) de la matrice des cofacteurs cofac$(M) \in \mathbb{R}^{d\times d}$ est égal à $(-1)^{i+j}$ fois le déterminant de la matrice M à laquelle on a enlevé la colonne j et la ligne i (matrice de taille $d-1 \times d-1$).

$$\mathbf{n} = \frac{\nabla_x \varphi(x)}{|\nabla_x \varphi(x)|}.$$

Soit $\Omega_X = \{X(x); x \in \Omega\}$ l'image de Ω par le changement de coordonnées. Le bord de Ω_X est

$$y \in \partial\Omega_X \Longleftrightarrow \varphi(X^{-1}(y)) = 0.$$

Le gradient de $y \mapsto \varphi(X^{-1}(y))$ donne la normale sortante

$$\mathbf{n}_X = \frac{\nabla_y \varphi(X^{-1}(y))}{|\nabla_y \varphi(X^{-1}(y))|}.$$

Les formules de dérivations composées impliquent

$$\nabla_y \varphi(X^{-1}(y)) = \nabla_y \varphi(x(y)) = \left(\sum_j \frac{\partial \varphi}{\partial x_j}(x(y)) \frac{\partial x_j}{\partial X_i}(x(y)) \right)_{1 \le i \le d}$$

$$= (\nabla_X x(X))^t (y) \nabla_x \varphi(x(y)).$$

De ce fait $\mathbf{n}_X = \lambda (\nabla_X x(X))^t (y) \nabla_x \varphi(x(y))$, $\lambda \in \mathbb{R}$. Il s'ensuit que

$$\mathbf{n} d\sigma = \alpha (\nabla_x X(x))^t \mathbf{n}_X d\sigma_X, \quad \alpha \in \mathbb{R}.$$

Il reste à déterminer le coefficient de proportionnalité réel α. Pour cela nous considérons les points A, B, A_X et B_X de la figure 2.7. Pour des points proches l'un de l'autre, on a

$$B - A \approx (\nabla_X x(X)) (B_X - A_X).$$

On a

$$dV \approx (B - A, \mathbf{n}) d\sigma, \quad dV_X \approx (B_X - A_X, \mathbf{n}_X) d\sigma_X,$$

où dV est un volume élémentaire et $d\sigma$ est la mesure élémentaire de surface. Réunissant l'expression de $\mathbf{n}d\sigma$ en fonction de $\mathbf{n}_X d\sigma_X$, et les expressions de dV et dV_X en fonction de $B - A$ et $B_X - A_X$ nous obtenons

$$dV \approx \Big((\nabla_X x) (B_X - A_X), \alpha (\nabla_x X)^t \mathbf{n}_X d\sigma_X \Big) \approx \alpha (B_X - A_X, \mathbf{n}_X) d\sigma_X.$$

Or nous avons aussi[11] $dV \approx |\nabla_X x| \, dV_X \approx |\nabla_X x| \, (B_X - A_X, \mathbf{n}_X) d\sigma_X$. Après simplifications et en passant à la limite $B \to A$ nous obtenons $\alpha = |\nabla_X x|$. Cela termine la preuve.

[11] C'est la formule de changement de coordonnées dans les intégrales

$$\int_{x \in \Omega} f(X(x)) J dx = \int_{X \in \Omega} f(X) dX, \quad J = |\nabla_X x|$$

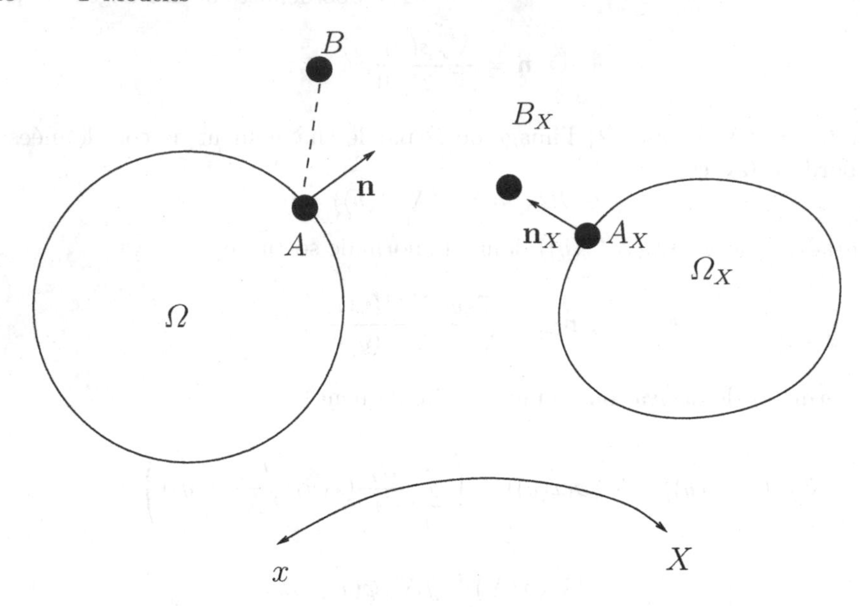

Fig. 2.7. Changement de coordonnées d'espace. Pour simplifier le vecteur qui va de A_X à B_X est aligné avec la normale $\mathbf{n}_X$.

Théorème 2.1. *Le système de lois de conservation* $\nabla_x.f(U(x)) = 0$ *est équivalent au système de lois de conservation*

$$\nabla_X.\,[f(U(x(X)))cof(\nabla_X x)] = 0. \tag{2.18}$$

Nous avons de plus l'identité de Piola

$$\nabla_X.\,[cof(\nabla_X x)] = 0. \tag{2.19}$$

On a la suite d'égalités

$$0 = \int_\Omega \nabla_x.\,(f(U))\,dx = \int_{\partial\Omega} f(U)\mathbf{n}d\sigma$$

$$= \int_{\partial\Omega_X} f(U)\mathrm{cof}\,(\nabla_X x)\,\mathbf{n}_X d\sigma_X = \int_{\Omega_X} \nabla_X.\,(f(U)\mathrm{cof}\,(\nabla_X x))\,dX.$$

Comme c'est vrai pour tout Ω, cela montre (2.18). L'identité de Piola s'obtient en considérant $f = I$ dans (2.18). La preuve est terminée.

L'identité de Piola peut apparaître à première vue comme une relation surabondante. Elle est en fait **nécessaire**. Un argument en faveur de la nécessité de l'identité de Piola consiste à remarquer que l'équation (2.18) fait apparaître des inconnues supplémentaires ($\mathrm{cof}\,(\nabla_X x)$) qui nécessitent donc des équations supplémentaires (l'identité de Piola).

On peut résumer l'égalité (2.18) ainsi : **la structure de loi de conservation est invariante par changement de coordonnées d'espace.**

2.3.2 Dynamique des gaz lagrangienne en dimension un d'espace

Nous sommes en mesure de dériver les équations de la dynamique des gaz en coordonnées de Lagrange. Nous considérons d'abord le cas de la dimension un pour le système (2.10) que nous récrivons sous la forme d'une divergence temps-espace

$$\nabla_{tx}.\,(U, f(U)) = 0$$

avec $U = (\rho, \rho u, \rho e)^t$ et $f(U) = (\rho u, \rho u^2 + p, \rho u e + pu)^t$. La transformation temps-espace est

$$t' = t, \quad \frac{\partial x(t', X)}{\partial t'} = u(t', x(t', X)).$$

Cette transformation est régulière sous des hypothèses ad-hoc sur la régularité de la vitesse u. Appliquons les formules précédentes. La matrice Jacobienne de la transformation est

$$\nabla_{(t',X)}(t, x) = \begin{pmatrix} 1 & 0 \\ u & J \end{pmatrix}, \quad J = \frac{\partial x}{\partial X}.$$

La matrice des cofacteurs est $\operatorname{cof}\left(\nabla_{(t',X)}(t, x)\right) = \begin{pmatrix} J & -u \\ 0 & 1 \end{pmatrix}$. L'équation (2.18)

$$\nabla_{t',X}.\left[(U, f(U)) \begin{pmatrix} J & -u \\ 0 & 1 \end{pmatrix}\right] = 0$$

s'écrit sous forme étendue

$$\begin{cases} \partial_{t'}(\rho J) = 0, \\ \partial_{t'}(\rho u J) + \partial_X p = 0, \\ \partial_{t'}(\rho e J) + \partial_X(pu) = 0. \end{cases}$$

L'identité de Piola (2.19) devient[12] $\partial_{t'} J - \partial_X u = 0$. A présent nous remplaçons t' par t pour simplifier les notations. L'ensemble de ces quatre lois de conservation forme un système fermé

$$\begin{cases} \partial_t(\rho J) = 0, \\ \partial_t(\rho u J) + \partial_X p = 0, \\ \partial_t(\rho e J) + \partial_X(pu) = 0, \\ \partial_t J - \partial_X u = 0. \end{cases} \tag{2.20}$$

L'interprétation physique des équations (2.20) est la suivante : un volume élémentaire de masse constante est soumis à la loi de Newton

$$ma = f$$

avec $m = \rho(0, X)$, $a = \partial_t u$ et $f = \partial_X p$. Le travail des forces est déterminé par $-\partial_X(pu)$.

[12] On retrouve directement cette relation en dérivant $\partial_{t'} x(t', X) = u$ par rapport à X.

Théorème 2.2. *Nous supposons que la masse volumique est partout strictement positive. Définissons la variable de masse $dm = \rho(0, X)dX$ et le volume spécifique $\tau = \frac{1}{\rho}$. Le système (2.20) de la dynamique des gaz se récrit en coordonnées de Lagrange sous la forme*

$$\begin{cases} \partial_t \tau - \partial_m u = 0, \\ \partial_t u + \partial_m p = 0, \\ \partial_t e + \partial_m (pu) = 0. \end{cases} \tag{2.21}$$

On intègre directement la première équation de (2.20) donc $(\rho J)(t, X) = \rho(0, X)$ est indépendant de t. Cela permet de sortir ρJ de la dérivation temporelle et fournit les deux dernières équations de (2.21). De même pour $J = (\rho J)\tau$.

Les opérateurs différentiels ∂_t et ∂_m sont **invariants par toute transformation galiléenne**. Pour le montrer nous allons utiliser une notation un peu lourde mais sans équivoque. La notation $\partial_{a|b}$ indiquera la dérivation partielle par rapport à la variable a, la variable b étant fixée. On touve cette notation dans certains ouvrages de mécanique. Son emploi permet ici de ne pas faire de confusion entre $\partial_{t|x}$ (x fixé) et $\partial_{t|m}$ (m fixé, ou encore X fixé). On a alors d'après (2.13)

$$\begin{cases} \partial_{t|m} = \partial_{t|x} + u\partial_{x|t} = \partial_{t'|x'} + (u+v)\partial_{x'|t'} = \partial_{t'|x'} + u'\partial_{x'|t'} = \partial_{t'|m'}, \\ \partial_{m|t} = \frac{1}{\rho}\partial_{x|t} = \frac{1}{\rho}\partial_{x'|t'} = \partial_{m'|t'}. \end{cases}$$

Donc $\partial_t = \partial_{t'}$ et $\partial_m = \partial_{m'}$ ce qui montre l'invariance et justifie la dénomination de dérivation matérielle aussi employée pour $\partial_{t|m} = \partial_t + u\partial_x = \frac{d}{dt}$.

2.3.3 Dynamique des gaz lagrangienne en dimension deux d'espace

On part du système **eulérien** en dimension deux d'espace (2.11). Posons

$$A = \partial_X x, \ B = \partial_X y, \ L = \partial_Y x, \ M = \partial_Y y. \tag{2.22}$$

La matrice Jacobienne de transformation espace-temps est

$$\frac{\partial(t, x, y)}{\partial(t, X, Y)} = \begin{pmatrix} 1 & 0 & 0 \\ u & A & L \\ v & B & M \end{pmatrix}$$

avec

$$\text{cofac}\left(\frac{\partial(t, x, y)}{\partial(t, X, Y)}\right) = \begin{pmatrix} J & -uM + vL & uB - vA \\ 0 & M & -B \\ 0 & -L & A \end{pmatrix}, \ J = AM - BL.$$

L'algèbre de l'équation (2.18) se réduit à

$$\begin{pmatrix} \rho & \rho u & \rho v \\ \rho u & \rho u^2+p & \rho uv \\ \rho v & \rho uv & \rho v^2+p \\ \rho e & \rho ue+pu & \rho ve+pv \end{pmatrix} \begin{pmatrix} J & -uM+vL & uB-vA \\ 0 & M & -B \\ 0 & -L & A \end{pmatrix}$$

$$= \begin{pmatrix} \rho J & 0 & 0 \\ \rho uJ & pM & -pB \\ \rho vJ & -pL & pA \\ \rho eJ & puM-pvL & -puB+pvA \end{pmatrix}.$$

D'où tous calculs faits le système **lagrangien** qui est constitué de la définition du changement de coordonnées Lagrange Euler

$$\begin{cases} \partial_t x(t,X,Y) = u, \; x(0,X,Y) = X, \\ \partial_t y(t,X,Y) = v, \; y(0,X,Y) = Y, \end{cases} \tag{2.23}$$

des équations de la dynamique des gaz (2.11) écrites en coordonnés (X,Y)

$$\begin{cases} \partial_t(\rho J) = 0, \\ \partial_t(\rho Ju) + \partial_X(pM) + \partial_Y(-pB) = 0, \\ \partial_t(\rho Jv) + \partial_X(-pL) + \partial_Y(pA) = 0, \\ \partial_t(\rho Je) + \partial_X(puM - pvL) + \partial_Y(pvA - puB) = 0, \end{cases} \tag{2.24}$$

et des relations de compatibilité (identité de Piola temps-espace)

$$\begin{cases} \partial_t J - \partial_X(uM - vL) - \partial_Y(vA - uB) = 0, \\ \partial_X M - \partial_Y B = 0, \\ -\partial_X L + \partial_Y A = 0. \end{cases} \tag{2.25}$$

Les deux dernières équations de compatibilité sont triviales, la première ne l'est pas.

En dimension deux on ne peut pas définir de variable de masse comme cela a été fait en dimension un d'espace. Si cela était possible cela reviendrait à simplifier la structure du système grâce à deux variables de masse $(X,Y) \mapsto (\alpha,\beta)$ définies par

$$\partial_X = \rho_0 \partial_\alpha \text{ et } \partial_Y = \rho_0 \partial_\beta.$$

Les formules de dérivation composées impliquent alors

$$\begin{cases} \rho_0 \partial_\alpha = \frac{\partial \alpha}{\partial X} \partial_\alpha + \frac{\partial \beta}{\partial X} \partial_\beta, \\ \rho_0 \partial_\beta = \frac{\partial \alpha}{\partial Y} \partial_\alpha + \frac{\partial \beta}{\partial Y} \partial_\beta \end{cases}$$

Par identification

$$\frac{\partial \alpha}{\partial X} = \rho_0, \quad \frac{\partial \alpha}{\partial Y} = \frac{\partial \beta}{\partial X} = 0 \text{ et } \frac{\partial \beta}{\partial Y} = \rho_0.$$

Donc

$$\partial_Y \rho_0 = \partial_Y \left(\frac{\partial \alpha}{\partial X} \right) = \partial_X \left(\frac{\partial \alpha}{\partial Y} \right) = 0.$$

De même $\partial_X \rho_0 = 0$. C'est donc que $\rho_0(X,Y)$ est une fonction constante. C'est le cas évident qui ne présente pas d'intérêt particulier.

2.3.4 Formulation de Hui

Cette formulation des équations de la dynamique des gaz en coordonnées de Lagrange est légèrement différente de la précédente. Elle utilise des équations supplémentaires pour les composantes du gradient de déformation. A partir de (2.22) on a

$$\begin{cases} \partial_t A = \partial_X u, \\ \partial_t B = \partial_X v, \\ \partial_t L = \partial_Y u, \\ \partial_t M = \partial_Y v. \end{cases} \tag{2.26}$$

Le système de Hui est constitué du système (2.26) qui est appelé partie géométrique, et du système (2.24) qui est appelé partie physique. L'équation algébrique $J = AM - BL$ montre que le système de Hui est un système fermé.

En comparant avec la formulation précédente, cela montre le fait remarquable suivant : **il n'y a pas unicité de la formulation des équations de la dynamique des gaz compressibles en coordonnées de Lagrange multidimensionnelle.**

2.3.5 Dynamique des gaz lagrangienne en dimension trois d'espace

Le gradient de déformation en dimension trois d'espace est

$$\mathbb{J} = \begin{pmatrix} \partial_X x, & \partial_Y x & \partial_Z x \\ \partial_X y, & \partial_Y y & \partial_Z y \\ \partial_X z, & \partial_Y z & \partial_Z z \end{pmatrix} = \begin{pmatrix} A & L & P \\ B & M & Q \\ C & N & R \end{pmatrix}.$$

Posons $J = \det(\mathbb{J})$ et

$$\text{cofac}(\mathbb{J}) = \begin{pmatrix} MR - NQ & -BR + CQ & BN - CM \\ -LR + NP & AR - CP & -AN + CL \\ LQ - MP & -AQ + BP & AM - BM \end{pmatrix}.$$

La matrice Jacobienne de transformation lagrangienne espace-temps est

$$\frac{\partial(t, x, y, z)}{\partial(t, X, Y, Z)} = \left(\begin{array}{c|c} 1 & 0 \\ \hline \mathbf{u} & \mathbb{J} \end{array}\right), \quad \mathbf{u} = \begin{pmatrix} u \\ v \\ w \end{pmatrix}.$$

Alors

$$\text{cofac}\left(\frac{\partial(t, x, y, z)}{\partial(t, X, Y, Z)}\right) = \left(\begin{array}{c|c} J & -\mathbf{u}^t \text{cofac}(\mathbb{J}) \\ \hline 0 & \text{cofac}(\mathbb{J}) \end{array}\right).$$

L'algèbre de l'équation (2.18) se réduit à

$$\left(\begin{array}{c|c} \rho & \mathbf{u}^t \\ \hline \rho\mathbf{u} & \rho\mathbf{u}\mathbf{u}^t + p\mathbb{I} \\ \hline \rho e & \rho e\mathbf{u}^t + p\mathbf{u}^t \end{array}\right) \left(\begin{array}{c|c} J & -\mathbf{u}^t \text{cofac}(\mathbb{J}) \\ \hline 0 & \text{cofac}(\mathbb{J}) \end{array}\right) = \left(\begin{array}{c|c} \rho J & 0 \\ \hline \rho\mathbf{u}J & p\,\text{cofac}(\mathbb{J}) \\ \hline \rho e J & p\mathbf{u}^t \text{cofac}(\mathbb{J}) \end{array}\right).$$

Le système de la dynamique des gaz compressible **lagrangien** en dimension trois d'espace est constitué de la définition du changement de coordonnées Lagrange Euler

$$\partial_t \mathbf{x}(t, \mathbf{X}) = \mathbf{u}, \quad \mathbf{x}(0, \mathbf{X}) = \mathbf{X}, \tag{2.27}$$

des équations de la dynamique des gaz écrites en coordonnés $\mathbf{X} = (X, Y, Z)$

$$\nabla_{t,\mathbf{X}} \cdot \left(\begin{array}{c|c} \rho J & 0 \\ \hline \rho \mathbf{u} J & p \operatorname{cofac}(\mathbb{J}) \\ \hline \rho e J & p \mathbf{u}^t \operatorname{cofac}(\mathbb{J}) \end{array} \right) = 0 \tag{2.28}$$

et des relations de compatibilité (identité de Piola temps-espace)

$$\nabla_{t,\mathbf{X}} \cdot \left(\begin{array}{c|c} J & -\mathbf{u}^t \operatorname{cofac}(\mathbb{J}) \\ \hline 0 & \operatorname{cofac}(\mathbb{J}) \end{array} \right) = 0. \tag{2.29}$$

La première équation de (2.29) est non triviale. En dimension trois on ne peut pas définir de variable de masse.

2.4 Système linéairement bien posé et hyperbolicité

La **stabilité** est une notion absolument essentielle pour l'étude des systèmes physiques évolutifs. Le premier pas dans l'étude des solutions d'un système non linéaire de lois de conservation consiste en une étude de stabilité linéaire[13]. Nous considérons pour cela une petite perturbation autour d'une donnée constante. Dans le cas où cette perturbation linéaire est stable au cours du temps nous dirons que le système est linéairement stable. Cette notion donne immédiatement accès aux vitesses d'ondes.

2.4.1 Stabilité linéaire en dimension un d'espace

Plus précisément nous considérons le système de lois de conservation

$$\partial_t U + \partial_x f(U) = 0, \quad U, f(U) \in \mathbb{R}^n. \tag{2.30}$$

[13] C'est un premier pas vers le problème de Cauchy et le problème de Riemann. En dimension un d'espace le problème de Cauchy concerne l'existence et l'unicité de la solution de l'équation

$$\partial_t U(t, x) + \partial_x f(U(t, x)) = 0$$

pour une donnée initiale $U(0, x) = U_0(x)$. Le problème de Riemann suppose que la donnée initiale est d'un type particulier : U_0 est une fonction discontinue

$$U_0(x) = U_G \text{ pour } x < 0, \quad U_0(x) = U_D \text{ pour } x > 0.$$

Nous faisons l'hypothèse que le flux est différentiable et posons

$$A(U_0) = \nabla_U f(U)(U_0) \in \mathbb{R}^{n\times n}, \quad U_0 \in \mathbb{R}^n. \tag{2.31}$$

Soit U_ε une solution perturbée autour d'une valeur U_0, que nous prenons sous la forme

$$U_\varepsilon(t,x) = U_0 + \varepsilon V(t,x) + o(\varepsilon). \tag{2.32}$$

Nous développons l'équation $\partial_t U_\varepsilon + \partial_x f(U_\varepsilon) = 0$ en puissance de ε

$$(\partial_t U_0 + \partial_x f(U_0)) + \varepsilon\,(\partial_t V + \partial_x(A(U_0)V)) + o(\varepsilon)$$

$$= \varepsilon\,(\partial_t V + \partial_x(A(U_0)V)) + o(\varepsilon) = 0.$$

Négligeant les termes d'ordre supérieur, V est solution d'une équation **linéaire**

$$\partial_t V(t,x) + A\partial_x V(t,x) = 0, \quad V(t,x) \in \mathbb{R}^n,\ A \in \mathbb{R}^{n\times n}. \tag{2.33}$$

Implicitement $A = A(U_0) = \nabla_U f(U_0)$ est la Jacobienne évaluée en un état donné U_0. L'étude de la stabilité linéaire consiste en l'étude des solutions bornées de cette équation. Une approche classique consiste à se contenter des solutions en mode de Fourier-Laplace

$$V(t,x) = e^{i(kx-\omega t)}W, \quad W \in \mathbb{R}^n, \quad k \in \mathbb{R}.$$

Le vecteur W est solution de l'équation aux valeurs propres

$$AW = \lambda W, \quad W \in \mathbb{R}^n,\ \lambda = \frac{\omega}{k} \text{ est a priori complexe.} \tag{2.34}$$

Définition 2 *Nous dirons que le système (2.33) est* **fortement mal posé** *ssi il existe des valeurs propres λ non réelles au problème (2.34).*

Ici fortement mal posé est synonyme de fortement instable. Pour les matrices réelles, λ est valeur propre si et seulement si $\overline{\lambda}$ est valeur propre. Donc si le problème aux valeurs propres (2.34) possède une valeur propre non réelle λ, alors λ ou $\overline{\lambda}$ fournit une solution exponentiellement croissante en temps en $e^{-i\omega t} = e^{-i\lambda kt}$. Le taux de croissance est d'autant plus grand que k ou $-k$ est grand. A la limite k ou $-k$ est infini. Comme λ est indépendant de k, le taux de croissance des petites perturbations très oscillantes est arbitrairement grand. Ceci est la signature d'un problème mal posé, au sens où des perturbations arbitrairement petites ont une influence arbitrairement grande. La définition complémentaire caractérise le cas où les perturbations restent contrôlées.

Définition 3 *Nous dirons que le système (2.33) est* **bien posé** *si et seulement si les valeurs propres λ du problème (2.34) sont toutes réelles.*

Les solutions se récrivent $V(t,x) = e^{ik(x-\lambda t)}W$, $W \in \mathbb{R}^n$, $k \in \mathbb{R}$, $\lambda \in \mathbb{R}$. Donc la valeur propre λ est la vitesse de déplacement du mode de Fourier.

Définition 4 *Pour un système bien posé les valeurs propres sont les* **vitesses d'ondes.**

Nous verrons que pour la dynamique des gaz compressibles, la vitesse d'onde est reliée à la vitesse du son.

Définition 5 *Nous dirons que le système (2.33) est* **faiblement bien posé** *ssi il est bien posé et l'ensemble des vecteurs propres est incomplet (il manque des vecteurs propres).*

Un phénomène particulier existe dans le cas faiblement bien posé, lequel phénomène n'existe pas dans le cas fortement bien posé. En effet pour un système faiblement bien posé, la théorie générale des matrices implique l'existence de deux vecteurs non nuls $W \in \mathbb{R}^n$ et $\widehat{W} \in \mathbb{R}^n$ tels que

$$AW = \lambda W \text{ et } A\widehat{W} = \lambda\widehat{W} + W.$$

La valeur propre double est $\lambda \in \mathbb{R}$. Comme auparavant nous construisons à partir de W une première solution de type Fourier $V(t,x) = e^{ik(x-\lambda t)}W$ pour tout $k \in \mathbb{R}$ pour l'équation $\partial_t V + A\partial_x V = 0$. Le point nouveau est l'existence d'une deuxième solution de type Fourier. Soit la fonction

$$\widehat{V}(t,x) = e^{ik(x-\lambda t)}\left(\widehat{W} - iktW\right).$$

Or

$$\partial_t \widehat{V} + A\partial_x \widehat{V} = ike^{ik(x-\lambda t)}\left(-\lambda(\widehat{W} - iktW) - W + A(\widehat{W} - iktW)\right) = 0.$$

Donc la fonction $\widehat{V}$ est aussi solution de $\partial_t\widehat{V} + A\partial_x\widehat{V} = 0$. Le taux de croissance en temps de ce type de solution est affine mais indépendant du nombre d'onde k. La situation est très différente du cas fortement mal posé. On ne considère pas que cette situation relève d'une instabilité physique.

Définition 6 *Nous dirons que le système (2.33) est* **fortement bien posé** *ou encore* **hyperbolique** *ssi il est bien posé et l'ensemble des vecteurs propres est complet (c'est à dire qu'il y a n vecteurs propres indépendants).*

Un critère simple et pratique pour la théorie : si toutes les valeurs propres sont distinctes alors l'ensemble des vecteurs propres est complet. Nous dirons alors que le système est **strictement hyperbolique**. Pour les systèmes qui viennent de la mécanique des milieux continus, nous verrons cependant au chapitre 5 que le cas des vitesses d'ondes multiples (i.e. des valeurs propres doubles) est très courant. Des exemples de systèmes linéaires sont présentés dans la table (2.2).

Pour un système de lois de conservation non linéaire, nous retiendrons la définition

$\partial_t \begin{pmatrix} u \\ v \end{pmatrix} + \partial_x \begin{pmatrix} 0 & 1 \\ -1 & 0 \end{pmatrix} \begin{pmatrix} u \\ v \end{pmatrix} = 0$	fortement mal posé
$\partial_t \begin{pmatrix} u \\ v \end{pmatrix} + \partial_x \begin{pmatrix} 0 & 0 \\ 1 & 0 \end{pmatrix} \begin{pmatrix} u \\ v \end{pmatrix} = 0$	faiblement bien posé
$\partial_t \begin{pmatrix} u \\ v \end{pmatrix} + \partial_x \begin{pmatrix} 0 & 1 \\ 1 & 0 \end{pmatrix} \begin{pmatrix} u \\ v \end{pmatrix} = 0$	fortement bien posé, hyperbolique

Tableau 2.2. Systèmes linéaires

Définition 7 *Nous dirons que le système non linéaire de lois de conservation (2.30) est* **hyperbolique** *dans un certain domaine $\Omega \subset \mathbb{R}^n$ ssi le système linéarisé (2.33) est hyperbolique pour tout $U_0 \in \Omega$. Si de plus toutes les valeurs propres du linéarisé sont distinctes, nous dirons que le système non linéaire est* **strictement hyperbolique**.

Par définition les équations scalaires ($\partial_t u + \partial_x f(u) = 0$, $u \in \mathbb{R}$) sont toutes hyperboliques pour un flux $u \mapsto f(u)$ réel et dérivable. La définition prend son sens pour les systèmes d'équations.

2.4.2 Stabilité linéaire en dimension supérieure

L'étude de la stabilité linéaire en dimension supérieure d'espace consiste le plus souvent à se ramener à la dimension un d'espace. Considérons par exemple un système en dimension deux d'espace

$$\partial_t U + \partial_x f(U) + \partial_y g(U) = 0 \qquad (2.35)$$

dont les flux $U \mapsto f(U), g(U)$ sont différentiables. On se ramène à la dimension un d'espace en supposant que U est invariant dans la direction y' (qui s'obtient par une rotation des axes)

$$\begin{cases} x' = \cos\theta x + \sin\theta y, \\ y' = -\sin\theta x + \cos\theta y. \end{cases} \Longleftrightarrow \begin{cases} x = \cos\theta x' - \sin\theta y', \\ y = \sin\theta x' + \cos\theta y'. \end{cases}, \quad \theta \in \mathbb{R}.$$

L'hypothèse d'invariance s'écrit $\partial_{y'|x'} U = 0$ ou encore

$$U(t, x, y) = U_\theta(t, x').$$

On est alors ramené au cas de la dimension un d'espace dans la direction x'

$$\partial_t U_\theta + \partial_{x'} f_\theta(U_\theta) = 0, \quad f_\theta(U_\theta) = \cos\theta f(U_\theta) + \sin\theta g(U_\theta). \qquad (2.36)$$

Définition 8 *Nous dirons que le système en dimension deux d'espace (2.35) est linéairement bien posé (resp. mal posé, faiblement bien posé) si et seulement si le système en dimension un d'espace (2.36) est linéairement bien posé (resp. mal posé, faiblement bien posé) pour toute valeur de* $\theta \in \mathbb{R}$.

Pour établir le caractère linéairement bien posé d'une système donné, il suffit de ce fait d'étudier l'équation aux valeurs propres

$$A_\theta W = \lambda W, \quad W \in \mathbb{R}^n, \ \lambda = \frac{\omega}{k} \text{ est a priori complexe} \tag{2.37}$$

avec

$$A_\theta = \cos\theta A + \sin\theta B, \quad A = \nabla_U f(U), \ B = \nabla_U g(U).$$

En pratique deux cas se présentent. Le **premier cas** correspond aux systèmes qui sont eux-mêmes invariants par rapport aux rotations des coordonnées d'espace. Le système de la dynamique des gaz eulérienne est de ce type. Dans ce cas l'étude de la stabilité en dimension supérieure n'apporte pas d'information supplémentaire par rapport à la dimension un d'espace. Le **deuxième cas** correspond aux systèmes dont l'invariance par rapport aux rotations des coordonnées d'espace est plus subtile à étudier. Le système de la dynamique des gaz lagrangienne est de ce type. Ces deux cas sont détaillés dans la section suivante.

$\partial_t \begin{pmatrix} u \\ v \end{pmatrix} + \partial_x \begin{pmatrix} 0 & 0 \\ 1 & 0 \end{pmatrix} \begin{pmatrix} u \\ v \end{pmatrix} = 0$	faiblement bien posé
$\partial_t \begin{pmatrix} u \\ v \end{pmatrix} + \partial_x \begin{pmatrix} 0 & 0 \\ 1 & 0 \end{pmatrix} \begin{pmatrix} u \\ v \end{pmatrix} = 0$ plus $\partial_x u = 0$ à $t = 0$	fortement bien posé

Tableau 2.3. Un exemple de système linéaire faiblement bien posé au sens de la définition 5, mais fortement bien posé pour une donné initiale bien choisie

Cependant la définition 8 n'est pas nécessairement bien adapté à l'étude de la stabilité linéaire en dimension supérieure. En effet l'approche de stabilité linéaire en dimension un d'espace proposée considère des perturbations petites mais **quelconques**. Voir l'équation (2.32). Dans le cas où des contraintes de type divergence font partie intégrante du système, l'étude des petites perturbations doit respecter ce principe pour que le sens physique soit correct. Énoncé autrement il nous faudrait alors ajouter des conditions de divergence nulle pour les petites perturbations admissibles, ce qui modifierait bien sûr l'analyse de stabilité du système en dimension une d'espace. Voir la table 2.3

pour un exemple simple. Pour cet exemple on a $\partial_x u = 0$ à $t = 0$. Comme $\partial_t u = 0$ alors $\partial_x u = 0$ pour tout temps $t > 0$. Donc $v(t, x) = v(0, x)$.

2.5 Exemples de calcul des vitesses d'onde

Le trafic routier

Soit l'équation du trafic routier (2.4) linéarisée autour d'une densité de référence ρ_0 : $\rho_\varepsilon(t, x) = \rho_0 + \varepsilon\mu(t, x) + o(\varepsilon)$. Au premier ordre l'équation pour la perturbation linéaire est

$$\partial_t \mu + a\partial_x \mu = 0, \quad a = u_{\max}\left(1 - 2\frac{\rho_0}{\rho_{\max}}\right).$$

La vitesse d'onde est $\lambda = a$. La solution est $\mu(t, x) = \mu(x - at)$. Soit ρ_c la densité critique

$$\rho_c = \frac{\rho_{\max}}{2}.$$

Pour une densité de véhicule $\rho < \rho_c$ alors $a > 0$ et inversement pour $\rho > \rho_c$ alors $a < 0$. Il s'ensuit que les petites perturbations remontent en sens inverse de la circulation pour une densité forte et avancent dans le même sens que les véhicules pour une densité faible. Cela introduit une distinction entre la vitesse des véhicules qui sont des particules matérielles et la vitesse des petites perturbations en densité qui ne sont pas des particules matérielles. Voir la figure 2.8.

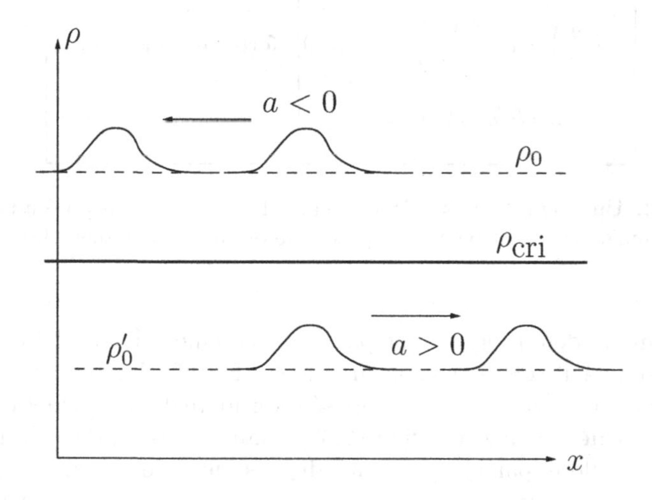

Fig. 2.8. Petites perturbations pour le trafic routier : $\rho_0' < \rho_c < \rho_0$

Le système de St Venant

Lemme 3 *Le flux du modèle de Saint Venant (2.6) est différentiable pour $h \neq 0$. Le modèle est strictement hyperbolique pour $h > 0$. Il est linéairement fortement mal posé pour $h < 0$.*

Remarquons que $h < 0$ correspond à des hauteurs d'eau strictement négatives qui n'ont pas de réalité physique. Posons $a = h$ et $b = hu$. Le flux du modèle (2.6) est $f(a,b) = \begin{pmatrix} b \\ \frac{b^2}{a} + \frac{g}{2}a^2 \end{pmatrix}$. On a

$$A = \begin{pmatrix} 0 & 1 \\ -\frac{b^2}{a^2} + ga & 2\frac{b}{a} \end{pmatrix}, \quad \mathrm{tr}(A) = \frac{2b}{a} = 2u, \quad \det(A) = \frac{b^2}{a^2} - ga = u^2 - gh.$$

Les valeurs propres sont solutions de $\lambda^2 - \mathrm{tr}(A)\lambda + \det(A) = 0$. D'où

$$\lambda = \frac{2u \pm \sqrt{(2u)^2 - 4(u^2 - gh)}}{2} = u \pm c, \quad c = \sqrt{gh}.$$

Pour $h > 0$ les valeurs sont distinctes donc le système est strictement hyperbolique. Finalement $h < 0$ implique $c \in i\mathbb{R}^*$. Donc les valeurs propres sont complexes conjuguées et le système est linéairement fortement mal posé[14].

On retiendra que plus la hauteur d'eau h est grande, plus la vitesse c est grande. En supposant que la hauteur d'eau dans l'océan est de 4000 m, on obtient l'ordre de grandeur de la vitesse de propagation des tsunamis dans l'océan

$$c \approx \sqrt{9.81 \times 4000} \approx 200ms^{-1} = 720km\ h^{-1}.$$

La dynamique des gaz compressibles en dimension un

Lemme 4 *Soit le système de la dynamique des gaz compressibles (2.10) avec la loi de pression de gaz parfait polytropique (2.9) pour une masse volumique positive ou nulle. Alors : a) le flux est différentiable ssi $\rho > 0$, et b) le modèle est strictement hyperbolique pour $\varepsilon > 0$. Il est linéairement fortement mal posé pour $\varepsilon < 0$.*

Le signe de la masse volumique ne joue pas de rôle. En effet on peut changer ρ en $-\rho$ formellement sans problème (avec $\rho u \to -\rho u$ et $\rho e \to -\rho e$). Cela est dû à la loi de gaz parfait. Pour d'autres lois d'états l'hyperbolicité peut dépendre

[14] Bien que cela ne corresponde pas à la définition choisie, nous pouvons étudier la limite de la matrice Jacobienne du système de St Venant pour $h \to 0^+$. Soit $A_0 = \lim_{h \to 0^+} A$. Alors $A_0 \neq uI_d$. Donc A_0 n'est pas diagonalisable et ne peut *a fortiori* posséder deux vecteurs propres. Il s'ensuit que même en étendant la notion d'hyperbolicité, on aboutirait à la même conclusion : le système ne possède pas la propriété de stabilité linéarisée de la définition 6 pour $h = 0$.

de ρ. **En tout état de cause, les données physiques correspondent à** $\rho \geq 0$.

Posons $a = \rho$, $b = \rho u$ et $c = \rho e$. Le flux du modèle est

$$f(a,b,c) = \begin{pmatrix} b \\ \frac{b^2}{a} + (\gamma-1)\left(c - \frac{b^2}{2a}\right) = \frac{3-\gamma}{2}\frac{b^2}{a} + (\gamma-1)c \\ \frac{bc}{a} + (\gamma-1)\left(\frac{bc}{a} - \frac{b^3}{2a^2}\right) = \gamma\frac{bc}{a} - \frac{\gamma-1}{2}\frac{b^3}{a^2} \end{pmatrix}.$$

La matrice Jacobienne du flux est

$$A = \begin{pmatrix} 0 & 1 & 0 \\ -\frac{3-\gamma}{2}\frac{b^2}{a^2} & (3-\gamma)\frac{b}{a} & (\gamma-1) \\ -\gamma\frac{bc}{a^2} + (\gamma-1)\frac{b^3}{a^3} & \gamma\frac{c}{a} - \frac{3\gamma-3}{2}\frac{b^2}{a^2} & \gamma\frac{b}{a} \end{pmatrix}.$$

Les invariants de A sont[15]

$$\mathrm{tr}(A) = 3\frac{b}{a} = 3u, \quad \Delta_2(A) = \frac{\gamma^2-\gamma+6}{2}\frac{b^2}{a^2} - \gamma(\gamma-1)\frac{c}{a} = 3u^2 - \gamma(\gamma-1)\varepsilon u$$

et

$$\det(A) = \frac{\gamma^2-\gamma+2}{2}\frac{b^3}{a^3} - \gamma(\gamma-1)\frac{bc}{a^2} = u^3 - \gamma(\gamma-1)\varepsilon.$$

Le problème aux valeurs propres est

$$\lambda^3 - 3u\lambda^2 + (3u^2 - \gamma(\gamma-1)\varepsilon)\lambda - u^3 + \gamma(\gamma-1)\varepsilon = 0.$$

Une valeur propre évidente est $\lambda = u$. D'où

$$(\lambda - u)(\lambda^2 - 2u\lambda + u^2 - \gamma(\gamma-1)\varepsilon) = 0.$$

Donc les valeurs propres sont

$$\lambda_1 = u - c, \quad \lambda_2 = u, \quad \lambda_3 = u + c, \quad c = \sqrt{\gamma(\gamma-1)\varepsilon}.$$

Pour $\varepsilon > 0$ le système est strictement hyperbolique et pour $\varepsilon < 0$ il est linéairement fortement mal posé[16].

Application numérique

Pour un gaz parfait on a $c = \sqrt{\gamma(\gamma-1)\varepsilon} = \sqrt{\frac{\gamma p}{\rho}}$. Cette loi relie 3 grandeurs macroscopiques ρ, p, c à une grandeur γ qui est fonction de la structure

[15] $\Delta_2(A)$ est la somme des mineurs de taille deux.

[16] Même remarque que pour le système de St Venant des eaux peu profondes. Pour $\varepsilon = 0$ et $u \neq 0$ la limite $\rho \to 0^+$ de la matrice Jacobienne n'est jamais identique à uI. Bien que toutes les valeurs propres tendent vers la même limite, la matrice Jacobienne limite n'est pas proportionnelle à l'identité.

microscopique du gaz. Deux grandeurs macroscopiques ρ et p se mesurent par des expériences statiques et une c se mesure par une expérience dynamique. Cela donne lieu à une application numérique. La masse volumique de l'air au sol est

$$\rho = 1.28 \times 10^3 \; gm^{-3}.$$

La pression de l'air au sol est

$$\begin{aligned} p &= 1 \text{ atm} = 1.013 \,\text{bar} = 1.013 \times 10^5 \text{Nm}^{-2} \\ &= 1.013 \times 10^5 \left(\text{kgm}^2\text{s}^{-2}\right) \text{m}^{-2} = 1.013 \times 10^8 \text{gm}^{-1}\text{s}^{-2}. \end{aligned}$$

Donc

$$c = \sqrt{\frac{\gamma p}{\rho}} \approx 332.88 \text{ms}^{-1}.$$

En suivant Newton et Poisson on aurait pu négliger la dépendance de la pression par rapport à la température et à se contenter d'une approximation isotherme (loi de Boyle)

$$p \approx C\rho.$$

En adaptant le calcul des ondes pour le système de St Venant, on trouverait

$$c \approx \sqrt{C} = \sqrt{\frac{p}{\rho}} \approx 281.31 \text{ms}^{-1}.$$

qui bien sûr ne correspond pas aux mesures. Cette application numérique constitue en elle-même une justification *a posteriori* de l'hypothèse de gaz parfait $p = (\gamma - 1)\rho\varepsilon$.

La dynamique des gaz compressibles en dimension supérieure

Nous considérons le système de la dynamique des gaz compressible en dimension deux d'espace (2.11) et étudions la stabilité linéaire. Supposons, comme cela est proposé à la section 2.4.2 que la solution soit invariante dans la direction

$$y' = -\sin\theta x + \cos\theta y.$$

L'équation (2.36) s'écrit ($x' = \cos\theta x + \sin\theta y$)

$$\partial_t \begin{pmatrix} \rho \\ \rho u \\ \rho v \\ \rho e \end{pmatrix} + \partial_{x'} \begin{pmatrix} \rho(\cos\theta u + \sin\theta v) \\ \rho(\cos\theta u + \sin\theta v)u + p\cos\theta \\ \rho(\cos\theta u + \sin\theta v)v + p\sin\theta \\ \rho(\cos\theta u + \sin\theta v)e + p(\cos\theta u + \sin\theta v) \end{pmatrix} = 0.$$

Il parait judicieux de définir

$$u_\theta = \cos\theta u + \sin\theta v, \quad v_\theta = -\sin\theta u + \cos\theta v.$$

On obtient en combinant les deuxième et troisième équations du système précédent

$$\partial_t \begin{pmatrix} \rho \\ \rho u_\theta \\ \rho v_\theta \\ \rho e \end{pmatrix} + \partial_{x'} \begin{pmatrix} \rho u_\theta \\ \rho u_\theta^2 + p \\ \rho u_\theta v_\theta \\ \rho u_\theta e + p u_\theta \end{pmatrix} = 0.$$

Nous retrouvons le système de la dynamique des gaz à deux composantes de vitesse, mais écrit dans une direction particulière. Cela met en évidence l'**invariance par rotation** du système de la dynamique des gaz compressibles. A partir de là, il est aisé de reproduire les calculs de vitesse d'ondes du lemme 4. Cela est laissé au lecteur. On trouve que la matrice Jacobienne pour le flux est diagonalisable à valeurs propres et vecteurs propres réels. Une méthode différente de calcul des valeurs propres et vecteurs propres est proposée au chapitre 5. Les valeurs propres sont

$$\lambda_1 = u_\theta - c,\ \lambda_2 = \lambda_3 = u_\theta,\ \lambda_4 = u_\theta + c.$$

Le cas lagrangien

L'hyperbolicité des équations de la dynamique des gaz lagrangienne est moins évidente. Nous partons, pour des raisons de simplicité, de la formulation de Hui en dimension deux d'espace et étudions la stabilité de solutions invariantes par rapport à Y

$$\begin{cases} \partial_t(\rho J) = 0, \\ \partial_t(\rho J u) + \partial_X(pM) = 0, \\ \partial_t(\rho J v) + \partial_X(-pL) = 0, \\ \partial_t(\rho J e) + \partial_X(puM - pvL) = 0, \\ \partial_t A - \partial_X u = 0, \\ \partial_t B - \partial_X v = 0, \\ \partial_t L = 0, \\ \partial_t M = 0. \end{cases}, \quad J = AM - BL.$$

La donnée initiale est telle que $A = M = 1$, $B = L = 0$ et $\rho J = \rho_0(X)$. On utilise $\tau = \rho^{-1}$. On peut simplifier en

$$\begin{cases} \rho_0 \partial_t \tau - \partial_X u = 0, \\ \rho_0 \partial_t u + \partial_X p = 0, \\ \rho_0 \partial_t e + \partial_X (pu) = 0, \\ \rho_0 \partial_t v = 0, \\ \partial_t B - \partial_X v = 0. \end{cases} \quad (2.38)$$

Deux cas se présentent.

La dimension un d'espace : on considère une situation vraiment monodimensionnelle, ce qu'on caractérise par $v \equiv 0$. Auquel cas on est ramené au système

$$\begin{cases} \rho_0 \partial_t \tau - \partial_X u = 0, \\ \rho_0 \partial_t u + \partial_X p = 0, \\ \rho_0 \partial_t e + \partial_X (pu) = 0, \end{cases}.$$

Pour une loi $p = p(\rho, \varepsilon)$ la matrice Jacobienne est

$$A = \frac{1}{\rho_0} \begin{pmatrix} 0 & -1 & 0 \\ p_\tau & -up_\varepsilon & p_\varepsilon \\ up_\tau & p - u^2 p_\varepsilon & up_\varepsilon \end{pmatrix}.$$

Le polynôme caractéristique est $\det(A - \lambda I) = -\lambda^3 - \frac{p_\tau - pp_\varepsilon}{\rho_0^2} \lambda = 0$ dont les racines sont

$$\lambda_1^A = -\frac{\sqrt{-p_\tau + pp_\varepsilon}}{\rho_0}, \quad \lambda_2^A = 0, \quad \lambda_3^A = \frac{\sqrt{-p_\tau + pp_\varepsilon}}{\rho_0}.$$

Dans le cas général les trois valeurs propres sont distinctes. La matrice A possède trois vecteurs propres réels.

La situation vraiment bidimensionnelle : à présent $v \neq 0$ est admissible. La matrice Jacobienne du flux de (2.38) est

$$B = \frac{1}{\rho_0} \begin{pmatrix} 0 & -1 & 0 & 0 & 0 \\ p_\tau & -up_\varepsilon & p_\varepsilon & -vp_\varepsilon & 0 \\ up_\tau & p - u^2 p_\varepsilon & up_\varepsilon & -uvp_\varepsilon & 0 \\ 0 & 0 & 0 & 0 & 0 \\ 0 & 0 & 0 & -1 & 0 \end{pmatrix}.$$

Le polynôme caractéristique est $\det(B - \lambda I) = \lambda^2 \det(A - \lambda I)$. Les valeurs propres de B comptées sans leur ordre de multiplicité sont aussi celles de A. En tenant compte de l'ordre de multiplicité on a

$$\lambda_1^B = \lambda_1^A < 0, \ \lambda_2^B = \lambda_3^B = \lambda_4^B = \lambda_2^A = 0, \ \lambda_5^B = \lambda_3^A > 0.$$

Le problème se pose avec les vecteurs propres pour la valeur propre multiple nulle. Posons $x = (x_1, x_2, x_3, x_4, x_5)$. L'équation pour les vecteurs propres associés à la valeur propre nulle est

$$\begin{cases} -x_2 = 0, \\ p_\tau x_1 - up_\varepsilon x_2 + p_\varepsilon x_3 - vp_\varepsilon x_4 = 0, \\ up_\tau x_1 - u^2 p_\varepsilon x_2 + up_\varepsilon x_3 - uvp_\varepsilon x_4 = 0, \\ 0 = 0, \\ -x_4 = 0, \end{cases} \iff \begin{cases} x_2 = 0, \\ p_\tau x_1 + p_\varepsilon x_3 = 0, \\ x_4 = 0. \end{cases}$$

Ces trois contraintes linéaires sont indépendantes dans le cas général $(p_\tau, p_\varepsilon) \neq (0, 0)$. L'espace des vecteurs propres associées à la valeur propre nulle est de dimension deux. Il manque donc un vecteur propre. La matrice B n'est pas diagonalisable.

Nous déduisons de cette étude.

Lemme 5 *Le système de la dynamique des gaz lagrangienne n'est que faiblement hyperbolique en dimension d'espace supérieure à un.*

La structure de la matrice B montre que ce sont les **inconnues géométriques** en dimension supérieure qui sont la cause de cette perte d'hyperbolicité forte. Un discussion de ce point se trouve dans [H06]. On renvoit à la section 7.6.9 pour une discussion des conséquences sur la convergence numérique des méthodes lagrangiennes en dimension $d \geq 2$.

2.6 Exercices

Exercice 1

Soit l'équation $\partial_t u + \partial_x f(u) = 0$ avec $f''(u) \neq 0$ pour tout u. On dit que le flux est vraiment non linéaire[17]. Trouver une fonction $u \mapsto \varphi(u)$ telle que $v = \varphi(u)$ est solution de l'équation de Burgers

$$\partial_t v + \partial_x \left(\frac{v^2}{2} \right) = 0. \tag{2.39}$$

Exercice 2 •

On considère le modèle de St Venant avec $g = 0$. Ce modèle est appelé modèle des gaz sans pression

$$\begin{cases} \partial_t h + \partial_x (hu) = 0, \\ \partial_t (hu) + \partial_x \left(hu^2\right) = 0. \end{cases}$$

Montrer que le modèle des gaz sans pression est faiblement hyperbolique. Montrer que u satisfait à l'équation de Burgers (une hypothèse implicite est que la solution est régulière).

Exercice 3

Nous reprenons la technique de linéarisation, cette fois autour d'une solution scalaire $u(t, x)$ non constante. On pose $u_\varepsilon(t, x) = u(t, x) + \varepsilon v(t, x) + o(\varepsilon)$. On suppose que

$$\partial_t u + \partial_x f(u) = \partial_t u_\varepsilon + \partial_x f(u_\varepsilon) = 0.$$

Montrer que le couple (u, v) est solution du système

$$\partial_t \begin{pmatrix} u \\ v \end{pmatrix} + \begin{pmatrix} f(u) \\ a(u)v \end{pmatrix} = 0, \quad a(u) = f'(u). \tag{2.40}$$

Montrer que le système est faiblement hyperbolique pour $a'(u)v \neq 0$.

---

[17] Le contre-exemple est $f = au$, $a \in \mathbb{R}$ donné.

Exercice 4 •

Nous étudions la robustesse du concept d'hyperbolicité. Soit le système $\partial_t U + \partial_x f(U) = 0$. Nous supposons que le système est strictement hyperbolique. Soit $U \mapsto f_\varepsilon(U)$ une suite de flux tels que f_ε tend vers f dans C^1. Montrer que le système

$$\partial_t U + \partial_x f_\varepsilon(U) = 0$$

est strictement hyperbolique pour ε assez petit.

Exercice 5

Nous revenons sur l'exercice précédent. En revanche nous supposons que $\partial_t U + \partial_x f(U) = 0$ est linéairement fortement mal posé. Montrer que $\partial_t U + \partial_x f_\varepsilon(U) = 0$ est linéairement fortement mal posé pour ε assez petit.

Exercice 6

Nous considérons le système linéaire

$$\begin{cases} \partial_t u & +\varepsilon(a\partial_x u + b\partial_x v) = 0, \\ \partial_t v + \partial_x u & +\varepsilon(c\partial_x u + d\partial_x v) = 0, \end{cases}$$

(a, b, c, d) sont des réels donnés avec $b < 0$. Montrer que pour $\varepsilon > 0$ assez petit, le système est strictement hyperbolique, et que pour $\varepsilon < 0$ assez petit le système est fortement mal posé. Comparer avec les deux exercices précédents.

Exercice 7

Partir du système de la dynamique des gaz en coordonnées de Lagrange et montrer que

$$\rho^2 c^2 = -\frac{\partial p}{\partial \tau|\varepsilon} + p\frac{\partial p}{\partial \varepsilon|\tau}.$$

Prendre les caractéristiques de la loi d'état de l'eau et en déduire que

$$c \approx 1500 m s^{-1}.$$

Exercice 8

En reprenant l'exercice précédent, montrer que la loi de van der Waals présente une zone d'instabilité située à l'intérieur de la zone de stabilité.

Exercice 9

On part du système de la dynamique des gaz eulérien en dimension un d'espace. Soit une translation du référentiel à vitesse variable en temps

$$t' = t \text{ ainsi que } \partial_t x'(t, X) = v(t) \text{ avec } x(0, X) = X.$$

Montrer que l'on a

$$\begin{cases} \partial_{t'}\rho + \partial_{x'}(\rho u') = 0, \\ \partial_{t'}(\rho u') + \partial_{x'}(\rho (u')2 + p) = \rho g(t), \\ \partial_{t'}(\rho e) + v\partial_{x'}(\rho e) + \partial_{x'}(\rho u e + p u) = \rho g(t) u'. \end{cases}$$

Les quantités ' sont évaluées dans le référentiel en mouvement. L'accélération est $g(t) = \frac{d}{dt}v(t)$.

Exercice 10 •

On reprend la preuve d'invariance galilénne avec une méthode plus systématique en appliquant le théorème 2.1. On considère donc le changement de référentiel (2.12) où v est une vitesse de translation donnée.

Montrer que la comatrice de la transformation espace-temps (2.12) est

$$cof(M) = \begin{pmatrix} 1 & 0 \\ v & 1 \end{pmatrix}.$$

Soit la matrice

$$A = \begin{pmatrix} \rho & \rho u \\ \rho u & \rho u^2 + p \\ \rho e & \rho u e + p u \end{pmatrix}$$

ainsi que le système des gaz compressibles $\nabla_{t,x} A = 0$. Montrer que l'on a aussi $\nabla_{t',x'} (A \times cof(M)) = 0$. Soit la matrice

$$T = \begin{pmatrix} 1 & 0 & 0 \\ v & 1 & 0 \\ \frac{v^2}{2} & v & 1 \end{pmatrix}.$$

Montrer que le système de lois de conservation $\nabla_{t',x'} (T \times A \times cof(M)) = 0$ est identique au système de la dynamique des gaz dans le référentiel (t', x'). On comparera avec le résultat du lemme 1.

2.7 Notes bibliographiques

Le modèle du trafic routier LWR fait référence aux travaux de Lighthill [L78], Whitham [W74] et Richards. La possibilité d'écrire de manière systématique les équations eulériennes sous forme lagrangiennes est connue depuis longtemps, on pourra consulter [D00] pour une référence mathématique moderne. Voir aussi [W87]. L'utilisation d'équations lagrangiennes pour la dérivation systématique de méthodes numériques de type lagrangien ou quasi-lagrangien a été initiée dans les travaux de Hui et de ses collaborateurs [HL90, HLL99, HK01, H06] (c'est pourquoi on propose d'appeler la formulation fermée par les équations d'évolution du gradient de déformation formulation de Hui), puis reprise par [L02] et [DM05]. De manière surprenante il est souvent considéré que l'écriture des équations sous forme lagrangienne instationnaire est une tâche difficile [S96]. Voir [D] pour un développement récent autour des système de lois de conservation possédant l'invariance galiléenne. La stabilité et l'hyperbolicité sont développés dans maints ouvrages maintenant classiques, citons juste [GR91, S96, D00].

3

Étude d'une loi de conservation

Une fois un modèle eulérien ou lagrangien obtenu il importe d'en déterminer les solutions par des moyens analytiques ou numériques. En comparant ces solutions aux résultats expérimentaux cela permet de progresser dans la compréhension du modèle. Nous verrons par la suite que la non-linéarité du flux $U \mapsto f(U)$ induit l'existence de solutions d'un nouveau type pour tout système hyperbolique non linéaire de lois de conservation : ces solutions sont discontinues. Le cas scalaire est suffisant pour comprendre ce phénomène.

Nous considérons l'équation scalaire

$$\partial_t u + \partial_x f(u) = 0, \quad t > 0, \tag{3.1}$$

avec une condition initiale $u(0,x) = u_0(x)$. On construira la solution à l'aide de la méthode des caractéristiques, avec la restriction importante que cette solution se doit d'être régulière. La non-linéarité du flux $u \mapsto f(u)$ induit l'existence de solutions discontinues. La formulation faible de l'équation fournit un cadre agréable pour discuter des ces solutions discontinues. L'entropie permet de distinguer les solutions discontinues admissibles des solutions discontinues non admissibles. Des exemples seront traités avec soin, en particulier pour l'équation du trafic routier pour laquelle les solutions discontinues de type choc sont les entrées de bouchon.

Puis nous définirons un schéma pour le calcul numérique de la solution de (3.1). Nous montrerons sa stabilité sous condition de stabilité (condition CFL)

$$c\frac{\Delta t}{\Delta x} \le 1.$$

On montrera que le schéma est compatible avec la condition d'entropie discrète. Cela permet de garantir que le schéma calcule les bonnes solutions discontinues et rejette de lui-même les solutions discontinues non admissibles pour le critère de l'entropie. Des résultats numériques seront présentés, qui confirmeront l'analyse théorique. **Les cas où le schéma calcule les solutions non admissibles s'interprèteront comme une violation de**

B. Després, *Lois de Conservations Eulériennes, Lagrangiennes et Méthodes Numériques*, Mathématiques et Applications, DOI 10.1007/978-3-642-11657-5_3,

l'inégalité d'entropie discrète. Nous présenterons finalement un schéma lagrangien pour l'équation du trafic routier.

3.1 Solutions fortes et méthode des caractéristiques

Soit l'équation (3.1). Commençons par supposer que u **est une solution régulière du problème de Cauchy**

$$\begin{cases} \partial_t u + \partial_x f(u) = 0, \\ u(0,x) = u_0(x). \end{cases} \tag{3.2}$$

Ici la donnée initiale est $x \mapsto u_0(x)$ que nous supposons $C^1(\mathbb{R})$. L'équation se récrit sous une forme dite non conservative ou non divergente $\partial_t u + a(u)\partial_x u = 0$ avec $a(u) = f'(u)$. Nous définissons le changement de coordonnées $(t,x) \leftrightarrow (t',X)$[1]

$$\begin{cases} \frac{\partial x(t',X)}{\partial t'} = a\left(u(t',x(t',X))\right), x(0,X) = X, \\ t = t'. \end{cases} \tag{3.3}$$

Définition 9 *La courbe $t \mapsto x(t,X)$ définie par (3.3) est appelée la courbe caractéristique associée à la solution $t \mapsto u(t,x)$ de l'équation scalaire.*

Les formules de dérivation composée énoncent que

$$\begin{cases} \partial_{t'} = \partial_{t'} t \, \partial_t + \partial_{t'} x \, \partial_x = \partial_t + a\partial_x, \\ \partial_X = \partial_X t \, \partial_t + \partial_X x \, \partial_x = J\partial_x. \end{cases} \tag{3.4}$$

Par définition $J = \partial_{X|t'} x$. Donc $\partial_t u + a(u)\partial_x u = 0$ est équivalent à

$$\partial_{t'} u(t', x(t',X)) = 0.$$

Donc la solution u est constante le long des courbes caractéristiques [2]

$$u(t', x(t',X)) = u(0, x(t',0)) = u_0(X).$$

Comme la solution est constante le long des courbes caractéristiques, alors

$$\frac{\partial x(t',X)}{\partial t'} = a(u_0(X)).$$

C'est donc que les courbes caractéristiques sont des **droites**, solutions de l'équation des caractéristiques.

L'**équation des droites caractéristiques** est $(t' = t)$

$$x(t,X) = X + ta\left(u_0(X)\right), \quad a(u) = f'(u). \tag{3.5}$$

[1] Du type espace car $t' = t$.
[2] Un autre mode de dérivation de cette identité est proposé dans les exercices.

La méthode des caractéristiques consiste à construire une solution de l'équation grâce à la résolution préliminaire de l'équation des droites caractéristiques (3.5). Plusieurs méthodes de résolution effective de l'équation des caractéristiques sont possibles. Remarquons aussi que la solution u n'a pas besoin d'être C^1. Une fonction continue (C^0) et dérivable par morceaux (C^1 par morceaux) suffirait. Résumons.

Lemme 6 *Soit $u_0(x)$ une fonction continue et dérivable par morceaux. Nous supposons que la solution $t \mapsto x(t,X)$ de l'équation des caractéristiques est continue, dérivable par morceaux sur $[0,T]\times\mathbb{R}$ et inversible. La transformation inverse étant notée $(t,x) \mapsto X(t,x)$ avec $x(t,X(t,x)) = x$ pour tout $x \in \mathbb{R}$.*

Alors la fonction $(t,x) \mapsto u_0(X(t,x))$ est continue, dérivable par morceaux et est solution du problème de Cauchy (3.2).

Posons $u(t,x) = u_0(X(t,x))$. Nous avons

$$\partial_t u(t,x) + \partial_x f(u(t,x)) = \partial_t u(t,x) + a(u(t,x))\partial_x u(t,x) = \partial_{t'|X} u_0(X) = 0.$$

Cette égalité est vraie partout sauf sur les lignes de pertes de régularité C^1. Sur ces mêmes lignes, l'équation est vraie séparément de part et d'autre.

Définition 10 *Les solutions décrites dans le lemme 6 seront appelées* **solutions fortes** *(ceci par opposition aux solutions faibles qui vont être définies plus bas).*

Nous considérons l'exemple très classique de l'équation de Burgers $\partial_t u + \partial_x \frac{u^2}{2} = 0$ avec la condition initiale

$$\begin{cases} u_0(x) = 1, & x < -1, \\ u_0(x) = -x, & -1 < x < 0, \\ u_0(x) = 0, & x > 0. \end{cases}$$

Les caractéristiques sont représentées figure 3.1. La solution de l'équation des caractéristiques (3.5) est

$$\begin{cases} x(t,X) = X + t, & X < -1, \\ x(t,X) = X - tX, & -1 < X < 0, \\ x(t,X) = X, & X > 0. \end{cases}$$

Comme $u(t,x(t,X)) = u_0(X)$ nous obtenons la solutions forte u

$$0 \le t < T = 1 \quad \begin{cases} u(t,x) = 1, & x - t < -1, \\ u(t,x) = -\frac{x}{1-t}, & -1 < x - t,\ x < 0, \\ u(t,x) = 0, & x > 0. \end{cases} \tag{3.6}$$

La méthode de caractéristiques est ici valable pour $0 \le t < T$ avec $T = 1$. Au temps $t = T$ les caractéristiques se croisent, il y a alors plusieurs solutions de l'équation (3.5). La construction du lemme (6) s'effondre.

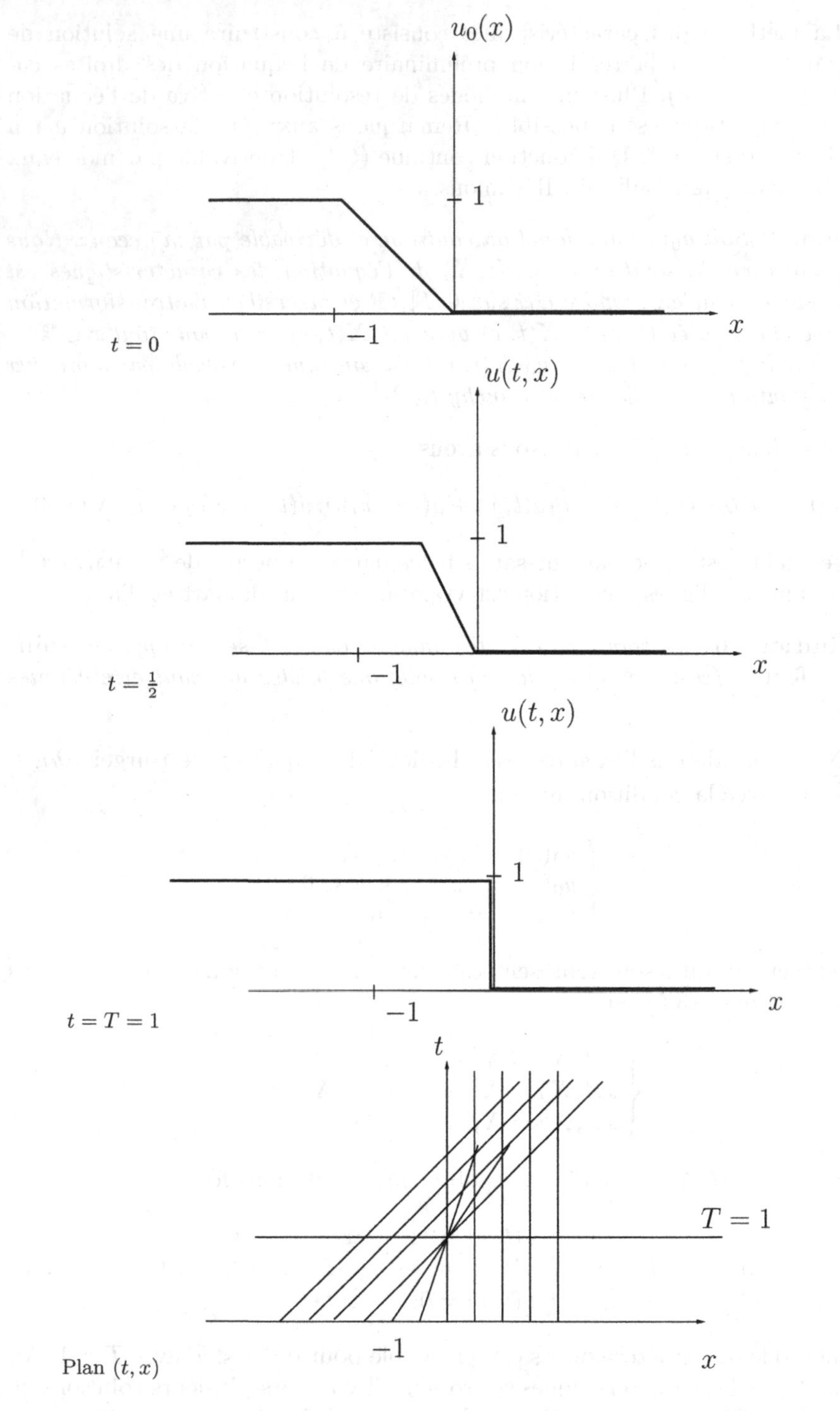

Fig. 3.1. Caractéristiques se croisant pour l'équation de Burgers

En revanche pour une autre donnée initiale, la construction à l'aide des caractéristiques est valide pour tout temps. Par exemple considérons la donnée

$$\begin{cases} u_0(x) = 0, & x < -1, \\ u_0(x) = 1 + x, & -1 < x < 0, \\ u_0(x) = 1, & x > 0. \end{cases}$$

Les caractéristiques sont représentées figure 3.2. Les caractéristiques sont

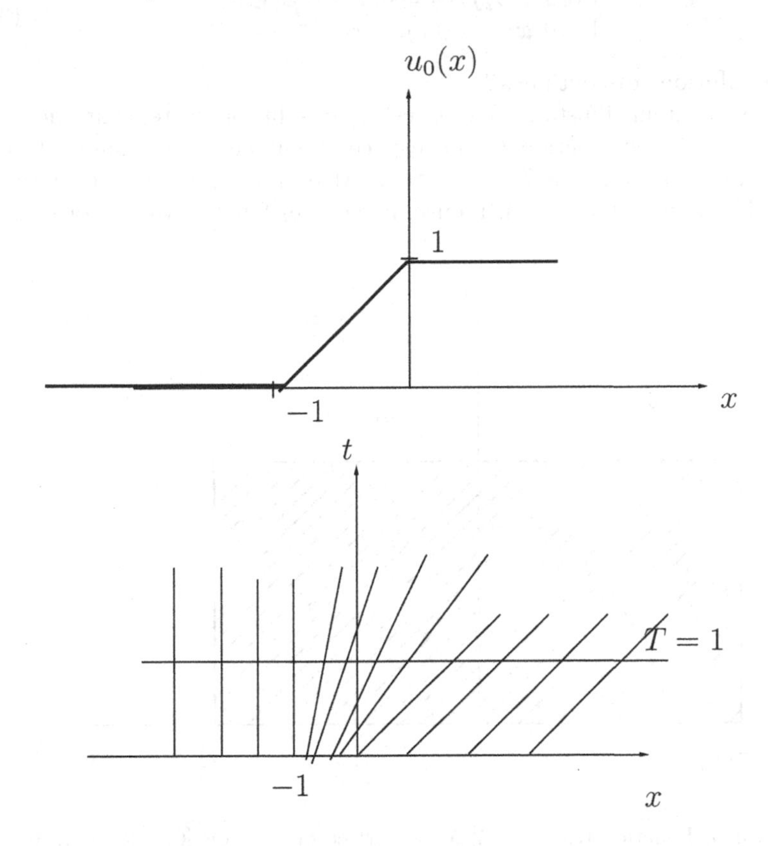

Fig. 3.2. Caractéristiques ne se croisant pas pour l'équation de Burgers

maintenant

$$\begin{cases} x(t,X) = X, & X < -1, \\ x(t,X) = X + t(1+X), & -1 < X < 0, \\ x(t,X) = X + t, & X > 0. \end{cases}$$

La solution forte u est

$$0 \leq t < T = \infty \qquad \begin{cases} u(t,x) = 0, & x < -1, \\ u(t,x) = 1 + \frac{x-t}{1+t}, & -1 < x < t, \\ u(t,x) = 1, & x - t > 0. \end{cases}$$

3.2 Solutions faibles

La méthode des caractéristiques est à même de construire une solution sauf pour certaines données initiales discontinues. Des solutions discontinues apparaissent inévitablement dès que les caractéristiques se croisent. Dès lors, quel sens peut-on donner aux solutions de l'équation

$$\begin{cases} \partial_t u + \partial_x f(u) = 0,\ t > 0,\ x \in \mathbb{R} \\ u(0,x) = u_0(x), \quad x \in \mathbb{R} \end{cases} \tag{3.7}$$

pour des solutions discontinues ?

Supposons pour l'instant que u est une solution forte continue. Soit $(t,x) \mapsto \varphi(t,x)$ une fonction C^1 en espace et en temps et à support compact : $\varphi(t,x) \equiv 0$ pour $t > T$ ou $|x| > A$. Attention : $\varphi(0,x) \neq 0$ est tout à fait possible pour $-A < x < A$. L'ensemble de ces fonctions sera noté C_0^1.

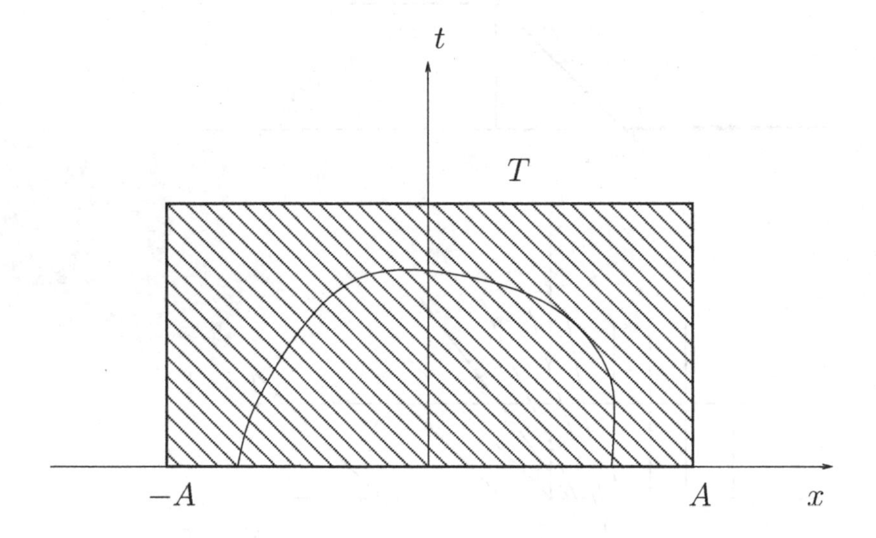

Fig. 3.3. Fonction test $\varphi \in C_0^1$ à support compact dans $[0,T[\times]-A,A[$

Nous multiplions (3.7) par $\varphi \in C_0^1$ et intégrons

$$\int_{\mathbb{R}} \int_{0<t} (\partial_t u + \partial_x f(u))\varphi dt dx = \int_{-A<x<A} \int_{0<t}^{T} (\partial_t u + \partial_x f(u))\varphi dt dx = 0.$$

Puis nous intégrons par parties en espace-temps

$$-\int_{-A<x<A} \int_{0<t}^{T} (u\partial_t \varphi + f(u)\partial_x \varphi)\, dx dt - \int_{-A<x<A} u_0(x)\varphi(0,x) dx = 0.$$

Nous remarquons que les dérivées de u n'apparaissent plus.

Définition 11 *Soit u une fonction localement bornée* $(t,x) \mapsto u(t,x)$. *Nous dirons que u est une* **solution faible** *du problème de Cauchy (3.7) ssi*

$$\int_{\mathbb{R}} \int_{0<t} (u\partial_t \varphi + f(u)\partial_x \varphi)\, dxdt + \int_{\mathbb{R}} u_0(x)\varphi(0,x)dx = 0 \qquad (3.8)$$

pour tout fonction $\varphi \in C_0^1$.

L'équation (3.8) est la **formulation faible**.

Lemme 7 *Les solutions fortes sont des solutions faibles. Les solutions faibles régulières (C^0 et C^1 par morceaux suffit) sont des solutions fortes.*

On réintègre par partie la formulation faible et on obtient

$$\int\int (\partial_t u + \partial_x f(u))\, \varphi(t,x)dtdx + \int_{\mathbb{R}} (u_0(x) - u(0,x))\, \varphi(0,x)dx = 0$$

pour tout φ. Tout d'abord on prend φ quelconque s'annulant en $t = 0$. Cela montre $\partial_t u + \partial_x f(u) = 0$. Puis on prend des φ qui ne s'annulent pas en $t = 0$. D'où le résultat.

Théorème 3.1. *Soit u une fonction localement bornée* $(t,x) \mapsto u(t,x)$. *Nous supposons que u est C^1 de part et d'autre d'une courbe régulière* $\Gamma : t \mapsto x(t)$. *La fonction u est solution faible de (3.8) ssi a) u est solution forte de part et d'autre de Γ et b)*

$$-x'(t)\left[u(t,x(t)^+) - u(t,x(t)^-)\right] + \left[f(u(t,x(t)^+)) - f(u(t,x(t)^-))\right] = 0. \qquad (3.9)$$

Le point a) se vérifie comme pour le lemme 7. Il suffit de vérifier le point b) (3.9). Soit $\varphi \in C_0^1$ dont le support contient en partie la courbe Γ. Nous séparons l'espace en deux parties $\Omega^- = \{(t,x);\ x < x(t)\}$ et $\Omega^+ = \{(t,x);\ x > x(t)\}$.

Nous supposons que $\varphi(0,x) \equiv 0$ pour tout $x \in \mathbb{R}$. Donc (3.8) devient

$$\int\int_{\Omega^-} (u\partial_t \varphi + f(u)\partial_x \varphi)\, dxdt + \int\int_{\Omega^+} (u\partial_t \varphi + f(u)\partial_x \varphi)\, dxdt = 0.$$

Par application de la formule de Stokes séparément à gauche et à droite, nous obtenons

$$-\int\int_{\Omega^-} (\partial_t u + \partial_x f(u))\varphi + \int_\Gamma ((f(u),u)^-, \mathbf{n}^-)\varphi d\sigma$$

$$-\int\int_{\Omega^+} (\partial_t u + \partial_x f(u))\varphi + \int_\Gamma ((f(u),u)^+, \mathbf{n}^+)\varphi d\sigma = 0.$$

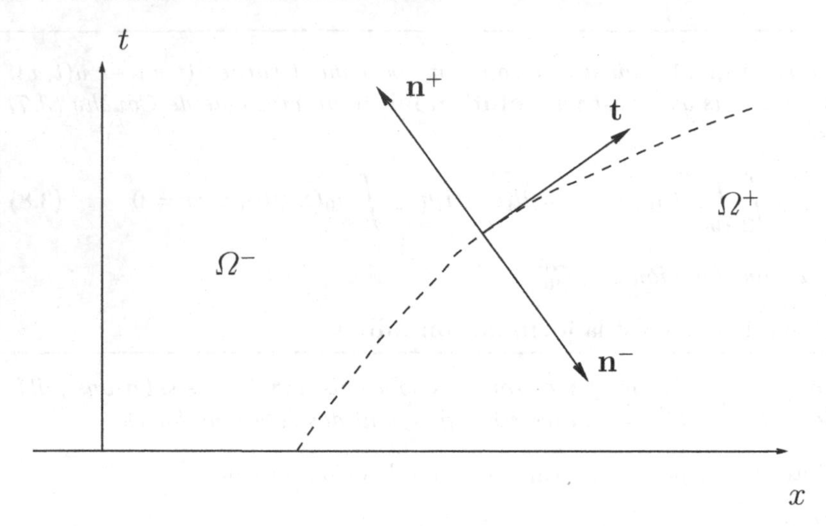

Fig. 3.4. Les normales sortantes de Ω^- et Ω^+ sont $\mathbf{n}^-$ et $\mathbf{n}^+$

Comme u est solution forte dans Ω^- et Ω^+ séparément, il reste

$$\int_\Gamma ((f(u),u)^-, \mathbf{n}^-)\varphi d\sigma + \int_\Gamma ((f(u),u)^+, \mathbf{n}^+)\varphi d\sigma = 0.$$

Comme φ est arbitraire nous obtenons la condition nécessaire et suffisante

$$((f(u),u)^-, \mathbf{n}^-) + ((f(u),u)^+, \mathbf{n}^+) = 0 \text{ sur } \Gamma.$$

Comme

$$\mathbf{t} = \frac{1}{a}\begin{pmatrix} x'(t) \\ 1 \end{pmatrix}, \quad \mathbf{n}^+ = \frac{1}{a}\begin{pmatrix} 1 \\ -x'(t) \end{pmatrix} = -\mathbf{n}^-, \quad a = \sqrt{1+x'(t)^2},$$

c'est donc que $-x'(t)[u] + [f(u)] = 0$ où par convention $[g] = g^+ - g^-$ est la différence des valeurs sur les bords droit et gauche. Cela clôt la preuve.

Soit une fonction constante de part et d'autre d'une ligne de discontinuité

$$u(t,x) = u_G \text{ pour } x < \sigma t, \quad u(t,x) = u_D \text{ pour } x > \sigma t.$$

La vitesse de la discontinuité est σ.

Définition 12 *Le triplet (σ, u_G, u_D) définit une solution faible ssi ces quantités sont liées par le* **relation de Rankine-Hugoniot**

$$-\sigma(u_D - u_G) + (f(u_D) - f(u_G)) = 0. \tag{3.10}$$

La relation de Rankine-Hugoniot découle de (3.9). On notera aussi $-\sigma[u] + [f(u)] = 0$.

Exemple Les solutions discontinues de l'équation de Burgers vérifient

$$\sigma = \frac{\left[\frac{u^2}{2}\right]}{[u]} = \frac{u_D + u_G}{2}.$$

Cette relation donne la vitesse de déplacement de la discontinuité en fonction des états droit et gauche.

3.3 Solutions faibles entropiques

La formulation faible considère un **ensemble de solutions faibles** (fonctions bornées) plus grand que celui des seules **solutions fortes** (fonctions continues et dérivables par morceaux). Pour des données initiales qui ont déjà une solution forte, laquelle pouvait se traiter par exemple par la méthode des caractéristiques, il est alors possible que la formulation faible **ajoute** une ou plusieurs solutions supplémentaires. C'est le cas pour le paradoxe suivant.

Paradoxe 1 *Considérons l'équation de Burgers avec la donnée initiale*

$$u_0(x) = 0,\ x < 0\ ; \quad u_0(x) = 1,\ x > 0.$$

Deux solutions faibles sont possibles : **1)** *la solution (de type détente par analogie avec la mécanique des fluides)*

$$0 \leq t < T = \infty \quad \begin{cases} u(t,x) = 0, \ x < 0, \\ u(t,x) = \frac{x}{t}, \ 0 < x < t, \\ u(t,x) = 1, \ x - t > 0; \end{cases} \tag{3.11}$$

2) *la solution discontinue qui avance à la vitesse* $\sigma = \frac{1}{2}$.

Il est tout à fait raisonnable de penser que la bonne solution est la détente. En effet pour un phénomène physique quel qu'il soit, une discontinuité n'est qu'apparente et dépend de l'échelle à laquelle on observe ce phénomène. Énoncé autrement les données physiques peuvent toujours se concevoir comme lisses à condition de prendre une loupe assez fine. En suivant ce principe la bonne solution est la détente.

On introduit la notion de lissage systématiquement en considérant que les bonnes solutions faibles u sont les limites des solutions u_ε de l'équation avec viscosité

$$\begin{cases} \partial_t u_\varepsilon + \partial_x f(u_\varepsilon)) = \varepsilon \partial_{xx} u_\varepsilon, \ t > 0 \\ u_\varepsilon(0,x) = u_{0,\varepsilon}(x). \end{cases} \tag{3.12}$$

Nous admettons que les solutions de cette équation sont naturellement régulières, c'est à dire que le terme $\varepsilon \partial_{xx} u_\varepsilon$ lisse les solutions. Quelles sont les conséquences ?

Pour cela nous considérons u une fonction localement bornée. Nous admettons que u est la limite d'une suite de fonctions u_ε solutions classiques régulières de l'équation avec viscosité (3.12). Nous avons par hypothèse

$$\lim_{\varepsilon\to 0^+} ||u - u_\varepsilon||_{L^1_{loc}([0,T[\times\mathbb{R})} = 0, \text{ et } ||u_\varepsilon||_{L^\infty([0,T[\times\mathbb{R})} \leq C, \quad (3.13)$$

et aussi

$$\lim_{\varepsilon\to 0^+} ||u_0 - u_{0,\varepsilon}||_{L^1_{loc}(\mathbb{R})} = 0. \quad (3.14)$$

Les fonctions u_ε sont des **solutions visqueuses**[3]. Une possibilité pour étudier les conséquences du "lissage" est de déterminer toutes les équations et inéquations satisfaites par la limite u. Nous aurons besoin de la notion d'entropie.

Définition 13 *Soit* $u \mapsto \eta(u)$ *une fonction deux fois dérivable* **strictement convexe** $\eta''(u) > 0$, *appelée* **entropie**. *Soit* $u \mapsto \xi(u)$ *le* **flux d'entropie** *associé défini par*

$$\eta'(u)f'(u) = \xi'(u), \quad \xi(u) = \int \eta'(v)f'(v)dv.$$

Par exemple pour l'équation de Burgers $f(u) = \frac{u^2}{2}$. La fonction $\eta_p(u) = \frac{u^{2p}}{2p} + \alpha\frac{u^2}{2}$ est une entropie pour tout $p \in \mathbb{N}$, $p \geq 2$ et tout $\alpha > 0$. Le flux d'entropie associé est $\xi_p(u) = \frac{u^{2p+1}}{2p+1} + \alpha\frac{u^3}{3}$. On a bien $\eta_p'(u)f'(u) = (u^{2p-1} + u)u = u^{2p} + u^2 = \xi_p'(u)$.

Théorème 3.2. *Soit une fonction* u *limite de fonctions* u_ε *(3.13,3.14). Alors la fonction* u *possède les deux propriétés suivantes*

a) C'est une solution faible de (3.8).

b) Pour tout couple entropie-flux d'entropie (η, ξ) *et pour toute fonction* $\varphi \in C_0^1$ *positive* $\varphi \geq 0$, *la fonction* u *vérifie la formulation faible pour l'entropie*

$$-\int_{\mathbb{R}}\int_{0<t} (\eta(u)\partial_t\varphi + \xi(u)\partial_x\varphi)\, dxdt - \int_{\mathbb{R}} \eta(u_0(x))\varphi(0,x)dx \leq 0. \quad (3.15)$$

De (3.8) nous déduisons que $\partial_t u_\varepsilon + f'(u_\varepsilon)\partial_x u_\varepsilon = \varepsilon\partial_{xx}u_\varepsilon$. Puis en multipliant par $\eta'(u_\varepsilon)$

$$\partial_t\eta(u_\varepsilon) + \eta'(u_\varepsilon)f'(u_\varepsilon)\partial_x u_\varepsilon = \varepsilon\eta'(u_\varepsilon)\partial_{xx}u_\varepsilon.$$

Grâce à la relation sur le flux d'entropie et à une réorganisation du second membre

[3] On reprendra et précisera cette notion de viscosité évanescente au chapitre sur les systèmes hyperboliques de lois de conservation.

$$\partial_t \eta(u_\varepsilon) + \partial_x \xi(u_\varepsilon) = \varepsilon \partial_{xx} \eta(u_\varepsilon) - \varepsilon \eta''(u_\varepsilon)(\partial_x u_\varepsilon)^2 \le \varepsilon \partial_{xx} \eta(u_\varepsilon).$$

Multiplions par une fonction test $\varphi \in C_0^1$ positive $\varphi \geq 0$. Alors

$$\int\int (\partial_t \eta(u_\varepsilon) + \partial_x \xi(u_\varepsilon))\, \varphi dxdt \le \varepsilon \int\int (\partial_{xx}(\eta(u_\varepsilon)))\, \varphi dxdt.$$

Intégrons par partie

$$-\int_{\mathbb{R}}\int_{0<t} (\eta(u_\varepsilon)\partial_t \varphi + \xi(u_\varepsilon)\partial_x \varphi)\, dxdt - \int_{\mathbb{R}} \eta(u_{0,\varepsilon})\varphi(0,.)dx$$

$$\le \varepsilon \int_{\mathbb{R}}\int_{0<t} \eta(u_\varepsilon)\partial_{xx}\varphi dxdt.$$

Il reste à étudier la convergence de ces diverses intégrales quand ε tend vers 0, la fonction test φ étant constante. On a

$$\left| \int_{\mathbb{R}}\int_{0<t} \eta(u_\varepsilon)\partial_t \varphi dxdt - \int_{\mathbb{R}}\int_{0<t} \eta(u)\partial_t \varphi dxdt \right|$$

$$\le \left(\max |\partial_t \varphi| \max_{|v|\le C} |\eta'(v)| \right) ||u_\varepsilon - u||_{L^1(\mathrm{supp}(\varphi))}.$$

Par définition $\mathrm{supp}(\varphi) = \{(t,x) \in \mathbb{R}^+ \times \mathbb{R}; \varphi(t,x) > 0\}$. On en déduit la convergence de la première intégrale

$$\int_{\mathbb{R}}\int_{0<t} \eta(u_\varepsilon)\partial_t \varphi dxdt \to \int_{\mathbb{R}}\int_{0<t} \eta(u)\partial_t \varphi dxdt.$$

De même pour les deuxième et troisième intégrales dans le membre de gauche. Le membre de droite tend vers 0 grâce au paramètre ε.

Définition 14 *Une fonction u solution faible et vérifiant la formulation faible (3.15) pour tout couple entropie-flux d'entropie* (η, ξ) *sera dite* **solution faible entropique**.

Théorème 3.3. *Soit u une fonction localement bornée* $(t,x) \mapsto u(t,x)$. *Nous supposons que u est* C^1 *de part et d'autre d'une courbe régulière* $\Gamma : t \mapsto x(t)$. *La fonction u est solution faible entropique de (3.8) ssi*

a) u est solution forte de part et d'autre de Γ,

b) on a la relation de saut

$$-x'(t)\left[u(t,x(t)^+) - u(t,x(t)^-)\right] + \left[f(u(t,x(t)^+)) - f(u(t,x(t)^-))\right] = 0, \tag{3.16}$$

c) on a la relation de saut pour toutes les entropies

$$-x'(t)\,[\eta(u)] + [\xi(u)] \le 0. \tag{3.17}$$

Le Théorème 3.2 concerne précisément les points a) et b). Le point c) se montre en reprenant la preuve de b) et en l'étendant directement. On utilise que $\partial_t \eta(u) + \partial_x \xi(u) = 0$ de par et d'autre de Γ.

En résumé la formulation faible permet d'étudier les solutions discontinues. Mais ce faisant cela introduit trop de solutions discontinues. Le critère d'entropie permet de rejeter les solutions discontinues non admissibles.

3.3.1 Discontinuités entropiques

Nous reprenons les hypothèses et notations du théorème 3.3. Soit un triplet (σ, u_G, u_D) vérifiant la relation de Rankine Hugoniot. En toute généralité nous devons ajouter que cette discontinuité est entropique pour tous les couples entropie-flux d'entropie possibles.

On obtient un système constitué d'une égalité et d'une infinité d'inégalités

$$\begin{cases} -\sigma(u_D - u_G) + f(u_D) - f(u_G) = 0, \\ -\sigma[\eta(u_D) - \eta(u_G)] + \xi(u_D) - \xi(u_G) \leq 0, \, \forall (\eta, \xi) \; \eta'' \geq 0 \text{ et } \xi' = \eta' f'. \end{cases} \tag{3.18}$$

Notre objectif est de caractériser les solutions de ce système.

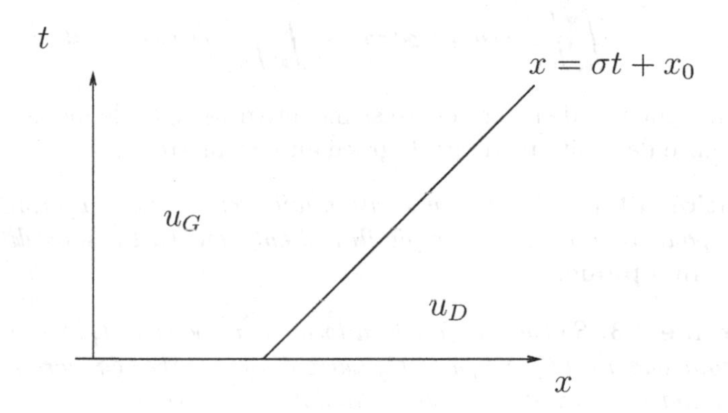

Fig. 3.5. Discontinuités entropiques

Lemme 8 Discontinuité entropique, cas convexe. *Supposons que le flux est deux fois différentiable et* **strictement convexe** $f''(u) > 0$. *Soit* (σ, u_G, u_D) *une discontinuité entropique (3.18). Alors toutes les conditions d'entropies sont équivalentes une par une à*

$$u_G \geq u_D. \tag{3.19}$$

Elles sont donc équivalentes entre elles.

On retiendra que pour un flux strictement convexe, une condition d'entropie (pour un η donné) implique toutes les autres (pour tous les autres η).

Posons $g(u) = f(u) - f(u_D) - \sigma(u - u_D)$ et $H(u) = \xi(u) - \sigma\eta(u)$. La condition de Rankine Hugoniot se récrit $g(u_D) = g(u_G) = 0$. L'inégalité d'entropie se récrit $H(u_D) - H(u_G) \leq 0$ c'est-à-dire

$$\int_{u_G}^{u_D} H'(v)dv = \int_{u_G}^{u_D} (\xi'(v) - \sigma\eta'(v))dv = \int_{u_G}^{u_D} \eta'(v)g'(v)dv \leq 0, \tag{3.20}$$

ce que nous pouvons écrire $\int_{u_G}^{u_D} (\eta(v) - \alpha v - \beta)'g'(v)dv \leq 0$ pour α et β arbitraires. Soient α et β tels que $\eta(u_D) - \alpha u_D - \beta = \eta(u_G) - \alpha u_G - \beta = 0$. On intègre par parties

$$-\int_{u_G}^{u_D} (\eta(v) - \alpha v - \beta)g''(v)dv = \int_{u_G}^{u_D} (-\eta(v) + \alpha v + \beta)f''(v)dv \leq 0.$$

Par hypothèse $f''(v) > 0$. D'autre part la fonction $v \mapsto -\eta(v) + \alpha v + \beta$ est une fonction strictement concave qui s'annule en u_D et u_G : elle est donc strictement positive pour tout $\min(u_D, u_G) < v < \max(u_D, u_G)$. Le terme sous l'intégrale est strictement positif sauf aux bornes. Donc nécessairement $u_G > u_D$. La preuve est terminée.

Lemme 9 Discontinuité entropique, cas quelconque. *Supposons que le flux soit une fois différentiable. Le triplet (σ, u_G, u_D) est une discontinuité entropique (3.18) ssi*

Soit $u_G > u_D$. Pour tout les points $a = \min(u_G, u_D) < v < b = \max(u_G, u_D)$, la courbe $v \mapsto f(v)$ est située en dessous de la corde $v \mapsto f(u_D) + \sigma(v - u_D)$.

Soit $u_G < u_D$. Pour tout les points $a = \min(u_G, u_D) < v < b = \max(u_G, u_D)$, la courbe $v \mapsto f(v)$ est située au dessus de la corde $v \mapsto f(u_D) + \sigma(v - u_D)$.

Cela porte le nom de condition d'Oleinik. Nous obtenons les graphiques de la figure 3.6. Le cas du flux convexe est un cas particulier : pour un flux convexe la corde est **toujours** au dessus de la courbe ; on retrouve la condition $u_G > u_D$.

On intègre par parties l'inégalité (3.20) : $-\int_{u_G}^{u_D} \eta''(v)g(v)dv \leq 0$. L'inégalité est vraie pour toute entropie. Donc

$$-\int_{u_G}^{u_D} \varphi(v)\left(f(u) - f(u_D) - \sigma(u - u_D)\right)dv \leq 0, \quad \forall \varphi = \eta'' > 0.$$

Soit $u_G > u_D$ alors $f(u) \leq f(u_D) + \sigma(u - u_D)$. La fonction f est en dessous de la corde. Soit $u_G < u_D$ c'est le contraire. La fonction f est au dessus de la corde. Cela termine la preuve.

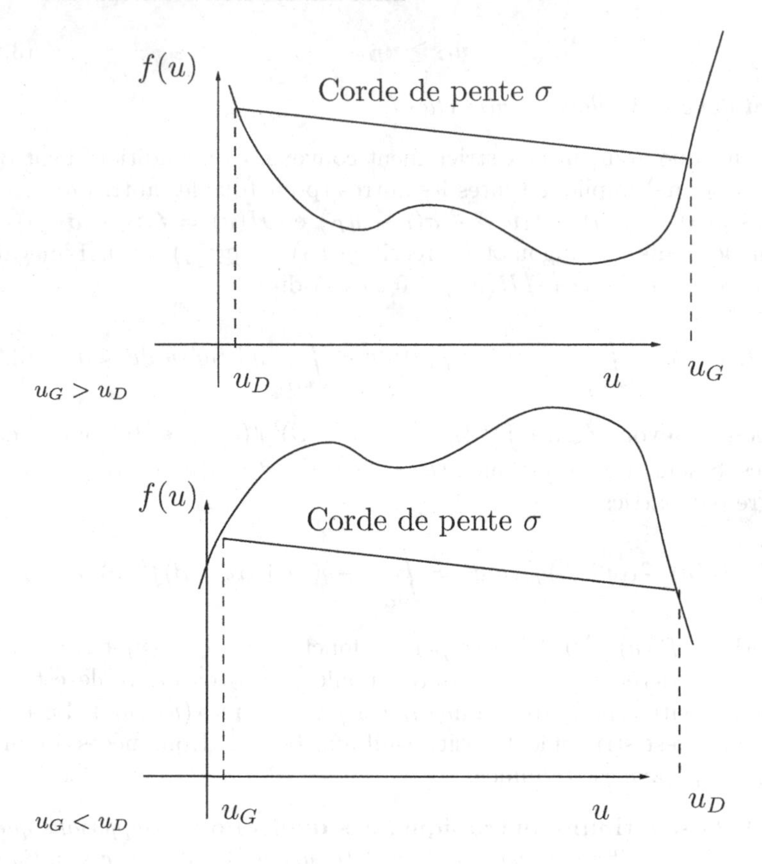

Fig. 3.6. Condition d'Oleinik

Lemme 10 *La condition d'Oleinik du lemme précédent implique la condition de Lax*

$$f'(u_G) \geq \sigma \geq f'(u_D). \tag{3.21}$$

Si le flux est deux fois différentiable et strictement convexe, la condition (3.21) est équivalente à la condition d'Oleinik et à la condition $u_G \geq u_D$.

L'inégalité (3.21) compare la vitesse du son avant et après le choc à la vitesse du choc. Sur les graphes de la figure 3.6, il est clair que $f'(u_G) \geq \sigma \geq f'(u_D)$. Si le flux est strictement convexe, il faut retenir la figure du haut.

Solution du paradoxe 1 : *l'entropie assure le principe de sélection nécessaire pour résoudre ce paradoxe. Le flux de l'équation de Burgers est strictement convexe. La donnée initiale est telle que* $u_G < u_D$. *La discontinuité de type choc n'est pas entropique et n'est pas admissible. C'est donc l'autre solution qui est la bonne.*

3.3.2 Choc et discontinuité de contact

Les chocs et discontinuités de contact sont deux cas particuliers de discontinuités entropiques. Pour motiver cette distinction nous considérons une première discontinuité (σ, u_G, u_D). La solution associée à ce triplet est

$$u(t,x) = u_G \text{ pour } x - x_0 < \sigma t, \quad u(t,x) = u_D \text{ pour } \sigma t < x - x_0,$$

où x_0 est un réel arbitraire. Cette première discontinuité change l'état du système qui passe de la valeur u_D à u_G. Nous nous posons la question de savoir si une deuxième discontinuité du même type (avec $x_1 \neq x_0$) est capable ou non de refaire passer le système de la valeur u_G à la valeur finale $u_F = u_D$, comme dans la figure 3.7. Si c'est possible alors il y a réversibilité. Sinon c'est que la physique sous-jacente est en quelque sorte irréversible.

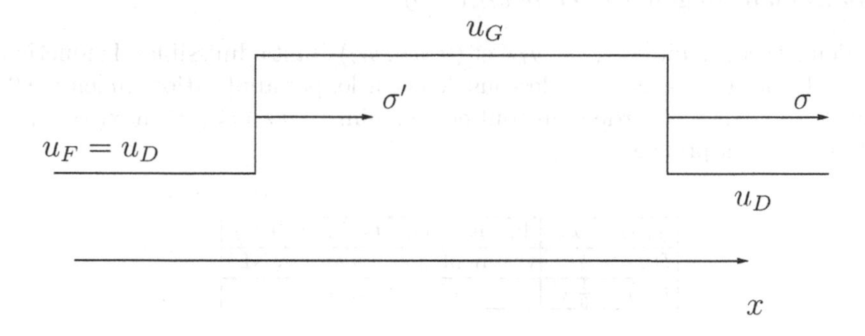

Fig. 3.7. Discontinuité réversible

Pour la première discontinuité on a pour toute paire (η, ξ)

$$\begin{cases} -\sigma(u_D - u_G) + f(u_D) - f(u_G) = 0, \\ -\sigma[\eta(u_D) - \eta(u_G)] + \xi(u_D) - \xi(u_G) \leq 0. \end{cases}$$

Pour la deuxième discontinuité on a pour toute paire (η, ξ)

$$\begin{cases} -\sigma'(u_G - u_D) + f(u_G) - f(u_D) = 0, \\ -\sigma'[\eta(u_G) - \eta(u_D)] + \xi(u_G) - \xi(u_D) \leq 0. \end{cases}$$

Une condition nécessaire et suffisante est que $\sigma = \sigma'$ et surtout que

$$-\sigma[\eta(u_G) - \eta(u_D)] + \xi(u_G) - \xi(u_D) = 0$$

pour toute paire (η, ξ) admissible.

Définition 15 *Soit (σ, u_G, u_D) une discontinuité entropique.*

Nous dirons que c'est un **choc entropique** *ssi il existe un couple* (η, ξ) *avec*

$$-\sigma[\eta(u_D) - \eta(u_G)] + \xi(u_D) - \xi(u_G) < 0.$$

Nous dirons que c'est une **discontinuité de contact** *ssi*

$$-\sigma[\eta(u_G) - \eta(u_D)] + \xi(u_G) - \xi(u_D) = 0$$

pour tout couple (η, ξ).

Les discontinuités de contact sont les discontinuités entropiques réversibles. Les chocs sont des discontinuités entropiques irréversibles.

Lemme 11 *Soit* (σ, u_G, u_D) *une discontinuité de contact. Alors la fonction* $u \mapsto f(u)$ *est affine entre* u_G *et* u_D : $f(u) = f(u_D) + \sigma(u - u_D) = f(u_G) + \sigma(u - u_G)$. *La vitesse du choc est la pente de* f. *On dira que la fonction* f *est* **linéairement dégénérée** *entre* u_G *et* u_D.

Les deux discontinuités (σ, u_G, u_D) et (σ, u_D, u_G) étant admissibles, la fonction f est à la fois au-dessus et au-dessous de la corde, par application du lemme 9. Donc f est égale à sa corde pour tout état u, $\min(u_D, u_G) \leq u \leq \max(u_D, u_G)$. Cela termine la preuve.

$f(u) = au$	linéairement dégénéré (LD)
$f(u) = \frac{1}{2}u^2$	vraiment non linéaire (VNL)
$f(u) = \frac{1}{3}u^3$	ni VNL, ni LD

Tableau 3.1. Exemples

Les deux exemples principaux sont alors l'équation de Burgers $\partial_t u + \partial_x \frac{u^2}{2} = 0$ et l'équation du transport $\partial_t u + a\partial_x u = 0$. Pour l'équation de Burgers les seules discontinuités admissibles sont les chocs entropiques. On dit que le flux est **vraiment non linéaire**. Pour l'équation du transport il n'y a que des discontinuités de contact. Le flux est **linéairement dégénéré**. Un troisième cas apparaît, celui ou le flux n'est ni **vraiment non linéaire** ni **linéairement dégénéré** : c'est le cas pour $\partial_t u + \partial_x \frac{u^3}{3} = 0$ dont le flux est tel que $f''(u) = 0$ en $u = 0$.

3.3.3 Équation des détentes

Définition 16 *Les détentes sont des solutions* C^1 *autocentrées constantes sur les droites* $\frac{x-x_0}{t} = a$ *(a est une constante). En faisant varier la pente de la droite* $\alpha \leq a \leq \beta$ *(avec* $\alpha < \beta$*) on obtient un faisceau de détentes.*

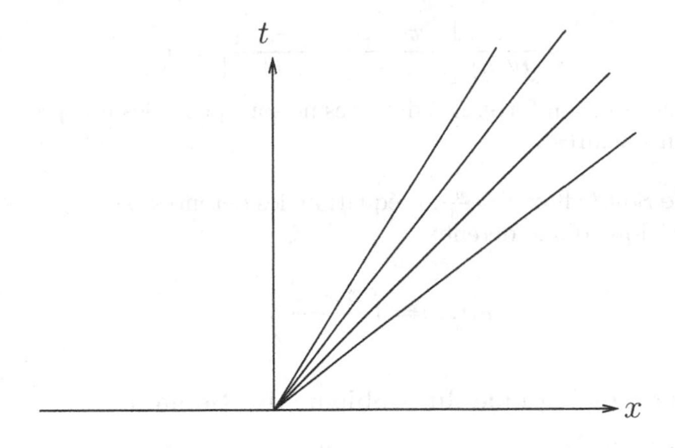

Fig. 3.8. Détentes

La méthode des caractéristiques (3.3) montre que $\frac{\partial x}{\partial t} = a = f'(u)$. Or $a = \frac{x-x_0}{t}$.

Soient u_G et u_D les états qui bordent le faisceau de détente à gauche et à droite. L'**équation de la détente** est

$$f'(u) = \frac{x - x_0}{t}, \quad f'(u_G) = \alpha, \quad f'(u_D) = \beta. \tag{3.22}$$

Cette équation permet de calculer u en fonction de (t, x) après inversion de la fonction $u \mapsto f'(u)$.

Supposons que f soit une fonction deux fois différentiable strictement convexe : $f''(u) > 0$. Donc la fonction f' est inversible sur son intervalle de définition. Soit $\alpha, \beta \in f'(\mathbb{R})$ avec $\alpha < \beta$. On peut résoudre l'équation de la détente pour

$$\alpha \leq \frac{x - x_0}{t} \leq \beta.$$

La solution est

$$u(t, x) = (f')^{-1}\left(\frac{x - x_0}{t}\right).$$

Réciproquement une solution de (3.22) est telle que

$$\partial_t u + \partial_x f(u) = \frac{1}{f''(u)}\left(f''(u)\partial_t u + f'(u)f''(u)\partial_x u\right)$$

$$= \frac{1}{f''(u)}\left[\partial_t f'(u) + \partial_x \frac{(f'(u))^2}{2}\right] = \frac{1}{f''(u)}\left[\partial_t\left(\frac{x - x_0}{t}\right) + \partial_x\left(\frac{(x - x_0)^2}{2t^2}\right)\right]$$

$$= \frac{1}{f''(u)} \left[-\frac{x - x_0}{t^2} + \frac{x - x_0}{t^2} \right] = 0.$$

C'est bien une solution forte. Les détentes ne sont possibles que pour des flux vraiment non linéaires.

Exemple Soit le flux $f = \frac{u^4}{4}$. L'équation des détentes est $u^3 = \frac{x-x_0}{t}$. D'où la forme générique d'une détente

$$u(t,x) = \left(\frac{x - x_0}{t} \right)^{\frac{1}{3}}.$$

3.3.4 Solution entropique du problème de Riemann

Le problème de Riemann est un problème de Cauchy avec une condition initiale particulière

$$u_0(x) = u_G \text{ pour } x < 0, \quad u_0(x) = u_D \text{ pour } x > 0.$$

Lemme 12 Solution du problème de Riemann, cas convexe *On suppose $f''(u) > 0$. La solution entropique du problème de Riemann est*

Soit $u_G < u_D$: une détente. Pour $x/t \leq f'(u_G)$ $u(t,x) = u_G$. Pour $x/t \geq f'(u_D)$ $u(t,x) = u_D$. Pour $f'(u_G) \leq x/t \leq f'(u_D)$ $f'(u(t,x)) = x/t$.

Soit $u_G > u_D$: un choc à la vitesse $\sigma = \frac{f(u_D)-f(u_G)}{u_D-u_G}$.

On applique les résultats précédents.

A présent considérons le cas général pour une fonction $u \mapsto f(u)$ non nécessairement convexe.

Lemme 13 Solution d'Oleinik du problème de Riemann, cas général *Supposons la fonction flux une fois différentiable. La solution du problème de Riemann entre un état gauche u_G et un état droit u_D est une courbe dans le plan (u, f) avec*

Soit $u_G > u_D$. La courbe est l'enveloppe convexe de la fonction $v \mapsto f(v)$ pour les $v \in [u_D, u_G]$.

Soit $u_G < u_D$. La courbe est l'enveloppe concave de la fonction $v \mapsto f(v)$ pour les $v \in [u_G, u_D]$.

Nous ne donnons pas de preuve générale. En revanche on illustre cette solution à partir de la fonction f de la figure 3.9. Pour $u_D < u_G$ la solution entropique est un choc entropique déjà décrit dans le lemme 9. Si on inverse u_d et u_G on aura à présent $u_G < u_D$. Dans le plan (u, f) la solution est l'enveloppe convexe de la fonction f qui pour l'exemple considéré se compose de trois parties. La première partie est la branche MP, c'est une détente. La deuxième partie est le segment de droit PQ, c'est un choc. La troisième partie est la branche QR, c'est une deuxième détente. La solution aussi est représentée dans le plan (x, t).

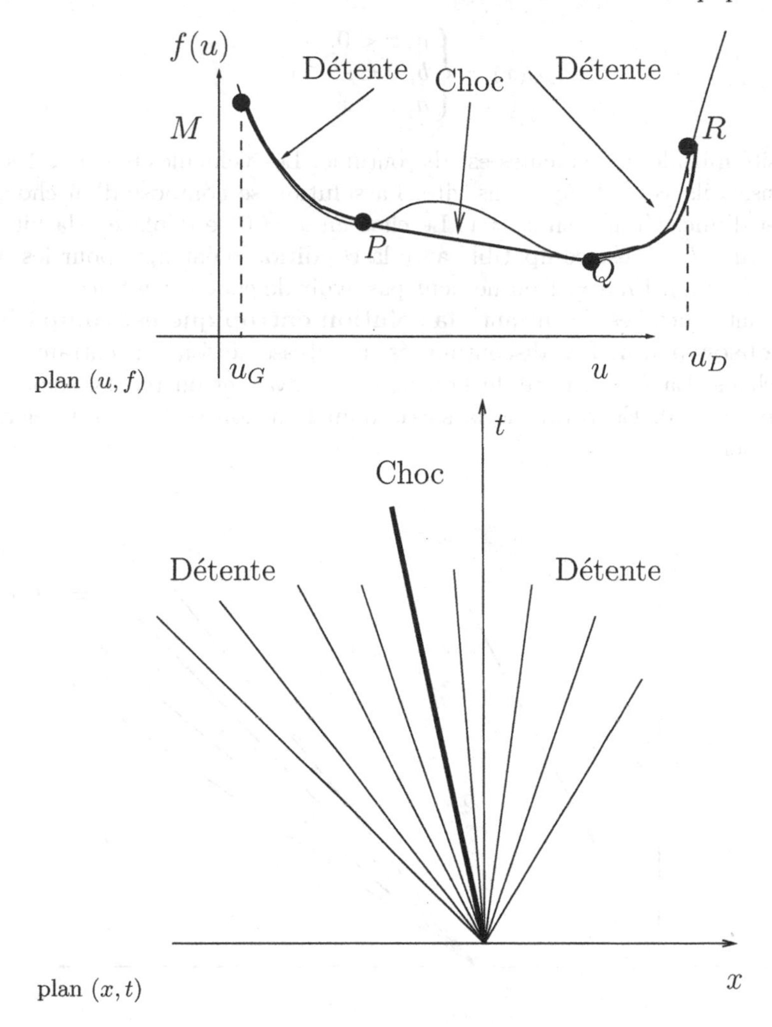

Fig. 3.9. Solution d'Oleinik dans le cas $u_G < u_D$

3.3.5 Application et interprétation physique

Les exemples qui vont être traités montrent que les éléments théoriques précédents permettent de résoudre des problèmes simples.

Trafic routier modèle LWR
L'équation est $\partial_t \rho + \partial_x(\rho - \rho^2) = 0$ en variable adimensionnée. Le flux est strictement concave. L'équation satisfaite par $v = \frac{1}{2} - \rho$ est $\partial_t v + \partial_x v^2 = 0$. Cela fait le lien direct entre les résultats pour les flux convexes et concaves. Considérons la donnée initiale $(0 \le a < b \le 1)$

$$\rho_0(x) = \begin{cases} a, \, x < 0, \\ b, \, 0 < x < 1, \\ a, \, 1 < x. \end{cases}$$

La densité initiale de véhicules est discontinue. Les véhicules $0 < x < 1$ sont plus denses, ils vont donc moins vite. La solution se compose d'un choc en $x = 0$ et d'une détente en $x = 1$. Le choc en $x = 0$ se déplace à la vitesse $\sigma = 1 - (a + b)$. C'est compatible avec la condition d'entropie pour les flux concaves ($a < b$). En $x = 1$ on ne peut pas avoir de choc car $b > a$.

Le point crucial est le suivant : **la solution entropique est compatible avec l'observation.** Les discontinuités de vitesse se font en entrant dans les bouchons. La face arrière du bouchon peut avancer ou reculer selon que $\sigma > 0$ ou $\sigma < 0$. En revanche la sortie d'un bouchon se fait en accélérant continuement.

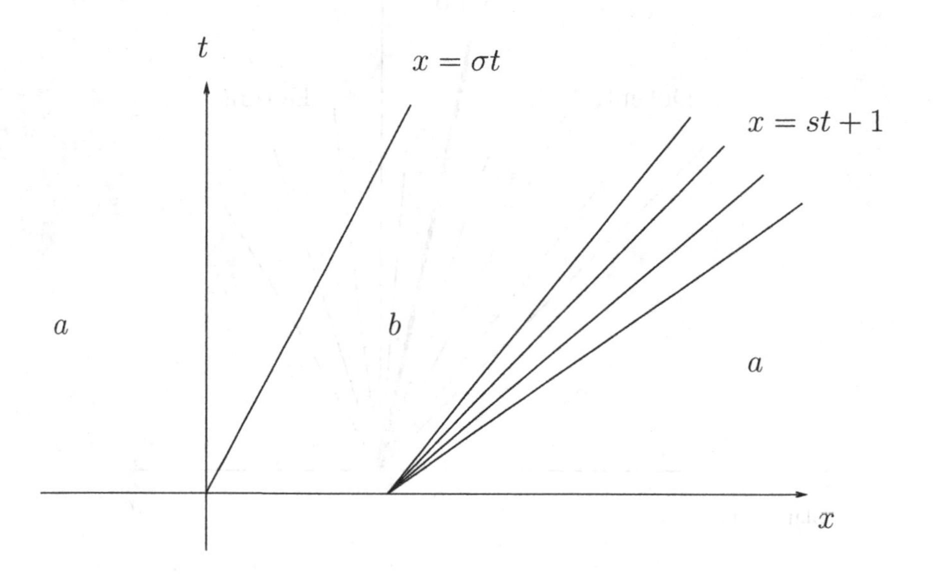

Fig. 3.10. Bouchon et sortie de bouchon ($x = st + 1$, $1 - b \leq s \leq 1 - a$) pour le trafic routier

Trafic routier dans la ville de Bogota

Les données que nous utilisons sont issues du travail de L. E. Olmos et J. D. Munos [OM04], et concernent la ville de Bogota. Par la suite nous ferons référence au **modèle OM**. La fonction $\rho \mapsto f(\rho)$ est affine par morceaux. En première approximation la fonction f (en données adimensionnées) est continue et constituée de trois branches

$$\begin{cases} f(\rho) = \alpha\rho, & 0 \le \rho \le \rho_1, \\ f(\rho) = \alpha\rho_1 + \beta(\rho - \rho_1), & \rho_1 \le x \le \rho_2, \\ f(\rho) = \alpha\rho_1 + \beta(\rho_2 - \rho_1) - \gamma(\rho - \rho_2), & \rho_2 \le x \le 1. \end{cases} \tag{3.23}$$

Les densités seuil sont $0 < \rho_1 < \rho_2 < 1$. On a $0 < \alpha, \beta, \gamma$ avec $\beta < \alpha$. De plus $f(1) = \alpha\rho_1 + \beta(\rho_2 - \rho_1) - \gamma(1 - \rho_2) = 0$. Bien que la fonction

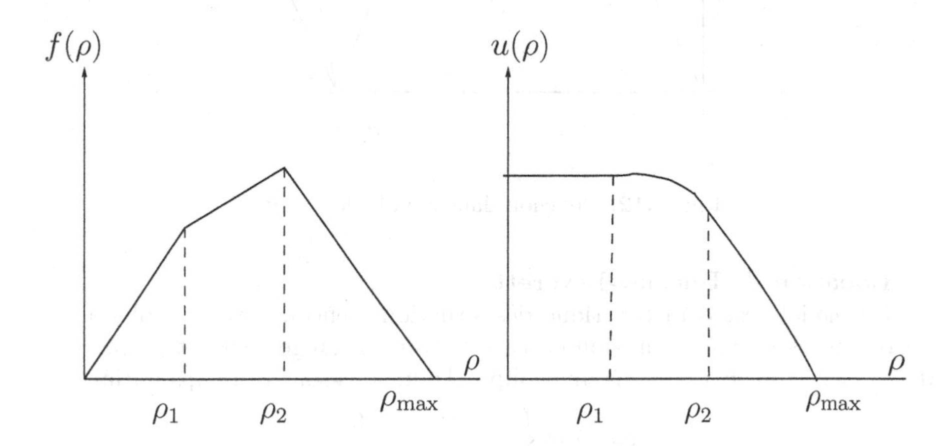

Fig. 3.11. Flux et vitesse pour la ville de Bogota. On note la conduite *agressive* en particulier aux basses densités

flux ne soit pas continuement différentiable en ρ_1 et ρ_2, elle est concave. Les conclusions de l'étude générale s'appliquent. La différence importante avec le modèle précédent concerne les détentes qui n'existent pas ($f'' \neq 0$ sur un intervalle n'est pas possible) et sont remplacées par des discontinuités de contact. Nous considérons la donnée initiale

$$\rho_0(x) = \begin{cases} a < \rho_1, & x < 0, \\ b > \rho_2, & 0 < x < 1, \\ a, & 1 < x. \end{cases}$$

Le choc en face arrière du bouchon est toujours là. La vitesse de ce choc est donnée par

$$\sigma = \frac{f(\rho_1) - f(\rho_2)}{\rho_1 - \rho_2}$$

et est positive pour les données choisies. En revanche, figure 3.12, la détente en face avant du bouchon (modèle LWR) est remplacée par trois discontinuités de contact dont les vitesses sont $-\gamma$, β et α. Les états de part et d'autre sont situés sur une même partie affine de la courbe de la figure 3.11. Ce n'est pas le cas du choc en face arrière pour lequel les états gauche et droite sont situés sur des parties affines différentes. Le flux (3.11) caractérise une conduite agressive.

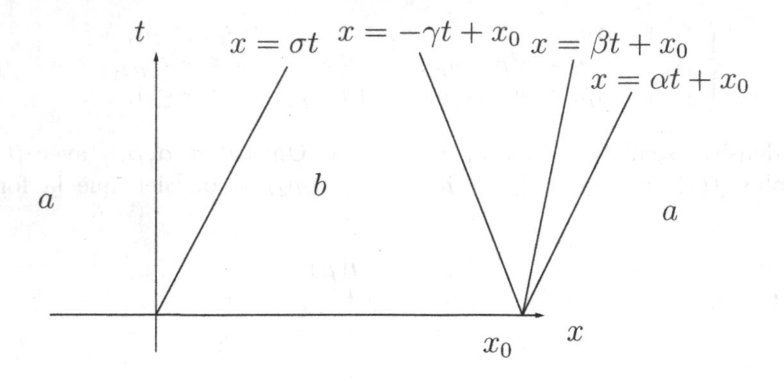

Fig. 3.12. Bouchon dans la ville de Bogota

Équation de Buckley-Leverett

Ce modèle est caractéristique des situations rencontrées en exploitation pétrolière. Soit u la saturation en eau dans un mélange d'eau et de pétrole, $0 \leq u \leq 1$. Nous considérons une coupe 1D du sous-sol. Au temps initial

$$u_0(x) = \begin{cases} 1 = u_G, \ x < 0, \\ 0 = u_D, \ 0 < x. \end{cases}$$

Il y a de l'eau à gauche et du pétrole à droite. On cherche à chasser le pétrole vers la droite grâce à l'eau qui a été injectée par un duit d'injection. On peut supposer qu'un puits de collecte est situé plus loin, en $x = 10$ par exemple. Une question qui se pose est de déterminer la composition en eau et en huile au puits de collecte : on aimerait bien sûr que la teneur en pétrole soit la plus élevée possible, ce qui revient à minimiser u. Un premier modèle approché est celui dit de Buckley-Leverett

$$\partial_t u + \partial_x f(u) = 0, \quad f(u) = \frac{u^2}{u^2 + A(1-u)^2}.$$

$A > 0$ est un paramètre. Le flux n'est ni convexe, ni concave

$$f'(u) = \frac{2Au(1-u)}{(u^2 + A(1-u)^2)^2} \geq 0, \quad f'0) = f'(1) = 0, \ f'(\frac{1}{2}) > 0.$$

Soit u^* tel que

$$f'(u^*) = \frac{f(u^*) - f(u_D)}{u^* - u_D} = \frac{f(u^*)}{u^*}.$$

On obtient la figure 3.13. La solution du problème de Riemann se compose d'un choc entropique qui relie $u_D = 0$ à u^* puis d'une détente qui relie u^* à $u_G = 1$. On dit que la détente *relie* u^* à $u_G = 1$ car tous les états $u^* < v < u_G$ sont présents dans la solution. Par extension, on dit que le choc relie $u_D = 0$ à u^* (même si aucun état intermédiaire n'est présent dans la solution). L'équation pour u^* est $f'(u^*) = \frac{f(u^*)}{u^*}$. Ici on obtient

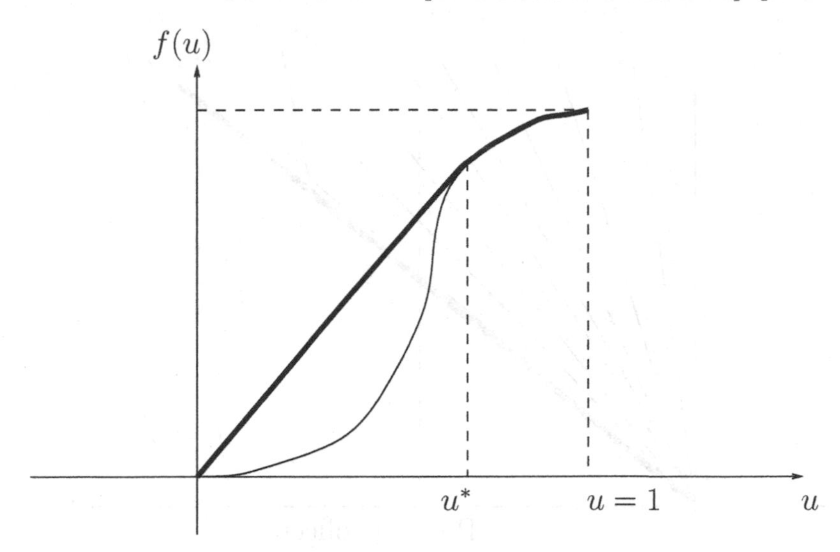

Fig. 3.13. Flux de l'équation de Buckley-Leverett

$$(u^*)^2 + A(u^* - 1)^2 = 2A(1 - u^*) \Longleftrightarrow u^* = \sqrt{\frac{A}{1+A}} \in]0,1[\text{ la racine physique.}$$

La solution $(t,x) \mapsto u(t,x)$ est représentée à la figure 3.14. Le puits de collecte voit arriver soudainement un mélange de saturation u^* (le choc de vitesse $\sigma = f'(u^*)$), puis un continuum dont la saturation en eau augmente sans jamais atteindre 1. On dit qu'il y a une détente attachée au choc. Ce procédé n'arrivera jamais à vider en temps fini le sous-sol de la totalité du pétrole.

3.4 Calcul numérique de solutions faibles entropiques

On étudie un schéma numérique de Volumes Finis et on étudie ses propriétés valables pour tout flux Lipschitzien. Cela couvre tous les exemples. Des exemples numériques montrent que cela suffit pour construire et interpréter des solutions faibles entropiques. Pour de mauvais choix des paramètres on montrera que le schéma calcule des solutions faibles qui sont non entropiques. On interprétera ces solutions faibles non entropiques comme étant non physiques et en contradiction avec la nature des écoulements admissibles.

3.4.1 Notion de schéma conservatif

Des exemples élémentaires montrent que la conservativité du schéma numérique est une condition **nécessaire** pour la capture des **solutions discontinues**, tout au moins si on se restreint à des schémas simples. Par exemple nous considérons l'équation de Burgers $\partial_t u + \partial_x \frac{u^2}{2} = 0$ avec la donnée initiale

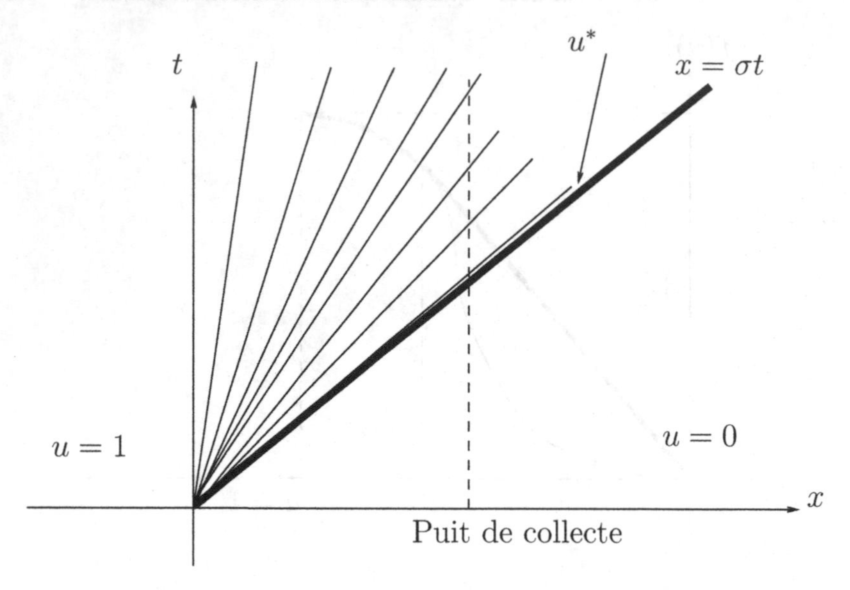

Fig. 3.14. Solution de l'équation de Buckley-Leverett. Le choc est attaché à la détente.

$$\begin{cases} u(t=0,x) = u_0(x) = 1 & \text{pour } x < 0.5 \\ u(t=0,x) = u_0(x) = 1 + (0.5 - x) & \text{pour } 1 < x < 1.5 \\ u(t=0,x) = u_0(x) = 0 & \text{pour } 1.5 < x. \end{cases}$$

Pour $t < 1$, la solution faible entropique comporte une rampe entre $x = 1 + t$ et $x = 2$. En $t = 1$ le choc entropique est formé. Puis le choc se propage à la vitesse $\sigma = \frac{1}{2}$ conformément à la théorie. Nous discrétisons la forme non conservative de l'équation de Burgers

$$\partial_t u + u \partial_x u = 0$$

à l'aide du schéma

$$\frac{u_j^{n+1} - u_j^n}{\Delta t} + a_j^n \times \frac{u_j^n - u_{j-1}^n}{\Delta x} = 0, \tag{3.24}$$

mais avec trois évaluations différentes de la vitesse

$$\begin{cases} \text{Choix 1 } a_j^n = \frac{u_j^n + u_{j-1}^n}{2}, \\ \text{Choix 2 } a_j^n = u_{j-1}^n, \\ \text{Choix 3 } a_j^n = u_j^n. \end{cases}$$

On représente les résultats numériques au temps $t = 0.5$ à la figure 3.15, puis au temps $t = 2$ à la figure 3.16.

Tant que la solution est régulière $t < 1$, les trois évaluations de la vitesse donnent des résultats très proches l'un de l'autre. Dès que la solution est

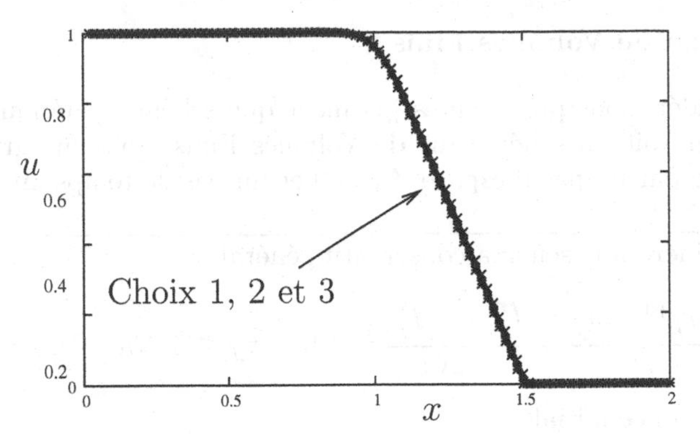

Fig. 3.15. Solution numérique au temps $t = 0.5$ pour les trois choix. Les solutions discrètes sont proches l'une de l'autre. Elles sont même confondues sur ce graphique

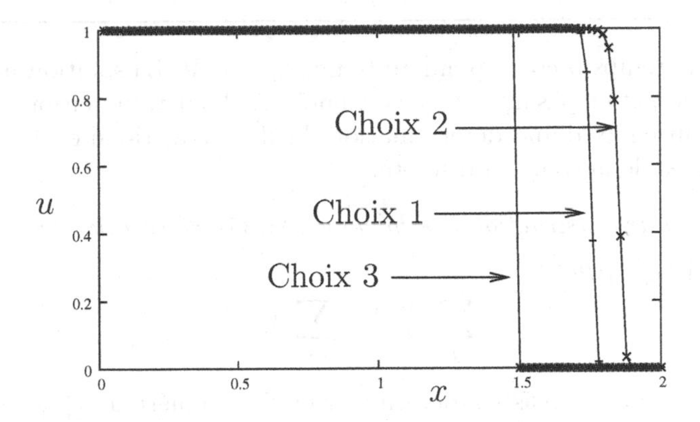

Fig. 3.16. Solution numérique au temps $t = 1,5$ pour les trois choix. Les solutions discrètes sont différentes. Seul le choix 1 est correct car en accord avec la position théorique du choc : $x_{\text{choc}} = 1,5 + \frac{1}{2}(1,5 - 1) = 1,75$

discontinue, les solutions discrètes sont très différentes. La position du choc est surévaluée pour le choix 2 et sous-évaluée pour le choix 3. Seul le choix 1 est correct. Nous remarquons que le choix 1 se récrit

$$\text{Choix 1 :} \quad \frac{u_j^{n+1} - u_j^n}{\Delta t} + \frac{\frac{(u_j^n)^2}{2} - \frac{(u_{j-1}^n)^2}{2}}{\Delta x} = 0$$

Nous dirons que ce schéma est **conservatif** car $\sum_j u_j^{n+1} = \sum_j u_j^n$. Pour cet exemple la conservativité est nécessaire pour le calcul de solutions discontinues.

3.4.2 Schéma de Volumes Finis

Les considérations précédentes justifient que schéma générique que nous allons étudier soit un schéma dit de Volumes Finis. Soit une grille espace-temps définie par un pas d'espace $\Delta x > 0$ et un pas de temps $\Delta t > 0$.

On considèrera le schéma conservatif général

$$\frac{u_j^{n+1} - u_j^n}{\Delta t} + \frac{f_{j+\frac{1}{2}}^n - f_{j-\frac{1}{2}}^n}{\Delta x} = 0, \quad \forall j \in \mathbb{Z}, \, \forall n \in \mathbb{N}, \tag{3.25}$$

avec la donnée initiale

$$u_j^0 = \frac{1}{\Delta x} \int_{j\Delta x}^{(j+1)\Delta x} u_0(x) dx, \quad \forall j \in \mathbb{Z}. \tag{3.26}$$

Le pas de temps n correspond au temps $t_n = n\Delta t$. La solution numérique dans la maille j et au pas de temps n est notée u_j^n. La détermination du schéma se ramène au choix d'une détermination du flux numérique en fonction des valeurs locales de la solution discrète.

Lemme 14 *Par construction le schéma est (3.25) conservatif : pour tout flux numérique* $\left(f_{j+\frac{1}{2}}^n\right)$ *on a*

$$\sum_j u_j^{n+1} = \sum_j u_j^n.$$

L'étape suivante consiste à déterminer un flux numérique $f_{j+\frac{1}{2}}^n$ pour toute maille j.

3.4.3 Construction du flux à partir de la méthode des caractéristiques

La méthode des caractéristiques permet de construire des schémas qui sont consistants, stables, et aussi optimaux pour des critères simples de pas de temps et de précision. Mais nous verrons qu'une restriction importante apparaît dans les cas où les caractéristiques changent de signe. En conséquence ce mode de construction n'est pas valable pour tout type d'équation.

Premier cas : l'équation du transport

Considérons l'exemple de l'équation du transport avec le flux $f(u) = au$, $a \in \mathbb{R}$. Traçons les caractéristiques. La valeur du flux est prise au pied des caractéristiques, c'est à dire en respectant le sens de propagation de l'information. Le flux (3.38) est alors

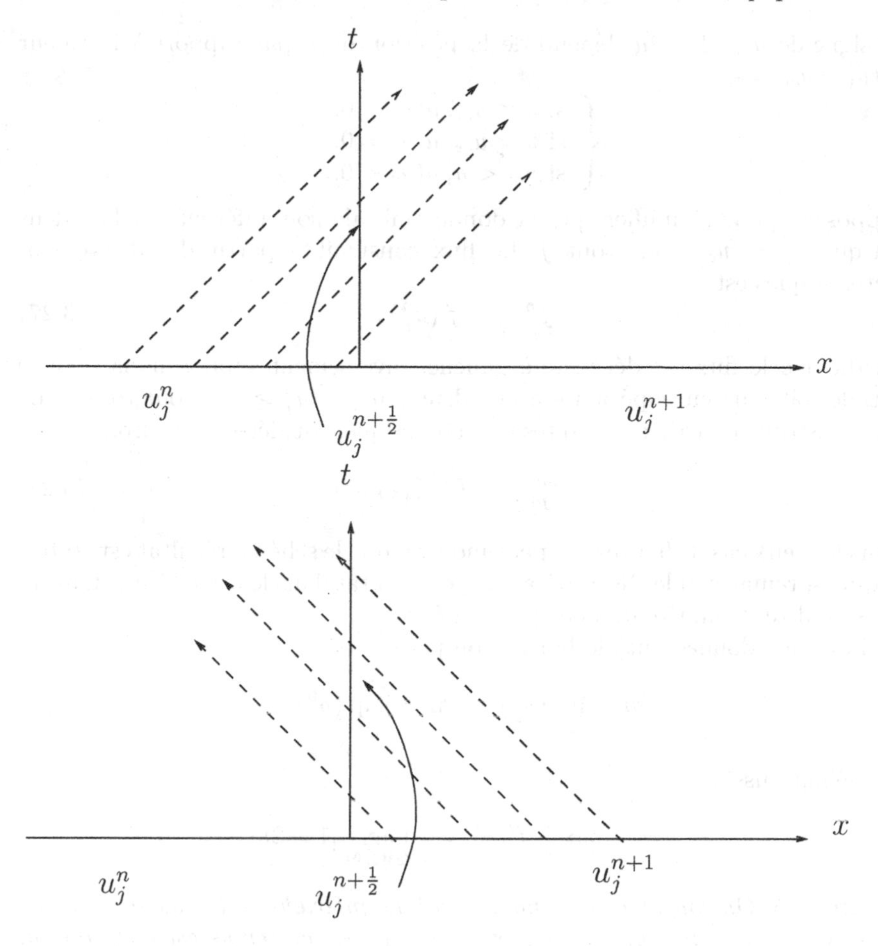

Fig. 3.17. Flux décentré suivant le sens des caractéristiques $a > 0$ en haut ou $a < 0$ en bas

$$\begin{cases} \text{si } a > 0, \ f^n_{j+\frac{1}{2}} = f(u^n_j) = au^n_j, \\ \text{si } a < 0, \ f^n_{j+\frac{1}{2}} = f(u^n_{j+1}) = au^n_{j+1}, \\ \text{si } a = 0, \ f^n_{j+\frac{1}{2}} \equiv 0. \end{cases}$$

Pour l'équation du transport l'application de la méthode des caractéristiques pour la construction du flux numérique est immédiate.

Deuxième cas : le modèle LWR

Pour un flux quelconque $u \mapsto f(u)$ la vitesse des caractéristiques $a(u) = f'(u)$ est variable. Considérons pour simplifier le modèle LWR adimensionné

$$\partial_t u + \partial_x(u - u^2) = 0.$$

Le signe de $a = 1 - 2u$ dépend de la position de u par rapport à la valeur critique $u_{\rm cr} = \frac{1}{2}$.

$$\begin{cases} \text{si } u < u_{\rm cr},\ a(u) > 0, \\ \text{si } u = u_{\rm cr},\ a(u) = 0, \\ \text{si } u_{\rm cr} < u,\ a(u) < 0. \end{cases}$$

Supposons pour simplifier que la donnée initiale soit inférieure à la valeur critique $u_j^0 \leq u_{\rm cr}$ pour tout j. Le flux construit à partir des droites caractéristiques est

$$f_{j+\frac{1}{2}}^n = f\left(u_j^n\right). \tag{3.27}$$

On dit que le flux est décentré à gauche. Inversement supposons la donnée initiale soit partout supérieure à la valeur critique $u_j^0 \geq u_{\rm cr}$ pour tout j. Le flux construit à partir des droites caractéristiques est décentré à droite

$$f_{j+\frac{1}{2}}^n = f\left(u_{j+1}^n\right). \tag{3.28}$$

Dans les deux cas de figures, on peut montrer que le schéma résultat est stable, ce qui est remarquable. Nous détaillons ce résultat dans le cas $u \leq u_{\rm cr}$. L'autre cas s'en déduit immédiatement par symétrie.

Pour une donnée initiale bornée, on pose

$$m = \inf_j \left(u_j^0\right) \text{ et } M = \sup_j \left(u_j^0\right).$$

On définit aussi

$$c = \max_{m \leq u \leq M} |f'(u)| = \max_{m \leq u \leq M} |1 - 2u|$$

Lemme 15 *On considère une donnée initiale inférieure à la valeur critique : $u_j^0 \leq M \leq u_{\rm cr}$ pour tout j. On suppose que le pas de temps est restreint par l'inégalité CFL : $c\frac{\Delta t}{\Delta x} \leq 1$.*

Le schéma de Volumes Finis (3.25) appliqué au modèle LWR avec le flux décentré à gauche (3.27) vérifie le principe du maximum

$$m \leq \min_j(u_j^n) \leq u_j^{n+1} \leq \max_j(u_j^n) \leq M, \quad j \in \mathbb{Z},\ n \in \mathbb{N}. \tag{3.29}$$

Ce schéma est aussi consistant avec la condition d'entropie, c'est à dire que l'on a l'inégalité

$$\frac{\eta(u_j^{n+1}) - \eta(u_j^n)}{\Delta t} + \frac{\xi(u_j^n) - \xi(u_{j-1}^n)}{\Delta x} \leq 0 \tag{3.30}$$

pour tout couple entropie-flux d'entropie.

La preuve est évidente. Posons $\nu = \frac{\Delta t}{\Delta x}$. On a

$$u_j^{n+1} = u_j^n - \nu\left(f\left(u_j^n\right) - f\left(u_{j-1}^n\right)\right) = u_j^n - \nu a_j^n\left(u_j^n - u_{j-1}^n\right)$$

pour $a_j^n = \frac{f(u_j^n)-f(u_{j-1}^n)}{u_j^n-u_{j-1}^n}$. Par construction

$$a_j^n = \frac{u_j^n - \left(u_j^n\right)^2 + u_{j-1}^n + \left(u_{j-1}^n\right)^2}{u_j^n - u_{j-1}^n} = 1 - u_j^n - u_{j-1}^n.$$

Au premier pas de temps ($n = 0$) la condition sur la donnée initiale par rapport à la valeur critique fait que $a_j^n \geq 0$. De plus la condition CFL implique que $\nu a_j^n \leq 1$ (toujours au premier pas de temps). Il s'ensuit que

$$u_j^{n+1} = \left(1 - \nu a_j^n\right) u_j^n + \nu a_j^n u_{j-1}^n$$

est une combinaison convexe (une moyenne). De ce fait le principe du maximum est bien sûr vérifié au premier pas de temps. Par récurrence en n cela montre le principe du maximum (3.29) pour tout n.

D'autre part toute entropie est convexe. Donc

$$\eta(u_j^{n+1}) \leq \left(1 - \nu a_j^n\right) \eta(u_j^n) + \nu a_j^n \eta(u_{j-1}^n)$$

ou encore

$$\frac{\eta(u_j^{n+1}) - \eta(u_j^n)}{\Delta t} + a_j^n \frac{\eta(u_j^n) - \eta(u_{j-1}^n)}{\Delta x} \leq 0.$$

Il suffit alors de montrer que

$$\xi(u_j^n) - \xi(u_{j-1}^n) \leq a_j^n \left(\eta(u_j^n) - \eta(u_{j-1}^n)\right)$$

pour terminer la preuve de l'inégalité discrète d'entropie (3.29). Or cette dernière inégalité se récrit

$$\int_{u_{j-1}^n}^{u_j^n} \xi'(v)dv \leq \left(1 - u_j^n - u_{j-1}^n\right) \int_{u_{j-1}^n}^{u_j^n} \eta'(v)dv$$

$$\iff \int_{u_{j-1}^n}^{u_j^n} \left((1-2v) - \left(1 - u_j^n - u_{j-1}^n\right)\right) \eta'(v)dv \leq 0$$

$$\iff \int_{u_{j-1}^n}^{u_j^n} \left(u_j^n + u_{j-1}^n - 2v\right) \eta'(v)dv \leq 0.$$

Une intégration par partie donne

$$\int_{u_{j-1}^n}^{u_j^n} \left(u_j^n + u_{j-1}^n - 2v\right) \eta'(v)dv = \int_{u_{j-1}^n}^{u_j^n} \left(u_j^n - v\right) \left(u_{j-1}^n - v\right) \eta''(v)dv.$$

Pour $u_{j-1}^n \leq u_j^n$ le résultat cherché est évident car $\left(u_j^n - v\right)\left(u_{j-1}^n - v\right) \leq 0$ sur l'intervalle considéré et $\eta'' \geq 0$ car la fonction η est convexe. De même dans l'autre cas $u_{j-1}^n \geq u_j^n$. Au final cela montre l'inégalité d'entropie (3.30) et termine la preuve.

On a bien sûr un résultat similaire dans le deuxième cas, c'est à dire pour une donnée

$$u_c \leq m \leq u_j^0$$

pour tout j tel que $a < 0$. On prend le flux décentré à droite $f_{j+\frac{1}{2}}^n = f\left(u_{j+1}^n\right)$. Le principe du maximum (3.29) garde la même forme. L'inégalité d'entropie est modifiée. Elle est décentrée à droite également

$$\frac{\eta(u_j^{n+1}) - \eta(u_j^n)}{\Delta t} + \frac{\xi(u_{j+1}^n) - \xi(u_j^n)}{\Delta x} \leq 0. \tag{3.31}$$

3.4.4 Cas général

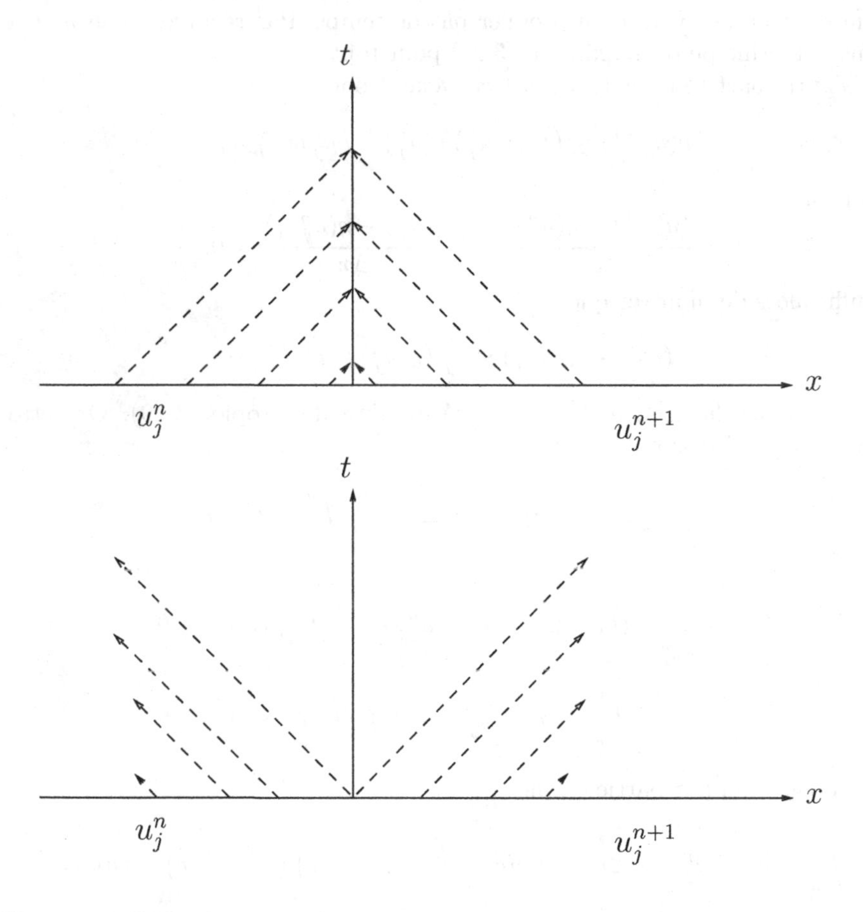

Fig. 3.18. Caractéristiques de sens opposés. Le décentrement du flux est ambigü.

Reprenons l'exemple précédent pour une donnée initiale à présent quelconque

$$m < u_{\rm cr} < M.$$

Donc $u_j^0 < u_{\rm cr}$ et $u_j^0 > u_{\rm cr}$ sont possibles suivant j. Le problème est qu'il n'est plus possible de définir sans équivoque un flux $f_{j+\frac{1}{2}}^n$ s'appuyant sur les caractéristiques dans la maille j et la maille $j+1$. Car le sens de ces caractéristiques est maintenant **opposé** comme à la figure 3.18.

> Pour des données initiales quelconques et des fonctions flux $u \mapsto f(u)$ quelconques, la construction des flux à partir de la méthode des caractéristiques est ambigüe.

La situation est même plus complexe comme le montre le contre-exemple suivant. On part une nouvelle fois du modèle LWR pour le trafic routier. On suppose que la donnée initiale est

$$u_j^0 = w \text{ pour } j \le 0, \quad u_j^0 = 1 - w \text{ pour } 0 < j.$$

On considère le schéma de Volumes Finis général

$$\frac{u_j^{n+1} - u_j^n}{\Delta t} + \frac{f_{j+\frac{1}{2}}^n - f_{j-\frac{1}{2}}^n}{\Delta x} = 0,$$

avec un flux décentré soit à gauche soit à droite

$$f_{j+\frac{1}{2}}^n = f\left(u_j^n\right) \text{ ou } f\left(u_{j+1}^n\right).$$

C'est à dire que nous supposons qu'il est possible, par une analyse plus fine que celle que nous avons menée, de déterminer de quel côté décentrer le flux numérique.

Or pour ces données

$$f(w) = w - w^2 = (1-w) - (1-w)^2 = f(1-w).$$

Donc

$$f_{j+\frac{1}{2}}^n - f_{j-\frac{1}{2}}^n = 0, \qquad \forall j, n,$$

et ce indépendament du décentrement du flux. Dans ces conditions

$$u_j^n = u_j^0 = w \text{ ou } 1 - w, \quad \forall j.$$

La solution numérique est constante en temps. Or cela est non correct dans le cas $w > u_c$, car la solution théorique décrite à la section 3.3.4 est une onde de raréfaction qui varie donc au cours du temps. Nous arrivons alors à la conclusion suivante qui est plus sévère.

> Pour des données initiales quelconques et des fonctions flux $u \mapsto f(u)$ quelconques, la construction des flux à partir de la seule méthode des caractéristiques est insuffisante.

3.4.5 Définition d'un schéma générique

Nous définissons un flux en introduisant une contribution d'un nouveau type qui dépend de la différence $u_j^n - u_{j+1}^n$

$$f_{j+\frac{1}{2}}^n = \frac{1}{2}\left(f(u_{j+1}^n) + f(u_j^n)\right) + \frac{c}{2}(u_j^n - u_{j+1}^n). \tag{3.32}$$

La valeur du paramètre $c > 0$ va être précisée. Nous ne ferons pas d'hypothèse particulière sur la donnée initiale ni sur sa compatibilité avec la fonction $f(u)$.

Lemme 16 *Posons $m = \min_x u_0(x)$ et $M = \max_x u_0(x)$. Supposons que le paramètre c dans le flux (3.32) est suffisament grand*

$$\max_{m \le x \le M} |f'(x)| \le c.$$

Supposons que le pas de temps est restreint par l'inégalité CFL : $c\frac{\Delta t}{\Delta x} \le 1$. Alors la solution discrète vérifie le principe du maximum

$$m \le \min_j(u_j^n) \le u_j^{n+1} \le \max_j(u_j^n) \le M, \quad j \in \mathbb{Z},\ n \in \mathbb{N}.$$

Ce lemme fournit au passage une règle pour choisir la coefficient c. En particulier on ne prendra jamais c nul. On rappelle que $\nu = \frac{\Delta t}{\Delta x}$. On a

$$\begin{aligned} u_j^{n+1} &= u_j^n + \frac{\nu c}{2}(u_{j+1}^n - 2u_j^n + u_{j-1}^n) - \frac{\nu}{2}\left[(f(u_{j+1}^n) - f(u_{j-1}^n))\right] \\ &= u_j^n + \frac{\nu c}{2}(u_{j+1}^n - 2u_j^n + u_{j-1}^n) - \frac{\nu}{2}\left[a_j^n(u_{j+1}^n - u_{j-1}^n)\right]. \end{aligned}$$

Par définition

$$a_j^n = \frac{f(u_{j+1}^n) - f(u_{j-1}^n)}{u_{j+1}^n - u_{j-1}^n} = f'(z_j^n), \quad \min(u_{j+1}^n, u_{j-1}^n) \le z_j^n \le \max(u_{j+1}^n, u_{j-1}^n).$$

D'où

$$u_j^{n+1} = [1 - \nu c]\, u_j^n + \frac{\nu}{2}\left[c - a_j^n\right] u_{j+1}^n + \frac{\nu}{2}\left[c + a_j^n\right] u_{j-1}^n.$$

Supposons que les coefficients devant u_j^n, u_{j+1}^n et u_{j-1}^n sont positifs ou nuls tous trois. Comme leur somme fait 1, alors u_j^{n+1} est une combinaison convexe de u_j^n, u_{j+1}^n et u_{j-1}^n. Or les coefficients sont positifs ou nuls pour $n = 0$ grâce aux hypothèses faites. Donc la conclusion du lemme est vraie pour $n = 0$. Par récurrence elle est vraie pour tout n.

Lemme 17 *Nous reprenons les notations du lemme précédent. On suppose que le pas de temps est restreint par la condition CFL. Soit un couple entropie-flux d'entropie $u \mapsto (\eta(u), \xi(u))$. On définit un flux d'entropie numérique*

$$\xi_{j+\frac{1}{2}}^n = \frac{\xi(u_{j+1}^n) + \xi(u_j^n)}{2} + \frac{c}{2}(\eta(u_j^n) - \eta(u_{j+1}^n)). \tag{3.33}$$

Alors la solution numérique vérifie l'inégalité d'entropie discrète

$$\frac{\eta(u_j^{n+1}) - \eta(u_j^n)}{\Delta t} + \frac{\xi_{j+\frac{1}{2}}^n - \xi_{j-\frac{1}{2}}^n}{\Delta x} \leq 0, \quad \forall j \in \mathbb{Z}, \ \forall n \in \mathbb{N}.$$

Le flux de la condition d'entropie discrète ressemble beaucoup au flux du schéma. La preuve proposée se déroule en plusieurs temps.

a) Le schéma s'écrit aussi

$$u_j^{n+1} = \frac{1}{2}\left(u_j^n + \nu c(-u_j^n + u_{j-1}^n) - \nu\left[(f(u_j^n) - f(u_{j-1}^n))\right]\right)$$
$$+\frac{1}{2}\left(u_j^n + \nu c(u_{j+1}^n - u_j^n) - \nu\left[(f(u_j^n) - f(u_{j-1}^n))\right]\right)$$

Par convexité de la fonction η, on a

$$\eta(u_j^{n+1}) \leq \frac{1}{2}\eta\left(u_j^n + \nu c(-u_j^n + u_{j-1}^n) - \nu\left[(f(u_j^n) - f(u_{j-1}^n))\right]\right)$$
$$+\frac{1}{2}\eta\left(u_j^n + \nu c(u_{j+1}^n - u_j^n) - \nu\left[(f(u_j^n) - f(u_{j-1}^n))\right]\right).$$

On a donc

$$\eta(u_j^{n+1}) - \eta(u_j^n) + \nu\left(\xi_{j+\frac{1}{2}}^n - \xi_{j-\frac{1}{2}}^n\right) \leq \frac{1}{2}\varphi(u_{j-1}^n) + \frac{1}{2}\phi(u_{j-1}^n))$$

où

$$\varphi(w) = \eta\left(u_j^n + \nu c(w - u_j^n) - \nu\left[(f(w) - f(u_j^n))\right]\right)$$
$$-\eta(u_j^n) - \nu c(\eta(w) - \eta(u_j^n)) + \nu\left[(\xi(w) - \xi(u_j^n))\right]$$

et

$$\phi(z) = \eta\left(u_j^n + \frac{\nu c}{2}(-u_j^n + z) - \frac{\nu}{2}\left[(f(u_j^n) - f(z))\right]\right)$$
$$-\eta(u_j^n) - \frac{\nu c}{2}(-\eta(u_j^n) + \eta(z)) + \frac{\nu}{2}\left[(\xi(u_j^n) - \xi(z))\right].$$

Pour montrer l'inégalité d'entropie il suffit donc de montrer séparément que $\varphi(w) \leq 0$ et $\phi(z) \leq 0$ ce qui impliquera la propriété recherchée.

b) On a $\varphi(u_j^n) = 0$ et

$$\varphi'(w) = \nu\,(c - f'(w))$$
$$\times\left(\eta'\left(u_j^n + \nu c(w - u_j^n) - \nu\left[(f(w) - f(u_j^n))\right]\right) - \eta'(w)\right)$$

Le premier terme entre parenthèse est positif. Par convexité de la fonction η, le deuxième terme est le produit d'un terme positif par

$$\left(u_j^n + \nu c(w - u_j^n) - \nu\left[(f(w) - f(u_j^n))\right]\right) - w.$$

Grâce à la condition CFL, ce terme est lui-même le produit d'un terme positif par $u_j^n - w$. Donc on a

$$\varphi'(w) = k(w)(u_j^n - w), \quad k(w) \geq 0 \quad \forall w.$$

Cela montre que $\varphi(w) \leq 0$ pour tout w.

c) De même $\phi(u_j^n) = 0$. Après dérivation on obtient

$$\phi'(z) = \nu(c + f'(z))$$
$$\times \left(\eta'\left(u_j^n + \nu c(-u_j^n + z) - \nu\left[(f(u_j^n) - f(z))\right]\right) - \eta'(z)\right).$$

Le premier terme entre parenthèse est positif et le deuxième est le produit d'un terme positif par $u_j^n - z$. On en déduit que $\phi(z) \leq 0$ pour tout z. La preuve est terminée.

3.4.6 Convergence

Supposons que la solution du schéma numérique converge vers une limite. Peut-on caractériser cette limite ? La limite est-elle correcte ? C'est ce qui importe **en premier lieu**[4]. Le théorème suivant (de type Lax-Wendroff) répond à cette question. Il est courant de définir une fonction presque partout dans tout $\mathbb{R}^+ \times \mathbb{R}$ par

$$u_{\Delta x, \Delta t}(t, x) = u_j^n \tag{3.34}$$

ssi $(j - \frac{1}{2})\Delta x < x < (j + \frac{1}{2})\Delta x$ et $n\Delta t \leq t < (n+1)\Delta t$. On peut remplacer certaines de ces inégalités strictes par des inégalités larges.

Théorème 3.4. *On considère la solution numérique du schéma (3.25-3.21) pour une donnée initiale $u_0 \in L^\infty(\mathbb{R})$. On suppose la condition CFL du lemme 16 réalisée. On suppose que la fonction $u_{\Delta x,\Delta t}$ admet une limite notée u dans $L^1_{\mathrm{loc}}(\mathbb{R}^+ \times \mathbb{R})$, et que $u_{\Delta x,\Delta t}(0, x)$ tend vers u_0 dans $L^1_{\mathrm{loc}}(\mathbb{R})$. Supposons de plus que le paramètre c qui intervient dans le flux soit tel que*

$$c\Delta x \to 0 \text{ quand } \Delta x \to 0. \tag{3.35}$$

Alors $u \in L^\infty(\mathbb{R}^+ \times \mathbb{R})$ est solution faible entropique.

La condition (3.35) est nécessaire comme le montre l'exercice 14.

La preuve est la suivante. Tout d'abord la condition CFL assure que u_j^n est uniformément borné. Donc

$$||u_{\Delta x,\Delta t}||_{L^\infty(\mathbb{R}^+\times\mathbb{R})} \leq ||u_0||_{L^\infty(\mathbb{R})}.$$

Soit $\varphi \in C_0^2$ une fonction à support compact. On note $\varphi_j^n = \varphi(n\Delta t, j\Delta x)$. Alors

$$\sum_{j,n} \left(\frac{u_j^{n+1} - u_j^n}{\Delta t} + \frac{f_{j+\frac{1}{2}}^n - f_{j-\frac{1}{2}}^n}{\Delta x} \right) \varphi_j^n \Delta x \Delta t = 0.$$

[4] Les preuves de convergence pour les équations non linéaires peuvent se révéler très techniques

Cette expression n'est autre que l'intégration de l'équation discrète. Il reste à intégrer par parties discrètement. Nous obtenons

$$-\sum_{j,n} u_j^n \frac{\varphi_j^n - \varphi_j^{n-1}}{\Delta t} \Delta x \Delta t - \sum_j u_j^0 \varphi_j^0 \Delta x - \sum_{j,n} f_{j+\frac{1}{2}}^n \frac{\varphi_{j+1}^n - \varphi_j^n}{\Delta x} \Delta x \Delta t = 0.$$

La première somme s'écrit

$$\sum_{j,n} u_j^n \frac{\varphi_j^n - \varphi_j^{n-1}}{\Delta t} \Delta x \Delta t = \int\int u_{\Delta x,\Delta t}(t,x) w(t,x) dt dx,$$

où $w_{\Delta x,\Delta t}(t,x) = \frac{\varphi_j^n - \varphi_j^{n-1}}{\Delta t}$ ssi $(j-\frac{1}{2})\Delta x < x < (j+\frac{1}{2})\Delta x$ et $n\Delta t < t < (n+1)\Delta t$. On a la convergence $w_{\Delta x,\Delta t} \to \partial_t \varphi$ uniformément dans le support de φ. Donc

$$\int\int u_{\Delta x,\Delta t}(t,x) w(t,x) dt dx \to \int\int u(t,x) \partial_t \varphi(t,x) dt dx.$$

La deuxième somme se traite identiquement $\sum_j u_j^0 \varphi_j^0 \Delta x \to \int_{\mathbb{R}} u_0(x) \varphi(0,x) dx$. Nous développons et arrangeons la troisième somme

$$\sum_{j,n} f_{j+\frac{1}{2}}^n \frac{\varphi_{j+1}^n - \varphi_j^n}{\Delta x} \Delta x \Delta t = \sum_{j,n} f(u_j^n) \frac{\varphi_{j+1}^n - \varphi_{j-1}^n}{2\Delta x} \Delta x \Delta t$$

$$+c \sum_{j,n} u_j^n \frac{-\varphi_{j+1}^n + 2\varphi_j^n - \varphi_{j-1}^n}{2\Delta x} \Delta x \Delta t.$$

Nous définissons $f_{\Delta x,\Delta t}(t,x) = f(u_j^n)$ pour $(j-\frac{1}{2})\Delta x < x < (j+\frac{1}{2})\Delta x$ et $n\Delta t < t < (n+1)\Delta t$. Comme

$$|f_{\Delta x,\Delta t}(t,x) - f(u(t,x))| \le \max|f'| \times |u_{\Delta x,\Delta t}(t,x) - u(t,x)|$$

il résulte des hypothèses générales que $f_{\Delta x,\Delta t}$ tend vers $f(u)$ dans $L^1_{\mathrm{loc}}(\mathbb{R}^+ \times \mathbb{R})$. Donc

$$\sum_{j,n} f(u_j^n) \frac{\varphi_{j+1}^n - \varphi_{j-1}^n}{2\Delta x} \Delta x \Delta t \to \int\int f(u(t,x)) \partial_x \varphi(t,x) dx dt.$$

Le terme complèmentaire est

$$c \sum_{j,n} u_j^n \frac{-\varphi_{j+1}^n + 2\varphi_j^n - \varphi_{j-1}^n}{2\Delta x} \Delta x \Delta t = \frac{c\Delta x}{2} \sum_{j,n} u_j^n \frac{-\varphi_{j+1}^n + 2\varphi_j^n - \varphi_{j-1}^n}{\Delta x^2} \Delta x \Delta t.$$

Comme φ est deux fois dérivable à support compact, le quantités $\frac{-\varphi_{j+1}^n + 2\varphi_j^n - \varphi_{j-1}^n}{\Delta x^2}$ sont uniformément bornées. Par hypothèse le facteur $c\Delta x$ devant la somme tend vers 0, donc le terme complémentaire tend vers 0. Cela assure donc que

$$\sum_{j,n} f^n_{j+\frac{1}{2}} \frac{\varphi^n_{j+1} - \varphi^n_j}{\Delta x} \Delta x \Delta t \to \int\int f(u(t,x))\partial_x \varphi(t,x) dx dt.$$

Finalement u vérifie

$$-\int\int u(t,x)\partial_t\varphi(t,x)dtdx - \int_{\mathbb{R}} u_0(x)\varphi(0,x)dx$$

$$-\int\int f(u(t,x))\partial_x\varphi(t,x)dxdt = 0.$$

Cela est vrai pour toute fonction test $\varphi \in C^2_0$, donc aussi par densité pour toute fonction test $\varphi \in C^1_0$. Donc u est solution faible.

D'autre part le schéma est entropique. Nous partons alors de

$$\sum_{j,n} \left(\frac{\eta(u^{n+1}_j) - \eta(u^n_j)}{\Delta t} + \frac{\xi^n_{j+\frac{1}{2}} - \xi^n_{j-\frac{1}{2}}}{\Delta x} \right) \varphi^n_j \Delta x \Delta x \le 0$$

avec $\varphi \in C^2_0$ partout positive ou nulle $\varphi \ge 0$. On emploie la même technique de passage à la limite ainsi que les hypothèses. Pour $\varphi \ge 0$ on obtient

$$-\int\int \eta(u(t,x))\partial_t\varphi(t,x)dtdx - \int_{\mathbb{R}} \eta(u_0(x))\varphi(0,x)dx$$

$$-\int\int \xi(u(t,x))\partial_x\varphi(t,x)dxdt.$$

Donc u est bien une solution faible entropique.

3.4.7 Applications et analyse des résultats

Nous reprenons les exemples du trafic routier, de l'équation de Burgers et de l'équation de Buckley-Leverett.

Modèle LWR

Soit la donnée initiale

$$\begin{cases} \rho_0 = 0.4 \text{ pour } x < 0,3 \\ \rho_0 = 1. \text{ pour } 0.3 < x < 0,7 \\ \rho_0 = 0. \text{ pour } 0,7 < x \end{cases} \tag{3.36}$$

pour l'équation $\partial_t \rho + \partial_x(\rho - \rho^2) = 0$. Nous considérons un maillage de 100, 200 puis 400 mailles sur l'intervalle $[0,1]$. La constante c est prise à $c = 2$. La condition CFL est par exemple $c\Delta t = \frac{1}{10}\Delta x$. La figure 3.19 rassemble les résultats pour plusieurs maillages au temps de $t = 0.2$. Conformément à la théorie, la solution à la limite se compose d'une détente en face avant qui caractérise la sortie du bouchon et d'un choc en face arrière qui caractérise

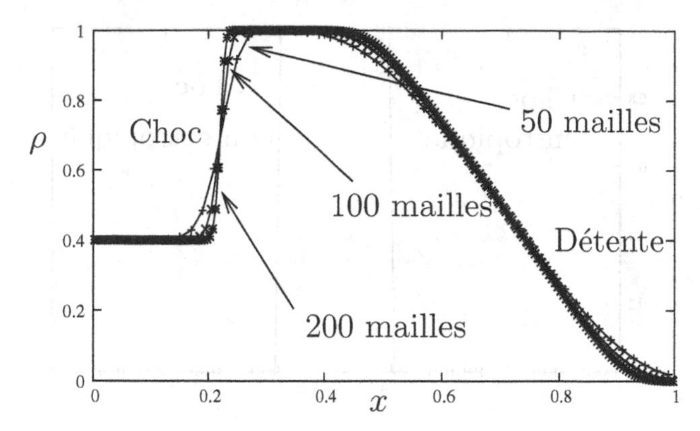

Fig. 3.19. Entrée et sortie de bouchon. Convergence numérique pour 50, 100 puis 200 mailles

l'entrée dans la bouchon. La position du bouchon recule même si les véhicules avancent de la gauche vers la droite. La solution limite vérifie les critères entropiques.

Des catastrophes peuvent apparaître si on ne respecte pas scrupuleusement les conditions d'entropies. Considérons la donnée initiale

$$u_0 = 1 \text{ pour } 0,4 < x < 0,6, \quad u_0 = 0 \text{ sinon.}$$

Au lieu de calculer $A = \max_{0 \leq u \leq 1} |f'(u)|$ qui vaut 1, on se contente d'une évaluation **paresseuse** de cette quantité. Soit

$$B = \max_{u_j \neq u_{j+1}} \left| \frac{f(u_{j+1}) - f(u_j)}{u_{j+1} - u_j} \right|.$$

D'un point de vue informatique on se contentera plutôt de

$$B_\varepsilon = \max_{|u_j - u_{j+1}| \geq \varepsilon} \left| \frac{f(u_{j+1}) - f(u_j)}{u_{j+1} - u_j} \right|.$$

où $\varepsilon > 0$ est un seuil qui garantit de ne pas diviser par zéro dans l'évaluation pratique de B. Par exemple $\varepsilon = 10^{-6}$. Avec ces données $B_\varepsilon = 0$. Supposons donc qu'on utilise le schéma avec une CFL de 1 et la constante $c = B_\varepsilon = 0$. Alors le schéma est stable L^∞. On obtient le résultat de la figure 3.20. Nous remarquons que le choc en face avant n'est pas admissible du point de vue du critère entropique car $0 = u_D < u_G = 1$. Néanmoins nous sommes dans les conditions d'application du Théorème de Lax-Wendroff. La solution numérique converge bien vers une solution limite quand le pas de maillage tend vers 0 : ici la solution numérique est même indépendante du temps et de l'espace. Donc la solution limite est solution faible de l'équation LWR. Le seul point est que nous avons mal évalué la constante A. La solution limite est non entropique.

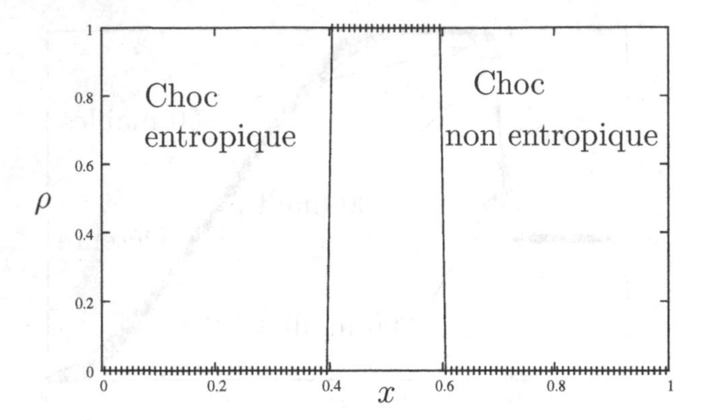

Fig. 3.20. Choc non entropique pour le modèle LWR au bout de 50 itérations

Modèle OM pour le trafic dans la ville de Bogota

Soit la donnée initiale

$$\begin{cases} \rho_0 = 0.4 \text{ pour } x < 0,3 \\ \rho_0 = 0.9 \text{ pour } 0,3 < x < 0,7 \\ \rho_0 = 0.1 \text{ pour } 0,7 < x \end{cases} \tag{3.37}$$

Le flux (3.23) n'est pas C^1. Nous prenons $\rho_1 = 0.5$, $\rho_2 = 0.6$, $\alpha = 1$ et $\beta = 0.5$: γ se recalcule en fonction de ces grandeurs. Nous obtenons typiquement le résultat de la figure 3.21. La comparaison des résultats avec la figure 3.19 montre que l'entrée dans le bouchon est qualitativement identique. En revanche la sortie du bouchon est radicalement différente. Pour ce modèle la sortie se fait par à-coup. C'est la raison des deux paliers intermédiaires à $\rho \approx 0.6 = \rho_1$ et $\rho \approx 0.5 = \rho_2$. Les discontinuités présentes en sortie sont des discontinuités de contact. Comme auparavant un non respect des paramètres du schéma peut entraîner des solutions fausses.

Modèle de Buckley-Leverett

Pour terminer nous considérons l'équation de Buckley-Leverett avec $A = 1$. La donnée initiale correspond à de l'eau à saturation de un à gauche et de l'huile à droite

$$u_0(x) = 1 \text{ pour } x < 0,5, \quad u_0(x) = 0 \text{ pour } 0,5 < x.$$

Au temps de $t = 0,2$ nous obtenons la figure 3.22. Nous reconnaissons le choc qui file devant la détente. Dans une telle configuration on dit que la détente est attachée au choc. La valeur critique $u^* = \sqrt{\frac{A}{A+1}} \approx 0,7$ est bien visible. Une nouvelle fois, une mauvaise évaluation du maximum des vitesses $\max|f'|$ sur

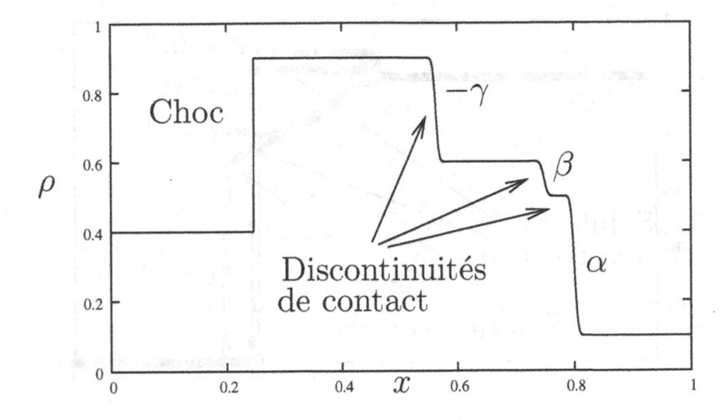

Fig. 3.21. Modèle Olmos Munoz. Entrée et sortie de bouchon

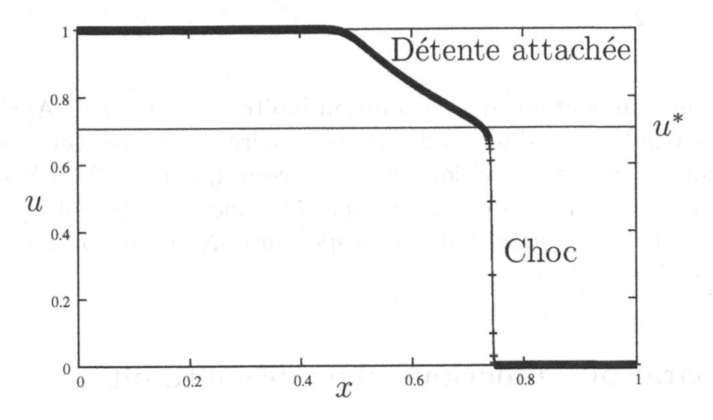

Fig. 3.22. Équation de Buckley-Leverett. Propagation de l'eau dans l'huile

le domaine de calcul peut mener à des résultats erronés. Pour la même donnée initiale, nous effectuons plusieurs calculs. Nous prenons $c = 2$ qui correspond à la théorie, puis $c = 1$, $c = 0,25$ et enfin $c = 0,1$ qui ne correspondent pas à la théorie. La solution pour $c = 0,1$ est grossièrement inadmissible car la saturation u dépasse la valeur de 1. Les mauvaises solutions sont des solutions faibles mais non entropiques.

Les résultats numériques montrent que les solutions faibles non entropiques (solutions erronées) peuvent se capturer numériquement lorsque les paramètres du schéma sont mal ajustés. Mais on peut ajuster correctement ces mêmes paramètres pour éliminer par construction les solutions erronées.

Pour le calcul scientifique en vue de l'art de l'ingénieur cette information doit être prise en compte. Par des calculs répétés et l'analyse des résultats, on se convainc ensuite qu'on a calculé la bonne solution.

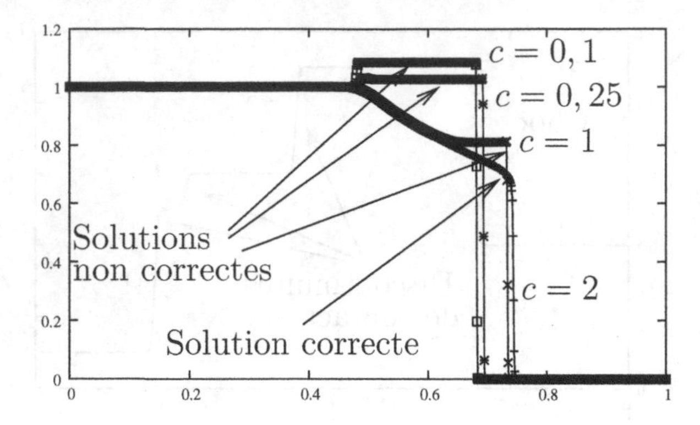

Fig. 3.23. Équation de Buckley-Leverett. Propagation de l'eau dans l'huile. Solutions non entropiques (calculées avec $c < 2$) comparées avec solution entropique (calculée avec $c = 2$)

Mais est-on vraiment sûr que la solution limite est la bonne ? Après tout nous n'avons exhibé que des conditions nécessaires de convergence vers la bonne solution. L'analyse numérique répond à cette question. Pour le schéma étudié on peut montrer la convergence vers l'unique solution entropique de l'équation : c'est du domaine d'un cours spécialisé. Nous renvoyons aux ouvrages [GR91], [D00], [S67].

3.5 Comparaison numérique choc-discontinuité de contact

Les chocs sont des discontinuités entropiques irréversibles. Les discontinuités de contact sont aussi des discontinuités mais réversibles. Cette distinction choc-discontinuité de contact a-t-elle des conséquences au niveau numérique ? La réponse est positive. Cela se fonde sur la remarque que les schémas de base ont une précision en $\sqrt{T\Delta x}$ pour les discontinuités de contact, alors que ces mêmes schémas ont une précision en Δx uniforme en temps pour les chocs (cela peut se démontrer dans des cas simples). Évaluons ce qui se passe sur un exemple.

On part d'une donnée initiale ($u_G = 1$ et $u_D = 0$) identique pour l'équation du transport linéaire à vitesse un demi $\partial_t u + \frac{1}{2}\partial_x u = 0$ et pour l'équation de Burgers $\partial_t u + \partial_x \frac{u^2}{2} = 0$. Dans les deux cas la solution exacte est une discontinuité qui se propage à la vitesse $\sigma = \frac{1}{2}$. Le schéma utilisé est le schéma (3.24) avec $a_j = \frac{u_j + u_{j-1}}{2}$ pour l'équation de Burgers et $a_j = \frac{1}{2}$ pour le transport linéaire. Les résultats sont présentés dans la figure 3.24. La discontinuité se dégrade au fil des itérations pour l'équation du transport. En revanche la structure de la discontinuité numérique est stable pour l'équation du Burgers.

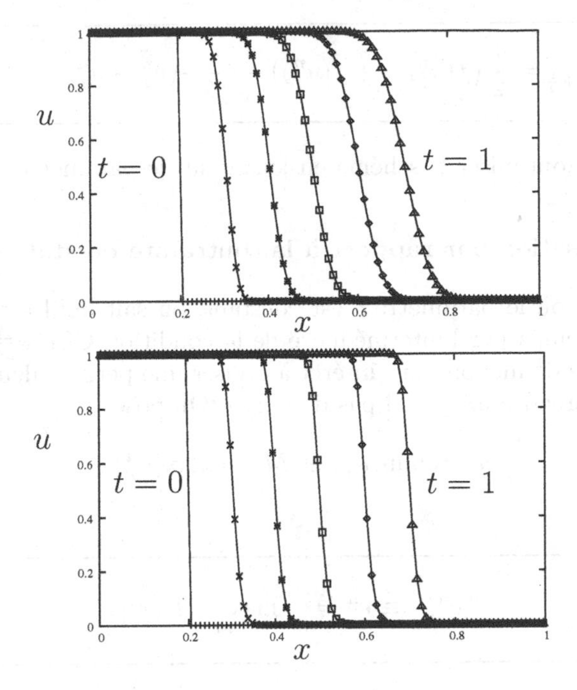

Fig. 3.24. La discontinuité initiale s'étale en $\sqrt{T}$ au fil du temps pour l'équation du transport (en haut). En revanche la structure est stable au cours du temps pour l'équation de Burgers (en bas).

Une explication est que l'équation de Burgers est non linéaire. De ce fait elle est derrière le choc équivalente à un équation de transport à vitesse $a = 1$ ($\partial_t u + \partial_x u = 0$) et devant le choc équivalente à un équation de transport à vitesse $a = 0$ ($\partial_t u = 0$). Cela permet au profil numérique derrière le choc de rattraper sans cesse la discontinuité qui elle avance à la vitesse $\frac{1}{2}$. Pour l'équation du transport la vitesse de propagation est constante : le schéma n'est pas en mesure de recomprimer la discontinuité qui s'étale. Il faut bien distinguer ce type de comportement pour Δx fixe et $T \to \infty$ des résultats standard de convergence pour T fixe et $\Delta x \to 0$.

3.6 Optimisation du schéma

En pratique le schéma (3.25) avec le flux (3.32) n'est pas optimal. On peut définir des variantes simples et peu coûteuses qui sont plus précises et/ou plus stables. Plus précisément nous considérons le schéma de Volumes Finis (3.25) avec le flux

$$f^n_{j+\frac{1}{2}} = \frac{1}{2}\left(f(u^n_{j+1}) + f(u^n_j)\right) + \frac{c^n_{j+\frac{1}{2}}}{2}(u^n_j - u^n_{j+1}). \quad (3.38)$$

Nous allons optimiser le schéma en jouant sur le paramètre $c^n_{j+\frac{1}{2}}$.

3.6.1 Optimisation par rapport à la contrainte de stabilité

Dans le cas où le paramètre c est constant, on sait qu'il a une influence sur le pas de temps par l'intermédiaire de la condition CFL $c\frac{\Delta t}{\Delta x} \leq 1$. Pour un pas d'espace donné, on aura intérêt à utiliser une petite valeur de c ce qui permettra de prendre un grand pas de temps. On pose

$$m^n = \min_j(u^n_j) \text{ et } M^n = \max_j(u^n_j).$$

Soit

$$c^n_{j+\frac{1}{2}} \equiv c^n = \max_{m^n \leq x \leq M^n} |f'(x)|. \quad (3.39)$$

Il est aisé de vérifier que le schéma vérifie encore le principe du maximum (il suffit de reprendre la démonstration du lemme 16). La valeur (3.39) est la plus petite valeur commune à toutes les mailles telle que le principe du maximum est respectée. C'est la valeur globale en espace optimale pour la contrainte de stabilité. Cette contrainte peut varier au cours du temps car

$$\cdots \leq m^{n-1} \leq m^n \leq m^{n+1} \leq \cdots$$

et

$$\cdots \leq M^{n+1} \leq M^n \leq M^{n-1} \leq \cdots$$

ce qui fait que

$$0 \leq \cdots \leq c^{n+1} \leq c^n \leq c^{n-1} \leq \cdots$$

Par construction la condition technique $c^n \Delta x \to 0$ (pour $\Delta x \to 0$) du théorème 3.4 est vérifiée.

3.6.2 Optimisation par rapport à la précision

Il est délicat de connaître *a priori* la précision d'un schéma numérique pour des équations non linéaires. On se contente ici d'une approche très simplifiée, qui cependant regroupe et permet d'expliquer un grand nombre des schémas existants de la littérature. Nous considérons que la formule du flux (3.38) se doit de prédire une valeur approchée explicite centrée en $j+\frac{1}{2}$ la plus précise possible. Nous évaluons donc l'erreur de consistance pour le flux que nous notons $s^n_{j+\frac{1}{2}}$. Comme nous ne prenons pas en compte la dépendance en temps dans l'analyse, on peut omettre l'indice n. Donc

$$s_{j+\frac{1}{2}} = f(u_{j+\frac{1}{2}}) - \frac{1}{2}(f(u_j) + f(u_{j+1})) - \frac{c_{j+\frac{1}{2}}}{2}(u_j - u_{j+1})$$

où

$$u_j = u(j\Delta x), \quad u_{j+\frac{1}{2}} = u((j+\frac{1}{2})\Delta x), \quad u_{j+1} = u((j+1)\Delta x).$$

Supposons que la fonction u est indéfiniment dérivable. Pour une fonction flux $u \mapsto f(u)$ également régulière, on effectue un développement de Taylor en Δx

$$f(u_{j+\frac{1}{2}}) - \frac{1}{2}(f(u_j) + f(u_{j+1})) = O(\Delta x^2) \text{ et } u_j - u_{j+1} = O(\Delta x).$$

Donc

$$s_{j+\frac{1}{2}} = O(\Delta x^2) + c_{j+\frac{1}{2}} O(\Delta x).$$

On traduit cela en disant que la partie centrée du flux est d'ordre deux, et que la partie supplémentaire (ou visqueuse, ou dissipative) est d'ordre un. Il s'ensuit que pour obtenir un flux le plus précis possible mais *a priori* toujours d'ordre un, il choisir un $c_{j+\frac{1}{2}}$ **le plus petit possible.**

La solution optimale consiste donc à prendre $c_{j+\frac{1}{2}}$ le plus petit possible tout en respectant des contraintes de stabilité que nous choisissons locales. On pose

$$m^n_{j+\frac{1}{2}} = \min_j(u^n_j, u^n_{j+1}) \text{ et } M^n_{j+\frac{1}{2}} = \max_j(u^n_j, u^n_{j+1}),$$

et on prendra

$$c^n_{j+\frac{1}{2}} = \max_{m^n_{j+\frac{1}{2}} \le x \le M^n_{j+\frac{1}{2}}} |f'(x)| . \tag{3.40}$$

La formule (3.40) est optimale pour les critères que nous avons mis en avant. En reprenant point par point la démonstration des lemmes 16 et 17 et du théorème 3.4, on vérifie que le schéma résultant est stable (principe du maximum) et entropique sous CFL.

3.7 Schémas lagrangiens pour le trafic routier

Dans cette section nous nous concentrons sur la construction d'un schéma numérique lagrangien pour la résolution numérique du trafic routier. Cela fera le lien entre l'approche eulérienne et l'approche lagrangienne laquelle s'attache plus à une description individuelle des véhicules. Un avantage théorique de l'approche lagrangienne est que le sens des caractéristique y est constant. C'est une propriété fondamentale des équations écrites en variables de Lagrange. Nous montrerons par la suite que cette propriété est vraie pour beaucoup de systèmes qui viennent de la mécanique des milieux continus.

L'équation du trafic routier dont nous partons est

$$\partial_t \rho + \partial_x(\rho u(\rho)) = 0. \tag{3.41}$$

On définit le changement de coordonnées

$$\partial_t x(t,X) = u(t, x(t,X)), \quad x(0,X) = X. \tag{3.42}$$

On récrit (3.41) sous la forme

$$\begin{cases} \partial_t(\rho J) = 0, \\ \partial_J - \partial_X u = 0 \end{cases} \tag{3.43}$$

qui est équivalente à

$$\partial_t \tau - \partial_m u = 0, \quad dm = \rho dx = \rho^0 dX. \tag{3.44}$$

Il reste à spécifier le flux numérique. Une propriété générique pour les modèles de trafic routier est que la vitesse $\rho \mapsto u(\rho)$ est une fonction décroissante de la densité de véhicules ρ, et donc croissante de τ. Donc la fonction $f(\tau) = -u(\tau^{-1})$ est une fonction décroissante de τ. Par exemple pour le modèle LWR la vitesse définie en fonction de τ est

$$-u(\tau) = -(1-\rho) = -1 + \frac{1}{\tau} \Rightarrow \frac{d}{d\tau}(-u) = -\frac{1}{\tau^2} < 0.$$

A présent les caractéristiques ont un sens constant de la droite vers la gauche.

3.7.1 Schéma lagrangien

Discrétisons l'équation lagrangienne (3.44) à l'aide du schéma générique (3.25). On obtient

$$\frac{\tau_j^{n+1} - \tau_j^n}{\Delta t} - \frac{u_{j+\frac{1}{2}}^n - u_{j-\frac{1}{2}}^n}{\Delta m_j} = 0 \tag{3.45}$$

avec une définition du maillage en variable de masse donnée par

$$\Delta m_j = \rho_j^0 \Delta X_j, \quad \Delta X_j = X_{j+\frac{1}{2}} - X_{j-\frac{1}{2}} = \Delta x_j^0.$$

Nous observons que pour un flux donné, le schéma précédent est correctement défini. A présent nous définissons le déplacement des noeuds du maillage que l'on se donne au pas de temps initial

$$x_{j+\frac{1}{2}}^{n+1} = x_{j+\frac{1}{2}}^n + \Delta t u_{j+\frac{1}{2}}^n, \quad x_{j+\frac{1}{2}}^0 = X_{j+\frac{1}{2}}. \tag{3.46}$$

La Jacobienne du champ de déformation discret se calcule par

$$J_j^n = \frac{x_{j+\frac{1}{2}}^n - x_{j-\frac{1}{2}}^n}{x_{j+\frac{1}{2}}^0 - x_{j-\frac{1}{2}}^0}$$

Lemme 18 *Le schéma précédent (3.45-3.46) est équivalent à l'autre forme des équations lagrangiennes discrètes*

$$\begin{cases} \frac{\rho_j^{n+1} J_j^{n+1} - \rho_j^n J_j^n}{\Delta t} = 0, \\ \frac{J_j^{n+1} - J_j^n}{\Delta t} - \frac{u_{j+\frac{1}{2}}^n - u_{j-\frac{1}{2}}^n}{\Delta X_j} = 0. \end{cases} \tag{3.47}$$

Cela montre que les équations discrètes sont compatibles entre elles. A partir de (3.46) on a

$$x_{j+\frac{1}{2}}^{n+1} - x_{j-\frac{1}{2}}^{n+1} = x_{j+\frac{1}{2}}^n - x_{j-\frac{1}{2}}^n + \Delta t \left(u_{j+\frac{1}{2}}^n - u_{j-\frac{1}{2}}^n \right)$$

Après division par $x_{j+\frac{1}{2}}^0 - x_{j-\frac{1}{2}}^0 = \Delta X_j$ nous obtenons la deuxième équation de (3.47). Puis nous considérons (3.45) à l'itéré $n = 0$, ce que nous pouvons récrire

$$\rho_j^0 \Delta x_j^0 \tau_j^1 - (\Delta x_j^0 + \Delta t (u_{j+\frac{1}{2}}^0 - u_{j-\frac{1}{2}}^0)) = 0$$

c'est à dire $\frac{\rho_j^0}{\rho_j^1} \Delta x_j^0 - \Delta x_j^1 = 0$. Nous obtenons la première équation de (3.47). On termine le raisonnement par récurrence en n.

Forme finale du flux

Nous prenons le flux décentré à droite. Le schéma lagrangien pour le trafic routier est à présent complètement défini sous la forme

$$\frac{\tau_j^{n+1} - \tau_j^n}{\Delta t} - \frac{u_{j+1}^n - u_j^n}{\Delta m_j} = 0, \tag{3.48}$$

le déplacement du maillage étant défini par

$$x_{j+\frac{1}{2}}^{n+1} = x_{j+\frac{1}{2}}^n + \Delta t u_{j+1}^n, \quad x_{j+\frac{1}{2}}^0 = X_{j+\frac{1}{2}}. \tag{3.49}$$

La masse de la maille dite lagrangienne est $\Delta m_j = \rho_j^0 \Delta x_j^0 = \rho_j^n \Delta x_j^n$.

3.7.2 Un résultat numérique

Une simulation lagrangienne typique sur maillage mobile est présentée à la figure 3.25, pour la donnée initiale (3.36) que nous avons légèrement modifiée

$$\begin{cases} \rho_0 = 0.4 \text{ pour } x < 0,3 \\ \rho_0 = 1. \text{ pour } 0.3 < x < 0,7 \\ \rho_0 = 0.001 \text{ pour } 0,7 < x, \end{cases}$$

pour permettre le calcul de $\tau = \frac{1}{\rho}$. La modification n'a pas d'influence notable sur le pas de temps. Le déplacement du maillage est bien visible. Les mailles sont étirées dans la détente (à droite), et comprimées une fois que le choc est passé (à gauche). On peut comparer avec la figure (3.19) qui présente les résultats calculés avec un schéma eulérien. La solution à convergence est identique même si la méthode de résolution est très différente. Le pied de la détente présente une importante dilatation du maillage pour le calcul lagrangien.

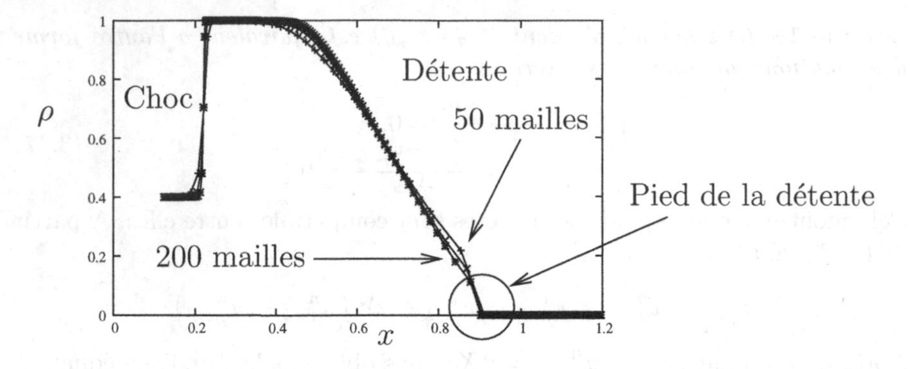

Fig. 3.25. Résolution lagrangienne du modèle LWR : 50, 100 et 200 mailles. Par rapport au calcul eulérien de la figure (3.19), le maillage s'est déplacé vers la droite.

3.8 Exercices

Exercice 11

Une méthode différente pour établir l'invariance des solutions régulières le long des caractéristiques est la suivante.

Soit l'équation $\partial_t u + \partial_x f(u) = 0$. Soit le changement de référentiel (3.3). Montrer que l'on obtient le système

$$\begin{cases} \partial_{t'}(Ju) + \partial_X(f(u) - a(u)u) = 0, \\ \partial_{t'}J - \partial_X a = 0. \end{cases}$$

Simplifier pour retrouver $\partial_{t'} u = 0$.

Exercice 12

Généraliser l'exercice précédent au système (2.40).

Exercice 13 •

On part d'une solution C^∞ l'équation de Burgers $\partial_t u + \partial_x \left(\frac{u^2}{2}\right) = 0$. La donnée initiale est $u(0,x) = u_0(x)$ pour $x \in \mathbb{R}$. Montrer que $\partial_t^{(n)} u = (-1)^n \partial_x^{(n)} \left(\frac{u^{n+1}}{n+1}\right)$. En déduire l'égalité formelle

$$u(t,x) = \sum_{n=0}^{\infty} \frac{(-t)^n}{(n+1)!} \partial_x^{(n)} u_0^{n+1}(x).$$

Étudier la convergence de la la série pour $u_0(x) = -x$ (création d'un choc) et $u_0(x) = x$ (cas de la détente).

Exercice 14

On choisit la constante $c_{j+\frac{1}{2}}^n = \frac{\Delta x}{\Delta t}$ dans la formule de flux, et ce pour tout j, n. Montrer qu'on obtient le schéma de Lax-Friedrichs

$$u_j^{n+1} = \frac{u_{j+1}^n + u_{j-1}^n}{2} - \frac{\Delta t}{2\Delta x} \left(f\left(u_{j+1}^n\right) - f\left(u_{j-1}^n\right) \right).$$

Vérifier que le schéma de Lax-Friedrichs ne satisfait pas la condition technique du théorème de convergence 3.4 dans le cas où le pas de temps tend vers 0 nettement plus vite que le pas d'espace Δx. On pourra supposer par exemple que

$$\Delta t = O(\Delta x^2).$$

A partir de la récriture sous la forme

$$\frac{u_j^{n+1} - u_j^n}{\Delta t} + \frac{f\left(u_{j+1}^n\right) - f\left(u_{j-1}^n\right)}{2\Delta x} = \left(\frac{\Delta x^2}{2\Delta t}\right) \frac{u_{j+1}^n - 2u_j^n + u_{j-1}^n}{\Delta x^2},$$

expliquer pourquoi le schéma de Lax-Friedrichs n'est pas consistant pour des pas de temps tel que $\Delta t = O(\Delta x^2)$.

Exercice 15

Vérifier que les hypothèses du théorème 3.4 sont vérifiées dans le cas étudié au lemme 15. Plus généralement en déduire qu'un schéma décentré en suivant le sens des caractéristiques (dans les cas où la construction est correcte bien sûr) capture la solution faible entropique.

Exercice 16 •

Le schéma de Godounov consiste à résoudre exactement le problème de Riemann entre chaque maille pendant un temps Δt, puis à prendre la moyenne sur la maille. On considère l'équation de Burgers. Montrer que le schéma de Godounov s'écrit sous la forme (3.25) avec le flux $f_{j+\frac{1}{2}}^n = f(u_{j+\frac{1}{2}}^n)$, l'état $u_{j+\frac{1}{2}}^n$ étant déterminé par

soit $u_j^n > u_{j+1}^n$: On calcule $\sigma = \frac{u_j^n + u_{j+1}^n}{2}$. Soit $\sigma > 0$ alors $u_{j+\frac{1}{2}}^n = u_j^n$, soit $\sigma < 0$ alors $u_{j+\frac{1}{2}}^n = u_{j+1}^n$.

soit $u_j^n < u_{j+1}^n$: Soit $u_j^n \leq 0 \leq u_D$ alors $u_{j+\frac{1}{2}}^n = 0$, soit $0 \leq u_j^n \leq u_{j+1}^n$ alors $u_{j+\frac{1}{2}}^n = u_j^n$, et soit $u_j^n \leq u_{j+1}^n \leq 0$ alors $u_{j+\frac{1}{2}}^n = u_{j+1}^n$.

Exercice 17 ••

Montrer que le schéma de Godounov est entropique avec un flux d'entropie $\xi_{j+\frac{1}{2}}^n = \xi(u_{j+\frac{1}{2}}^n)$.

Exercice 18

Soit l'équation du trafic routier. Nous supposons que la fonction f est affine en ρ (par exemple une des branches du modèle d'Olmos et Munoz)

$$f(\rho) = a + b\rho, \quad a, b \in \mathbb{R}.$$

Soit ρ une solution discontinue, la vitesse de la discontinuité étant $\sigma \in \mathbb{R}$. Déterminer σ en fonction de a et b. Quelle est la forme lagrangienne en variable de masse. Montrer que le flux de la forme lagrangienne est linéairement dégénérée. Soit une solution discontinue pour la forme lagrangienne, la vitesse de la discontinuité étant $j \in \mathbb{R}$. Déterminer j en fonction de a et b.

Exercice 19

Vérifier que la solution d'Oleinik pour le modèle d'Olmos et Munoz est bien celle qui est capturée par les expériences numériques.

3.9 Notes bibliographiques

Ce chapitre reprend des notions tout à fait classiques, voir [L92, S67, GR91]. Une très légère différence concerne la distinction systématique faite entre choc et discontinuité de contact même pour une équation scalaire, pout être en accord avec la théorie pour les systèmes. Cela permet une interprétation correcte du modèle de trafic routier de Olmos et Munos [OM04] en accord avec la solution d'Oleinik. La section numérique est restreinte à la présentation d'un seul schéma de discrétisation en portant l'accent sur la propriété d'entropie. On renvoie à [GR91, GR96] pour les autres possibilités d'analyse de la condition d'entropie pour un schéma de discrétisation d'une équation scalaire. Voir aussi les travaux [O84, T84]. Le théorème de Lax et Wendroff fait référence aux travaux [LW60] : c'est toujours le seul résultat **simple et générique** extensible aux systèmes. La théorie de convergence pour le schéma présenté se trouve dans [GR91].

4

Systèmes

Il est naturel de chercher à généraliser aux systèmes de lois de conservation ce qui a été mis en évidence pour une loi de conservation. C'est l'objet de ce **chapitre de nature théorique** qui trouvera son application par la suite. Au contraire des équations scalaires qui admettent toutes les fonctions convexes régulières comme entropie, les systèmes admettent souvent très peu d'entropies. Une hypothèse absolument majeure que nous allons faire est que les systèmes considérés possèdent **une** entropie. C'est vrai pour beaucoup de systèmes qui viennent de la mécanique des milieux continus. Cette entropie mathématique est le plus souvent l'énergie mécanique ou l'opposé de l'entropie thermodynamique.

Nous commencerons par illustrer la notion d'entropie à partir du système des eaux peu profondes et du système de la dynamique des gaz. Puis nous étudierons les solutions de type chocs entropiques et solutions autosemblables pour les systèmes avec une entropie. Cela permettra d'étudier pour les systèmes les solutions de type **détente, chocs entropiques** et **discontinuités de contact**, puis de construire la solution du problème de Riemann pour des données proches. Nous ne ferons pas l'hypothèse de stricte hyperbolicité ce qui permet de traiter de manière générique les systèmes lagrangiens de grande taille. Cela change peu la démonstration du théorème de Lax.

Finalement nous étudierons la structure des **systèmes lagrangiens** en dimension un d'espace. L'hypothèse principale physique qui sera faite est que **l'entropie d'un volume élémentaire de fluide ne décroît jamais**. Parmi d'autres résultats nous montrerons que les systèmes hyperboliques de lois de conservation de grande taille qui viennent de la mécanique des milieux continus ne sont pas strictement hyperboliques, et que les valeurs propres de la matrice Jacobienne ont un signe constant.

B. Després, *Lois de Conservations Eulériennes, Lagrangiennes et Méthodes Numériques*, Mathématiques et Applications, DOI 10.1007/978-3-642-11657-5_4,

4.1 Exemples

La notion de convexité stricte utile à l'analyse des entropies pour les systèmes de lois de conservation que nous retenons est la suivante[1]. C'est cette notion qui est universellement adoptée pour les systèmes de conservation.

Définition 17 *Soit J une fonction deux fois continûment dérivable de $\mathbb{R}^n$ dans $\mathbb{R}$ (ou d'une partie de $\mathbb{R}^n$ dans $\mathbb{R}$). Nous dirons que J est* **strictement convexe** *en U_0 ssi*

$$\nabla_U^2 J(U_0) > 0 \tag{4.1}$$

au sens des matrices symétriques. Par continuité $\nabla_U^2 J(a) > 0$ dans un voisinage de U_0.

C'est à dire que $(X, \nabla_U^2 J(U_0)X) > 0$ pour tout vecteur $X \in \mathbb{R}^n$ non nul, ou de manière équivalente que toutes les valeurs propres de la matrice symétrique $\nabla_U^2 J(U_0)$ sont strictement positives. Cette notion de convexité stricte est en fait identique à l'**α-convexité locale** de la fonction J. Une fonction α-convexe vérifie

$$J(\theta a + (1-\theta)b) - \theta J(a) - (1-\theta)J(b) \leq -\alpha\theta(1-\theta)|a-b|^2 \tag{4.2}$$

pour un $\alpha > 0$. Ici a et b sont dans un voisinage de U_0. La constante α dépend de ce voisinage. Pour montrer cette équivalence, on commence par montrer l'identité[2]

$$\begin{aligned} &J(\theta a + (1-\theta)b) - \theta J(a) - (1-\theta)J(b) \\ &= -(1-\theta)\int_0^\theta \varphi h(\varphi)d\varphi - \theta\int_\theta^1 (1-\varphi)h(\varphi)d\varphi \end{aligned} \tag{4.3}$$

avec $h(\varphi) = \big(a-b, \nabla^2 J(\varphi a + (1-\varphi)b)(a-b)\big)$. Donc (4.1) implique (4.2). Réciproquement si (4.2) est vrai, on fait tendre $b \to a$ pour $\theta = \frac{1}{2}$ dans (4.2). En comparant (4.2) et (4.3) on obtient que $\nabla^2 J(a) > 0$.

4.1.1 Système des eaux peu profondes

Soit (h, u) une solution C^1 espace-temps du système des eaux peu profondes (2.6). Alors cette solution vérifie une loi de conservation supplémentaire

$$\partial_t\left(gh^2 + hu^2\right) + \partial_x\left[\left(2gh^2 + hu^2\right)u\right] = 0. \tag{4.4}$$

[1] La fonction $x \mapsto x^4$ n'est pas strictement convexe en 0 pour notre définition, alors qu'elle serait strictement convexe partout pour une autre définition plus classique mais moins adaptée à l'étude des systèmes de lois de conservation.

[2] Les membres de droite et de gauche ont même valeur en $\theta = 0$ et $\theta = 1$. On vérifie qu'ils ont même dérivée seconde par rapport à θ. D'où l'égalité.

Cette loi est non triviale. Ce n'est pas une simple combinaison linéaire des deux équations du système de St Venant. Pour l'obtenir nous récrivons le système (2.6) sous la forme

$$\begin{cases} (\partial_t h + u\partial_x h) + h\partial_x u = 0, \\ h\left(\partial_t u + u\partial_x u\right) + \partial_x\left(\frac{g}{2}h^2\right) = 0. \end{cases}$$

On a utilisé l'identité $\partial_t hu + \partial_x hu^2 = h\left(\partial_t u + u\partial_x u\right)$. On multiplie la première équation par gh et la deuxième par $2u$

$$\begin{cases} gh(\partial_t h + u\partial_x h) + gh^2\partial_x u = 0, \\ h\left(\partial_t u^2 + u\partial_x u^2\right) + u\partial_x\left(gh^2\right) = 0. \end{cases}$$

On recompose alors la deuxième équation $h\left(\partial_t u^2 + u\partial_x u^2\right) = \partial_t hu^2 + \partial_x hu^2$. De même pour la première grâce à $gh(\partial_t h + u\partial_x h) = \partial_t gh^2 + \partial_x guh^2$. Puis on somme. D'où la relation (4.4). Le fait que (h, u) est une solution C^1 est absolument crucial pour la validité de ce calcul. Posons $\eta(a, b) = ga^2 + \frac{b^2}{a}$ de sorte que $\eta(h, hu) = gh^2 + hu^2$. Il est aisé de vérifier que la fonction η est **strictement convexe** pour $g > 0$ et $a > 0$. On a

$$\nabla^2_{(a,b)}\eta = 2\begin{pmatrix} g + \frac{b^2}{a^3} & -\frac{b}{a^2} \\ -\frac{b}{a^2} & \frac{1}{a} \end{pmatrix}.$$

Cette matrice 2×2 est symétrique, à trace strictement positive. Son déterminant est $D = \frac{2g}{a} > 0$. Donc $\nabla^2_{(a,b)}\eta > 0$ ce qui montre la stricte convexité de η pour $g > 0$ et $a > 0$. On dira que la fonction η est une **entropie strictement convexe** pour le système des eaux peu profondes.

4.1.2 Système de la dynamique des gaz compressible

Nous considérons le système en coordonnés de Lagrange

$$\begin{cases} \partial_t \tau - \partial_m u = 0, \\ \partial_t u + \partial_m p = 0, \\ \partial_t e + \partial_m (pu) = 0. \end{cases}$$

Soit (τ, u, e) une solution C^1 espace-temps avec une loi de pression $p = (\gamma - 1)\rho\varepsilon = (\gamma - 1)\frac{\varepsilon}{\tau}$, sachant que $\varepsilon = e - \frac{1}{2}u^2$. Il est aisé de vérifier que

$$TdS = d\varepsilon + pd\tau, \quad T = \varepsilon, \quad S = \log(\varepsilon\tau^{\gamma-1}). \tag{4.5}$$

La fonction S est une entropie thermodynamique (par unité de masse) pour un gaz parfait polytropique. Cette relation est liée au principe fondamental de la thermodynamique. La fonction T est la température. *A priori* $T > 0$. On a

$$TdS = de - udu + pd\tau. \tag{4.6}$$

Pour des fonctions régulières on en déduit

$$T\partial_t S = \partial_t e - u\partial_t u + p\partial_t \tau = 0.$$

D'où une loi de conservation non triviale supplémentaire pour la dynamique des gaz lagrangienne en dimension un d'espace. Cette loi est (pour $T \neq 0$)

$$\partial_t S = 0. \tag{4.7}$$

Le système en coordonnée eulérienne est

$$\begin{cases} \partial_t \rho + \partial_x(\rho u) = 0, \\ \partial_t(\rho u) + \partial_x\left(\rho u^2 + p\right) = 0, \\ \partial_t(\rho e) + \partial_x(\rho u e + p u) = 0. \end{cases} \tag{4.8}$$

Il est aisé de manipuler ces équations pour obtenir

$$\begin{cases} \rho \frac{d}{dt}\tau - \partial_x u = 0, \\ \rho \frac{d}{dt} u + \partial_x p = 0, \\ \rho \frac{d}{dt} e + \partial_x p u = 0. \end{cases}$$

L'opérateur $\frac{d}{dt} = \partial_t + u\partial_x$ est l'opérateur de dérivée matérielle. En reprenant les manipulations présentées plus haut, on obtient $\frac{d}{dt}S = 0$. Finalement on obtient l'équation eulérienne

$$\partial_t(\rho S) + \partial_x(\rho u S) = \rho \frac{d}{dt} S + S\left(\partial_t \rho + \partial_x(\rho u)\right) = 0. \tag{4.9}$$

Les principes de la thermodynamique générale (en tant que théorie physique) font que les entropies thermodynamiques sont le plus souvent des fonctions concaves qui augmentent au cours d'un évènement irréversible. Les évènements irréversibles sont les chocs dans le cadre de la théorie des solutions discontinues pour les systèmes de lois de conservation. En revanche il faut noter que les physiciens préfèrent manipuler des fonctions concaves alors que les mathématiciens préfèrent manipuler des fonctions convexes. A un changement de signe près sur la définition de l'entropie c'est la même chose. Nous vérifions à présent que la fonction η définie par

$$(\rho, \rho u, \rho e) \mapsto \eta(\rho, \rho u, \rho e) \equiv -\rho S(\rho, \rho u, \rho e) \tag{4.10}$$

est une **entropie strictement convexe** pour des données physiques ($\rho > 0$ et $\varepsilon > 0$). Le lemme suivant établit ce résultat, en mettant en évidence les relations entre la concavité de l'entropie thermodynamique et la convexité de l'entropie mathématique.

Lemme 19 *On note $Z = (\tau, \varepsilon)$. Soit la fonction strictement concave $Z \mapsto S(Z)$ de classe C^2 et telle que $\nabla_Z^2 S < 0$ et $\partial_\varepsilon S = \frac{1}{T} > 0$. On définit les fonctions η_1 et η_2 par*

$$W=(\tau,u,e)\mapsto \eta_1(W)=-S(\tau,e-\frac{1}{2}u^2) \tag{4.11}$$

et

$$U=(\rho,\rho u,\rho e)\mapsto \eta_2(U)=-\rho S(\tau,e-\frac{1}{2}u^2). \tag{4.12}$$

Alors ces fonctions sont strictement convexes.

Comme la fonction S définie par (4.5) vérifie trivialement les hypothèses du lemme, cela montre que la fonction définie par (4.10) est une entropie strictement convexe pour le système de la dynamique des gaz.

Nous commençons par montrer l'équivalence entre (4.11) et (4.12) en utilisant l'α-convexité locale. L'α-convexité locale pour la fonction η_2 s'écrit

$$\eta_2(\theta U_1+(1-\theta)U_2)\le \theta\eta_2(U_1)+(1-\theta)\eta_2(U_2)-\alpha\theta(1-\theta)|U_1-U_2|^2,\quad \theta\in[0,1] \tag{4.13}$$

avec $\alpha>0$ ainsi que $U_1=\begin{pmatrix}\rho_1\\ \rho_1u_1\\ \rho_1e_1\end{pmatrix}$ et $U_2=\begin{pmatrix}\rho_2\\ \rho_2u_2\\ \rho_2e_2\end{pmatrix}$. On a la correspondance

$$\left|\begin{array}{l}\rho=\theta\rho_1+(1-\theta)\rho_2\\ \rho u=\theta(\rho_1u_1)+(1-\theta)(\rho_2u_2)\\ \rho e=\theta(\rho_1e_1)+(1-\theta)(\rho_2e_2)\end{array}\right. \Longleftrightarrow \left|\begin{array}{l}\tau=\mu\tau_1+(1-\mu)\tau_2\\ u=\mu u_1+(1-\mu)u_2\\ e=\mu e_1+(1-\mu)e_2\end{array}\right. \tag{4.14}$$

où $\tau=\rho^{-1}$ et surtout $\mu=\frac{\theta\rho_1}{\theta\rho_1+(1-\theta)\rho_2}\in[0,1]$. En divisant (4.13) par $\rho=\theta\rho_1+(1-\theta)\rho_2$ nous obtenons

$$\eta_1(\mu W_1+(1-\mu)W_2)\le \mu\eta_1(W_1)+(1-\mu)\eta_1(W_2)-\frac{\alpha}{\rho}\theta(1-\theta)|U_1-U_2|^2,\quad \theta\in[0,1].$$

Or $\alpha\theta(1-\theta)|U_1-U_2|^2\ge\beta\mu(1-\mu)|W_1-W_2|^2\ge\gamma\theta(1-\theta)|U_1-U_2|^2$ pour $\beta>0$ et $\gamma>0$ bien choisis[3]. Cela établit l'équivalence entre (4.11) et (4.12).

Puis nous montrons que la concavité de S entraîne la convexité de η_1. Soient $Z=\begin{pmatrix}\tau\\ \varepsilon\end{pmatrix}$, $Z_1=\begin{pmatrix}\tau_1\\ \varepsilon_1\end{pmatrix}$ et $Z_2=\begin{pmatrix}\tau_2\\ \varepsilon_2\end{pmatrix}$ où les quantités précédentes sont définies dans (4.14) grâce à la relation entre l'énergie interne, l'énergie totale et l'énergie cinétique : $\varepsilon=e-\frac{1}{2}u^2$, $\varepsilon_1=e_1-\frac{1}{2}u_1^2$ et $\varepsilon_2=e_2-\frac{1}{2}u_2^2$. On a

$$\varepsilon=\mu\left(\varepsilon_1+\frac{1}{2}u_1^2\right)+(1-\mu)\left(\varepsilon_2+\frac{1}{2}u_2^2\right)-\frac{1}{2}\left(\mu u_1+(1-\mu)u_2\right)^2$$

[3] Mis à part les calculs un peu fastidieux laissés au lecteur, un point important est que la transformation $U\mapsto W$ est un difféomorphisme. Cela établit

$$c_1|U_1-U_2|^2\ge|W_1-W_2|^2\ge c_2|U_1-U_2|^2 \tag{4.15}$$

pour $c_1>0$ et $c_2>0$ bien choisis. Cette relation est locale, c'est à dire valable pour U_1 et U_2 dans un voisinage d'un certain U_0.

$$= \mu\varepsilon_1 + (1-\mu)\varepsilon_2 + \frac{\mu(1-\mu)}{2}(u_1-u_2)^2.$$

Il s'ensuit que

$$\eta_1(\mu W_1 + (1-\mu)W_2) = -S\left(\tau, \mu\varepsilon_1 + (1-\mu)\varepsilon_2 + \frac{\mu(1-\mu)}{2}(u_1-u_2)^2\right).$$

Par hypothèse la fonction S est croissante par rapport à sa deuxième variable. Donc

$$\eta_1(\mu W_1 + (1-\mu)W_2) \leq -S(\tau, \mu\varepsilon_1 + (1-\mu)\varepsilon_2) - \left[c_3\frac{\mu(1-\mu)}{2}(u_1-u_2)^2\right]$$

pour une constante $c_3 > 0$ bien choisie. Cette estimation est locale. Il reste à utiliser la concavité stricte de la fonction S pour obtenir

$$S(\tau, \mu\varepsilon_1 + (1-\mu)\varepsilon_2) \geq \mu S(\tau_1, \varepsilon_1) + (1-\mu)S(\tau_2, \varepsilon_2)$$
$$+c_4\mu(1-\mu)\left(|\tau_1-\tau_2|^2 + |\varepsilon_1-\varepsilon_2|^2\right)$$

pour une constante $c_4 > 0$ bien choisie. Donc

$$\eta_1(\mu W_1 + (1-\mu)W_2) \leq \mu\eta_1(W_1) + (1-\mu)\eta_1(W_2)$$
$$-c_5\mu(1-\mu)\left(|\tau_1-\tau_2|^2 + |\varepsilon_1-\varepsilon_2|^2 + |u_1-u_2|^2\right), \quad c_5 > 0.$$

Reprenant (4.15) cela établit la convexité stricte de la fonction η_1 et partant de là celle de η_2.

4.2 Entropie et variables entropiques

Comme les exemples précédents le suggèrent, il est possible dans certains cas qu'une loi de conservation supplémentaire non triviale puisse se déduire du système de lois de conservation

$$\partial_t U + \partial_x f(U) = 0, \quad U, f(U) \in \mathbb{R}^n, \tag{4.16}$$

pour toutes les solutions C^1 de ce même système. Cette relation s'écrit

$$\partial_t \eta(U) + \partial_x \xi(U) = 0, \quad \eta(U), \xi(U) \in \mathbb{R}. \tag{4.17}$$

Les fonctions f, η, ξ seront toutes supposées indéfiniment dérivables. Les vecteurs sont écrits *a priori* **en colonne**

$$U = \begin{pmatrix} U_1 \\ U_2 \\ \dots \\ U_n \end{pmatrix}, \qquad f(U) = \begin{pmatrix} f_1(U) \\ f_2(U) \\ \dots \\ f_n(U) \end{pmatrix}.$$

Pour être compatible avec les règles du calcul matriciel, nous aurons aussi besoin d'une notion de vecteur **à plat**. Par exemple l'opérateur gradient $\nabla_U = (\partial_{U_1}, \cdots, \partial_{U_n})$ est un vecteur à plat. Et donc le gradient d'une fonction scalaire

$$\nabla_U \eta(U) = (\partial_1 \eta, \cdots, \partial_n \eta)$$

est un vecteur à plat. La transposition d'un vecteur colonne est un vecteur à plat, et réciproquement. En appliquant cette convention ligne par ligne $\nabla_U f(U)$ est une matrice carré

$$\nabla_U f(U) = \begin{pmatrix} \partial_1 f_1, \cdots, \cdots, \partial_n f_1 \\ \partial_1 f_2, \cdots, \cdots, \partial_n f_2 \\ \ldots, \ldots, \ldots, \ldots \\ \partial_1 f_n, \cdots, \cdots, \partial_n f_n \end{pmatrix} \in \mathbb{R}^{n \times n}.$$

Définition 18 *Nous dirons que le couple* $(\eta(U), \xi(U))$ *est un couple* **entropie-flux d'entropie** *pour le système (4.17) ssi on a les deux propriétés*

a) La fonction $U \mapsto \eta(U)$ *est strictement convexe,*

b) On a la relation de compatibilité

$$\nabla_U \eta(U) \nabla_U f(U) = \nabla_U \xi(U). \tag{4.18}$$

On a choisi cette définition car elle est adaptée aux exemples traités dans ce cours. On peut relaxer l'hypothèse a) en abandonnant l'hypothèse de convexité stricte.

La forme développée de la condition b) est :

$$\sum_{1 \le j}^{n} \partial_j \eta(U) \partial_i f_j(U) = \partial_i \xi(U), \quad 1 \le i \le n.$$

Cette condition revient à postuler que toutes les solutions C^1 de (4.17) vérifient aussi (4.18). En effet les solutions C^1 de (4.17) vérifient

$$\partial_t U + \nabla_U f(U) \partial_x U = 0.$$

En effectuant le produit scalaire par $\nabla_U \eta(U)$ on trouve

$$\partial_t \eta(U) + (\nabla_U \eta(U), \nabla_U f(U) \partial_x U) = 0.$$

Comparons avec la condition d'entropie que nous écrivons

$$\partial_t \eta(U) + (\nabla_U \xi(U), \partial_x U) = 0.$$

En effectuant la différence nous obtenons

$$(\nabla_U \eta(U) \nabla_U f(U) - \nabla_U \xi(U), \partial_x U) = 0. \qquad (4.19)$$

Cette relation étant par hypothèse vraie pour tout $\partial_x U$ on obtient la condition (4.18). On notera que la condition b) est trivialement vérifiée pour les équations scalaires, pour lesquelles elle sert à définir le flux d'entropie. La condition a) est suffisante pour éliminer les combinaisons linéaires triviales du type $\tilde{\eta} = \alpha_1 U_1 + \cdots + \alpha_n U_n$. En pratique la convexité stricte est vérifiée pour beaucoup de systèmes de lois de conservation qui viennent de la mécanique des milieux continus. On peut se demander comment trouver le couple entropie-flux d'entropie pour un système quelconque. Le plus souvent il faut se laisser guider par l'intuition physique comme pour les exemples.

Définition 19 *Soit $(\eta(U), \xi(U))$ un couple entropie-flux d'entropie pour le système de lois de conservation (4.17). Le vecteur (colonne)*

$$V = (\nabla_U \eta(U))^t \in \mathbb{R}^n$$

sera appelée variable entropique.

Il suffit de noter que $\nabla_U V = \nabla_U^2 \eta(U) = \nabla_U V^t > 0$ est une matrice inversible. Comme la transformation est inversible, il est possible de prendre localement V comme variable principale[4].

Lemme 20 *Soit $V \mapsto \eta^*(V) = (U(V), V) - \eta(U(V))$ la transformée polaire de l'entropie et $V \mapsto \xi^*(V) = (f(U(V)), V) - \xi(U(V))$ la transformée polaire du flux d'entropie. Alors $(\nabla_V \eta^*)^t = U(V)$ et $(\nabla_V \xi^*)^t = f(U(V))$.*

Par construction $\nabla_U V$ est la matrice Hessienne des dérivées secondes de l'entropie η. C'est donc une matrice symétrique de même que son inverse $\nabla_V U = (\nabla_V U)^t$. D'autre part on a pour toute fonction Ψ

[4] Il est possible d'être plus précis. Sous des hypothèses plus fortes, la transformation $U \mapsto V$ est une bijection globalement. Par exemple

Injectivité La transformation est injective de $U^{-1}(K)$ dans K pour tout convexe $K \subset \mathbb{R}^n$. Cela vient de $V(U_1) - V(U_2) = \int_{t=0}^1 [\nabla_U V(U_1 + t(U_2 - U_1))] U_2 - U_1) dt$. Donc

$$(U_1 - U_2, V(U_1) - V(U_2)) = \int_{t=0}^1 (U_1 - U_2, [\nabla_U V(U_1 + t(U_2 - U_1))] U_2 - U_1) dt.$$

Donc si $V(U_1) - V(U_2) = 0$ alors l'intégrale est nulle. Or

$$(U_1 - U_2, [\nabla_U V(U_1 + t(U_2 - U_1))] U_2 - U_1) \geq c||U_1 - U_2||^2$$

pour un $c > 0$. Donc $U_1 = U_2$. Cela montre l'injectivité.

Surjectivité Supposons que la fonction entropie est α-convexe de $\mathbb{R}^n$ dans $\mathbb{R}$. Soit $\lambda \in \mathbb{R}^n$. Donc la fonction $U \mapsto \eta_\lambda(U) \equiv \eta(U) - (\lambda, U)$ est α-convexe sur $\mathbb{R}^n$. Cette fonction admet un unique minimum qui vérifie l'équation d'Euler $\nabla_U \eta_\lambda(U) = V(U) - \lambda = 0$. D'où la surjectivité.

$$\nabla_V (\Psi (U (V))) = \nabla_U \Psi(U(V)) \nabla_V U$$

et pour tous champs de vecteurs $A, B \in \mathbb{R}^n$

$$\nabla_V (A, B) = A^t \nabla_V B + B^t \nabla_V A.$$

On en déduit que $\nabla_V \eta^* = U^t \nabla_V V + V^t \nabla_V U - \nabla_U \eta(U) \nabla_V U = U^t$ et

$$\nabla_V \xi^* = f(U)^t \nabla_V V + V^t \nabla_V f(U(V)) - \nabla_U \xi(U) \nabla_V U$$
$$= f(U)^t + V^t \nabla_V f(U) - \nabla_U \eta(U) \nabla_U f(U) \nabla_V U = f(U)^t.$$

De plus on a par construction $\nabla_V \eta^*(V) \nabla_U \eta(U(V)) = I$.

Théorème 4.1. *Soit le système de lois de conservation (4.17). Nous supposons que ce système est muni d'un couple entropie-flux d'entropie. Alors le système est hyperbolique.*

Énoncé autrement, l'existence d'une loi de conservation supplémentaire vérifiant les points a) et b) garantit la **stabilité linéarisée** du système autour des solutions constantes, tel que cela a été énoncé à la définition 7. Ce résultat est extrêmement important, car il fait le lien entre l'existence d'un couple entropie-flux d'entropie (qui découle le plus souvent de la physique sous-jacente) et le caractère bien posé (au sens mathématique) du système linéarisé.

La preuve est particulièrement simple avec les variables entropiques. On a la formule de dérivation composée $\nabla_U f(U) = \nabla_V f(U) \times \nabla_U V$. La matrice Jacobienne du flux est le produit de deux matrices $\nabla_U f(U) = BC^{-1}$ avec

$$B = \nabla_V^2 \xi^*(V) = B^t \text{ et } C = \nabla_V^2 \eta^*(V) = \nabla_V U = C^t > 0. \tag{4.20}$$

La matrice B est symétrique. La matrice C est symétrique définie positive. L'étude du spectre de $\nabla_U f(U)$ se réduit à l'étude de l'équation aux valeurs propres $BC^{-1} r = \lambda r \iff Bs = \lambda Cs$, $s = C^{-1} r$. Ce problème admet un ensemble complet de vecteurs propres et valeurs propres réels. Donc le problème linéarisé est fortement bien posé (voir définition 6).

4.3 Solutions faibles entropiques

Nous généralisons aux systèmes la notion de solution faible entropique. L'approche est en tout point identique au cas scalaire. C'est pour cela qu'on se contentera d'énoncer les résultats en laissant le détail des démonstrations au lecteur. Soit le système de lois de conservation

$$\partial_t U + \partial_x f(U) = 0, \quad U, f(U) \in \mathbb{R}^n, \tag{4.21}$$

muni d'un couple entropie-flux d'entropie. Soit la donnée initiale

$$U(0,x) = U_0(x) \quad x \in \mathbb{R} \tag{4.22}$$

Soit un domaine espace-temps Ω qui contient le temps zéro

$$\Omega = [0,T[\times]-A,A[\quad T,A>0.$$

On dira que la fonction $(t,x) \mapsto U(t,x)$ est une **solution forte** de (4.21) dans Ω avec ma condition initiale (4.22) ssi cette fonction U est continue, C^1 par morceaux et vérifie (4.21-4.22).

Définition 20 *Soit U une fonction localement bornée $(t,x) \mapsto U(t,x)$. Nous dirons que U est une* **solution faible** *du problème de Cauchy (4.21) avec la donnée initiale (4.22) ssi*

$$\int_{\mathbb{R}}\int_{0<t} ((U,\partial_t\varphi)+(f(U),\partial_x\varphi))\,dxdt + \int_{\mathbb{R}} (U_0(x),\varphi(0,x))dx = 0 \tag{4.23}$$

pour tout fonction $\varphi \in (C_0^1(\Omega))^n$.

L'équation (4.23) est la **formulation faible** de la formulation forte (4.21-4.22).

Bien sûr toute solution forte est une solution faible. A présent nous considérons une solution forte avec viscosité évanescente et nous désirons montrer que la limite d'une suite de solutions fortes avec viscosité évanescente est une solution faible entropique. C'est très exactement la méthode qui a été utilisée pour les équations scalaires.

Cependant une difficulté se présente. En effet il y a lieu de distinguer entre une viscosité évanescente générique qui assure dans un cadre général la propriété mathématique recherchée et une viscosité évanescente compatible avec la physique sous-jacente, ce qui pour un système mérite un peu d'attention. Les résultats sont les mêmes dans les deux cas.

Nous commençons par une **viscosité évanescente générique**. Soit U_ε une suite de solutions régulières (au moins C^2) du système avec viscosité évanescente

$$\partial_t U_\varepsilon + \partial_x f(U_\varepsilon) = \varepsilon \partial_{xx} U_\varepsilon, \quad \varepsilon \to 0^+, \tag{4.24}$$

que l'on récrit $\partial_t U_\varepsilon + (\nabla_U f(U_\varepsilon))\,\partial_x U_\varepsilon = \varepsilon\partial_{xx}U_\varepsilon$, $\varepsilon \to 0^+$. Calculons la variation d'entropie $\partial_t \eta(U_\varepsilon)$. On effectue le produit scalaire de l'équation par $\nabla_U \eta(U_\varepsilon)$. On a

$$\partial_t \eta(U_\varepsilon) + \partial_x \xi(U_\varepsilon) = \varepsilon((\nabla_U \eta(U_\varepsilon)),\partial_{xx}U_\varepsilon)$$

puis

$$\partial_t \eta(U_\varepsilon) + \partial_x \xi(U_\varepsilon) = \varepsilon \partial_{xx} \eta(U_\varepsilon) - \varepsilon \left(\partial_x U_\varepsilon, \left(\nabla_U^2 \eta(U_\varepsilon)\right) \partial_x U_\varepsilon\right)$$

et enfin

$$\partial_t \eta(U_\varepsilon) + \partial_x \xi(U_\varepsilon) \leq \varepsilon \partial_{xx} \eta(U_\varepsilon).$$

On a utilisé le point b) pour recomposer $\partial_x \xi(U_\varepsilon)$ et le point a) pour obtenir $\left(\partial_x U_\varepsilon, (\nabla_U^2 \eta)(U_\varepsilon) \partial_x U_\varepsilon\right) \geq 0$. Il reste alors à multiplier par une fonction $\varphi \in C_0^1$ à support compact et positive $\varphi \geq 0$. L'intégration par partie est similaire à ce qui a été fait pour la preuve de l'inégalité faible d'entropie (3.15). On a besoin d'hypothèses standard telles que (3.13-3.14). Cela montre que la limite est une solution faible entropique.

Définition 21 *Soit U une solution faible de (4.23). On dira que U est une* **solution faible entropique** *ssi*

$$-\int_{\mathbb{R}} \int_{0<t} \left(\eta(U)\partial_t \varphi + \xi(U)\partial_x \varphi\right) dxdt - \int_{\mathbb{R}} \eta(U_0)(x)\varphi(0,x)dx \leq 0 \quad (4.25)$$

pour tout fonction $\varphi \in C_0^1$ positive $\varphi \geq 0$.

Pour un système physique donné, la viscosité abstraite (4.24) n'a pour ainsi dire aucune chance d'être compatible avec la physique sous-jacente. De ce fait on pourrait penser que l'intérêt de la définition 18 est faible. Ce n'est pas le cas. De multiples exemples montrent qu'il suffit de remplacer la viscosité abstraite (4.24) par une viscosité physique pour obtenir la même formulation faible entropique. Pour illustrer ce point nous nous contentons d'étudier le système avec **viscosité physique**

$$\begin{cases} \partial_t \rho_\nu + \partial_x(\rho_\nu u_\nu) = 0, \\ \partial_t(\rho_\nu u_\nu) + \partial_x\left(\rho_\nu u_\nu^2 + p_\nu\right) = \nu \partial_x(\rho_\nu \partial_x u_\nu), \\ \partial_t(\rho_\nu e_\nu) + \partial_x(\rho_\nu u_\nu e_\nu + p_\nu u_\nu) = \nu \partial_x(\rho_\nu u_\nu \partial_x u_\nu). \end{cases} \quad (4.26)$$

Le terme $\nu \partial_x(\rho_\nu \partial_x u_\nu)$ au membre de droite de l'équation d'impulsion est la viscosité, au sens physique. Cette viscosité est admissible pour $\nu > 0$. Elle est évanescente pour $\nu \to 0^+$. Utilisons la dérivée matérielle $D_t = \partial_t + u_\nu \partial_x$. D'où

$$\begin{cases} \rho_\nu D_t \tau_\nu - \partial_x u_\nu = 0, & \tau_\nu = \rho_\nu^{-1}, \\ \rho_\nu D_t u_\nu + \partial_x p_\nu = \nu \partial_x(\rho_\nu \partial_x u_\nu), \\ \rho_\nu D_t e_\nu + \partial_x(p_\nu u_\nu) = \nu \partial_x(\rho_\nu u_\nu \partial_x u_\nu). \end{cases}$$

Nous admettons une loi de gaz parfait pour laquelle une entropie est donnée par (4.5). Alors

$$\rho_\nu T_\nu D_t S_\nu = \rho_\nu p_\nu D_t \tau_\nu - \rho_\nu u_\nu D_t u_\nu + \rho_\nu D_t e_\nu$$

$$= p_\nu \partial_x u_\nu - u_\nu \left(\nu \partial_x(\rho_\nu \partial_x u_\nu) - \partial_x p_\nu\right) + \nu \partial_x(\rho_\nu u_\nu \partial_x u_\nu) - \partial_x(p_\nu u_\nu)$$

$$= \nu \rho_\nu (\partial_x u_\nu)^2 \geq 0$$

ce qui implique $\rho_\nu(\partial_t + u_\nu \partial_x) S_\nu \geq 0$ en tout point (t, x). Donc $S_\nu(\partial_t \rho_\nu + \partial_x(\rho_\nu u_\nu)) + \rho_\nu(\partial_t + u\partial_x) S_\nu \geq 0$, c'est à dire $\partial_t(\rho_\nu S_\nu) + \partial_x(\rho_\nu u_\nu S_\nu) \geq 0$. Soit φ une fonction **positive ou nulle** à support borné en espace-temps. Après intégration par partie puis passage à la limite $\nu \to 0$, on obtient

$$-\int_{\mathbb{R}} \int_{0<t} (\rho S \partial_t \varphi + \rho u S \partial_x \varphi) - \int_{\mathbb{R}} \rho_0 S_0 \varphi(0, x) dx \geq 0.$$

Nous retrouvons (4.25) en posant $\eta = -\rho S$ et $\xi = -\rho u S$.

4.4 Solutions autosemblables en $\frac{x}{t}$

L'étude des équations scalaires montre l'intérêt qu'il y a à considérer des solutions autosemblables

$$U(t, x) = \mathbf{U}(y), \quad y = \frac{x}{t}. \tag{4.27}$$

Les solutions de ce type constituent les briques de base qui vont permettre la construction de la solution du problème de Riemann pour les systèmes. Nous distinguerons entre les solutions régulières et les solutions discontinues. Pour les **solutions régulières,** $\mathbf{U}$ est une fonction au moins C^1 de y pour $a \leq y = \frac{x}{t} \leq b$. En injectant dans la forme forte du système $\partial_t \mathbf{U}(\frac{x}{t}) + \partial_x f(\mathbf{U}(\frac{x}{t})) = 0$ on trouve l'équation

$$-y \frac{d}{dy} \mathbf{U}(y) + \frac{d}{dy} f(\mathbf{U}(y)) = 0, \quad a \leq y \leq b, \ a < b, \tag{4.28}$$

où a et b sont les bords de la zone de détente. On posera $\mathbf{U}(a) = U_G$ et $\mathbf{U}(b) = U_D$. L'éventail $a \leq y \leq b$ est appelé **faisceau de détente**. Pour un U_G donné quels sont tous les U_D possibles ?

Les **solutions discontinues** considérées seront du type

$$\mathbf{U}(y) = U_G \text{ pour } y < \sigma, \quad \mathbf{U}(y) = U_D \text{ pour } y > \sigma. \tag{4.29}$$

La vitesse de la discontinuité est σ. De même : pour un U_G donné quels sont tous les U_D possibles pour une discontinuité ?

Principe de la méthode pour déterminer U_D en fonction de U_G : pour un $V_G = V(U_G)$ donné, nous cherchons tous les V_D dans un voisinage de V_G tels qu'une solution détente ou discontinue existe qui relie V_D à V_G. Une fois les V_D connus, on obtient le même résultat en U grâce à la transformation $U_D = U(V_D)$.

On privilégie la variable entropique V dans les calculs qui vont suivre car cela simplifie un peu, par rapport à une approche plus classique, la distinction entre les deux principaux types de discontinuités qui sont les chocs

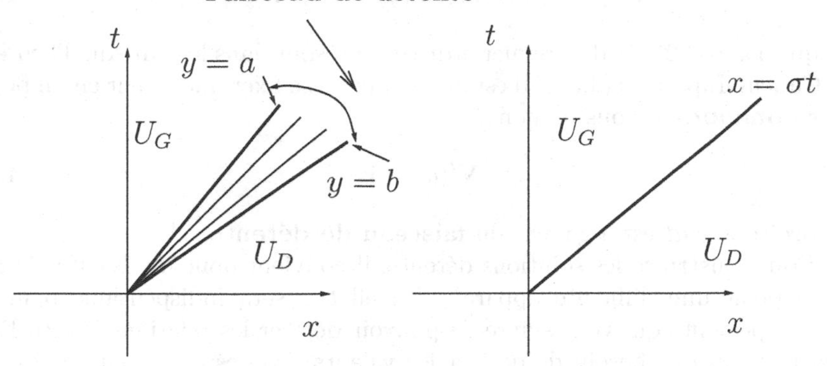

Fig. 4.1. Détente (à gauche) et discontinuité (à droite) pour les systèmes

et les discontinuités de contact. La condition technique de normalisation des vecteurs propres est naturelle car les matrices sont symétriques. Cela permet de faire l'économie des vecteurs propres du problème adjoint comme dans la démonstration classique [L72]. Même si la discussion est légèrement différente de la présentation classique, les résultats sont en tout point identiques.

4.4.1 Discussion des détentes

On pose $\mathbf{V}(y) = V(\mathbf{U}(y))$ de sorte que l'équation (4.28) devient

$$[B(\mathbf{V}(y)) - yC(\mathbf{V}(y))]\,\mathbf{V}'(y) = 0 \tag{4.30}$$

avec $B(V) = \nabla_V^2 \xi^*(V) = B(V)^t$ et $C(V) = \nabla_V^2 \eta^*(V) = C(V)^t > 0$. Les matrices B et C sont symétriques.

Le problème aux valeurs propres généralisé associé est

$$[B(V) - \lambda_j(V)C(V)]\,r_j(V) = 0, \quad \lambda_j(V) \in \mathbb{R},\ r_j(V) \in \mathbb{R}^n. \tag{4.31}$$

On numérote les valeurs propres dans l'ordre croissant

$$\lambda_1(V) \le \lambda_2(V) \le \cdots \le \lambda_n(V).$$

Les vecteurs propres sont orthonormés

$$(r_i(V), C(V)r_j(V)) = \delta_{ij}.$$

L'équation (4.30) exprime que le vecteur $\mathbf{V}'(y)$ est colinéaire à un vecteur propre du problème aux valeurs propres généralisé, ce que nous écrivons

$$\mathbf{V}'(y) = \alpha(y) \times r_i(\mathbf{V}(y)), \quad \lambda_j(\mathbf{V}(y)) = y. \tag{4.32}$$

L'équation (4.32) est du premier ordre et se résout dans le cadre du Théorème de Cauchy-Lipschitz (4.35). Il est nécessaire de se fixer une valeur en un point. **Par commodité** nous prenons

$$\mathbf{V}'(a) = V_G. \tag{4.33}$$

La droite $x = at$ est à gauche du **faisceau de détente**.

Pour construire les solutions détente, il convient donc de discuter (4.32). A ce point une difficulté apparaît. En effet il sera indispensable pour les développements qui vont suivre de pouvoir dériver les relations (4.32). Pour cela nous aurons besoin de dériver les valeurs propres et vecteurs un grand nombre de fois. Or rien n'assure, sans hypothèse supplémentaire, que les vecteurs propres et valeurs d'une matrice même symétrique sont dérivables[5]. De même rien n'assure que les valeurs propres et vecteurs propres de (4.31) sont dérivables. C'est pour cela que nous faisons une hypothèse forte qu'il est possible de justifier dans la plupart des cas, mais pas pour tous.

Hypothèse 1 *Nous admettons que le problème aux valeurs propres généralisé (4.31) admet n couples valeur propre-vecteur propre $(\lambda_j(V), r_j(V))$,* **dérivables autant de fois que nécessaire***, que les valeurs propres sont ordonnées $\lambda_1(V) \leq \lambda_2(V) \leq \cdots \leq \lambda_n(V)$, et que les vecteurs propres sont orthonormés $(r_i(V), C(V)r_j(V)) = \delta_{ij}$.*

Si le système est strictement hyperbolique $\lambda_1(V) < \lambda_2(V) < \cdots < \lambda_n(V)$, alors cette propriété est vraie. On pourra consulter [K66][6]. C'est la raison pour laquelle l'hypothèse de stricte hyperbolicité est souvent faite[7].

---

[5] Soit la matrice $D(x_1, x_2) = \begin{pmatrix} x_1 & x_2 \\ x_2 & -x_1 \end{pmatrix}$. La matrice D dépend analytiquement des deux coefficients x_1 et x_2. Les valeurs propres $\lambda^{\pm} = \pm\sqrt{x_1^2 + x_2^2}$ sont continues à l'origine mais ne sont pas dérivables. Posons $x_1 = r\cos\theta$ et $x_2 = r\sin\theta$. Les vecteurs propres

$$r^- = \begin{pmatrix} \cos\frac{\theta}{2} \\ -\sin\frac{\theta}{2} \end{pmatrix} \text{ et } r^+ = \begin{pmatrix} \sin\frac{\theta}{2} \\ \cos\frac{\theta}{2} \end{pmatrix}$$

ne sont pas continus à l'origine.

[6] Un autre résultat important marquant est le suivant. Soit une matrice symétrique $M(x) = M(x)^t$ qui dépend analytiquement d'un seul coefficient $x \in \mathbb{R}$. Alors il est possible d'ordonner les valeurs propres et vecteurs propres analytiquement. Les valeurs propres $\lambda_j(x)$ sont analytiques en x, les vecteurs propres $r_j(x)$ sont analytiques en x et orthonormés pour le produit scalaire usuel $(r_i(x), r_j(x)) = \delta_{ij}$.

[7] Soit une matrice réelle $M(U)$ dont qui dépend continuement de la variable $U \in \mathbb{R}^n$. Les valeurs propres supposées réelles $\lambda_j(U) \in \mathbb{R}$ sont racines du polynôme caractéristique $p(U, \lambda)$: $p(U, \lambda_j(U)) = 0$. Supposons les valeurs propres simples

Reprenons l'équation (4.32). En dérivant la deuxième partie par rapport à y on obtient $(\nabla_V \lambda_j(\mathbf{V}(y)), \mathbf{V}'(y)) = 1$. On élimine $V'(y)$ grâce à la deuxième partie de (4.32)

$$\alpha(y) \times (\nabla_V \lambda_j(\mathbf{V}(y)), r_j(\mathbf{V}(y))) = 1.$$

une condition nécessaire d'existence de solution non triviale ($\alpha(y) \neq 0$) est alors

$$(\nabla_V \lambda_j(V), r_j(V)) \neq 0. \tag{4.34}$$

Cela justifie la définition

Définition 22 *On dira que le champ j est vraiment non-linéaire si (4.34) a lieu pour tout V.*

Comme $\alpha(y) \neq 0$, alors soit $\alpha > 0$ soit $\alpha < 0$. On définit

$$s = \int_a^y \alpha(z) dz.$$

Soit une courbe intégrale[8] du champs de vecteur r_j

$$V_j'(s) = r_j(V_j(s)), \quad -\varepsilon < s < \varepsilon, \quad V_j(0) = V_G. \tag{4.36}$$

Une fois déterminée la fonction $s \mapsto V_j(s)$ on en déduit $\mathbf{V}(y) = V_j(s)$ qui est solution de (4.30).

$$\partial_\lambda p(U, \lambda_j(U)) \neq 0..$$

Alors les valeurs propres sont dérivables par rapport à U car

$$0 = \nabla_U p(U, \lambda_j(U)) = \nabla_{U|\lambda} p(U, \lambda_j(U)) + \partial_{\lambda|U} p(U, \lambda_j(U)) \nabla_U \lambda_j(U)$$

$$\Longrightarrow \nabla_U \lambda_j(U) = -\frac{1}{\partial_{\lambda|U} p(U, \lambda_j(U))} \nabla_{U|\lambda} p(U, \lambda_j(U)).$$

[8] C'est une application du **théorème de Cauchy-Lipschitz** que nous rappelons brièvement. Soit $(t, x) \mapsto F(t, x)$ une fonction de classe C^1 pour simplifier. Il existe $\varepsilon > 0$ et une unique solution de

$$x'(t) = F(t, x), \quad x(0) = x_0 \tag{4.35}$$

dans l'intervalle $]-\varepsilon, \varepsilon[$. De plus la solution est unique sur l'intervalle de temps maximal (i.e. le plus grand possible). Cela montre l'existence de la courbe intégrale pour (4.36). L'hypothèse 1 est nécessaire.

Lemme 21 *Nous faisons l'hypothèse 1. Soit $V_G \in \mathbb{R}^n$. La courbe intégrale (4.36) est telle que*

$$V_j(s) = V_G + sr_j(V_G) + \frac{s^2}{2}\nabla_V r_j(V_G) r_j(V_G) + O(s^3) \quad (4.37)$$

et

$$\lambda_j(V_j(s)) = \lambda_j(V_G) + s\,(\nabla_V \lambda_j(V_G), r_j(V_G)) + O(s^2). \quad (4.38)$$

L'équation (4.36) implique $V_j'(0) = r_j(V_G)$. Cela explique le premier terme du développement (4.37). On dérive une deuxième fois par rapport à s

$$V_j''(s) = \frac{d}{ds} r_j(V_j(s)) = \nabla_V r_j(V(s))\, V_j'(s) = \nabla_V r_j(V(s))\, r_j(V(s)).$$

Donc $V_j''(0) = \nabla_V r_j(V_G)\, r_j(V_G)$. Cela établit (4.36). Puis on a $\lambda_j'(V_j(s)) = (\nabla_V \lambda_j(V_j(s)), V_j'(s))$. D'où $\left[\lambda_j'(V_j(s))\right](0) = (\nabla_V \lambda_j(V_G), r_j(V_G))$ pour $s = 0$.

Pour construire des solutions du type détente qui partent de V_G en $y = a$, on garde la branche de la courbe (4.36) telle que $y = \lambda_j > a$ (voir figure 4.1).

Lemme 22 *Les solutions en détente (4.32-4.33) sont de la forme* $\mathbf{V}(y) = V_j(s)$.
Si $(\nabla_V \lambda_j(V_G), r_j(V_G)) > 0$ *: on se restreint à* $0 \leq s < \varepsilon$ *dans (4.37-4.38).*
Si $(\nabla_V \lambda_j(V_G), r_j(V_G)) < 0$ *: on se restreint à* $-\varepsilon < s \leq 0$ *dans (4.37-4.38).*

4.4.2 Discussion des discontinuités

Les discontinuités (4.29) que l'on considère sont des solutions faibles (4.23) et de plus entropiques (4.25). En reprenant point par point la démonstration du Théorème 3.1 ainsi que la conclusion du Théorème 3.3, on obtient les célèbres

Relations de Rankine-Hugoniot pour les systèmes

$$-\sigma(U_D - U_G) + f(U_D) - f(U_G)) = 0 \quad (4.39)$$

avec l'inégalité d'entropie

$$-\sigma(\eta(U_D) - \eta(U_G)) + \xi(U_D) - \xi(U_G)) \leq 0. \quad (4.40)$$

σ est la vitesse de la discontinuité.

Les définitions suivantes font la distinction entre condition d'entropie stricte ou égalité d'entropie pour distinguer entre les chocs et les discontinuités de type contact.

Définition 23 *Nous dirons qu'une discontinuité solution de Rankine Hugoniot est un* **choc** *ssi l'inégalité d'entropie est stricte*

$$-\sigma(\eta(U_D) - \eta(U_G)) + \xi(U_D) - \xi(U_G)) < 0.$$

Définition 24 *Nous dirons qu'une discontinuité solution de Rankine Hugoniot est une* **discontinuité de contact** *ssi l'inégalité d'entropie est une égalité*

$$-\sigma(\eta(U_D) - \eta(U_G)) + \xi(U_D) - \xi(U_G)) = 0.$$

Analyse des conditions de Rankine-Hugoniot (4.39)

Une possibilité pour réinterpréter les relations de Rankine Hugoniot consiste à linéariser (4.39). On a $\nabla_V^2 \xi^*(V) = \nabla_V f(U(V))$ et $\nabla_V^2 \eta^*(V) = \nabla_V U(V)$. Donc

$$[B_G(V) - \sigma C_G(V)] \ (V - V_G) = 0 \tag{4.41}$$

où

$$B_G(V) = \int_0^1 \nabla_V^2 \xi^*(V_G + t(V - V_G))dt = B_G(V)^t$$

et

$$C_G(V) = \int_0^1 \nabla_V^2 \eta^*(V_G + t(V - V_G))dt = C_G(V)^t > 0.$$

Donc $V - V_G = \beta_j r_j^G$ est colinéaire à un vecteur propre d'un deuxième problème aux valeurs propres généralisé qui s'écrit

$$\left[B_G(V) - \lambda_j^G(V) C_G(V)\right] r_j^G(V) = 0, \quad \lambda_j^G(V) \in \mathbb{R},\ r_j^G(V) \in \mathbb{R}^n. \tag{4.42}$$

Ce problème est très proche de (4.31). Plus précisément les matrices de ces deux problèmes aux valeurs propres (4.31) et (4.42) sont reliées par[9]

$$\begin{cases} B_G(V_G) = B(V_G) \ \nabla_V B_G(V_G) = \frac{1}{2}\nabla_V B(V_G) \\ C_G(V_G) = C(V_G) \ \nabla_V C_G(V_G) = \frac{1}{2}\nabla_V C(V_G). \end{cases}$$

Donc autour de V_G on a

$$B_G(V) = B\left(V + \frac{1}{2}(V - V_G)\right) + O(V - V_G)^2 \tag{4.43}$$

et

$$C_G(V) = C\left(V + \frac{1}{2}(V - V_G)\right) + O(V - V_G)^2. \tag{4.44}$$

Nous faisons l'hypothèse suivante, très proche de l'hypothèse (1)[10].

---

[9] De manière générale si $f(x) = a_0 + a_1 x + O(x^2)$ alors $\int_0^1 f(sx)ds = a_0 + \frac{1}{2}a_1 x + O(x^2)$.

[10] Nous verrons plus loin que l'hypothèse 2 se déduit en partie de l'hypothèse 1.

Hypothèse 2 *Nous admettons que le problème aux valeurs propres généralisé (4.42) admet* n *couples valeur propre-vecteur propre* $(\sigma_j^G(V), r_j^G(V))$, **dérivables autant de fois que nécessaire**, *que les valeurs propres sont ordonnées* $\sigma_1^G(V) \leq \sigma_2^G(V) \leq \cdots \leq \sigma_n(^G V)$, *et que les vecteurs propres sont orthonormés* $\left(r_i^G(V), C_G(V) r_j^G(V)\right) = \delta_{ij}$. *De plus nous supposons que les vecteurs propres de (4.42) sont liés aux vecteurs propres de (4.31) par*

$$r_i^G(V) = r_i\left(V_G + \frac{1}{2}(V - V_G)\right) + O(V - V_G)^2. \tag{4.45}$$

De même pour les valeurs propres $\sigma_i^G(V) = \lambda_i\left(V_G + \frac{1}{2}(V - V_G)\right) + O(V - V_G)^2$.

Une nouvelle fois, si le système est strictement hyperbolique, $\sigma_1(V) < \sigma_2(V) < \cdots < \sigma_n(V)$, alors cette propriété est vraie[11].

Revenons sur la condition $V - V_G = \beta_j r_j^G$ qui est équivalente à

$$(V - V_G, C_G(V) r_i^G(V)) = 0, \quad \forall i \neq j, \quad 1 \leq i \leq n. \tag{4.46}$$

On a de plus $\sigma = \lambda_j^G(V)$. Chacune des équations de (4.46) est l'équation d'une hypersurface. Donc (4.46) est l'intersection de $n-1$ hypersurfaces. *A priori* il en résulte une courbe dans $\mathbb{R}^n$. Plus précisément le changement de variables

$$V \in \mathbb{R}^n \mapsto W = (W_i)_{1 \leq i \leq n}, \quad W_i = (V - V_G, C_G(V) r_i^G(V))$$

est inversible en V_G. On calcule le gradient en V_G

$$\nabla_V W(V_G) = \begin{pmatrix} C_G(V_G) r_1^G(V_G) \\ C_G(V_G) r_2^G(V_G) \\ \cdots \\ C_G(V_G) r_n^G(V_G) \end{pmatrix}.$$

Cette matrice est inversible car l'ensemble des lignes forme un système de n vecteurs orthonormés pour la matrice $C_G(V_G)^{-1}$. Donc (4.46) est localement autour de V_G l'image réciproque d'une droite. C'est l'équation d'une courbe régulière.

[11] Démonstration classique laissée au lecteur.

Lemme 23 *Nous faisons l'hypothèse 2. La courbe (4.46) est telle que*

$$V_j(s) = V_G + sr_j(V_G) + \frac{s^2}{2}\nabla_V r_j(V_G) r_j(V_G) + O(s^3). \tag{4.47}$$

où s est une abcisse le long de la courbe. La vitesse de choc associée est

$$\sigma_j^G(s) = \lambda_j(V_G) + \frac{s}{2}\left(\nabla_V \lambda_j(V_G), r_j(V_G)\right) + O(s^2) \tag{4.48}$$

C'est un résultat classique. La courbe solution de la relation Rankine Hugoniot est tangente au deuxième ordre à la courbe de même type définie pour les détentes. En revanche la vitesse de choc $\sigma_j^G(s)$ varie plus lentement que la vitesse d'onde (4.38).

On montre le résultat en plusieurs temps. **On part** de $\sigma = \lambda_j^G(V)$ et (4.46). En faisant tendre $s \to 0$ on obtient de suite $\sigma_j^G(0) = \lambda_j(V_G)$, $V_j(0) = V_G$ et $V_j'(0) = r_j(V_G)$.

Ensuite on dérive la relation de Rankine Hugoniot

$$-\sigma_j^G(s)\left[U(V_j(s)) - U_G\right] + f(U(V_j^G(s))) - f(U(V_G)) = 0$$

par rapport à s. Pour simplifier un peu les notations on enlève les indices (en haut $.^G$, en bas $._j$). On trouve

$$-\sigma'(s)\left(U(V(s)) - U_G\right) - \sigma(s)\mathbf{C}(s)V'(s) + \mathbf{B}(s)V'(s) = 0$$

où on a posé $\mathbf{B}(s) = \nabla_V f(U(V(s)))$ et $\mathbf{C}(s) = \nabla_V U(V(s))$. Puis on redérive une deuxième fois et on évalue en $s = 0$

$$\begin{aligned} -2\sigma'(0)\mathbf{C}(0)V'(0) - \sigma(0)\left[\mathbf{C}'(0)V'(0) + \mathbf{C}(0)V''(0)\right] \\ + \mathbf{B}'(0)V(0) + \mathbf{B}(0)V''(0) = 0. \end{aligned} \tag{4.49}$$

D'autre part on étudie la relation (4.31) pour $V = V_j^G(s)$. Cette relation s'écrit

$$B(s)r_j(s) - \lambda_j(s)C(s)r_j(s) = 0$$

où $r_j(s) = r_j(V_j^G(s))$: $B(s)$ et $C(s)$ ont été définis plus haut en (4.31). On dérive une fois par rapport à s et on évalue en $s = 0$

$$B'(0)r_j(0) + B(0)r_j'(0) - \lambda_j'(0)C(0)r_j(0) - \lambda_j(0)C'(0)r_j(0) - \lambda_j(0)C(0)r_j'(0) = 0. \tag{4.50}$$

Ensuite on note que $\mathbf{B}(0) = B(0)$ et $\mathbf{C}(0) = C(0)$. On soustrait (4.50) et (4.49). Il reste

$$B(0)\left(V''(0) - r_j'(0)\right) - \lambda_j(0)C(0)\left(V''(0) - r_j'(0)\right) - (2\sigma'(0) - \lambda_j'(0))C(0)r_j(0) = 0.$$

On effectue le produit scalaire avec $r_j(0)$. Grâce à la symétrie de $B(0)$ et $C(0)$ on obtient $2\sigma'(0) - \lambda_j'(0) = 0$ ce qui prouve (4.48). Il reste

$$B(0)\left(V''(0) - r_j'(0)\right) - \lambda_j(0)C(0)\left(V''(0) - r_j'(0)\right) = 0.$$

La démonstration classique suppose alors que le système est strictement hyperbolique ce qui fait que les valeurs propres sont toutes distinctes. Cela montre que $V''(0) - r_j'(0)$ est proportionnel à $r_j(0)$[12]. Il existe $\beta > 0$ tel que $V''(0) = r_j'(0) + \beta r_j(0)$. Donc $V_j(s) = V_G + s r_j(V_G) + \frac{s^2}{2}\nabla_V r_j(V_G) r_j(V_G) + O(s^3)$. Il suffit alors de redéfinir l'abcisse le long de la courbe. On prendra $\overline{s} = s + \frac{s^2}{2}\beta$. D'où

$$V_j(s) = V_G + \overline{s} r_j(V_G) + \frac{\overline{s}^2}{2}\nabla_V r_j(V_G) r_j(V_G) + O(\overline{s}^3).$$

Le développement est inchangé au premier ordre pour la vitesse du choc. Cela termine la preuve du lemme.

Analyse de l'inégalité d'entropie (4.40)

Soient les fonctions

$$\eta_G^*(V) = (V, U) - \eta(U(V)) - (V, U_G) + \eta(U_G)$$

et

$$\xi_G^*(V) = (V, f(U)) - \xi(U(V)) - (V, f(U_G)) + \xi(U_G).$$

La fonction $V \mapsto \eta_G^*(V)$ est strictement convexe autour de V_G car $\nabla_V^2 \eta^*(V_G) = \nabla_V U(V_G) > 0$.

Lemme 24 *La relation de Rankine-Hugoniot (4.39) exprime que l'isosurface définie par $\xi_G^*(V) = \xi_G^*(V_D)$ est tangente en V_D à l'isosurface définie par $\eta_G^*(V) = \eta_G^*(V_D)$. La relation d'entropie (4.40) devient $-\sigma\eta_G^*(V_D) + \xi_G^*(V_D) \geq 0$.*

[12] Dans le cas où les valeurs propres sont multiples on a le même résultat. On sait que $\left(V(s) - V_G, C_G(s) r_i^G(s)\right) = 0$. On dérive deux fois et on évalue en $s = 0$

$$\left(V''(0), C_G(0) r_i^G(0)\right) + 2\left(V'(0), C_G'(0) r_i^G(0)\right) + 2\left(V'(0), C_G(0)(r_i^G)'(0)\right) = 0.$$

On a aussi $(r_j(s), C(s) r_i(s)) = 0$. On dérive une fois et on évalue en $s = 0$

$$\left(r_j'(0), C(0) r_i(0)\right) + \left(r_j(0), C'(s) r_i(0)\right) + \left(r_j(0), C(0) r_i'(0)\right) = 0.$$

Or on sait grâce à (4.44-4.45) que $C_G'(0) = \frac{1}{2}C'(0)$ et $(r_i^G)'(0) = \frac{1}{2}r_i'(0)$. Donc

$$\left(V''(0) - r_j'(0), C_G(0) r_i^G(0)\right) = 0, \quad \forall i \neq j.$$

Donc $V''(0) = r_j'(0) + \beta r_j(0)$.

On a

$$\nabla_V \eta^*(V)^t = U - U_G \text{ et } \nabla_V \xi^*(V)^t = f(U) - f(U_G). \tag{4.51}$$

La vitesse du choc est le coefficient de proportionnalité entre les gradients[13]. Comme les gradients sont alignés les isosurfaces sont tangentes. Pour la condition d'entropie c'est un simple calcul

$$\begin{aligned} -\sigma\eta_G^*(V_D) + \xi_G^*(V_D) &= -\sigma\left((V_D, U_D) - \eta(U_D) - (V_D, U_G) + \eta(U_G)\right) \\ &\quad + \left((V_D, f(U_D)) - \xi(U_D) - (V_D, f(U_G)) + \xi(U_G)\right) \\ = (V_D, -\sigma(U_D - U_G) + f(U_D) - f(U_G))) &+ \sigma(\eta(U_D) - \eta(U_G)) - \xi(U_D) + \xi(U_G), \end{aligned}$$

c'est à dire

$$-\sigma\eta_G^*(V_D) + \xi_G^*(V_D) = \sigma(\eta(U_D) - \eta(U_G)) - \xi(U_D) + \xi(U_G) \geq 0. \tag{4.52}$$

Cela clôt la preuve.

Définition 25 *Soit un état gauche G donné et σ une vitesse de choc donnée. La fonction*

$$V \mapsto -\sigma\eta_G^*(V) + \xi_G^*(V)$$

dont les points stationnaires sont solutions de la relation Rankine-Hugoniot (4.39) sera appelé **fonction génératrice (au sens de Kulikovski)**.

A présent nous considérons la courbe (4.46) vérifiant (4.47-4.48), et étudions la fonction

$$\varphi_j^G(s) = -\sigma_j^G(s)\eta_G^*(V_j(s)) + \xi_G^*(V_j(s)).$$

On sait que $\varphi_j^G(s)$ doit être restreint aux valeurs positives ou nulles (voir (4.52)).

Lemme 25 *On a la formule*

$$\frac{d}{ds}\varphi_j^G(s) = -\eta_G^*(V_j(s))\frac{d}{ds}\sigma_j^G(s). \tag{4.53}$$

Cette formule relie explicitement la **variation de production d'entropie** le long de la courbe à la **variation de la vitesse de la discontinuité**. En reprenant les propriétés (4.51) on a

[13] La vitesse du choc est en fait un multiplicateur de Lagrange.

$$\frac{d}{ds}\varphi_j^G(s) = -\frac{d}{ds}\sigma_j^G(s)\eta_G^*(V_j(s))$$

$$+\left(-\sigma_j^G(s)(U(V_j^G(s)) - U_D) + f(U(V_j^G(s))) - f(U_D), \frac{d}{ds}V_j^G(s)\right)$$

$$= \left(-\frac{d}{ds}\sigma_j^G(s)\right) \times \eta_G^*(V_j(s)) \qquad (4.54)$$

car l'état $U(V_j^G(s))$ est une solution des relations de Rankine Hugoniot pour la vitesse de choc $\sigma_j^G(s)$. La preuve est terminée.

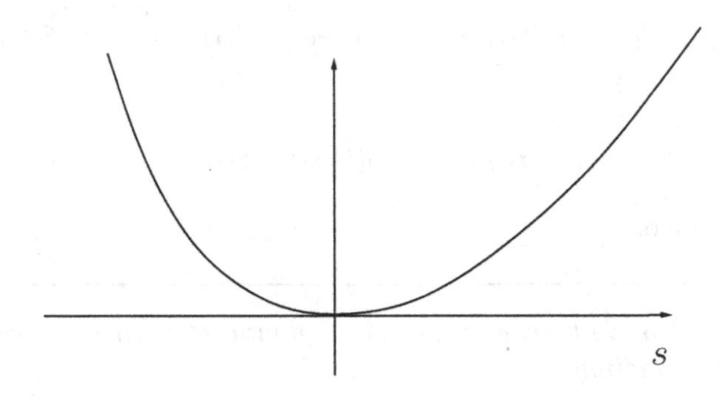

Fig. 4.2. La fonction $s \mapsto \eta_G^*(V_j(s)) \geq 0$ atteint son minimum en $s = 0$.

Considérons les petits chocs (*i.e.* s est *petit*) pour les champs vraiment non linéaires $(\nabla_V \lambda_j(V), r_j(V)) \neq 0$

Lemme 26 *Les petits chocs pour les champs vraiment non linéaires sont décrits par les courbes (4.47-4.48) solutions de (4.39-4.39) avec*
Si $(\nabla_V \lambda_j(V_G), r_j(V_G)) > 0$ *: on se restreint à* $-\varepsilon < s < 0$.
Si $(\nabla_V \lambda_j(V_G), r_j(V_G)) < 0$ *: on se restreint à* $0 < s < \varepsilon$.

En comparant avec les détentes, les chocs sont complémentaires des détentes. La condition d'entropie s'écrit aussi $\int_0^s \frac{d}{ds}\sigma_j^G(t) \times \eta_G^*(V_j(t))\, dt \leq 0$, c'est à dire compte tenu de (4.50)

$$\varphi_j^G(s) = \int_0^s \left[\frac{1}{2}(\nabla_V \lambda_j(V_G), r_j(V_G)) + O(s)\right] \times \eta^*(V_j(t))\, dt \leq 0 \qquad (4.55)$$

avec $\eta_G^*(V_j(t)) > 0$ pour $t \neq 0$.

Le saut d'entropie est du troisième ordre en s

$$-\sigma(\eta(U_D) - \eta(U_G)) + \xi(U_D)) - \xi(U_G) = O(s^3)$$

pour $\sigma = \sigma_j(s)$ et $U_D = U(V_j(s))$.

Au vu de (4.55) une condition nécessaire les solutions construites soit des discontinuités de contact est

$$(\nabla_V \lambda_j(V_G), r_j(V_G)) = 0.$$

On pourrait penser qu'il n'est pas possible de pousser l'analyse plus loin car l'annulation du coefficient du premier ordre dans le développement $\varphi_j^G(s) = 0 + 0 \times s + c_s^2 + c_3 s^3 + ...$ est insuffisante pour obtenir l'annulation de tous les termes suivants. Ce n'est pas le cas.

Définition 26 *Supposons que* $(\nabla_V \lambda_j(V), r_j(V)) = 0$ *a lieu* **pour tout** V. *On dira que le champ* j *est linéairement dégénéré.*

Il est instructif de comparer les définitions 26 et 23 avec la situation scalaire du tableau 3.1 que nous pouvons compléter sous la forme

$f(u) = au$	linéairement dégénéré (LD)	$f''(u) = 0$
$f(u) = \frac{1}{2}u^2$	vraiment non linéaire (VNL)	$f''(u) = 1$
$f(u) = \frac{1}{3}u^3$	ni VNL, ni LD	$f''(u) = 2u$

Tableau 4.1. Exemples : $V = U$ et $(\nabla_V \lambda(V), r(V)) = \lambda'(u) = f''(u)$

Lemme 27 *Les petites discontinuités de contact pour les champs linéairement dégénérés sont décrits par les courbes (4.37-4.38) ou (4.47-4.48) solutions de (4.39-4.39) avec* $-\varepsilon < s < \varepsilon$.

Le preuve se fait en trois étapes. On part d'une courbe intégrale (4.37-4.38) pour un champ linéairement dégénéré.

a) Comme
$$\lambda_j'(V(s)) = (\nabla_V \lambda_j(V(s)), r_j(V(s))) = 0,$$
c'est que la vitesse d'onde $\lambda_j(V(s))$ est constante le long de la courbe.

b) Les états le long de la courbe vérifient la relation de Rankine Hugoniot avec une vitesse de choc $\sigma = \lambda_j(V_G)$. On a
$$\begin{aligned}\frac{d}{ds}&\left(-\lambda_j(V_G)(U(V(s)) - U_G) + f(U(V(s))) - f(U_G)\right)\\ &= -\lambda_j(V_G)C(V(s))V'(s) + B(V(s))V'(s)\\ &= -\lambda_j(V_G)C(V(s))r_j(V(s)) + B(V(s))r_j(V(s)) = 0.\end{aligned}$$

c) Comme la vitesse du choc est constante et que les états vérifient l'égalité de Rankine Hugoniot, la relation (4.53) implique que le bilan d'entropie est nul.

Lemme 28 *Pour les champs linéairement dégénérés, l'hypothèse 1 implique l'hypothèse 2.*

En effet nous venons d'exhiber explicitement des vecteurs propres généralisés pour (4.42) à partir des solutions de (4.31).

4.5 Retour sur la variable principale U

Nous résumons à présent les divers cas rencontrés lors de l'étude locale (ε petit) des solutions de type détente, choc ou discontinuité de contact. La construction des courbes s'est faite dans l'espace en V. Nous revenons dans l'espace U par la transformation $V \mapsto U$. Les résultats sont essentiellement les mêmes car il s'agit d'une transformation régulière et inversible.

Prenons la courbe de détente du théorème (21)

$$V_j(s) = V_G + sr_j(V_G) + \frac{s^2}{2}\nabla_V r_j(V_G)r_j(V_G) + O(s^3).$$

On pose $U_j(s) = U(V_j(s))$. On note $\mathbf{r}_j(U_G) = \nabla_V U(V_G)r_j(V_G)$ qui est un vecteur propre du problème aux valeurs propres-vecteurs propres

$$\nabla_U f(U_G)\mathbf{r}_j(U_G) = \lambda_j(0)\mathbf{r}_j(U_G).$$

Il suffit de comparer (4.20) et (4.31). On obtient la courbe de détente

$$U_j^{\text{Détente}}(s) = U_G + s\mathbf{r}_j(U_G) + \frac{s^2}{2}A_j + O(s^3)$$

pour un A_j qu'on ne calcule pas explicitement (mais on pourrait le faire si c'était nécessaire). De même la courbe de vitesse d'onde du théorème (21)

$$\lambda_j(s) = \lambda_j(0) + s\left(\nabla_V \lambda_j(V_G), r_j(V_G)\right) + O(s^2)$$

s'exprime aussi sous la forme

$$\lambda_j(s) = \lambda_j(0) + s\left(\nabla_U \lambda_j(V(U_G)), \mathbf{r}_j(V_G)\right) + O(s^2).$$

Cela vient de

$$\left(\nabla_V \lambda_j(V_G), r_j(V_G)\right) = \left(\nabla_U \lambda_j(V(U_G)), \mathbf{r}_j(V_G)\right).$$

Ainsi le critère qui exprime que le champ est vraiment non linéaire prend la même forme dans l'espace V et dans l'espace U. Comme on doit se restreindre à $\lambda_j(s) > \lambda_j(0)$ on ne garde qu'une branche de la courbe.

Puis on considère la courbe de choc à partir de U_G. Cette courbe de choc

$$U_j^{\text{Choc}}(s) = U_G + s\mathbf{r}_j(U_G) + \frac{s^2}{2}A_j + O(s^3).$$

est tangente à l'ordre deux à la courbe de détente. La condition d'entropie amène une restriction. On garde la partie de la courbe de choc qui est complémentaire à la branche de détente. La vitesse du choc admet le développement

$$\sigma_j(s) = \lambda_j(0) + \frac{s}{2}\left(\nabla_U \lambda_j(V(U_G)), \mathbf{r}_j(V_G)\right) + O(s^2).$$

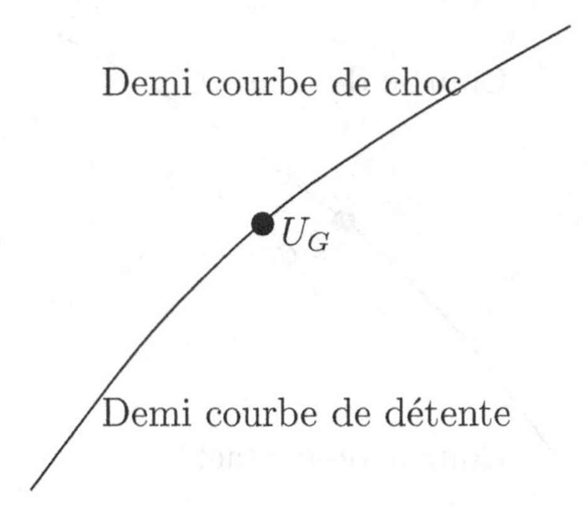

Fig. 4.3. Courbe de choc et détente à parti de U_G

On garde la partie de courbe de choc qui est complémentaire de la branche de la courbe de détente retenue.

Supposons enfin que

$$(\nabla_U \lambda_j(V(U_G)), \mathbf{r}_j(U_G)) = 0$$

dans un voisinage de U_G, ce qui revient à dire que le champ est linéairement dégénéré. La courbe de contact est

$$U_j^{\text{Contact}}(s) = U_G + s\mathbf{r}_j(U_G) + \frac{s^2}{2} A_j + O(s^3)$$

et on garde les deux branches pour lesquelles

$$\sigma_j(s) = \lambda_j(s) = \lambda_j(0).$$

En revanche si Le champ n'est ni vraiment non linéaire ni linéairement dégénéré, alors on ne sait rien dire de général. Nous avons décidé depuis le début de prendre l'état gauche comme référence et de chercher les U_D possibles. On peut bien sûr inverser, choisir U_D comme référence et chercher les U_G connectables par détente ou discontinuité. La seule différence est que la branche de détente doit être restreinte à $\lambda_j(s) < \lambda_j(0)$. Il n'y a qu'à consulter le schéma de détente (4.1) pour s'en convaincre. Pour le reste tout est identique. La condition d'entropie est, elle aussi, inversée. Donc les courbes de choc et détente sont complémentaires dans tous les cas de figure.

4.6 Solution du problème de Riemann

Nous appliquons le matériel précédent à la détermination de la solution du problème de Riemann

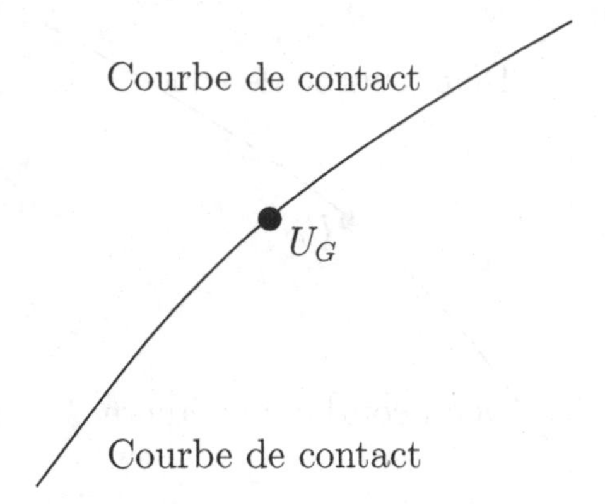

Fig. 4.4. Courbe de contact à partir de U_G

$$\begin{cases} \partial_t U + \partial_x f(U) = 0, \\ U(0,x) = U_G \qquad x < 0, \\ U(0,x) = U_D \qquad 0 < x. \end{cases} \tag{4.56}$$

4.6.1 Théorème de Lax

Le théorème de Lax donne la solution de ce problème sous des hypothèses très générales, ce qui fait qu'il est pertinent dans un grand nombre de situations. D'où son importance. Cependant on fait l'hypothèse d'hyperbolicité stricte car il est nécessaire d'ordonner les valeurs propres dans la construction. C'est la restriction principale que nous lèverons en partie plus loin.

Théorème 4.2. *Soit un système de lois de conservation. Nous supposons que les valeurs propres sont toutes distinctes en U_G. Nous supposons que les champs sont tous soit vraiment non linéaires, soit linéairement dégénérés.*

Alors il existe un voisinage $\mathcal{V}_G$ de U_G tel que : pour tout $U_D \in \mathcal{V}_G$ il existe une solution du problème de Riemann. Cette solution est une solution faible entropique autosemblable en $\frac{x}{t}$. Elle est constituée de $n+1$ états constants séparés par des détentes, chocs ou discontinuités de contact.

Commençons par classer les valeurs propres dans l'ordre

$$\lambda_1(U) < \lambda_2(U) < \cdots < \lambda_n(U), \quad \forall U \in \mathcal{V}_G.$$

On détermine la courbe $U_1(s_1; U_G)$ avec $U_1(0) = U_G$. Puis on détermine la courbe $U_2(s_2; U_1(s_1))$ avec $U_2(0) = U_1(s_1)$: c'est à dire que le point de départ de la deuxième courbe est le point d'arrivée de la première. Puis on itère. Posons $s = (s_1, s_2, \cdots, s_n)$. Cela détermine

$$U(s) = U_n(s_n; U_{n-1}(s_{n-1}; U_{n-2}(\cdots; U_1(s_1; U_G)))).$$

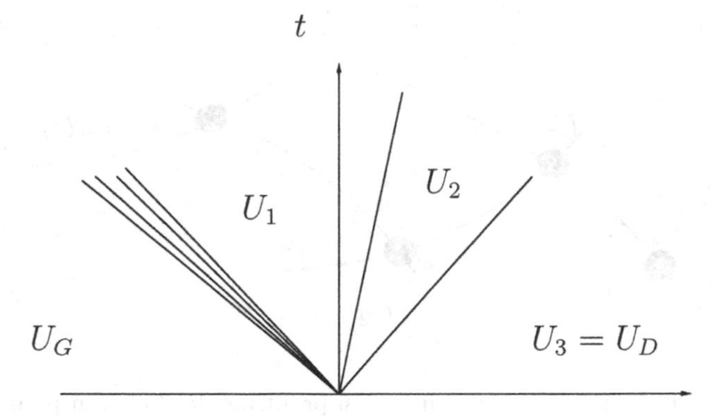

Fig. 4.5. Solution du problème de Riemann pour $n = 3$ (U_D est proche de U_G)

Pour s petit le développement au premier ordre de $U(s)$ est

$$U(s) = U_G + s_1\mathbf{r}_1(U_G) + \cdots + s_n\mathbf{r}_n(U_G) + O(s^2).$$

La Jacobienne en $s = 0$ de la transformation $s \mapsto U(s)$ est

$$\nabla_s U(0) = \begin{pmatrix} \mathbf{r}_1(U_G) \\ \cdots \\ \mathbf{r}_n(U_G) \end{pmatrix}.$$

Les vecteurs $\mathbf{r}_i(U_G)$ étant linéairement indépendants (ils sont orthonormés pour le produit scalaire induit par la matrice $C(U_G)$) la transformation est localement inversible. Par continuité la matrice $\nabla_s U(s)$ est inversible pour $|s|$ dans un voisinage de 0. Donc pour tout $U_D \in \mathcal{V}_G$ il existe une unique solution de $U(s) = U_D$. Revenant à la définition de $U(s)$ cela détermine $n+1$ états constants

$$U_G,\ U_1(s_1;U_G),\ U_2(s_2;U_1(s_1;U_G)),\ \cdots,$$
$$\cdots,\ U_D = U_n(s_n;U_{n-1}(s_{n-1};U_{n-2}(\cdots;U_1(s_1;U_G)))).$$

Ces $n+1$ états constants sont connectés deux à deux par des détentes, chocs ou discontinuités de contact. Définissons la fonction $(t,x) \mapsto U(\frac{x}{t})$ auto-semblable correspondante. Par construction c'est une solution entropique du problème de Riemann. Cela termine la preuve.

4.6.2 Correspondance Euler-Lagrange

Nous comparons la solution du problème de Riemann pour la forme eulérienne du système de la dynamique des gaz (2.10) et la solution du problème de Riemann pour la forme lagrangienne (2.21) de ce même système. Notons $\partial_t U + \partial_x f(U) = 0$ la forme eulérienne et $\partial_t \widetilde{U} + \partial_m g(\widetilde{U}) = 0$ la forme

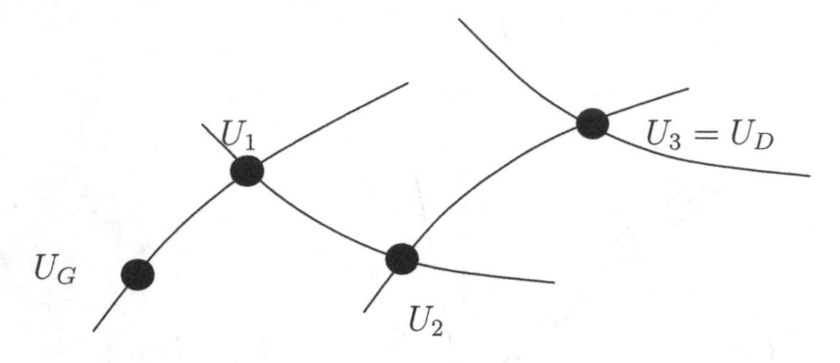

Fig. 4.6. Construction de la solution du problème de Riemann pour $n = 3$

lagrangienne. On a la correspondance $U = (\rho, \rho u, \rho e)$ et $\widetilde{U} = (\tau, u, e)$ pour $\rho > 0$. La donnée initiale pour la forme eulérienne est du type U_G, U_D, celle de la forme lagrangienne est alors $\widetilde{U}_G, \widetilde{U}_D$. Supposons que $|U_G - U_D| \leq \varepsilon$ est petit. Alors la solution mathématique du problème de Riemann est donnée par l'application du théorème de Lax 4.2. De même la solution mathématique du problème de Riemann pour la forme lagrangienne est donnée par l'application du théorème de Lax. De ce fait nous devons comparer ces deux solutions de deux problèmes différents.

Au premier abord il n'est pas du tout évident que ces solutions correspondent. Par exemple les niveaux de masse volumique sont-ils les mêmes ? les vitesses des discontinuités correspondent-elles ?

Le point important est que ces deux solutions correspondent point par point, au changement de coordonnées temps-espace $(t, m) \mapsto (t, x)$ près bien sûr. En effet la preuve de l'équivalence Euler-Lagrange qui a été proposée à la section 2.3.2 a utilisé une transformation C^2. Mais on a besoin en fait de beaucoup moins : $E = \nabla_{(t,m)}(t, x) \in \mathbb{R}^{2\times 2}$ bornée et inversible suffit. Si cette matrice est une fonction bornée toutes les transformations de la section 2.3.2 sont valides. En particulier on peut vérifier qu'on n'utilise jamais de dérivées de E. L'identité de Piola exprime que la divergence de la comatrice est nulle, ce qu'on peut écrire sous forme faible. Si on utilise une formulation faible il y a effectivement besoin uniquement de E et pas de ses dérivées. Vérifions que E est inversible. On a

$$E = \begin{pmatrix} 1 & 0 \\ u & \rho \frac{\partial x}{\partial X} \end{pmatrix}.$$

Or $\rho \frac{\partial x}{\partial X} = \rho_0(X) > 0$ donc la matrice E est bien inversible. Une nouvelle fois le vide $\rho = 0$ doit être éliminé dans les configurations lagrangiennes. En résumé nous obtenons le principe général

Pour les systèmes en dimension un d'espace considérés dans ce cours les formulations eulériennes et lagrangiennes sont en tout point équivalentes loin du vide, même pour le problème de Riemann. On consultera [W87].

Ce principe pourra être utilisé pour certains calculs qui seront plus faciles pour la forme eulérienne alors que d'autres seront plus faciles pour la forme lagrangienne. Le plus souvent c'est une affaire de goût. Les aérodynamiciens privilégient la forme eulérienne, les physiciens des plasmas la forme lagrangienne.

4.7 Systèmes en coordonnée de Lagrange

Les systèmes en coordonnée de Lagrange qui viennent de la mécanique des milieux continus possèdent plusieurs propriétés en commun avec les systèmes écrits en variable d'Euler. Par exemple le système de la dynamique des gaz est invariant sous l'action des transformations galiléennes. De ce fait le système en coordonnée de Lagrange correspondant est aussi invariant sous l'action des transformations galiléennes. De même la discussion des détentes et des ondes de choc est semblable entre les systèmes écrits en coordonnées de Lagrange et les autres. Cependant une propriété supplémentaire distingue le plus souvent ces systèmes en coordonnée de Lagrange : l'entropie est associée à un flux d'entropie nul. Pour le système associé eulérien cela correspond par exemple à

$$\partial_t \rho + \partial_x(\rho u) = 0 \text{ et } \partial_t(\rho S) + \partial_x(\rho u S) = 0$$

pour les solutions régulières. Pour fixer les notations nous considérons le système de lois de conservation en coordonnée de Lagrange

$$\partial_t U + \partial_m f(U) = 0 \tag{4.57}$$

et nous supposons que l'entropie physique du système satisfait une loi telle que $\partial_t S \geq 0$. L'entropie mathématique est $\eta(U) = -S$.

Hypothèse 3 *On suppose que $\xi(U) \equiv 0$ pour le système en coordonnée de Lagrange (4.57). Reprenant la définition 18 du flux d'entropie cela correspond à*

$$\nabla_U \eta(U) \nabla_U(f(U)) = 0, \quad \forall U. \tag{4.58}$$

Cette relation prend un sens physique fort si on considère que l'entropie physique mesure l'irréversibilité des processus qui s'exerce sur la matière. Pour la dynamique des gaz lagrangienne, on a déjà constaté une telle propriété (4.7) avec, pour les gaz parfaits polytropiques, $S = \log(\varepsilon\tau^{\gamma-1})$: si S augmente, alors le produit de l'énergie interne par une certaine puissance inverse de la masse volumique évolue irréversiblement. L'hypothèse faite revient donc à supposer que ce principe est vrai pour d'autres systèmes que celui de la dynamique des gaz compressibles.

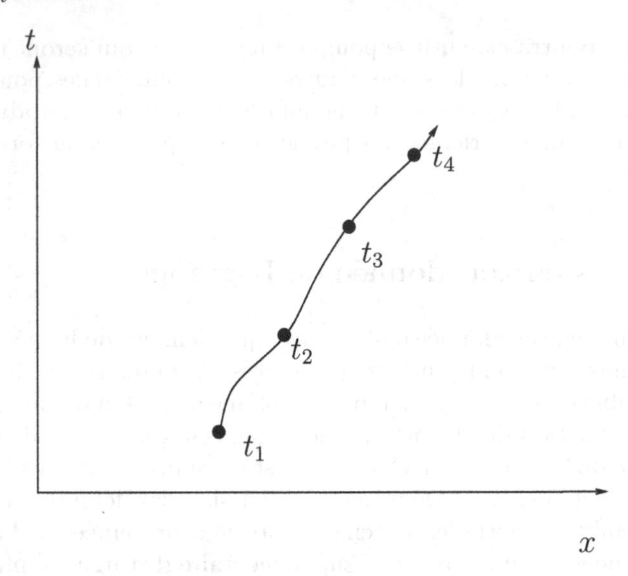

Fig. 4.7. Processus irréversible : $S_1 < S_2 < S_3 < S_4$. Processus réversible $S_1 = S_2 = S_3 = S_4$.

4.8 Systèmes à flux d'entropie nul

Lemme 29 *Sous l'hypothèse (4.58) de flux d'entropie nul, la fonction flux est homogène*[14] *de degré 0 par rapport à la variable entropique V.*

On rappelle que $V = \nabla_U \eta(U)^t = -\nabla_U S(U)^t$. La relation (4.58) est équivalente à

$$\nabla_U \eta(U)\, \nabla_V (f(U(V))\, \nabla_U V = 0$$

c'est à dire (après simplification par la matrice inversible $\nabla_U V$ puis transposition) $[\nabla_V (f(U(V))]^t\, V = 0$. Or on sait aussi que $f(U(V) = \nabla_V \xi^*(V)$ où la fonction ξ^* est la transformée polaire du flux d'entropie : $\xi^* = (V, f(U)) - \xi(U) = (V, f(U))$. La matrice $[\nabla_V (f(U(V))]$ est symétrique. D'où la relation d'Euler

$$[\nabla_V (f(U(V))]\, V = 0.$$

qui caractérise les fonctions homogènes de degré 0. La preuve est terminée.

---

[14] Les fonctions homogènes de degré p vérifient $f(\lambda x) = \lambda^p f(x)$, $\lambda \in \mathbb{R}$. Si f est différentiable on a la relation d'Euler

$$\nabla_x f(x)\, x = p f(x). \tag{4.59}$$

C'est une équivalence pour les f réguliers.

Supposons par exemple que la dernière composante de V est non nulle : $V_n \neq 0$. Alors le flux peut s'écrire[15] sous la forme $f(U) = g(\Psi)$ pour la variable Ψ

$$\Psi = (\frac{V_1}{V_n}, \frac{V_2}{V_n}, \cdots, \frac{V_{n-1}}{V_n})^t \in \mathbb{R}^{n-1}. \quad (4.61)$$

A présent nous revenons sur le système général (4.57). Il reste à préciser l'application des principes d'invariance galiléenne sur U.

Hypothèse 4 *Nous supposons que le vecteur U peut se décomposer sous la forme*

$$U = \begin{pmatrix} \mathbf{v} \in \mathbb{R}^{n-d-1} \\ \mathbf{u} \in \mathbb{R}^d \\ \mathbf{e} \in \mathbb{R} \end{pmatrix} \in \mathbb{R}^n$$

où $\mathbf{v}$ regroupe les variables dites de densité, $\mathbf{u}$ regroupe les variables dites de vitesse[16] *et $\mathbf{e}$ est la variable d'énergie totale. La variable d'énergie interne totale ϵ est*

$$\epsilon = \mathbf{e} - \frac{1}{2}|\mathbf{u}|^2.$$

Soit un changement de référentiel galiléen à vitesse $\mathbf{u}_0 \in \mathbb{R}^d$. Les variables de densité sont invariantes par rapport au changement de référentiel galiléen. Les variables de vitesses $\mathbf{u}$ se transforment en $\mathbf{u}+\mathbf{u}_0$, l'énergie totale se transforme en $\mathbf{e} = \epsilon + \frac{1}{2}|\mathbf{u} + \mathbf{u_0}|^2$. L'énergie interne ϵ est invariante. Si $U = (\mathbf{v}, \mathbf{u}, \mathbf{e})^t$ est une solution de (4.57) alors

$$U_{\mathbf{u}_0} = (\mathbf{v}, \mathbf{u} + \mathbf{u}_0, \epsilon + \frac{1}{2}|\mathbf{u} + \mathbf{u_0}|^2)^t$$

est aussi une solution pour tout $\mathbf{u}_0 \in \mathbb{R}^d$.

Hypothèse 5 *Il y a invariance des solutions régulières par rapport au temps à condition d'inverser le signe de la vitesse. Soit $U = (\mathbf{v}, \mathbf{u}, \mathbf{e})^t$ est une solution régulière de (4.57). Soit $U_- = (\mathbf{v}, -\mathbf{u}, \mathbf{e})^t$. Alors U_- est solution de*

$$-\partial_t U_- + \partial_m f(-U_-) = 0.$$

---

[15] Pour la dynamique des gaz lagrangienne on sait d'après (4.6) que $V = -\frac{1}{T}(p, -u, 1)$. Le signe $-$ vient de ce que $\eta = -S$ et n'a aucune importance. Donc $\Psi = (p, -u)$ pour la dynamique des gaz lagrangienne. C'est bien compatible avec la forme des équations (2.21)

$$\begin{cases} \partial_t \tau - \partial_m u = 0, \\ \partial_t u + \partial_m p = 0, \\ \partial_t e + \partial_m (pu) = 0. \end{cases} \quad (4.60)$$

où le flux ne dépend que de la pression p et la vitesse u.

[16] Considérons par exemple la dynamique des gaz en dimension deux d'espace. Le champ de vitesse est un vecteur de taille deux. Supposons que la solution est invariante par rapport à la deuxième variable d'espace $\partial_y = 0$. Il reste deux variables de vitesse $\mathbf{u} = (u, v)$. C'est la raison de cette variable de vitesse vectorielle.

Hypothèse 6 *L'entropie physique S est une fonction uniquement des variables $\mathbf{v}$ et ϵ et n'est pas fonction des variables de vitesse. L'entropie mathématique est $\eta(\mathbf{v},\mathbf{u},\mathbf{e}) = -S(\mathbf{v},\mathbf{e}-\frac{1}{2}\mathbf{u}^2)$. Le flux d'entropie est nul (4.58). De plus nous supposons*[17] *que $V_n < 0$.*

Soit

$$\mathbf{w}(\mathbf{v},\epsilon) = \frac{\nabla_{\mathbf{v}} S(\mathbf{v},\epsilon)}{\nabla_\epsilon S(\mathbf{v},\epsilon)}.$$

On définit une nouvelle variable entropique $\Psi = (\mathbf{w}(\mathbf{v},\epsilon), -\mathbf{u})^t \in \mathbb{R}^{n-1}$.

Théorème 4.3. *Soit le système en coordonnée de Lagrange (4.57). Nous faisons les hypothèses 3, 4, 5 et 6. Alors le flux est une fonction linéaire-quadratique en Ψ. Il existe une matrice symétrique $M = M^t \in \mathbb{R}^{n-1\times n-1}$ telle que*

$$f(U) = \begin{pmatrix} M\Psi \\ -\frac{1}{2}(\Psi, M\Psi) \end{pmatrix}.$$

La matrice M est de la forme

$$M = \begin{pmatrix} 0 & N \\ N^t & 0 \end{pmatrix}, \quad N \in \mathbb{R}^{n-1-d\times d}.$$

Par rapport à la définition 29 plus générale d'un système lagrangien, ce résultat est plus précis car il spécifie la structure de la matrice M.

Par identification le système lagrangien de la dynamique des gaz (4.60) correspond à

$$M = \begin{pmatrix} 0 & 1 \\ 1 & 0 \end{pmatrix} \text{ et } \Psi = \begin{pmatrix} p \\ -u \end{pmatrix}.$$

Le résultat du théorème exprime le fait que la structure de tout système qui vient de la mécanique des milieux continus et est écrit en coordonnées de Lagrange en dimension un d'espace partage une structure commune avec celui de la dynamique des gaz compressibles (4.60). La preuve se déroule en plusieurs temps. On pose $f(U) = \begin{pmatrix} h(\Psi) \in \mathbb{R}^{n-1} \\ g(\Psi) \in \mathbb{R} \end{pmatrix}$.

L'hypothèse 6 fait que $V = -(\nabla_{\mathbf{v}} S(\mathbf{v},\epsilon), -\nabla_\epsilon S(\mathbf{v},\epsilon)\mathbf{u}, \nabla_\epsilon S(\mathbf{v},\epsilon))$. Les $n-1$ premières équations du système sont

$$\partial_t \begin{pmatrix} \mathbf{v} \\ \mathbf{u} \end{pmatrix} + [\nabla_\Psi h(\mathbf{w}, -\mathbf{u})]\ \partial_m \begin{pmatrix} \mathbf{w} \\ -\mathbf{u} \end{pmatrix} = 0.$$

L'hypothèse 4 permet d'écrire

[17] Cette axiomatisation est naturelle si on considère le cas de la dynamique des gaz pour laquelle $V_n = -\frac{1}{T}$.

$$\partial_t \begin{pmatrix} \mathbf{v} \\ \mathbf{u} + \mathbf{u}_0 \end{pmatrix} + [\nabla_\Psi h(\mathbf{w}, -\mathbf{u} - \mathbf{u}_0)] \; \partial_m \begin{pmatrix} \mathbf{w} \\ -\mathbf{u} - \mathbf{u}_0 \end{pmatrix} = 0, \quad \forall \mathbf{u}_0 \in \mathbb{R}^d.$$

Ou encore

$$\partial_t \begin{pmatrix} \mathbf{v} \\ \mathbf{u} \end{pmatrix} + [\nabla_\Psi h(\mathbf{w}, -\mathbf{u} - \mathbf{u}_0)] \; \partial_m \begin{pmatrix} \mathbf{w} \\ -\mathbf{u} \end{pmatrix} = 0, \quad \forall \mathbf{u}_0 \in \mathbb{R}^d.$$

C'est donc que la matrice $[\nabla_\Psi h(\mathbf{w}, -\mathbf{u} - \mathbf{u}_0)]$ est indépendante de $\mathbf{u}_0$

$$\nabla_{\mathbf{u}|\mathbf{w}} \; [\nabla_\Psi h(\mathbf{w}, -\mathbf{u})] = \nabla_\Psi \; \left[\nabla_{\mathbf{u}|\mathbf{w}} h(\mathbf{w}, -\mathbf{u})\right] = 0.$$

Donc la matrice entre crochets ne dépend pas de Ψ $\left[\nabla_{\mathbf{u}|\mathbf{w}} h(\mathbf{w}, -\mathbf{u})\right] = B$ pour une matrice $B \in \mathbb{R}^{n-1 \times d}$ donnée. Intégrons une fois. On a $h(\mathbf{w}, -\mathbf{u}) = -B\mathbf{u} + l(\mathbf{w})$. Plus précisément en séparant les variables

$$h(\mathbf{w}, -\mathbf{u}) = \begin{pmatrix} -B_1\mathbf{u} + l_1(\mathbf{w}) \in \mathbb{R}^{n-1-d} \\ -B_2\mathbf{u} + l_2(\mathbf{w}) \in \mathbb{R}^d \end{pmatrix}.$$

L'hypothèse 5 implique que

$$\pm\partial_t \begin{pmatrix} \mathbf{v} \\ \mathbf{u} \end{pmatrix} + \partial_m \begin{pmatrix} \mp B_1\mathbf{u} + l_1(\mathbf{w}) \\ \mp B_2\mathbf{u} + l_2(\mathbf{w}) \end{pmatrix} = 0.$$

Donc $l_1 \equiv 0$ et $B_2 \equiv 0$. Plus précisément $\partial_m l_1 = 0$, on peut éliminer l_1. De même pour le terme en B_2. Donc $f(U) = \begin{pmatrix} -B_1\mathbf{u} \\ l_2(\mathbf{w}) \\ g(\Psi) \end{pmatrix}$.

Pour finir le raisonnement on note que la transformée polaire du flux d'entropie est $\xi^*(V) = (V, f(U)) = V_n\left[-(w, B_1\mathbf{u}) - (\mathbf{u}, l_2(\mathbf{w})) + g(\mathbf{w}, -\mathbf{u})\right]$. On sait que $\nabla_V \xi^* = f(U)$. On dérive cette équation par rapport aux variables $V_1, \cdots, V_{n-1-d} = V_n\mathbf{w}$ puis par rapport à $V_{n-d}, \cdots, V_{n-1} = -V_n\mathbf{u}$. On trouve

$$\begin{cases} -B_1\mathbf{u} - \nabla_\mathbf{w} l_2(\mathbf{w})\mathbf{u} + \nabla_\mathbf{w} g(\mathbf{w}, -\mathbf{u}) = -B_1\mathbf{u}, \\ B_1^t\mathbf{w} + l_2(\mathbf{w}) + \nabla_{-\mathbf{u}} g(\mathbf{w}, -\mathbf{u}) = l_2(\mathbf{w}). \end{cases}$$

Donc

$$\begin{cases} \nabla_\mathbf{w} g(\mathbf{w}, -\mathbf{u}) = \nabla_\mathbf{w} l_2(\mathbf{w}))(-\mathbf{u}) \\ \nabla_{-\mathbf{u}} g(\mathbf{w}, -\mathbf{u}) = -B_1^t\mathbf{w}. \end{cases}$$

La formule des dérivées croisées implique

$$\nabla_{-\mathbf{u}} \left(\nabla_\mathbf{w} l_2(\mathbf{w})(-\mathbf{u})\right) = \left(\nabla_\mathbf{w} \left(-B_1^t\mathbf{w}\right)\right)^t$$

c'est à dire $\nabla_\mathbf{w} l_2(\mathbf{w}) = -B_1$ dont la solution est $l_2(\mathbf{w}) = -B_1\mathbf{w}$. De plus $g(\mathbf{w}, -\mathbf{u}) = (\mathbf{u}, B_1^t\mathbf{w})$. Revenons au flux. Posons $N = B_1$

$$f(U) = \begin{pmatrix} M\Psi \\ -\frac{1}{2}(\Psi, M\Psi) \end{pmatrix} \text{ avec } M = \begin{pmatrix} 0 & N \\ N^t & 0 \end{pmatrix}. \tag{4.62}$$

La preuve est terminée.

4.9 Vitesses d'ondes pour les systèmes lagrangiens

Considérons le système lagrangien de la section précédente avec le flux (4.62)

$$\begin{cases} \partial_t \mathbf{v} - N\partial_m \mathbf{u} = 0, \\ \partial_t \mathbf{u} + N^t \partial_m \mathbf{w} = 0, \\ \partial_t e + \partial_m (\mathbf{w}, \partial_m \mathbf{u}) = 0, \end{cases} \tag{4.63}$$

dont nous allons calculer les vitesses d'ondes. Nous utilisons le lemme 37 pour lequel nous choisissons comme variable astucieuse $W = (\mathbf{w}, \mathbf{u}, S)^t$. Comme $\partial_t S = 0$ on obtient un système quasi-linéaire

$$\begin{cases} \partial_t \mathbf{w} - \left[\nabla_{\mathbf{w}|S} \mathbf{v}\right]^{-1} N\partial_m \mathbf{u} = 0, \\ \partial_t \mathbf{u} + N^t \partial_m \mathbf{w} = 0, \\ \partial_t S = 0. \end{cases} \tag{4.64}$$

Il s'ensuit que les vitesses d'onde lagrangiennes sont les valeurs propres de la matrice

$$B = \begin{pmatrix} 0 & -\left[\nabla_{\mathbf{w}|S} \mathbf{v}\right]^{-1} N & 0 \\ N^t & 0 & 0 \\ 0 & 0 & 0 \end{pmatrix} \in \mathbb{R}^{n \times n}.$$

Soit un vecteur propre $(a, b, c) \in \mathbb{R}^{n-1-d} \times \mathbb{R}^d \times \mathbb{R}$

$$\begin{cases} -\left[\nabla_{\mathbf{w}|S} \mathbf{v}\right]^{-1} Nb = \mu a, \\ N^t a = \mu b, \\ 0 = \mu c. \end{cases}$$

Un premier vecteur propre trivial est $(a, b, c) = (0, 0, 1)$ associé à la valeur propre $\mu = 0$. Les autres vecteurs propres pour la valeur propre $\mu = 0$ sont décrits dans le lemme

Lemme 30 *Pour $n-1-d \neq d$ le système (4.63) n'est pas strictement hyperbolique. La valeur propre 0 est de multiplicité $p = 1+\max(n-1-2d, 2d+1-n) \geq 2$. Les champs associés sont linéairement dégénérés. Les vecteurs propres associés sont différentiables.* **Les hypothèses 1 et 2 sont vérifiées pour ces champs**.

La matrice N est de taille $n-1-d \times d$. Supposons par exemple que $d < n-1-d$. Donc N^t est de rang d et admet $n-1-2d \geq 1$ vecteurs propres indépendants pour la valeur propre 0 : $N^t \alpha = 0$. Le vecteur propre $B(a, b, c)^t = \mu(a, b, c)^t$ est $(a, b, c) = (\alpha, 0, 0)$. La valeur propre étant constante le champ est linéairement dégénéré. La valeur propre 0 est de multiplicité $n - 2d \geq 2$ et est linéairement dégénérée. De même si $n - 1 - d < d$. N est de rang $n - 1 - d$ et admet $2d+1-n \geq 1$ vecteurs propres indépendants pour la valeur propre 0 : $N\beta = 0$. Cela fournit des vecteurs propres $B(a, b, c)^t = \mu(a, b, c)^t$ est $(a, b, c) = (0, \beta, 0)$. La valeur propre 0 est de multiplicité $2d + 2 - n \geq 2$ et est linéairement dégénérée. D'autre part les vecteurs propres associés à la valeur propre nulle engendrent un sous-espace vectoriel $S \subset \mathbb{R}^n$. Ils sont indépendants de la variable (Ψ, S). En revenant en U les vecteurs propres deviennent $\Pi^{-1}(S)$ où Π est la transformation $\Pi(U) = (\Psi, S)$. Cette transformation est inversible localement et indéfiniment différentiable par hypothèse. Les vecteurs propres sont différentiables. La preuve est terminée.

Supposons par exemple que $d = 1$ ce qui correspond à des systèmes que l'on pourrait qualifier de **vraiment monodimensionnels**. Alors le système n'est pas strictement hyperbolique dès que $n \geq 4$. Ceci est important pour la modélisation. En effet la tendance générale est d'augmenter la taille du système par l'ajout d'inconnues supplémentaires. Pour un grand nombre d'inconnues l'hyperbolicité stricte est perdue. Attention : ceci n'est vrai que si le système est compatible avec la thermodynamique tel que cela est énoncé à l'hypothèse 3 ; voir aussi la figure 4.7. Tout ceci modifie le théorème de Lax.

Additif au Théorème 4.2 *Soit un système lagrangien de lois de conservation. Nous supposons que la valeur propre 0 est constante et est de multiplicité p. Nous supposons que les autres valeurs propres sont toutes distinctes en U_G et que les champs associés sont tous soit vraiment non linéaire, soit linéairement dégénéré.*

Alors il existe un voisinage $\mathcal{V}_G$ de U_G tel que : pour tout $U_D \in \mathcal{V}_G$ il existe une solution du problème de Riemann. Cette solution est une solution faible autosemblable en $\frac{x}{t}$. Elle est constituée de $n+2-p$ états constants séparés par des détentes, chocs ou discontinuités de contact.

Cela est illustré[18] à figure 4.8. On revient dans le plan eulérien en notant

[18] Un exemple typique est constitué par les équations de la dynamique des gaz en dimension deux d'espace. En supposant que la solution ne dépend de la variable y on obtient le système

$$\begin{cases} \partial_t \rho + \partial_x(\rho u) = 0, \\ \partial_t(\rho u) + \partial_x\left(\rho u^2 + p\right) = 0, \\ \partial_t(\rho v) + \partial_x\left(\rho u v\right) = 0, \\ \partial_t(\rho e) + \partial_x(\rho u e + p u) = 0. \end{cases}$$

Ici $n = 4$ et $d = 2$. Il y a une valeur propre linéairement u dégénérée de multiplicité $2d + 2 - n = 2$. La forme lagrangienne est

$$\begin{cases} \partial_t \tau - \partial_m u = 0, \\ \partial_t u + \partial_m p = 0, \\ \partial_t v = 0, \\ \partial_t e + \partial_m(pu) = 0. \end{cases}$$

Des calculs élémentaires montrent que

$$M = \begin{pmatrix} 0 & 1 & 0 \\ 1 & 0 & 0 \\ 0 & 0 & 0 \end{pmatrix} \text{ et } \Psi = \begin{pmatrix} p \\ -u \\ -v \end{pmatrix}.$$

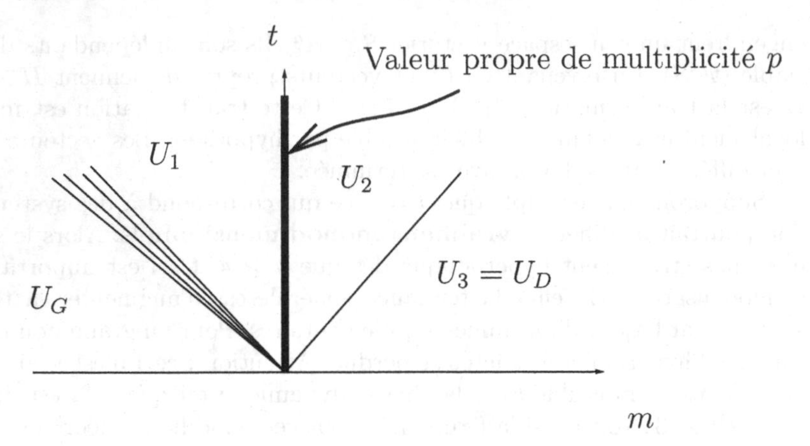

Fig. 4.8. Solution du problème de Riemann dans le plan lagrangien (m, t) pour U_D et U_D proches. Valeur propre 0 de multiplicité p

que la vitesse u est continue le long de la discontinuité de contact $m = 0$. En effet l'équation lagrangienne pour le volume spécifique est $\partial_t \tau - \partial_m u = 0$: l'équation de Rankine-Hugoniot associée est $-0 \times [\tau] - [u] = -[u] = 0$. Il suffit donc de transporter la discontinuité dans le plan eulérien à la vitesse u. On obtient la figure 4.9.

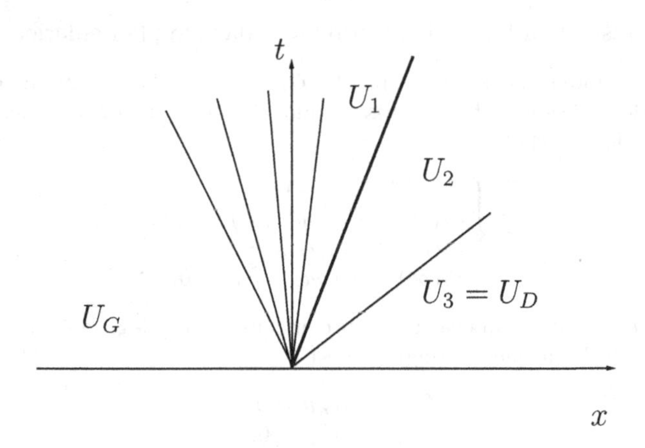

Fig. 4.9. Solution du problème de Riemann dans la plan eulérien (x, t) pour U_D et U_D proches. Valeur propre u de multiplicité p

Pour aller plus loin nous généralisons le concept d'enthalpie. L'enthalpie est à l'origine un potentiel thermodynamique relié à l'entropie[19]. Nous définissons l'enthalpie comme

$$h = \epsilon + (\mathbf{v}, \mathbf{w}) . \tag{4.65}$$

Lemme 31 *On a le résultat*

$$\nabla_{\mathbf{w}|S}\mathbf{v} = \nabla^2_{\mathbf{w}|S}h = \left(\nabla^2_{\mathbf{w}|S}h\right)^t < 0 \tag{4.66}$$

Nous montrons ce résultat à l'aide de d'un changement de variable puis d'une transformation de Legendre. Initialement h est une fonction de $\mathbf{v}$ et ϵ. On peut changer de variables et choisir $\mathbf{v}$ et S comme variables principales. Comme car $\partial_{\epsilon|\mathbf{v}}S = V_n \neq 0$ le théorème des fonctions implicites montre que l'on peut définir ϵ en fonction $\mathbf{v}$ et S (au moins localement). En distinguant la fonction S et sa valeur $\overline{S}$ on a l'équation

$$S(\mathbf{v}, \epsilon(\mathbf{v}, \overline{S})) = \overline{S}.$$

Dérivant une fois par rapport à $\mathbf{v}$ à $\overline{S}$ fixe on trouve

$$\nabla_{\mathbf{v}|\epsilon}S(\mathbf{v}, \epsilon(\mathbf{v}, \overline{S})) + \left(\nabla_{\epsilon|\mathbf{v}}S(\mathbf{v}, \epsilon(\mathbf{v}, \overline{S}))\right) \nabla_{\mathbf{v}|\overline{S}}\epsilon(\mathbf{v}, \overline{S}) = 0.$$

En dérivant une deuxième fois on trouve

$$\begin{aligned}
\nabla^2_{\mathbf{v}|\epsilon}S(\mathbf{v}, \epsilon(\mathbf{v}, \overline{S})) + \nabla_{\epsilon|\mathbf{v}} \left(\nabla_{\mathbf{v}|\epsilon}S(\mathbf{v}, \epsilon(\mathbf{v}, \overline{S}))\right) \nabla_{\mathbf{v}|\overline{S}}\epsilon(\mathbf{v}, \overline{S}) \\
+\nabla_{\mathbf{v}|\epsilon} \left(\nabla_{\epsilon|\mathbf{v}}S(\mathbf{v}, \epsilon(\mathbf{v}, \overline{S}))\right) \nabla_{\mathbf{v}|\overline{S}}\epsilon(\mathbf{v}, \overline{S}) \\
+ \left(\nabla^2_{\epsilon|\mathbf{v}}S(\mathbf{v}, \epsilon(\mathbf{v}, \overline{S}))\right) \nabla_{\mathbf{v}|\overline{S}}\epsilon(\mathbf{v}, \overline{S}) \otimes \nabla_{\mathbf{v}|\overline{S}}\epsilon(\mathbf{v}, \overline{S}) \\
+ \left(\nabla_{\epsilon|\mathbf{v}}S(\mathbf{v}, \epsilon(\mathbf{v}, \overline{S}))\right) \nabla^2_{\mathbf{v}|\overline{S}}\epsilon(\mathbf{v}, \overline{S}) = 0
\end{aligned}$$

ce que nous pouvons récrire sous la forme

$$(-V_n)\nabla^2_{\mathbf{v}|\overline{S}}\epsilon(\mathbf{v}, \overline{S}) = -\left[I_{n-1-d}, \nabla_{\mathbf{v}|\overline{S}}\epsilon(\mathbf{v}, \overline{S})\right] \nabla^2_{\mathbf{v},\epsilon}S \left[I_{n-1-d}, \nabla_{\mathbf{v}|\overline{S}}\epsilon(\mathbf{v}, \overline{S})\right]^t .$$

Comme $-V_n = \frac{1}{T} > 0$ et que l'entropie S est strictement concave par hypothèse, on en déduit que l'énergie interne ϵ est une fonction convexe de $\mathbf{v}$ à S fixe. Donc

$$\nabla^2_{\mathbf{v}|\overline{S}}\epsilon(\mathbf{v}, \overline{S}) = \left(\nabla^2_{\mathbf{v}|\overline{S}}\epsilon(\mathbf{v}, \overline{S})\right)^t > 0. \tag{4.67}$$

Puis nous déterminons la transformée de Legendre de l'énergie interne par rapport à $\mathbf{v}$ à entropie fixe. Plus exactement nous considérons l'opposé de cette transformée de Legendre

[19] Pour un gaz qui satisfait au principe fondamental de la thermodynamique $TdS = d\varepsilon + pd\tau$ l'enthalpie thermodynamique est $h = \varepsilon + p\tau$. Cela assure $dh = TdS - \tau dp$.

$$h = \epsilon - (\nabla_{\mathbf{v}}\epsilon, \mathbf{v}).$$

Par définition de $\mathbf{w}$ $dS = \nabla_\epsilon S\,[(\mathbf{w}, d\mathbf{v}) + d\epsilon]$ donc $\nabla_{\mathbf{v}} = -\mathbf{w}$. Donc nous retrouvons la définition de l'enthalpie $h = \epsilon + (\mathbf{w}, \mathbf{v})$. Cela établit que la concavité de h par rapport à $\mathbf{w}$ est opposé à celle de ϵ par rapport à $\mathbf{v}$. Donc h est bien strictement convexe à entropie fixée. Finalement on a directement que

$$dh = d\epsilon + (\mathbf{w}, d\mathbf{v}) + (\mathbf{v}, d\mathbf{w}) = \frac{-1}{V_n} dS + (\mathbf{v}, d\mathbf{w})$$

et donc que $\nabla_{\mathbf{w}|S} h = \mathbf{v}$. Donc $\nabla_{\mathbf{w}|S}\mathbf{v} = \nabla^2_{\mathbf{w}|S} h$ est une matrice symétrique strictement positive.

Posons

$$E = -\nabla^2_{\mathbf{w}^2|S} h \in \mathbb{R}^{n-1-d \times n-1-d} \text{ et } F = E^{-1} \in \mathbb{R}^{n-1-d \times n-1-d} \tag{4.68}$$

qui sont deux matrices symétrique définies positives.

Théorème 4.4. *Les valeurs propres non nulles du système lagrangien (4.64) sont aussi les racines carrées positives et négatives des valeurs propres strictement positives de la matrice symétrique positive de taille d ($d = 1, 2$ ou 3 le plus souvent)*

$$G \equiv N^t F N \in \mathbb{R}^d.$$

L'équation aux valeurs propres prend la forme

$$\begin{pmatrix} 0 & N \\ N^t & 0 \end{pmatrix} \begin{pmatrix} x_1 \\ x_2 \end{pmatrix} = -\lambda \begin{pmatrix} E & 0 \\ 0 & I \end{pmatrix} \begin{pmatrix} x_1 \\ x_2 \end{pmatrix}.$$

Pour $\lambda \neq 0$ on élimine x_1 $\left(N^t E^{-1} N\right) x_2 = \lambda^2 x_2$. La preuve est terminée.

Soit $(\mu = \lambda^2, x_2)$ un couple valeur propre-vecteur propre de G. Alors le vecteur

$$r = \frac{1}{|\lambda|\sqrt{(x_2, x_2)}} \begin{pmatrix} -\frac{1}{\lambda} F N x_2 \\ x_2 \end{pmatrix} \tag{4.69}$$

est un vecteur propre du problème initial $Mr = -\lambda H r$ normalisé $(r, Hr) = 1$.

Un **corollaire** important pour la pratique est le suivant : pour les systèmes lagrangiens parfaitement découplés, les vitesses sont données par des **formules algébriques** qui ne nécessitent au plus que la formule de Cardan pour les racines d'un **polynôme de degré trois**. Ceci est vrai quelque soit la taille n du système.

4.10 Enthalpie d'un système lagrangien

Pour pouvoir traiter les systèmes qui vont être présentés par la suite, on étend la définition de l'enthalpie.

Définition 27 *Nous définissons la variable* $W = \begin{pmatrix} \Psi \\ S \end{pmatrix} \in \mathbb{R}^n$ *($\Psi \in \mathbb{R}^{n-1}$), ainsi que l'enthalpie du système lagrangien*

$$W \mapsto H(W) = \frac{(V, U)}{V_n}. \tag{4.70}$$

Pour la dynamique des gaz lagrangienne

$$W = (p, -u, S)^t \text{ et } H = T\left(\frac{p}{T}\tau - \frac{u}{T}u + \frac{1}{T}e\right) = \varepsilon + p\tau - \frac{1}{2}u^2 = h - \frac{1}{2}u^2.$$

Comme on le voit, H contient une dépendance concave par rapport à la variable de vitesse.

Lemme 32 *L'enthalpie est une fonction strictement concave par rapport à la variable Ψ, à entropie S fixe. De plus*

$$\nabla_{\Psi|S} H = \hat{U}^t = (U_1, U_2, \cdots, U_{n-1}). \tag{4.71}$$

Définition 28 *Nous définissons la métrique $D \in \mathbb{R}^{n-1 \times n-1}$ de l'enthalpie*

$$D = -\nabla^2_{\Psi|S} H = D^t > 0. \tag{4.72}$$

Lemme 33 *L'enthalpie H est l'opposé de la transformée de Legendre de l'énergie totale $e = U_n$ par rapport à Ψ à entropie S fixe. D'où*

$$\nabla_{\hat{U}|S} e = \Psi^t \text{ et } \nabla^2_{\hat{U}|S} e = D^{-1} > 0.$$

Les preuve sont en tout point identiques à celle du lemme 31.

Une autre preuve de la concavité stricte de l'enthalpie H découle du résultat suivant (4.73) que nous utiliserons dans la section dédiée aux méthodes numériques. Comme

$$(\nabla_W V)^t \nabla_W U = (\nabla_W V)^t \nabla_V U \nabla_W V$$

est une matrice définie positive pour $S = -\eta$ strictement concave et que $V_n < 0$ par hypothèse, on retrouve le fait que D est définie négative.

Lemme 34 *On a les relations*

$$(\nabla_W V)^t \nabla_W U = \begin{pmatrix} -V_n D & 0 \\ 0 & \left(\frac{\partial V}{\partial S|\Psi}, \frac{\partial U}{\partial S|\Psi}\right) \end{pmatrix} \tag{4.73}$$

et

$$(\nabla_W V)^t \begin{pmatrix} M & 0 \\ -\Psi^t M & 0 \end{pmatrix} = \begin{pmatrix} V_n M & 0 \\ 0 & 0 \end{pmatrix}. \tag{4.74}$$

Pour la preuve nous partons de l'expression en matrice par blocs

$$\left(\nabla_W V\right)^t \nabla_W U = \begin{pmatrix} \left(\nabla_{\Psi|S} V\right)^t \nabla_{\Psi|S} U & \left(\nabla_{\Psi|S} V\right)^t \nabla_{S|\Psi} U \\ \left(\nabla_{S|\Psi} V\right)^t \nabla_{\Psi|S} U & \left(\nabla_{S|\Psi} V\right)^t \nabla_{S|\Psi} U \end{pmatrix}.$$

Commençons par déterminer $\left(\nabla_{\Psi|S} V\right)^t \nabla_{\Psi|S} U \in \mathbb{R}^{n-1 \times n-1}$. On a grâce à (4.71-4.72)

$$\nabla_{\Psi|S} U = \begin{pmatrix} -D \\ \nabla_{\Psi|S} U_n \end{pmatrix} \in \mathbb{R}^{n \times n-1}$$

et

$$\nabla_{\Psi|S} V = V_n \begin{pmatrix} I \\ 0 \end{pmatrix} + V \nabla_{\Psi|S} V_n \in \mathbb{R}^{n \times n-1}$$

dans lequel on a utilisé

$$\frac{\partial V_i}{\partial \Psi_j} = \frac{\partial \left(\Psi_i V_n\right)}{\partial \Psi_j} = V_n \delta_{ij} + \Psi_i \frac{\partial V_n}{\partial \Psi_j}. \tag{4.75}$$

Donc

$$\left(\nabla_{\Psi|S} V\right)^t \nabla_{\Psi|S} U = -V_n D + \left(\nabla_{\Psi|S} V_n\right)^t V^t \nabla_{\Psi|S} U.$$

Comme $dS = (V, dU)$ on a

$$V^t \nabla_{\Psi|S} U = \nabla_{\Psi|S} S = 0. \tag{4.76}$$

Cela montre que $\left(\nabla_{\Psi|S} V\right)^t \nabla_{\Psi|S} U = -V_n D$.

Déterminons à présent la partie sous-diagonale $\nabla_{S|\Psi} V^t \nabla_{\Psi|S} U$. On a

$$\frac{\partial V_i}{\partial S} = \frac{\partial \left(\Psi_i V_n\right)}{\partial S} = \Psi_i \frac{\partial V_n}{\partial S} = \frac{V_i}{V_n} \frac{\partial V_n}{\partial S}. \tag{4.77}$$

Cela montre $\nabla_{S|\Psi} V = \left(\frac{1}{V_n} \frac{\partial V_n}{\partial S|\Psi}\right) V$. Grâce à (4.76) on obtient

$$\nabla_{S|\Psi} V^t \nabla_{\Psi|S} U = \left(\frac{1}{V_n} \frac{\partial V_n}{\partial S|\Psi}\right) V^t \nabla_{\Psi|S} U = 0.$$

Par symétrie la partie sur-diagonale est aussi nulle. Cela montre (4.73).

Montrons finalement (4.74). En réunissant les éléments précédents on a

$$\begin{aligned} \nabla_W V &= \left(\nabla_{\Psi|S} V, \nabla_{S|\Psi} V\right) \\ &= \left(V_n \begin{pmatrix} I \\ 0 \end{pmatrix} + V \nabla_{\Psi|S} V_n, \left(\frac{1}{V_n} \frac{\partial V_n}{\partial S|\Psi}\right) V\right) \\ &= V_n \begin{pmatrix} I \\ 0 \end{pmatrix} + V K, \quad K = \left(\nabla_{\Psi|S} V_n, \frac{1}{V_n} \frac{\partial V_n}{\partial S|\Psi}\right). \end{aligned}$$

Donc

$$(\nabla_W V)^t \begin{pmatrix} M & 0 \\ -\Psi^t M & 0 \end{pmatrix} = \begin{pmatrix} V_n M & 0 \\ 0 & 0 \end{pmatrix} + K^t V^t \begin{pmatrix} M & 0 \\ -\Psi^t M & 0 \end{pmatrix}.$$

Or

$$V^t \begin{pmatrix} M & 0 \\ -\Psi^t M & 0 \end{pmatrix} = V_n \left(\Psi^t, 1\right) \begin{pmatrix} M & 0 \\ -\Psi^t M & 0 \end{pmatrix} = 0.$$

La preuve est terminée.

Théorème 4.5. *Les valeurs propres de la matrice Jacobienne du système lagrangien*

$$\partial_t U + \partial_m \begin{pmatrix} M\Psi \\ -\frac{1}{2}(\Psi, M\Psi) \end{pmatrix} = 0 \tag{4.78}$$

sont : la valeur propre nulle plus les opposées des valeurs propres de M dans le métrique de l'enthalpie.

Nous utilisons la variable W. A partir de (4.78) on a

$$\nabla_W U \partial_t W + \begin{pmatrix} M & 0 \\ -\Psi^t M & 0 \end{pmatrix} \partial_m W = 0.$$

Multiplions à gauche par $\nabla_W V^t$ et utilisons les relations (4.73-4.74)

$$\begin{pmatrix} -V_n D & 0 \\ 0 & \alpha < 0 \end{pmatrix} \partial_t W + \begin{pmatrix} V_n M & 0 \\ 0 & 0 \end{pmatrix} \partial_m W = 0$$

ou encore

$$\partial_t W + \begin{pmatrix} -D^{-1} M & 0 \\ 0 & 0 \end{pmatrix} \partial_m W = 0.$$

Sous cette forme les valeurs propres de la matrice Jacobienne sont 0 ainsi que les valeurs propres de la matrice $-D^{-1}M$. Le lemme est démontré.

A partir de cette caractérisation, on obtient aisément une autre preuve du lemme 30. Le signe $(+, -, 0)$ des valeurs propres de la Jacobienne du système lagrangien est donné par le signe des valeurs propres de $-D^{-1}M$. Or les valeurs propres de $-D^{-1}M$ ont exactement le même signe[20] que les valeurs

[20] Il suffit de se souvenir du principe du min-max. Les valeurs propres de $-D^{-1}M$ sont

$$-\lambda_j = \min_{\dim \mathcal{P}=i} \left[\max_{z \in \mathcal{P}} \left(\frac{(z, Mz)}{(z, Dz)} \right) \right]$$

dont les signes sont identiques aux valeurs propres de $-M$

$$-\mu_j = \min_{\dim \mathcal{P}=i} \left[\max_{z \in \mathcal{P}} \left(\frac{(z, Mz)}{(z, z)} \right) \right].$$

propres de $-M$ car la matrice D est symétrique définie positive. Les valeurs propres de M sont les solutions de

$$\begin{pmatrix} 0 & N \\ N^t & 0 \end{pmatrix} \begin{pmatrix} x_1 \\ x_2 \end{pmatrix} = \lambda \begin{pmatrix} x_1 \\ x_2 \end{pmatrix} \Longleftrightarrow \begin{cases} Nx_2 = \lambda x_1, \\ N^t x_1 = \lambda x_2. \end{cases}$$

Il suffit d'étudier les valeurs propres-vecteurs propres de

$$N^t N x_3 = \mu x_3, \quad \mu = \lambda^2.$$

Pour $\mu \neq 0$ on en déduit des valeurs propres-vecteurs propres de M

$$\lambda = \pm\sqrt{\mu}, \quad x_2 = x_3, \quad x_1 = \lambda^{-1} N x_3.$$

Le cas $\lambda = 0$ se retrouve par l'étude directe des solutions non triviales de

$$Nx_2 = 0, \quad N^t x_1 = 0.$$

Dans le cas où la matrice N est rectangulaire (c'est à dire $n - 1 - d \neq d$) il existe toujours des solutions non triviales.

La valeur propre peut se calculer à partir du vecteur propre associé par le **quotient de Rayleigh**

$$\lambda_j(U) = -\frac{(r_j(U), Mr_j(U))}{(r_j(U), D(U)r_j(U))}. \tag{4.79}$$

On a la formule pour la dérivation de $\lambda_j(U)$ dans une direction donnée

$$\lambda_j'(U) = \lambda_j(U)\frac{(r_j(U), D'(U)r_j(U))}{(r_j(U), D(U)r_j(U))}. \tag{4.80}$$

Nous partons de l'équation aux valeurs propres

$$Mr_j(U) = -\lambda_j(U)D(U)r_j(U)$$

dans laquelle nous remarquons que la matrice M est constante et ne dépend donc pas de l'état. La matrice D est une fonction de l'état U. Ces deux matrices sont symétriques. Notons par $'$ la dérivation dans la direction $r_j(U)$: $g'(U) = (\nabla_U g(U), r_j(U))$. On a

$$Mr_j'(U) = -\lambda_j'(U)D(U)r_j(U) - \lambda_j(U)D'(U)r_j(U) - \lambda_j(U)D(U)r_j'(U).$$

Prenons le produit scalaire contre le vecteur propre $r_j(U)$

$$(r_j(U), Mr_j'(U)) = -(r_j(U), \lambda_j'(U)D(U)r_j(U))$$
$$-(r_j(U), \lambda_j(U)D'(U)r_j(U)) - (r_j(U), \lambda_j(U)D(U)r_j'(U)).$$

Nous en déduisons les formules (4.80-4.79).

Lemme 35 *Soit une valeur propre λ_j du système lagrangien (4.78). Supposons que cette valeur propre soit nulle pour un état donné $U \in \mathbb{R}^n$. Alors la valeur propre est linéairement dégénérée en U : $(\nabla_U \lambda_j(U), r_j(U)) = 0$.*

La preuve du lemme est une conséquence de (4.80).

4.11 Exemples de systèmes lagrangiens

Les exemples qui vont suivre motivent la définition générale suivante qui englobe un grand nombre de modèles. A partir de cette structure seront définies et étudiées les méthodes de discrétisation numérique.

Définition 29 *Soit le système en coordonnées de Lagrange*

$$\partial_t U + \partial_m \begin{pmatrix} M\Psi \\ -\frac{1}{2}(\Psi, M\Psi) \end{pmatrix} = 0. \tag{4.81}$$

L'inconnue est $U \in \mathbb{R}^n$. La matrice $M \in \mathbb{R}^{n-1}$ est symétrique $M = M^t$. Le vecteur $\Psi \in \mathbb{R}^{n-1}$ se déduit de l'entropie $U \mapsto S(U)$ par l'algèbre $V = \nabla_U S$ et $\Psi_i = \frac{V_i}{V_n}$ pour tout $1 \leq i \neq n-1$.
Nous dirons qu'un tel système est un **système lagrangien**.

Définition 30 *Nous dirons que le système lagrangien est* **parfaitement découplé** *si la métrique de l'enthalpie $D = -\nabla^2_{\Psi|S} H > 0$ et M possèdent la structure par bloc*

$$D = \begin{pmatrix} D_1 & 0 \\ 0 & D_2 \end{pmatrix} \text{ et } M = \begin{pmatrix} 0 & N \\ N^t & 0 \end{pmatrix}$$

avec $D_1 \in \mathbb{R}^{n-1-d \times n-1-d}$, $D_2 \in \mathbb{R}^{d \times d}$ et $N \in \mathbb{R}^{n-1-d \times d}$. Dans le cas contraire nous dirons que le système n'est **pas parfaitement découplé**.

Trois exemples vont être présentés en détail. Le système de la magnétohydrodynamique idéale est un système lagrangien parfaitement découplé. En revanche le système du superfluide et le système à deux vitesses isobare-isotherme ne sont pas parfaitement découplés. On notera que ces deux derniers systèmes modélisent des fluides qui se décomposent en deux sous-fluides avec deux vitesses différentes.

4.11.1 Le système de la magnétohydrodynamique idéale

En dimension trois d'espace le modèle de la magnétohydrodynamique idéale s'écrit sous forme conservative

$$\begin{cases} \partial_t \rho + \nabla.\rho u = 0, \\ \partial \rho u + \nabla.(\rho u \otimes u) + \nabla P - \nabla.\frac{B \otimes B}{\mu} = 0, \\ \partial_t B + \nabla \wedge (u \wedge B) = 0, \\ \partial \rho e + \nabla.(\rho u e + P u - \frac{1}{\mu} B(B, u)) = 0, \end{cases} \tag{4.82}$$

dans lequel $u \wedge B$ désigne le produit vectoriel de u par B et $\nabla \wedge$ est l'opérateur rotationnel en dimension trois. Par définition on a $\mu = 4\pi$ et

$$P = p + \frac{1}{2\mu}|B|^2.$$

Le champ magnétique est $B \in \mathbb{R}^3$. La définition de l'énergie totale est

$$\rho e = \rho \varepsilon + \frac{1}{2}\rho|u|^2 + \frac{1}{2\mu}|B|^2. \tag{4.83}$$

Les solutions physiques vérifient la contrainte différentielle $\nabla . B = 0$ qui traduit le fait que le champ magnétique B est à divergence nulle. Nous remarquons immédiatement que l'équation d'évolution du champ magnétique implique

$$\partial_t \nabla . B = -\nabla . \nabla \wedge (u \wedge B) = 0,$$

de sorte que si la divergence du champ magnétique est nulle à $t = 0$ alors la divergence du champ magnétique est nulle pour tout temps $t > 0$. L'équation d'entropie naturelle est

$$\partial_t \rho S + \nabla . (\rho u S) = 0 \tag{4.84}$$

pour les solutions régulières.

Nous faisons l'hypothèse simplificatrice que l'écoulement est invariant suivant les directions y et z

$$\partial_y = \partial_z = 0.$$

On pose $B = (B_x, B_y, B_z)$. L'équation d'évolution du champ magnétique s'écrit ainsi

$$\partial_t \begin{pmatrix} B_x \\ B_y \\ B_z \end{pmatrix} + \begin{pmatrix} \partial_x \\ 0 \\ 0 \end{pmatrix} \wedge \begin{pmatrix} u_y B_z - u_x B_y \\ u_z B_x - u_x B_z \\ u_x B_y - u_y B_x \end{pmatrix} = 0$$

à laquelle il faut ajouter la contrainte de divergence nulle

$$\partial_x B_x + \partial_y B_y + \partial_z B_z = \partial_x B_x = 0.$$

Une conséquence importante est que B_x est constant en temps et en espace, $\partial_x B_x = \partial_t B_x = 0$. Le système se simplifie

$$\begin{cases} \partial_t \rho + \partial_x \rho u_x = 0, \\ \partial \rho u_x + \partial_x(\rho u_x^2) + \partial_x \overline{P} = 0, \\ \partial \rho u_y + \partial_x(\rho u_x u_y - \frac{B_x B_y}{\mu}) = 0, \\ \partial \rho u_z + \partial_x(\rho u_x u_z - \frac{B_x B_z}{\mu}) = 0, \\ \partial_t B_y + \partial_x(u_x B_y - u_y B_x) = 0, \\ \partial_t B_z - \partial_x(u_x B_z - u_z B_x) = 0, \\ \partial \rho e + \partial_x(\rho u e + \overline{P} u_x - \frac{B_x(B_y u_y + B_z u_z)}{\mu}) = 0, \end{cases} \tag{4.85}$$

avec

$$\overline{P} = P - \frac{1}{\mu}B_x^2 = p + \frac{1}{2\mu}(-B_x^2 + B_y^2 + B_z^2).$$

Nous remarquons que les composantes du champ magnétique ne jouent pas toutes le même rôle dans la pression totale $\overline{P}$. La formulation lagrangienne associée est

$$\begin{cases} \partial_t \tau - \partial_m u_x = 0, \\ \partial_t \tau B_y - \partial_m u_y B_x = 0, \\ \partial_t \tau B_z - \partial_m u_z B_x = 0, \\ \partial_t u_x + \partial_m \overline{P} = 0, \\ \partial_t u_y - \partial_m \frac{B_y B_x}{\mu} = 0, \\ \partial_t u_z - \partial_m \frac{B_z B_x}{\mu} = 0, \\ \partial_t e + \partial_m (\overline{P} u_x - \frac{B_x(B_y u_y + B_z u_z)}{\mu}) = 0. \end{cases} \tag{4.86}$$

La loi d'entropie pour les solutions régulières est $\partial_t S = 0$. A partir de $TdS = d\varepsilon + pd\tau$ et de la définition de e nous obtenons

$$TdS = de - udu + \overline{P}d\tau - \frac{B_y}{\mu}dB_y - \frac{B_z}{\mu}dB_z.$$

On a

$$U = \begin{pmatrix} \tau \\ \tau B_y \\ \tau B_z \\ u_x \\ u_y \\ u_z \\ e \end{pmatrix}, \quad V = \frac{1}{T}\begin{pmatrix} \overline{P} \\ -\frac{B_y}{\mu} \\ -\frac{B_z}{\mu} \\ -u_x \\ -u_y \\ -u_z \\ 1 \end{pmatrix}, \quad \Psi = \begin{pmatrix} \overline{P} \\ -\frac{B_y}{\mu} \\ -\frac{B_z}{\mu} \\ -u_x \\ -u_y \\ -u_z \end{pmatrix}.$$

Nous récrivons

$$\partial_t U + \partial_m \begin{pmatrix} M\Psi \\ -\frac{1}{2}(\Psi, M\Psi) \end{pmatrix} = 0,$$

où la matrice M est

$$M = M^t = \begin{pmatrix} 0 & 0 & 0 & 1 & 0 & 0 \\ 0 & 0 & 0 & 0 & B_x & 0 \\ 0 & 0 & 0 & 0 & 0 & B_x \\ 1 & 0 & 0 & 0 & 0 & 0 \\ 0 & B_x & 0 & 0 & 0 & 0 \\ 0 & 0 & B_x & 0 & 0 & 0 \end{pmatrix}.$$

Cette matrice est bien constante car la composante B_x du champ magnétique est constante. Une nouvelle fois les composantes du champ magnétique ne jouent pas le même rôle : la composante normale B_x est un paramètre dans la matrice M, les composantes tangentielles B_y et B_z sont des inconnues. La matrice N est

$$N = \begin{pmatrix} 1 & 0 & 0 \\ 0 & B_x & 0 \\ 0 & 0 & B_x \end{pmatrix}.$$

L'enthalpie du système est

$$H = e - \tau \frac{B_y^2 + B_z^2}{\mu} - \left(u_x^2 + u_y^2 + u_z^2\right) + \overline{P}\tau = \varepsilon + p\tau - \frac{1}{2}\left(u_x^2 + u_y^2 + u_z^2\right).$$

L'énergie interne totale est

$$\epsilon = e - \frac{1}{2}\left(u_x^2 + u_y^2 + u_z^2\right)$$

$$= \varepsilon + \frac{\tau}{2\mu}\left(B_x^2 + B_y^2 + B_z^2\right) = \varepsilon + \frac{B_x^2}{2\mu}\tau + \frac{(\tau B_y)^2}{2\mu\tau} + \frac{(\tau B_z)^2}{2\mu\tau}.$$

Pour ce système parfaitement découplé l'hypothèse 6 est vérifiée. Cela permet la réduction en G. La matrice F des dérivées seconde de l'énergie interne totale est

$$F = \nabla^2_{\partial(\tau,\tau B_y,\tau B_z)|S}\overline{\varepsilon} = -\nabla_{\partial(\tau,\tau B_y,\tau B_z)|S}(\overline{P}, -\frac{B_y}{\mu}, -\frac{B_z}{\mu})$$

$$= \begin{pmatrix} \rho^2 c^2 + \frac{B_y^2+B_z^2}{\mu\tau} & -\frac{B_y}{\mu\tau} & -\frac{B_z}{\mu\tau} \\ -\frac{B_y}{\mu\tau} & \frac{1}{\mu\tau} & 0 \\ -\frac{B_z}{\mu\tau} & 0 & \frac{1}{\mu\tau} \end{pmatrix}.$$

D'où

$$G = \begin{pmatrix} \rho^2 c^2 + \frac{B_y^2+B_z^2}{\mu\tau} & -\frac{B_x B_y}{\mu\tau} & -\frac{B_x B_z}{\mu\tau} \\ -\frac{B_x B_y}{\mu\tau} & \frac{B_x^2}{\mu\tau} & 0 \\ -\frac{B_x B_z}{\mu\tau} & 0 & \frac{B_x}{\mu\tau} \end{pmatrix}.$$

Une valeur propre évidente de G est $\varphi_a = \frac{B_x^2}{\mu\tau}$ associée au vecteur propre $s_a = \begin{pmatrix} 0 \\ B_z \\ -B_y \end{pmatrix}$. Notons φ_s et φ_f les deux autres valeurs propres. On a les relations $\varphi_s + \varphi_f = tr(G) - \varphi_a = \rho^2 c^2 + \frac{B_x^2+B_y^2+B_z^2}{\mu\tau}$ et $\varphi_s\varphi_f = det(B)/\varphi_a = \rho^2 c^2 \frac{B_x^2}{\mu\tau}$. D'où l'équation aux valeurs propres

$$\varphi^2 - \left(\rho^2 c^2 + \frac{B_x^2 + B_y^2 + B_z^2}{\mu\tau}\right)\varphi + \rho^2 c^2 \frac{B_x^2}{\mu\tau} = 0.$$

Posons $a = \sqrt{c^2 + \frac{B_x^2+B_y^2+B_z^2}{\mu\rho}}$. D'où

$$\varphi^s = \frac{\rho^2}{2}\left(a^2 - \sqrt{a^4 - 4c^2\frac{B_x^2}{\mu\rho}}\right)$$

et

$$\varphi^f = \frac{\rho^2}{2}\left(a^2 + \sqrt{a^4 - 4c^2\frac{B_x^2}{\mu\rho}}\right)$$

La vitesse des ondes lentes (slow), des ondes d'Alfven et des ondes rapides (fast) est alors

$$\begin{cases} c_s^2 = \frac{\varphi_s}{\rho^2} = \frac{1}{2}\left(a^2 - \sqrt{a^4 - 4c^2\frac{B_x^2}{\mu\rho}}\right), \\ c_a^2 = \frac{\varphi_a}{\rho^2} = \frac{B_x^2}{\mu\rho}, \\ c_f^2 = \frac{\varphi_f}{\rho^2} = \frac{1}{2}\left(a^2 + \sqrt{a^4 - 4c^2\frac{B_x^2}{\mu\rho}}\right). \end{cases}$$

On vérifie que $c_s^2 \leq c_a^2 \leq c_f^2$. Les vecteurs propres s_s associé à φ_s et s_f associé à φ_f sont

$$s_s = \begin{pmatrix} \varphi_s - \varphi_a \\ -\frac{B_x B_y}{\mu\tau} \\ -\frac{B_x B_z}{\mu\tau} \end{pmatrix} \text{ et } s_f = \begin{pmatrix} \varphi_f - \varphi_a \\ -\frac{B_x B_y}{\mu\tau} \\ -\frac{B_x B_z}{\mu\tau} \end{pmatrix} \tag{4.87}$$

Les vitesses d'ondes du système eulérien (4.85) sont alors

$$-c_f + u \leq -c_a + u \leq -c_s + u \leq u \leq c_s + u \leq c_a + u \leq c_s.$$

Lemme 36 *Le champ associée aux ondes d'Alfven est linéairement dégénéré*[21].

Nous utilisons le lemme 37 pour caractériser le champ linéairement dégénéré[22]. On utilise la variable $W = (\Psi, S)$. La forme quasilinéaire est

[21] Donc la vitesse de déplacement d'une discontinuité d'Alfven est égale à la vitesse du son du champ associé devant et derrière la discontinuité. Pour le système eulérien on aura

$$(u \pm c_a)_G = \sigma = (u \pm c_a)_D .$$

[22] Une méthode très pratique existe pour calculer les vitesses d'ondes d'un système. Soit le système quasi-linéaire $\partial_t U + A\partial_x U = 0$. Les valeurs et vecteurs propres sont les solutions de

$$Ar_j = \lambda_j r_j.$$

Soit $U \mapsto W$ un changement d'inconnues inversible et différentiable. Pour les U réguliers on peut écrire $\partial_t W + B\partial_x W = 0$, $B = \nabla_U W \times A \times \nabla_W U$, qui est aussi un système quasi-linéaire. Le problème aux valeurs propres associés est

$$Bs_j = \mu_j s_j.$$

Lemme 37 *Les deux problèmes aux valeurs propres ont les mêmes valeurs propres $\mu_j = \lambda_j$. Les vecteurs propres sont tels que $s_j = \nabla_U W r_j$. De plus*

$$(\nabla_U \lambda_j, r_j) = (\nabla_W \lambda_j, s_j). \tag{4.88}$$

Une bon choix d'inconnu sera tel que $\nabla_W \lambda_j$ est **facile à calculer**. La preuve du lemme est une conséquence de la relation $\nabla_U W \times \nabla_W U = \nabla_U U = I$ qui exprime que les deux matrices Jacobiennes sont l'inverse l'une de l'autre. Donc

$$\partial_t W + \begin{pmatrix} -D^{-1}M & 0 \\ 0 & 0 \end{pmatrix} \partial_m W = 0.$$

Soit s_a le vecteur propre de G associée à la vitesse d'Alfven $s_a = \begin{pmatrix} 0 \\ B_z \\ -B_y \end{pmatrix}$.

Pas application de la formule (4.69) le vecteur

$$r' = \begin{pmatrix} r \\ 0 \end{pmatrix} = \alpha \begin{pmatrix} \pm\frac{1}{\sqrt{\varphi_a}} FNs_a \\ s_a \\ 0 \end{pmatrix}$$

est un vecteur propre pour la matrice $\begin{pmatrix} -D^{-1}M & 0 \\ 0 & 0 \end{pmatrix}$ associée à la valeur propre

$$\sqrt{\varphi_a} = \frac{|B_x|}{\sqrt{\mu\tau}}.$$

Donc le gradient de la valeur propre $\sqrt{\varphi_a}$ par rapport à $W = (\tau, \cdots)^t$ est un vecteur dont seule la première composante est non trivialement nulle. Il suffit donc de vérifier que le vecteur r' a sa première composante nulle pour démontrer le résultat. Or

$$FNs_a = \begin{pmatrix} \rho^2 c^2 + \frac{B_y^2+B_z^2}{\mu\tau} & -\frac{B_y}{\mu\tau} & -\frac{B_z}{\mu\tau} \\ -\frac{B_y}{\mu\tau} & \frac{1}{\mu\tau} & 0 \\ -\frac{B_z}{\mu\tau} & 0 & \frac{1}{\mu\tau} \end{pmatrix} \begin{pmatrix} 1 & 0 & 0 \\ 0 & B_x & 0 \\ 0 & 0 & B_x \end{pmatrix} \begin{pmatrix} 0 \\ B_z \\ -B_y \end{pmatrix}$$

$$= \begin{pmatrix} 0 \\ \frac{B_x B_z}{\mu\tau} \\ -\frac{B_x B_y}{\mu\tau} \end{pmatrix}.$$

La preuve est terminée.

4.11.2 Le modèle de l'hélium superfluide de Landau

Le système de l'hélium superfluide de Landau [LL] possède une structure très particulière. Ce modèle possède la propriété d'invariance galiléenne mais il ne possède pas la propriété de flux nul d'entropie dans le repère lagrangien précédemment défini. Cependant nous verrons qu'une réécriture dans un autre

---

$$Bs_j = \mu_j s_j \Longleftrightarrow \nabla_U W \times A \times \nabla_W U \times \nabla_U W r_j = \mu_j \nabla_U W r_j$$

qui est une trivialité pour $\mu_j = \lambda_j$. D'autre part $\nabla_W \lambda_j(U(W)) = (\nabla_W U)^t \nabla_U \lambda_j$. Donc $(\nabla_W \lambda_j, s_j) = ((\nabla_W U)^t \nabla_U \lambda_j, \nabla_U W r_j) = (\nabla_U \lambda_j, r_j)$. Cela termine la preuve.

La formule (4.88) peut servir pour déterminer le caractère vraiment non linéaire ou linéairement dégénéré pour un champ donné.

référentiel lagrangien plus adapté permet d'étendre les résultats précédents. Parmi les hypothèses qui distingue ce modèle du système de la dynamique des gaz compressibles non visqueux on distingue

H1) Il existe une température critique[23] $T_c > 0$ telle que
- si $T > T_c$ alors le fluide est dit normal. Il satisfait les équations d'Euler comme un fluide compressible classique.
- si $T < T_c$ le fluide ne se comporte plus comme un fluide classique. Il se compose de deux parties, une partie classique et une partie superfluide. Suivant les notations de Landau la partie normale (resp. superfluide) est indicée n (resp. s).

H2) La partie superfluide possède un comportement surprenant. Par exemple le champ de vitesse superfluide u_s vérifie rot $u_s = 0$ en dimension deux ou trois. Par induction l'équation de conservation en dimension un d'espace satisfaite par u_s s'écrit $\partial_t u_s + \partial_x(\text{un potentiel scalaire à déterminer}) = 0$. Cela fournit une loi de conservation.

H3) La fraction de fluide normale (resp. superfluide) est fonction de trois variables, deux variables thermodynamiques et la différence des vitesses $u_n - u_s$.

Le système final proposé par Landau [LL] satisfait aux trois points précédents. On commence par sélectionner deux variables thermodynamiques la masse volumique ρ et l'entropie totale du fluide S auxquelles on ajoute une troisième variable indépendante. Nous écrivons

$$\begin{cases} \mu = \mu(\rho, S, u_n - u_s), \\ e_0 = e_0(\rho, S, u_n - u_s), \\ T = T(\rho, S, u_n - u_s), \\ p = p(\rho, S, u_n - u_s), \\ c_n = c_n(\rho, S, u_n - u_s), \end{cases} \tag{4.89}$$

μ est un potentiel thermodynamique, T est la température, p est la pression et c_n est la fraction de masse de la partie normale. La fraction de masse de la partie superfluide est $c_s = 1 - c_n$. L'énergie interne est e_0. Les quantités (4.89) sont liées entre elles par des contraintes de nature thermodynamiques

$$\mu = e_0 + \tau p - TS - c_n(u_n - u_s)^2 \quad \text{(équation (130.12) dans [LL])}, \tag{4.90}$$

et

$$d\rho e_0 = \mu d\rho + Td(\rho S) + (u_n - u_s)d(\rho c_n(u_n - u_s)) \quad \text{(équation (130.9) dans [LL])}. \tag{4.91}$$

La première relation correspond à la définition classique du potentiel chimique dans les ouvrages de thermodynamique générale. La deuxième relation est une généralisation du principe fondamental de la thermodynamique pour l'hélium

[23] Pour l'hélium superfluide $T_c = 2.17$ K$= -270,83$ C.

superfluide. On peut ajouter en conformité avec l'hypothèse H1 que pour $T > T_c$ alors $c_n = 1$ et $u_s = u_n$. En combinant (4.90-4.91) nous obtenons

$$TdS = de_0 + pd\tau - (u_n - u_s)d(c_n(u_n - u_s)). \tag{4.92}$$

Ceci s'interprète comme la généralisation de $TdS = d\varepsilon + pd\tau$, valable pour un fluide normal. Nous avons aussi les relations

$$\begin{cases} u = c_n u_n + c_s u_s, \\ e = e_0 + \frac{u_s^2}{2} + c_n(u_n - u_s)u_s = e_0 + \frac{1}{2}u^2 - \frac{c_n^2}{2}(u_n - u_s)^2. \end{cases} \tag{4.93}$$

En dimension un d'espace le modèle de Landau s'écrit alors

$$\begin{cases} \partial_t(\rho) + \partial_x(\rho u) = 0, \\ \partial_t(\rho u) + \partial_x(\rho c_n u_n^2 + \rho c_s u_s^2 + p) = 0, \\ \partial_t(u_s) + \partial_x(\frac{u_s^2}{2} + \mu) = 0, \\ \partial_t(\rho e) + \partial_x((\mu + \frac{u_s^2}{2})\rho u + T\rho S u_n + \rho c_n u_n^2(u_n - u_s)) = 0. \end{cases} \tag{4.94}$$

Nous montrons à présent que les flux du système (4.94) sont des fonctions de $(\rho, \rho u, u_s, \rho e)$ (ce système est fermé). Il suffit en fait de montrer qu'ils sont fonction de $(\rho, \varepsilon, u, u_s)$ car $\varepsilon = e_0 - \frac{c_n^2}{2}(u_n - u_s)^2$. Nous partons de (4.89) dans lequel tout s'exprime en fonction de $(\rho, S, u_n - u_s)$. Nous avons implicitement fait l'hypothèse que les relations de (4.89) sont inversibles au sens où il suffit de choisir trois variables indépendantes, les autres variables pouvant alors se calculer à partir de ces trois variables. Par exemple nous pouvons choisir $(\rho, T, u_n - u_s)$ comme variables indépendantes puis écrire $\mu = \mu(\rho, T, u_n - u_s)$ et ainsi de suite. Comme par définition

$$\varepsilon = \varepsilon(\rho, S, u_n - u_s), \tag{4.95}$$

cela suggère qu'un choix judicieux est de prendre $(\rho, \varepsilon, u_n - u_s)$ comme variables indépendantes et de récrire (4.89)-(4.95) sous la forme

$$\begin{cases} \mu = \mu(\rho, \varepsilon, u_n - u_s), \\ e_0 = e_0(\rho, \varepsilon, u_n - u_s), \\ T = T(\rho, \varepsilon, u_n - u_s), \\ p = p(\rho, \varepsilon, u_n - u_s), \\ c_n = c_n(\rho, \varepsilon, u_n - u_s), \\ S = S(\rho, \varepsilon, u_n - u_s). \end{cases} \tag{4.96}$$

Il reste à exprimer $u_n - u_s$ en fonction des inconnues principales $(\rho, \rho u, u_s, \rho e)$ (ou plus simplement en fonction de $(\rho, \varepsilon, u, u_s)$) ce qui nous permettra d'affirmer que toutes les quantités présentes dans (4.96) sont des fonctions de $(\rho, \rho u, u_s, \rho e)$. Utilisant (4.93) nous avons que $u_n - u$ est une fonction de (u, u_s, c_n) avec $c_n = c_n(\rho, S, u_n - u_s)$), donc

$$u_n - u_s = \text{ fonction de } (u, u_s, c_n(\rho, \varepsilon, u_n - u_s)).$$

Faisant une fois de plus l'hypothèse que cette expression est inversible nous avons

$$u_n - u_s = \text{ fonction de } (u, u_s, \rho, \varepsilon).$$

Il reste à combiner cette relation avec (4.96) pour éliminer $u_n - u$. Cela montre que toutes les quantités présentes dans (4.96) sont des fonctions de $(\rho, \varepsilon, u, u_s)$

$$\begin{cases} \mu = \mu(\rho, \varepsilon, u, u_s), \\ e_0 = e_0(\rho, \varepsilon, u, u_s), \\ T = T(\rho, \varepsilon, u, u_s), \\ p = p(\rho, \varepsilon, u, u_s), \\ c_n = c_n(\rho, \varepsilon, u, u_s), \\ S = S(\rho, \varepsilon, u, u_s). \end{cases} \tag{4.97}$$

Le flux dans (4.94) est fonction de $(\rho, \varepsilon, u, u_s)$. Ce flux est bien une fonction de $(\rho, \rho u, u_s, \rho e)$. Le système est fermé. D'autre part il est énoncé dans [LL] que (4.94) possède une loi de conservation supplémentaire pour les solutions régulières

$$\partial_t \rho S + \partial_x (\rho u_n S) = 0. \tag{4.98}$$

La vitesse de convection du flux d'entropie est u_n et n'est pas u la vitesse moyenne qui appara^dans l'équation de la masse volumique. De ce fait le système (4.89) ne satisfait pas à l'hypothèse 3, sauf à utiliser un jeu de coordonnées adaptés.

Pour cela nous définissons un changement de coordonnées d'espace Euler-Lagrange dans le référentiel du fluide normal

$$\frac{\partial x(t, X)}{\partial t} = u_n, \quad x(0, X) = X. \tag{4.99}$$

La reformulation lagrangienne du système (4.94) est

$$\begin{cases} \partial_t J - \partial_X u_n = 0, \\ \partial_t(\rho J) + \partial_X(\rho(u - u_n)) = 0, \\ \partial_t(\rho J u) + \partial_X(\rho c_n u_n^2 + \rho c_s u_s^2 + p - \rho u u_n) = 0, \\ \partial_t(J u_s) + \partial_X(\frac{u_s^2}{2} + \mu - u_s u_n) = 0, \\ \partial_t(\rho J e) + \partial_X((\mu + \frac{u_s^2}{2})\rho u + T\rho S u_n + \rho c_n u_n^2(u_n - u_s) - \rho u_n e) = 0, \end{cases} \tag{4.100}$$

La première équation correspond à l'identité de Piola, les suivantes correspondent à (4.94). A partir de (4.92) nous avons

$$TdS = de - (u + c_s(u_n - u_s))du + \frac{c_s(u_n - u_s)}{\tau} d(\tau u_s) + (p - \frac{c_s(u_n - u_s)}{\tau} u_s) d\tau,$$

ou encore en multipliant terme à terme par ρJ

$$Td(\rho J S) = d(\rho J e) - u_n d(\rho J u) + \frac{c_s(u_n - u)}{\tau} d(J u_s) + (p - \frac{c_s(u_n - u_s)}{\tau} u_s) dJ \tag{4.101}$$

$$-\mu' d(\rho J).$$

où $\mu' = e - TS - u_n u + p\tau$. L'inconnue du système (4.100) est

$$U = (J, \rho J, \rho J u, J u_s, \rho J e)^t,$$

la variable adjointe est

$$V = \nabla_U(\rho J S) = \frac{1}{T}((p - \frac{c_s(u-u_n)}{\tau} u_s), -\mu', -u_n, \frac{u_n - u}{\tau}, 1)^t.$$

Nous définissons alors

$$\Psi = \begin{pmatrix} p - \frac{c_s(u_n - u_s)}{\tau} \\ -\mu' \\ -u_n \\ \frac{u_n - u}{\tau} \end{pmatrix}, \text{ et } M = \begin{pmatrix} 0 & 0 & 1 & 0 \\ 0 & 0 & 0 & -1 \\ 1 & 0 & 0 & 1 \\ 0 & -1 & 0 & 0 \end{pmatrix}. \tag{4.102}$$

Par identification directe nous récrivons (4.100) comme

$$\partial_t U + \partial_X \begin{pmatrix} M\Psi \\ -\frac{1}{2}(\Psi, M\Psi) \end{pmatrix} = 0. \tag{4.103}$$

Le système de l'hélium superfluide de Landau (4.94) présente ainsi la structure de la définition 29, à condition de travailler dans le référentiel lagrangien X défini par (4.99). Néanmoins l'hypothèse 6 n'est pas vraie pour ce modèle. En effet la variable l'énergie cinétique e n'est pas égale à la somme des carrés des variables de vitesse (4.93). Nous sommes dans un cas où la matrice D ne peut pas se réduire sous la forme découplée.

Les solutions régulières de (4.103) vérifient à X fixe la loi d'entropie

$$T\partial_t(\rho J S) = (V, \partial_t U) = 0. \tag{4.104}$$

En revenant dans le référentiel eulérien cela montre la loi d'entropie (4.98) pour le système eulérien (4.94).

Le système eulérien (4.94) est de taille quatre alors que le système lagrangien équivalent est de taille cinq. On peut d'autre part trouver d'autres lois de conservation eulériennes qui font apparaître explicitement la jacobienne J. On part de (4.104) que l'on récrit $T\partial_t h(\rho J S) = 0$ pour toute fonction h régulière et pour les solutions régulières du système. En revenant en variable eulérienne nous obtenons les lois d'entropie pour toute fonction h régulière et pour les solutions régulières du système

$$\partial_t \left(\frac{h(\rho J S)}{J} \right) + \partial_x \left(u_n \frac{h(\rho J S)}{J} \right) = 0. \tag{4.105}$$

Pour $h(\rho J S) = \rho J S$ nous retrouvons la loi d'entropie (4.98).

4.11.3 Un modèle multiphasique

Le modèle pour les fluides multiphasiques que nous considérons est

$$\begin{cases} \partial_t(\rho) + \partial_x(\rho u) = 0, \\ \partial_t(\rho c_2) + \partial_x(\rho c_2 u_2) = 0, \\ \partial_t(\rho u) + \partial_x(\rho u^2 + P) = 0, \\ \partial_t(w) + \partial_x(uw + \mu_1 - \mu_2 - \frac{(1-2c_2)}{2} w^2) = 0, \\ \partial_t(\rho e) + \partial_x\left(\rho u e + P u + \rho w(1 - c_2)c_2(\mu_1 - \mu_2 - \frac{(1-2c_2)}{2} w^2)\right) = 0. \end{cases} \tag{4.106}$$

La masse volumique totale est ρ, les fractions de masses de chaque espèce sont $c_1 = 1 - c_2$ et c_2, u_1 et u_2 sont leur vitesse. La pression totale est P, μ_1 et μ_2 sont des potentiels thermodynamiques, $w = u_1 - u_2$ est la différence de vitesse et e est l'énergie totale. Ce système tend à être représentatif des fluides multi-espèces dans les plasmas. La motivation est clairement d'obtenir des systèmes conservatifs et consistants sur le plan thermodynamique [D00] . Cela fait référence aux travaux de Godounov et Romensky[GR95], Godounov [G60]).

Le système (4.106) nécessite des relations de fermeture que nous détaillons : les relations (4.107) sont naturelles du point de vue des relations de bilans locales

$$\begin{cases} \frac{1}{\rho} = c_1\tau_1 + c_2\tau_2, \\ u = c_1 u_1 + c_2 u_2, \\ \varepsilon = c_1\varepsilon_1 + c_2\varepsilon_2, \\ e = \varepsilon + \frac{1}{2}u^2 + \frac{c_2(1-c_2)}{2} w^2. \end{cases} \tag{4.107}$$

La première équation de (4.107) exprime l'additivité des volumes dans un mélange.

Nous supposons de plus que chaque fluide possède ses propres lois thermodynamiquement consistantes, et nous faisons l'**hypothèse majeure** que le fluide global est **correct sur le plan thermodynamique**. Nous postulons alors que l'entropie globale doit être supérieure à la somme des entropies partielles

$$S \geq c_1 S_1 + c_2 S_2.$$

Il suffit pour cela de considérer une entropie de mélange

$$s = c_1 S_1 + c_2 S_2 + S_{\text{mix}}(c_1, c_2),$$

pour laquelle S_{mix} est une fonction positive et concave. Une première possibilité consiste à choisir une entropie de type Boltzmann

$$S_{\text{mix}} \approx -c_1 \log c_1 - c_2 \log c_2. \tag{4.108}$$

Pour éviter des problèmes techniques pour $c_1 \approx 0$ et $c_2 \approx 0$, on peut préférer

$$S_{\text{mix}} = kc_1c_2 = kc_1(1 - c_1) = kc_2(1 - c_2), \quad k \geq 0. \tag{4.109}$$

Cette formule n'est plus singulière $c_1 = 0$ ou $c_2 = 0$. On peut montrer que des relations additionnelles compatibles avec toutes ces hypothèses sont

$$\begin{cases} p_1(\tau_1, \varepsilon_1) = p_2(\tau_2, \varepsilon_2), \\ T_1(\tau_1, \varepsilon_1) = T_2(\tau_2, \varepsilon_2) = T, \\ \mu_1 = -T\frac{\partial}{\partial c_1}(c_1 S_1 + c_2 S_2 + S_{\text{mix}}) = -TS_1 + \varepsilon_1 + p\tau_1 - kTc_2, \\ \mu_2 = -T\frac{\partial}{\partial c_2}(c_1 S_1 + c_2 S_2 + S_{\text{mix}}) = -TS_2 + \varepsilon_2 + p\tau_2 - kTc_1, \\ P = p_1 + c_2(1-c_2)\rho(u_1 - u_2)^2. \end{cases} \tag{4.110}$$

Sur cette formulation il est clair que la formule (4.109) non singulière pour l'entropie du mélange est préférable. Une formulation lagrangienne est

$$\begin{cases} \partial_t \tau - \partial_m u = 0 \\ \partial_t c_2 - \partial_m(\rho w(1-c_2)c_2) = 0 \\ \partial_t u + \partial_m P = 0 \\ \partial_t(\tau w) + \partial_m(\mu_1 - \mu_2 - \frac{(1-2c_2)}{2}w^2) = 0 \\ \partial_t e + \partial_m\left(Pu + \rho w(1-c_2)c_2(\mu_1 - \mu_2 - \frac{(1-2c_2)}{2}w^2)\right) = 0. \end{cases} \tag{4.111}$$

Il est aisé de montrer que ce système[24] est un système lagrangien car il possède la structure 4.81. On a

$$Td\left(c_1 S_1 + c_2 S_2 + S_{\text{mix}(c_1,c_2)}\right)$$

$$= \left(TS_1 + \frac{\partial S_{\text{mix}}}{\partial c_1}\right)dc_1 + \left(TS_2 + \frac{\partial S_{\text{mix}}}{\partial c_2}\right)dc_2$$

$$+c_1(d\varepsilon_1 + pd\tau_1) + c_2(d\varepsilon_2 + pd\tau_2)$$

$$= (\mu_1 - \mu_2)dc_2 + d\varepsilon + pd\tau$$

$$= \left(\mu_1 - \mu_2 - \frac{c_1 - c_2}{2}(u_1 - u_2)^2\right)dc_2 + de - udu + pd\tau - c_1c_2(u_1 - u_2)d(u_1 - u_2)$$

$$= de - udu + = \left(\mu_1 - \mu_2 - \frac{c_1 - c_2}{2}(u_1 - u_2)^2\right)dc_2$$

---

[24] Pour modéliser une transition de phase et/ou une force de traînée on peut considérer le système

$$\begin{cases} \partial_t \tau - \partial_m u = 0, \\ \partial_t c_2 - \partial_m(\rho w(1-c_2)c_2) = -A(c_2 - \frac{1}{2}), \\ \partial_t u + \partial_m P = 0 \\ \partial_t(\tau w) + \partial_m(\mu_1 - \mu_2 - \frac{(1-2c_2)}{2}w^2) = -Bw, \\ \partial_t e + \partial_m\left(Pu + \rho w(1-c_2)c_2(\mu_1 - \mu_2 - \frac{(1-2c_2)}{2}w^2)\right) = 0. \end{cases} \tag{4.112}$$

Le coefficient $A > 0$ sert à caractériser une transition de phase. De manière similaire $-Bw$ $(B > 0)$ modélise une force de traînée.

$$+\left(p+\frac{c_2c_2(u_1-u_2)^2}{\tau}\right)d\tau-\frac{c_1c_2(u_1-u_2)}{\tau}d(\tau(u_1-u_2)).$$

Pour le système lagrangien (4.111) on a

$$U=\begin{pmatrix}\tau\\ c_2\\ u\\ \tau w\\ e\end{pmatrix},\quad V=\frac{1}{T}\begin{pmatrix}p+\frac{c_2c_2(u_1-u_2)^2}{\tau}\\ \mu_1-\mu_2-\frac{c_1-c_2}{2}(u_1-u_2)^2\\ -u\\ -\frac{c_1c_2(u_1-u_2)}{\tau}\\ 1\end{pmatrix}$$

et

$$\Psi=\begin{pmatrix}p+\frac{c_2c_2(u_1-u_2)^2}{\tau}\\ \mu_1-\mu_2-\frac{c_1-c_2}{2}(u_1-u_2)^2\\ -u\\ -\frac{c_1c_2(u_1-u_2)}{\tau}\end{pmatrix},\quad M=\begin{pmatrix}0\,0\,1\,0\\ 0\,0\,0\,1\\ 1\,0\,0\,0\\ 0\,1\,0\,0\end{pmatrix}.$$

Des calculs élémentaires montrent que

$$D^{-1}=\nabla^2_{(\tau,c_2,u,\tau(u_1-u_2))|S}\epsilon=\nabla_{(\tau,c_2,u,\tau(u_1-u_2))|S}\Psi$$

$$=\begin{pmatrix}\rho^2c_2+3\rho^2c_1c_2(u_1-u_2)^2 & a & 0 & b\\ a & \frac{\partial(\mu_2-\mu_1)}{c_2}-(u_1-u_2)^2 & 0 & c\\ 0 & 0 & 1 & 0\\ b & c & 0 & c_1c_2\rho^2\end{pmatrix}$$

avec

$$a=-(1-2c_2)\rho(u_1-u_2)^2+\frac{\partial p}{\partial c_2},\quad \frac{\partial p}{\partial c_2}=\frac{\partial(\mu_1-\mu_2)}{\partial\tau},$$

et

$$b=-2c_1c_2\rho(u_1-u_2)^2 \text{ et } c=(c_1-c_2)\rho(u_1-u_2).$$

Nous observons plusieurs choses. Tout d'abord la matrice D est bien symétrique. Deuxièmement le caractère défini positif de cette matrice n'est pas complètement évident dans tous les cas de figures. Troisièmement il n'y a pas le découplage. La raison en est à l'évidence que l'hypothèse 6 n'est pas vraie telle quelle. La variable $\tau(u_1-u_2)$ est physiquement du type vitesse. Donc son signe s'inverse par inversion du temps. En revanche un changement de référentiel galiléen la laisse inchangée. De ce fait cette variable n'est, au sens des hypothèses précédentes, ni une variable de densité ni une variable de vitesse.

Cependant ce système est bien un système lagrangien au sens de la définition 29 dont l'objet était de regrouper en un formalisme général de situations les plus diverses possibles.

4.12 Chocs pour les systèmes lagrangiens

A partir de la structure générale d'un système lagrangien, on peut déduire une relation algébrique générale pour les chocs.

Lemme 38 *Soit une solution choc pour le système lagrangien (4.78). Nous supposons que la vitesse lagrangienne du choc n'est pas nulle $\sigma \neq 0$. Alors nous avons entre les états gauche et droit l'identité algébrique dans laquelle la vitesse du choc n'apparaît plus*

$$\left(\left(\frac{\Psi_D + \Psi_G}{2}, 1\right), U_D - U_G\right) = 0. \tag{4.113}$$

La relation de Rankine-Hugoniot pour les solutions discontinues prend la forme

$$-\sigma(U_D - U_G) + \begin{pmatrix} M\Psi_D - M\Psi_G \\ -\frac{1}{2}(\Psi_D, M\Psi_D) + \frac{1}{2}(\Psi_G, M\Psi_G) \end{pmatrix} = 0.$$

Prenons le produit scalaire avec le vecteur $Z = \left(\frac{\Psi_D + \Psi_G}{2}, 1\right)$. Grâce à la symétrie de la matrice M le terme de différence de flux disparaît. Fin de la preuve.

Pour le système de la dynamique des gaz lagrangienne on obtient

$$\frac{p_G + p_D}{2}(\tau_D - \tau_G) + \frac{-u_G - u_D}{2}(u_D - u_G) + (e_D - e_G)$$
$$= \varepsilon_D - \varepsilon_G + \frac{p_G + p_D}{2}(\tau_D - \tau_G) = 0.$$

La relation (4.113) généralise donc à tous les systèmes lagrangiens cette célèbre relation pour les chocs du système de la dynamique des gaz (pour plus de détails se reporter au chapitre 5).

4.13 Exercices

Exercice 20

Soit le système trivial

$$\begin{cases} \partial_t u + \partial_x \frac{u^2}{2} = 0, \\ \partial_t v + a\partial_x v = 0, \quad a \in \mathbb{R}. \end{cases}$$

Montrer que ce système a un champ vraiment non linéaire et un champ linéairement dégénéré. Le théorème de Lax s'applique-t-il pour l'état $U_G = (a, a)$?

Exercice 21

Soit

$$\partial_t u + \partial_x \frac{u^p}{p} = 0, \quad p \geq 2.$$

Montrer que le champ est vraiment non linéaire ssi $p = 2$.

Exercice 22

Soit le système

$$\begin{cases} \partial_t u + \partial_x v = 0, \\ \partial_t v + \partial_x f(u,v) = 0. \end{cases}$$

Calculer les vitesses d'ondes.

Exercice 23 •

Un système du second ordre (Awe et Rascle) pour le trafic routier est

$$\begin{cases} \partial_t \rho + \partial_x \rho u = 0, \\ \rho(\partial_t + u\partial_x)(u + \alpha\rho) = 0. \end{cases}$$

Le paramètre est α. Mettre ce système sous forme conservative. Montrer que le système est hyperbolique pour tout $\alpha \in \mathbb{R}$. Paramétrer pour retrouver le modèle LWR. Montrer que ce modèle est susceptible de modéliser des conducteurs différents. Résoudre le problème de Riemann.

Exercice 24 •

Résoudre le problème de Riemann pour le système de Saint Venant. Montrer que la condition d'entropie s'interprète comme une augmentation de la hauteur d'eau (saut hydraulique).

Exercice 25

Soit le système

$$\begin{cases} \partial_t a + \partial_x \left[(a^2 - 1)b\right] = 0, \\ \partial_t b + \partial_x \left[(b^2 - 1)a\right] = 0. \end{cases}$$

Étudier le domaine d'hyperbolicité dans le plan (a, b).

Exercice 26 ••

Soit le système

$$\begin{cases} \partial_t \rho + \partial_x \rho u = 0, \\ \partial_t(\rho u) + \partial_x(\rho u^2 + p) = 0, \end{cases}$$

avec la pression $p = -\rho^{-1}$. Montrer que la forme lagrangienne est

$$\begin{cases} \partial_t \tau - \partial_m u = 0, \\ \partial_t u - \partial_m \tau = 0. \end{cases}$$

Résoudre analytiquement la forme lagrangienne, puis la forme eulérienne.

Exercice 27

Soit le système

$$\begin{cases} \partial_t u + \partial_x \left((u^2 + v^2) u \right) = 0, \\ \partial_t v + \partial_x \left((u^2 + v^2) v \right) = 0. \end{cases}$$

Soit un état donné $(\overline{u}, \overline{v})$. On suppose que $(\overline{u}, \overline{v}) \neq (0,0)$: montrer que les états accessibles par choc sont soit sur un cercle $u^2 + v^2 = \overline{u}^2 + \overline{v}^2$, soit sur une droite $u\overline{v} = \overline{u}v$. On suppose que $(\overline{u}, \overline{v}) = (0,0)$: montrer tout $\mathbb{R}^2$ est accessible par choc. On ne se préoccupera pas de la condition d'entropie. Comparer avec le théorème de Lax pour les systèmes strictement hyperboliques.

Exercice 28

Soit le système (Keyfitz et Kranzer)

$$\begin{cases} \partial_t u + \partial_x \left(u^2 - v \right) = 0, \\ \partial_t v + \partial_x \left(\frac{u^3}{3} - u \right) = 0. \end{cases}$$

Montrer que les deux champs sont vraiment non linéaires. Montrer qu'il n'existe pas d'entropie strictement convexe. Montrer que la solution de problème de Riemann (recherchée dans la classe des fonctions bornées) n'existe pas pour des données suffisamment éloignées l'une de l'autre. Comparer avec le théorème de Lax.

Exercice 29 •

La partie du premier ordre d'un système communément admis pour les gaz ionisés est

$$\begin{cases} \partial_t \rho + \partial_x (\rho u) = 0, \\ \partial_t (\rho u) + \partial_x \left(\rho u^2 + p \right) = 0, \\ \partial_t (\rho S_e) + \partial_x \left(\rho u S_e \right) = 0, \\ \partial_t (\rho e) + \partial_x (\rho u e + p u) = 0, \end{cases} \tag{4.114}$$

avec $e = \varepsilon_i + \varepsilon_e + \frac{1}{2}u^2$, $p = p_i + p_e$, $p_i = (\gamma_i - 1)\rho\varepsilon_i$ et $p_e = (\gamma_i - 1)\rho\varepsilon_e$. La pression totale est la somme de la pression des ions p_i et de celle des électrons p_e. Ce type de modèle est courant en physique des plasmas et permet de modéliser un découplage des températures ionique et électroniques. On montre aisément que $\eta = -\rho(S_i + S_e)$ est une entropie mathématique pour ce système, de même que $\overline{\eta} = -\rho S_i$. De ce fait la loi d'entropie peut s'écrire (pour les solutions régulières hors chocs) $\partial_t(\rho S_i) + \partial_x(\rho u S_i) = 0$. Pour les chocs on a

$$\partial_t (\rho S_i) + \partial_x (\rho u S_i) \geq 0. \tag{4.115}$$

Il s'ensuit que lors d'un choc l'entropie ionique augmente alors que l'entropie électronique est constante $S_i^+ > S_i^-$ et $S_e^+ = S_e^-$. Cela fait apparaître une dissymétrie entre le comportement des ions et des électrons au choc. On peut aussi considérer qu'il n'y a pas unicité de l'entropie mathématique pour le système (4.114) et que ce sont des considérations physiques qui ont permis de sélectionner la loi d'entropie (4.115).

Écrire les relations de Rankine Hugoniot pour le système des gaz ionisés (4.114). Écrire la forme lagrangienne du système. Que valent n, d et p pour le lemme 30 ? Le corollaire du théorème de Lax s'applique-t-il ?

Exercice 30 •

Nous admettons (ça peut se discuter) que la forme visqueuse d'un modèle raisonnable de turbulence sous choc est

$$\begin{cases} \partial_t \rho + \partial_x(\rho u) = 0, \\ \rho(\partial_t + u\partial_x)u + \partial_x(p + p_k) = (\nu + \nu_k)\partial_{xx}u, \\ \rho(\partial_t + u\partial_x)\varepsilon + p\partial_x u = \nu\left(\partial_x u\right)^2, \\ \rho(\partial_t + u\partial_x)k + p_k\partial_x u = \nu_k\left(\partial_x u\right)^2. \end{cases}$$

Ici $p_k = (\gamma_k - 1)\rho k$ est la pression turbulente et k est la densité d'énergie turbulente. On prendra $\gamma_k = \frac{5}{3}$. L'énergie totale est $e = \varepsilon + k + \frac{1}{2}u^2$. La viscosité classique (resp. turbulente) est ν (resp. ν_k). Nous ferons l'hypothèse que

$$\frac{\nu_k}{T_k} = \lambda\frac{\nu}{T}, \quad \lambda \in \mathbb{R}^+.$$

T et T_k sont les températures (ou facteurs intégrants) dans le second principe de la thermodynamique appliqué séparément aux parties classique et turbulente du fluide

$$TdS = d\varepsilon + pd\tau, \quad T_k dS_k = dk + p_k d\tau.$$

Construire l'équation pour ρe. Montrer que les solutions à viscosité évanescente s'écrivent

$$\begin{cases} \partial_t \rho + \partial_x(\rho u) = 0, \\ \partial_t(\rho u) + \partial_x\left(\rho u^2 + p + p_k\right) = 0, \\ \partial_t(\rho(S_k - \lambda S)) + \partial_x\left(\rho u(S_k - \lambda S)\right) = 0, \\ \partial_t(\rho e) + \partial_x(\rho u e + (p + p_k)u) = 0, \end{cases}$$

avec la condition d'entropie (au sens faible)

$$\partial_t(\rho S) + \partial_x(\rho u S) \geq 0.$$

Que valent Ψ, n et d pour la forme lagrangienne des équations ?

Exercice 31 ••

Détailler la relation (4.113) pour le système de la magnétohydrodynamique idéale.

Exercice 32 ••

Le système de la dynamique des gaz compressible dans le cadre de la relativité restreinte peut s'écrire

$$\begin{cases} \partial_t \rho + \partial_x(\rho u) = 0, \\ \partial_t \left(\gamma_0(1+\frac{h}{c^2})\rho u\right) + \partial_x \left(\gamma_0(1+\frac{h}{c^2})\rho u^2 + p\right) = 0, \\ \partial_t \left(\gamma_0(1+\frac{h}{c^2})\rho - \frac{p}{c^2}\right) + \partial_x \left(\gamma_0(1+\frac{h}{c^2})\rho u\right) = 0. \end{cases} \tag{4.116}$$

Le paramètre c est ici la vitesse de la lumière. Ce système étant compatible avec les principes de la relativité restreinte, il faut distinguer la masse volumique vue par l'observateur (que nous avons notée ρ) de la masse volumique évaluée dans le référentiel propre du fluide, que nous noterons ρ_0. Le référentiel propre du fluide est celui qui bouge à la vitesse du fluide. On a alors $\rho = \gamma_0\rho_0$. Soit $\tau = \rho^{-1}$ et $\tau_0 = \rho_0^{-1}$ les volumes spécifiques : donc $\tau = \frac{1}{\gamma_0}\tau_0$. Le paramètre γ_0 bien connu qui mesure la caractère relativiste de l'écoulement est

$$\gamma_0 = \frac{1}{\sqrt{1-\frac{u^2}{c^2}}} \geq 1.$$

On notera h l'enthalpie thermodynamique évaluée dans le référentiel propre du fluide $h = \varepsilon + p\tau_0$. Comme nous supposerons pour simplifier une loi de gaz parfait polytropique $p = (\Gamma - 1)\rho_0\varepsilon$ on a aussi $h = \Gamma\varepsilon$. Attention de ne pas confondre $\Gamma > 1$ la constante des gaz parfaits et $\gamma_0 \geq 1$ définie plus haut. Nous admettons que ce système est invariant par rapport aux transformations de la relativité restreinte. Soit la vitesse **modifiée** $\tilde{u} = \gamma_0\left(1+\frac{h}{c^2}\right)u$ et l'énergie **modifiée** $\tilde{e} = c^2\gamma_0\left(1+\frac{\varepsilon}{c^2}+\frac{u^2}{c^2}\frac{p\tau_0}{c^2}\right) - c^2$. Montrer que le système (4.116) est équivalent à

$$\begin{cases} \partial_t \rho + \partial_x(\rho u) = 0, \\ \partial_t(\rho\tilde{u}) + \partial_x(\rho u\tilde{u} + p) = 0, \\ \partial_t(\rho\tilde{e}) + \partial_x(\rho u\tilde{e} + pu) = 0. \end{cases} \tag{4.117}$$

On se place dans le régime des petites vitesses devant la vitesse de la lumière : on suppose que $\lambda = \frac{u}{c}$ est en petit paramètre et de même que $\frac{\varepsilon}{c^2} = O(\lambda^2)$ (ce qui revient essentiellement à supposer que la vitesse du son dans le fluide est du même ordre que la vitesse matière). Montrer que

$$\tilde{u} = u + O(\lambda^2) \text{ et } \tilde{e} = \varepsilon + \frac{1}{2}u^2 + O(\lambda^2). \tag{4.118}$$

On sait que $TdS = d\varepsilon + pd\tau_0$ pour une entropie classique correctement choisie qu'on rappellera. Montrer que

$$\frac{T}{\gamma_0} dS = d\tilde{e} - ud\tilde{u} + pd\tau. \tag{4.119}$$

Dans le but de simplifier les calculs on pourra utiliser l'identité $d\tilde{e} - ud\tilde{u} + pd\tau = d(\tilde{e} - u\tilde{u} + p\tau) + \tilde{u}du - \tau dp$. On prendra soin de vérifier que $d\gamma_0 = \frac{u}{c^2}\gamma_0^3 du$. En déduire que les solutions régulières vérifient la même identité d'entropie que pour le cas galiléen classique

$$\partial_t(\rho S) + \partial_x(\rho u S) = 0. \tag{4.120}$$

Mettre le système (4.117) sous forme lagrangienne. Montrer que Ψ et M sont les mêmes que pour la dynamique des gaz galiléenne.

Exercice 33 ••

Montrer que le système (4.116) de la dynamique des gaz compressibles dans le cadre de l'invariance lorenztienne est covariant, c'est à dire qu'il est invariant sous l'effet combiné d'un changement de référentiel

$$\begin{cases} t = \gamma \left(t' + \frac{\beta}{c} x' \right), \\ x = \gamma \left(x' + \beta c t' \right) \end{cases}$$

et d'un changement d'inconnue compatible. En particulier la vitesse dans le nouveau référentiel est

$$u' = \frac{u - v}{1 - \frac{uv}{c^2}}.$$

On pourra s'inspirer de l'exercice 10.

4.14 Notes bibliographiques

On trouve dans [LL] le lien entre l'entropie thermodynamique et l'entropie en tant que loi de conservation supplémentaire pour le système des gaz compressibles. La théorie générale des systèmes hyperboliques a été fondée par les travaux de Lax, voir en particulier la monographie [L72], repris par la suite dans [S96, GR91, D00, DD05]. On s'est attaché dans ce texte à l'étendre autant que possible au cas d'un système qui n'est pas strictement hyperbolique. Cela nécessite une connaissance des propriétés générales de continuité et dérivabilité des valeurs propres et vecteurs propres d'une matrice, on consultera [K66]. La fonction potentielle de Kulikovsi pour l'étude des relations de Rankine Hugoniot est rappelée dans [KPS01]. La section sur la forme canonique des systèmes lagrangiens reflète le point de vue de l'auteur [D01, DM05]. Elle justifie l'effort mis dans l'étude des systèmes qui ne sont pas non hyperboliques. Les exemples (magnétohydrodynamique idéale, hélium superfluide, système conservatif bi-fluides) sont tirés de [LL, LL69, GR95]. La discussion des chocs admissibles pour le cas où la droite de Rayleigh coupe la courbe d'Hugoniot en plusieurs points peut aussi se traiter à l'aide de la condition d'entropie de Liu, voir par exemple [S96] pour une présentation générale. La situation est proche des problèmes évoqués dans [MP99]. Cela ouvre plus généralement vers la question de la stabilité des chocs [L85]. Le modèle de St Venant bi-couches (exercice 25) a été communiqué par Serguei Gavrilyuk [G]. On peut retrouver ce modèle à partir du modèle à deux vitesses du chapitre précédent [DLR03].

5

Le système de la dynamique des gaz compressibles

Le système de la dynamique des gaz est critique pour nombre d'applications industrielles en aéronautique, génie nucléaire, physique des plasmas. Cela justifie qu'un chapitre lui soit dédié. Nous partons du système en dimension trois d'espace

$$\begin{cases} \partial_t \rho + \partial_x(\rho u) + \partial_y(\rho v) + \partial_z(\rho w) = 0, \\ \partial_t(\rho u) + \partial_x(\rho u^2 + p) + \partial_y(\rho uv) + \partial_z(\rho uw) = 0, \\ \partial_t(\rho v) + \partial_x(\rho uv) + \partial_y(\rho v^2 + p) + \partial_z(\rho vw) = 0, \\ \partial_t(\rho w) + \partial_x(\rho uw) + \partial_y(\rho vw) + \partial_z(\rho w^2 + p) = 0, \\ \partial_t(\rho e) + \partial_x(\rho ue + pu) + \partial_y(\rho ve + pv) + \partial_z(\rho we + pw) = 0. \end{cases} \tag{5.1}$$

L'énergie totale est la somme de l'énergie interne et de l'énergie cinétique $e = \varepsilon + \frac{1}{2}(u^2 + v^2 + w^2)$. La pression est une fonction de la masse volumique et de l'énergie interne $p = p(\rho, \varepsilon)$. Nous supposons qu'il existe une entropie thermodynamique S telle que

a) L'entropie est une fonction strictement concave de ε et $\tau = \frac{1}{\rho}$.

b) On a le principe fondamental de la thermodynamique (la température se doit d'être strictement positive $T > 0$)

$$TdS = d\varepsilon + pd\tau. \tag{5.2}$$

Ce système est invariant par rotation des coordonnées d'espace. Soit par exemple la solution discontinue de la figure 5.1 où Γ est la ligne de discontinuité. En se plaçant dans le repère (x', y') on se contentera d'étudier une discontinuité dans la direction x'. On se ramène alors à une situation en dimension un. Grâce à ce principe on peut se satisfaire de l'étude de

$$\begin{cases} \partial_t \rho + \partial_x(\rho u) = 0, \\ \partial_t(\rho u) + \partial_x(\rho u^2 + p) = 0, \\ \partial_t(\rho v) + \partial_x(\rho uv) = 0, \\ \partial_t(\rho w) + \partial_x(\rho uw) = 0, \\ \partial_t(\rho e) + \partial_x(\rho ue + pu) = 0, \end{cases} \tag{5.3}$$

B. Després, *Lois de Conservations Eulériennes, Lagrangiennes et Méthodes Numériques*, Mathématiques et Applications, DOI 10.1007/978-3-642-11657-5_5,

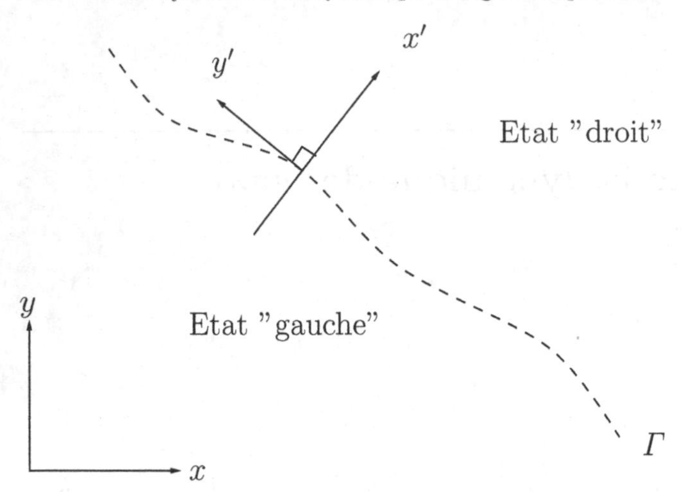

Fig. 5.1. Choc en 2D

dans lequel on a annulé les dérivées en y et z $\partial_y = \partial_z = 0$. Cependant cela n'implique pas la nullité de v et w qui sont des inconnues du système. La difficulté principale pour l'étude du système (5.3) réside dans le **nombre d'inconnues qui est cinq**. Pour le reste l'analyse est tout à fait semblable à celle qui se mène pour le système des eaux peu profondes.

Nous présenterons ensuite deux schémas numériques qui sont le **schéma de Roe** et un schéma Lagrange projeté. Le schéma de Roe est un schéma eulérien, alors que le schéma **Lagrange projeté** utilise une décomposition entre une phase Lagrangienne sur maillage mobile puis une phase de projection sur le maillage initial. Notre objectif est d'analyser les propriétés entropiques de ces deux méthodes bien connues. Nous montrerons que le schéma Lagrange projeté est entropique par construction, ce qui n'est pas le cas du schéma de Roe (un correcteur dit entropique est nécessaire). Cela permet d'expliquer certaines pathologies numériques. Une méthode ALE (Arbitrary Lagrange Euler) en dimension un d'espace sera finalement présentée.

5.1 Calcul des vitesses d'ondes

Le calcul des vitesses d'ondes requiert l'analyse des valeurs propres d'une matrice 5×5. Le calcul des $(\nabla\lambda_j, r_j)$, nécessaires pour caractériser la non linéarité des champs, doit être conduit au mieux. Dans ce qui suit nous privilégions l'usage de la dérivée matérielle $\frac{d}{dt} = \partial_t + u\partial_x$.

Lemme 39 *On suppose $\rho = \frac{1}{\tau} > 0$. Le système (5.3) est hyperbolique. Les vitesses d'ondes sont*

$$u - c, u, u, u, u + c.$$

Les trois champs associés à la valeur propre u sont linéairement dégénérés. Supposons que $c > 0$ et que $\frac{\partial^2 p}{\partial \tau^2 |S} \neq 0$: les deux champs associés aux valeurs propres $u \pm c$ sont vraiment non linéaires.

Pour une loi de gaz parfait on a $\frac{\partial p}{\partial \tau |S} = -\rho^2 c^2 = -\gamma \frac{p}{\tau}$. D'où

$$\frac{\partial^2 p}{\partial \tau^2 |S} = \gamma(\gamma + 1)\frac{p}{\tau^2} \neq 0$$

pour $\rho \neq 0$ et $\varepsilon \neq 0$.

Nous appliquons la méthode décrite au lemme 37. Nous choisissons la nouvelle inconnue

$$W = (p, u, v, w, S)^t.$$

Ce changement d'inconnue est inversible car il est composé des 3 variables vitesses (u, v, w) et deux variables thermodynamiques (p, S). Tout d'abord nous remplaçons l'équation sur l'énergie ρe par l'équation (4.9) sur l'entropie ρS grâce aux transformations étudiées à la section 4.1.2. Puis nous passons en dérivée matérielle $\frac{d}{dt} = \partial_t + u\partial_x$

$$\begin{cases} \frac{d}{dt}\rho + \rho\partial_x u = 0, \\ \rho\frac{d}{dt}u + \partial_x p = 0, \\ \rho\frac{d}{dt}v = 0, \\ \rho\frac{d}{dt}w = 0, \\ \rho\frac{d}{dt}S = 0. \end{cases}$$

Comme la pression n'est fonction que de deux variables thermodynamiques on a $\frac{d}{dt}p = \frac{\partial p}{\partial \rho |S}\frac{d}{dt}\rho + \frac{\partial p}{\partial S|\rho}\frac{d}{dt}S = \frac{\partial p}{\partial \rho |S}\frac{d}{dt}\rho$. Posons $c^2 = \frac{\partial p}{\partial \rho |S}$, $c > 0$, que nous appelons vitesse du son[1]. On obtient le système

$$\begin{cases} \rho\frac{d}{dt}p + \rho^2 c^2\partial_x u = 0, \\ \rho\frac{d}{dt}u + \partial_x p = 0, \\ \rho\frac{d}{dt}v = 0, \\ \rho\frac{d}{dt}w = 0, \\ \rho\frac{d}{dt}S = 0. \end{cases}$$

ou encore

[1] Dans l'air $c \approx 340m/s$ au sol.

$$\begin{cases} \partial_t p + u\partial_x p + \rho c^2 \partial_x u = 0, \\ \partial_t u + u\partial_x u + \frac{1}{\rho}\partial_x p = 0, \\ \partial_t v + u\partial_x v = 0, \\ \partial_t w + u\partial_x w = 0, \\ \partial_t S + u\partial_x S = 0. \end{cases} \tag{5.4}$$

Nous n'avons utilisé pour obtenir (5.4) que des transformation algébriques et des combinaisons d'équations. La matrice B (au sens du lemme 37) pour le système $\partial_t W + B\partial_x W = 0$ est

$$B = uI + \begin{pmatrix} 0 & \rho c^2 & 0 & 0 & 0 \\ \frac{1}{\rho} & 0 & 0 & 0 & 0 \\ 0 & 0 & 0 & 0 & 0 \\ 0 & 0 & 0 & 0 & 0 \\ 0 & 0 & 0 & 0 & 0 \end{pmatrix}.$$

Les vecteurs propres sont dans l'ordre

$$s_1 = \begin{pmatrix} \rho c \\ -1 \\ 0 \\ 0 \\ 0 \end{pmatrix}, \ s_2 = \begin{pmatrix} 0 \\ 0 \\ 1 \\ 0 \\ 0 \end{pmatrix}, \ s_3 = \begin{pmatrix} 0 \\ 0 \\ 0 \\ 1 \\ 0 \end{pmatrix}, \ s_4 = \begin{pmatrix} 0 \\ 0 \\ 0 \\ 0 \\ 1 \end{pmatrix}, \ s_5 = \begin{pmatrix} \rho c \\ 1 \\ 0 \\ 0 \\ 0 \end{pmatrix}$$

pour les valeurs propres $u - c$, u (3 fois) et $u + c$. Comme $\nabla_W u = (0, 1, 0, 0, 0)^t$ les trois champs associés à la valeur propre u sont linéairement dégénérés. Pour le premier champ on a

$$\nabla_W (u - c) = (-\frac{\partial c}{\partial p|S}, 1, 0, 0, -\frac{\partial c}{\partial S|p})^t.$$

Donc $(\nabla_W(u-c), s_1) = -\rho c \frac{\partial c}{\partial p|S} - 1$. On rappelle que $\frac{\partial p}{\partial \tau|S} = -\rho^2 \frac{\partial p}{\partial \rho|S} = -\rho^2 c^2$. On a

$$\frac{\partial^2 p}{\partial \tau^2|S} = -\frac{\partial \rho^2 c^2}{\partial \tau|S} = -2\rho c \frac{\partial \rho c}{\partial \tau|S} = -2\rho c \frac{\partial \tau^{-1} c}{\partial \tau|S} = -2\rho c \left(-\rho^2 c + \rho \frac{\partial c}{\partial \tau|S}\right)$$

$$= -2\rho c \left(-\rho^2 c + \rho \frac{\partial p}{\partial \tau|S} \frac{\partial c}{\partial p|S}\right) = 2\rho^3 c^2 \left(1 + \rho c \frac{\partial c}{\partial p|S}\right).$$

Donc $(\nabla_W(u-c), s_1) = -\frac{1}{2\rho^3 c^2} \frac{\partial^2 p}{\partial \tau^2|S} \neq 0$. Le champ est vraiment non linéaire. Par des calculs similaires $(\nabla_W(u+c), s_5) \neq 0$. Cela termine la preuve. Le système que nous étudions est strictement hyperbolique en dimension un d'espace. Il n'est plus strictement hyperbolique dès qu'on s'intéresse au cas vraiment multidimensionnel du fait de la présence des vitesses transverses v et w.

5.1.1 Détentes

Les détentes sont associées aux champs 1 et 5 qui sont vraiment non linéaires. L'équation des détentes se ramène à ($y = \frac{x}{t}$)

$$\begin{cases} -yp' + up' + \rho c^2 u' = 0, \\ -yu' + uu' + \frac{1}{\rho} p' = 0. \end{cases}$$

d'où

$$(u - y)^2 p' = c^2 p'.$$

Donc $y = u \pm c$. Pour $y = u + c$ on obtient par élimination

$$-cp' + \rho c^2 u' = 0.$$

Les autres équations sont (à partir de (5.4))

$$(u - y)S' = (u - y)v' = (u - y)w' = 0.$$

Or $u - y = -c < 0$. Donc $S' = 0$ ce qui implique que l'entropie S est constante. De ce fait la masse volumique ρ ainsi que la vitesse du son c sont toutes deux des fonctions de la variable p le long des courbes de détente. On trouve

$$-\frac{1}{\rho c} p' + u' = 0$$

qu'on peut intégrer directement. Supposons par exemple que la pression est donnée par une loi de gaz parfait $p = (\gamma - 1)\rho\varepsilon, \quad c^2 = \gamma \frac{p}{\rho}$, pour laquelle on sait que (voir (4.5)) $\frac{p}{\rho^\gamma} = \frac{p_G}{\rho_G^\gamma}$ car l'entropie S est constante (une nouvelle fois on se donne l'état gauche comme état de référence). Donc

$$\rho c = \left(\sqrt{\gamma} \frac{\sqrt{\rho_G}}{p_G^{\frac{1}{2\gamma}}} \right) p^{\frac{1 + \frac{1}{\gamma}}{2}} \text{ et } \frac{p'}{\rho c} = \frac{2}{\gamma - 1} c'.$$

En intégrant $-\frac{2}{\gamma - 1} c' + u' = 0$ on obtient le résultat qui suit.

Lemme 40 *Supposons une loi de gaz parfait polytropique. Le long des courbes de détente on a*

$$\begin{cases} c = c_G \pm \frac{\gamma - 1}{2}(u - u_G), \\ p = p_G \left(1 \pm \frac{\gamma - 1}{2} \frac{u - u_G}{c_G} \right)^{\frac{2\gamma}{\gamma - 1}}, \\ \rho = \rho_G \left(1 \pm \frac{\gamma - 1}{2} \frac{u - u_G}{c_G} \right)^{\frac{2}{\gamma - 1}}. \end{cases} \tag{5.5}$$

Les deux composantes de la vitesse transverse et l'entropie sont constantes le long des détentes.

La détente $-\frac{1}{\rho c}p' + u' = 0$ correspond au signe $+$ dans (5.5). La détente $\frac{1}{\rho c}p' + u' = 0$ correspond au signe $-$.

Considérons la détente $-\frac{1}{\rho c}p' + u' = 0$. Si p augmente alors u augmente aussi. D'autre part $\rho = \rho_G \left(\frac{p}{p_G}\right)^{\frac{1}{\gamma}}$. Donc la masse volumique évolue dans le même sens que p et u. A partir de $c^2 = \gamma \frac{p}{\rho} = \gamma \frac{p^{1-\frac{1}{\gamma}} p_G^{\frac{1}{\gamma}}}{\rho_G}$ on voit que c évolue aussi dans le même sens que p et u. Donc $u + c$ évolue aussi dans le même sens que p. Or $y = u + c$ augmente à partir d'un point gauche. Il s'ensuit que la pression est supérieure à la pression à gauche. Dans ce cas de figure la pression à gauche est la pression après la transformation. Pour un gaz parfait la température T est proportionnelle à l'énergie interne qui elle-même est proportionnelle à c^2. Donc la température diminue. On retrouve le principe physique : **un gaz refroidit en détente**.

5.1.2 Les discontinuités

L'équation de Rankine Hugoniot pour les discontinuités est

$$\begin{cases} -\sigma[\rho] + [\rho u] = 0, \\ -\sigma[\rho u] + [\rho u^2 + p] = 0, \\ -\sigma[\rho v] + [\rho u v] = 0, \\ -\sigma[\rho w] + [\rho u w] = 0, \\ -\sigma[\rho e] + [\rho u e + p u] = 0. \end{cases} \tag{5.6}$$

Nous devons adjoindre l'inégalité d'entropie

$$-\sigma[\rho S] + [\rho u S] \geq 0.$$

Les contacts

Nous savons (c'est un résultat général) que si les champs linéairement dégénérés sont associés à des valeurs propres et vecteurs propres différentiables, alors la discussion des discontinuités de contact se simplifie notablement. Ici les vecteurs propres-valeurs propres du lemme 25 sont à l'évidence différentiables. En conclusion nous savons que pour un état gauche donné, il existe plusieurs discontinuités de contact possibles qui forment un espace affine de dimension 3. Dans notre cas l'espace vectoriel est engendré par les courbes intégrales $(p, u, v, w, S)' = (0, 0, \alpha, \beta, \gamma)$.

Lemme 41 *Pour la dynamique des gaz compressibles, la vitesse normale et la pression sont continues au travers d'une discontinuité de contact. Les vitesses transverses v et w ainsi que l'entropie S ont un saut arbitraire.*

Il est aisé de retrouver cette propriété par l'étude directe du système (5.6). Il suffit de prendre $\sigma = u_G = u_D$. En accord avec les résultats généraux l'inégalité d'entropie est une égalité $-\sigma[\rho S] + [\rho u S] = 0$.

Les chocs

Par définition ce sont les discontinuités solutions de (5.6) pour lesquelles l'inégalité d'entropie est stricte

$$-\sigma[\rho S] + [\rho u S] > 0.$$

D'où $(\sigma - u_G)\rho_G S_G > (\sigma - u_D)\rho_D S_D$ ce qui élimine de ce fait les contacts car $\sigma = u_G = u_D$ n'est plus possible.

Lemme 42 *Pour les chocs les relations de Rankine Hugoniot sont équivalentes à*

$$\varepsilon_D - \varepsilon_G + \frac{p_D + p_G}{2}(\tau_D - \tau_G) = 0. \tag{5.7}$$

Pour $\rho_G(\sigma - u_G) = \rho_D(\sigma - u_D) > 0$ *la condition d'entropie devient* $S_G > S_D$.

Pour $\rho_G(\sigma - u_G) = \rho_D(\sigma - u_D) < 0$ *la condition d'entropie devient* $S_G < S_D$.

Les composantes de la vitesse transverse sont constantes au travers du choc.

La relation[2] (5.7) est très agréable à étudier car elle définit une courbe dans le plan (τ, ε), ou dans tout autre plan de deux variables thermodynamiques indépendantes : (τ, p) par exemple. L'inégalité d'entropie s'interprète aussi agréablement. Supposons que $\rho_G(\sigma - u_G) = \rho_D(\sigma - u_D) > 0$. La vitesse du fluide dans le référentiel du choc est $u - \sigma < 0$ à gauche et à droite. Alors le choc fait passer un élément de fluide de l'état D à l'état G. Comme les chocs sont des événements irréversibles, cette transformation correspond à une **augmentation strictement positive de l'entropie thermodynamique** $S_G > S_D$. On a la même interprétation inversée dans le deuxième cas.

Une démonstration[3] de la relation de Rankine Hugoniot (5.7) s'obtient aisément en transformant le système (5.6). On remarque que la première équation de (5.6) s'écrit aussi

---

[2] La relation (5.7) est appelé relation de Rankine Hugoniot par les mécaniciens des fluides. Historiquement cela est fondé sur les travaux de Rankine (On the thermodynamic theory of waves of finite longitudinal disturbances, Transaction of the Royal Society of London, 160, 277-288, 1870) et indépendamment de Hugoniot (Sur la propagation du mouvement dans les corps et spécialement dans les gaz parfaits, Journal de l'École polytechnique, 58, 1-125, 1889). C'est par analogie que les équations de chocs $-\sigma[U] + [f(U)] = 0$ sont appelées relation de Rankine Hugoniot et ce pour n'importe quel système de lois de conservation.

[3] Une autre possibilité pour effectuer ces calculs algébriques consiste à partir de l'identité générale (4.113) pour les systèmes lagrangiens.

$$j = \rho_G(\sigma - u_G) = \rho_D(\sigma - u_D)$$

qui exprime un débit de masse constant dans le référentiel du choc. On obtient

$$\begin{cases} -j(\tau_D - \tau_G) - (u_D - u_G) = 0, \\ -j(u_D - u_G) + (p_D - p_G) = 0, \\ -j(v_D - v_G) = 0, \\ -j(w_D - w_G) = 0, \\ -j(e_D - e_G) + (p_D u_D - p_G u_G) = 0, \\ -j(S_D - S_G) > 0. \end{cases}$$

Comme $j \neq 0$ on a $v_D - v_G = w_D - w_G = 0$. Donc $e_D - e_G = \varepsilon_D - \varepsilon_G + \frac{1}{2}(u_D^2 - u_G^2)$. Partant de là on élimine l'énergie cinétique dans l'équation d'énergie. On obtient

$$-j\frac{u_D^2 - u_G^2}{2} + (p_D - p_G)\frac{u_D + u_G}{2} = 0$$

que l'on retranche à l'équation d'énergie. Il reste

$$-j(\varepsilon_D - \varepsilon_G) + (p_D u_D - p_G u_G) - (p_D - p_G)\frac{u_D + u_G}{2} = 0.$$

Or $(p_D u_D - p_G u_G) - (p_D - p_G)\frac{u_D+u_G}{2} = (u_D - u_G)\frac{p_D+p_G}{2}$. On peut alors éliminer $u_D - u_G$ grâce à la première équation du système. Il reste

$$-j(\varepsilon_D - \varepsilon_G) - j\frac{p_D + p_G}{2}(\tau_D - \tau_G) = 0.$$

Après simplification par $j \neq 0$ on obtient l'égalité désirée. L'inégalité d'entropie est immédiate.

Lemme 43 *Supposons une loi de gaz parfait. Soit un état avant choc. Alors les pression, vitesse, masse volumique, entropie et vitesse du son sont supérieures après le choc. Le facteur de* **compression maximum** *est* $\frac{\gamma+1}{\gamma-1}$.

Nous partons de la relation de Rankine Hugoniot

$$\varepsilon_D - \varepsilon_G + \frac{\gamma - 1}{2}\left(\frac{\varepsilon_D}{\tau_D} + \frac{\varepsilon_G}{\tau_G}\right)(\tau_D - \tau_G) = 0.$$

Supposons que l'état avant choc est l'état droit $j > 0$. On a

$$\varepsilon_G = \varepsilon_D \times \frac{1 - (\gamma - 1)\frac{\tau_D - \tau_G}{\tau_D}}{1 + (\gamma - 1)\frac{\tau_D - \tau_G}{\tau_G}}.$$

Soit $z = \frac{\rho_D}{\rho_G} = \frac{\tau_G}{\tau_D}$ l'inverse du facteur de compression

$$\varepsilon_G = \varepsilon_D \times \frac{2 + (\gamma - 1)(1 - z)}{2 - (\gamma - 1)(z^{-1} - 1)} = \varepsilon_D \times \frac{(\gamma + 1) - (\gamma - 1)z}{(\gamma + 1) - (\gamma - 1)z^{-1}}.$$

Or $p_G = p_D z^{-1} \varepsilon_G$ donc

$$p_G = p_D \frac{(\gamma+1) - (\gamma-1)z}{(\gamma+1)z - (\gamma-1)}.$$

Comme la pression doit rester positive il s'ensuit que

$$\frac{\gamma-1}{\gamma+1} \le z \le \frac{\gamma+1}{\gamma-1}.$$

Le facteur de compression maximum est $\frac{\gamma+1}{\gamma-1}$. Déterminons la vitesse du choc lagrangienne $j^2 = -\frac{p_D - p_G}{\tau_D - \tau_G}$, $j > 0$, en fonction de z. On a

$$j^2 = -\frac{p_D}{\tau_D}\left[\frac{1 - p_G/p_D}{1 - \tau_G/\tau_D}\right]$$

$$= -\frac{p_D}{\tau_D}\left[\frac{1 - \frac{(\gamma+1)-(\gamma-1)z}{(\gamma+1)z-(\gamma-1)}}{1 - z}\right] = \gamma \frac{p_D}{\tau_D} \frac{2}{(\gamma+1)z - (\gamma-1)}.$$

Il est ainsi aisé de déterminer le sens de variation de j en fonction de z. Comme $j > 0$, j augmente pour $z < 1$. D'autre part un résultat théorique énonce qu'il est possible de déterminer le sens de variation de j en fonction du sens de variation de l'entropie. Le long de la courbe d'Hugoniot on a

$$2jj' = \frac{-(p_D - p_G)\tau_G' + (\tau_D - \tau_G)p_G'}{(\tau_D - \tau_G)^2}.$$

En dérivant la relation de Rankine Hugoniot on obtient

$$\varepsilon_G' = \frac{p_G'}{2}(\tau_D - \tau_G) - \frac{p_D + p}{2}\tau_G'.$$

Le second principe de la thermodynamique implique

$$T_G S_G' = \varepsilon_G' + p_G \tau_G' = \frac{p_G'}{2}(\tau_D - \tau_G) - \frac{p_D + p_G}{2}\tau_G' + p_G \tau_G'$$

$$= \frac{p_G'}{2}(\tau_D - \tau_G) + \frac{-p_D + p_G}{2}\tau_G' = (\tau_D - \tau_G)^2 jj'.$$

On doit se restreindre à $S_G > S_D$. Cela correspond à $j' > 0$ et donc à $z < 1$. Il s'ensuit que la masse volumique augmente dans le même sens que j qui lui-même augmente dans le même sens que l'entropie (c'est le résultat (4.53)). De même on vérifie que la vitesse et la pression augmente. On retrouve le principe physique : **un gaz chauffe et se comprime au travers d'un choc.**

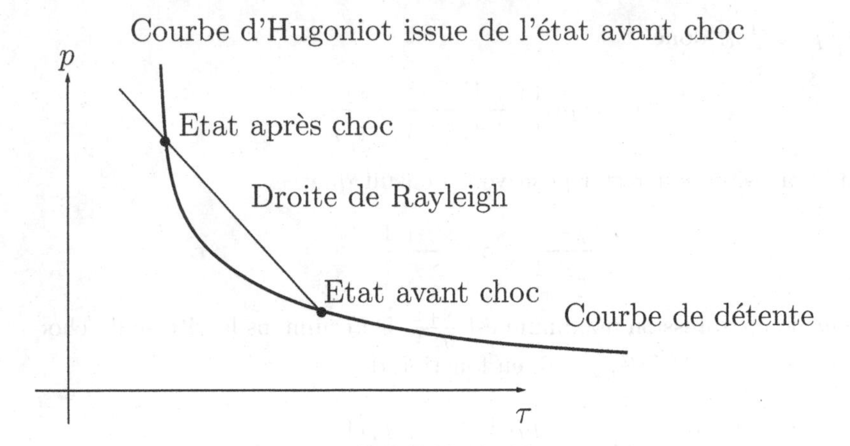

Fig. 5.2. Courbe d'Hugoniot. L'état avant choc est l'état −, l'état après choc est l'état +. L'isentrope (courbe de détente) est tangente à l'Hugoniot

5.1.3 Nombre de Mach

Une autre caractéristique des chocs : la vitesse du choc est **subsonique** par rapport à l'état après choc et **supersonique** par rapport à l'état avant choc. Supposons pour simplifier $j > 0$. L'examen de la courbe de états possibles après choc (courbe d'Hugoniot) montre que la pente de la droite de Rayleigh est supérieure à la pente de la courbe d'Hugoniot pour l'état avant choc. Comme l'Hugoniot est tangente à l'isentrope on a

$$j^2 > -\frac{\partial p}{\partial \tau | S}_{-} = (\rho_- c_-)^2 \Longleftrightarrow j > \rho_- c_-.$$

Par symétrie (l'état avant choc est sur la courbe d'Hugoniot issue de l'état après choc) on a aussi $\rho_+ c_+ < j$. D'autre par $j = \rho_+(\sigma - u_+) = \rho_-(\sigma - u_-)$. C'est donc que

$$c_+ > \sigma - u_+ \text{ et } \sigma - u_- > c_-.$$

Cela établit le caractère super(sub)sonique de la vitesse du choc par rapport aux états avant et après ce choc.

Cependant on utilisera en aérodynamique une caractérisation quelque peu inversée. Pour cela on se place dans le référentiel du choc et on calcule le nombre de **Mach**

Définition 31 *Le nombre de* **Mach** *est*

$$M = \frac{|\widetilde{u}|}{c} = \frac{|u - \sigma|}{c}.$$

Ici $M_- = \frac{|\sigma - u_-|}{c_-} > 1$ et $M_+ = \frac{|\sigma - u_+|}{c_+} < 1$. Nous dirons à présent que l'état avant choc est supersonique et l'état après choc est subsonique. **La différence est qu'on n'utilise pas le même référentiel selon les cas.** Cette façon de caractériser le choc est très utile quand on se met dans le référentiel de l'avion ou de la soufflerie.

5.1.4 Problème de Riemann pour la dynamique des gaz

Plutôt que de détailler la construction générale (on consultera [GR96], [L72], [LL], [S96]) on donne la solution du problème de Riemann pour une donnée initiale particulière. Soit une loi de gaz parfait $\gamma = 1.4$ avec les données initiales

$$\rho_G = p_G = 1,\ u_G = v_G = 0 \text{ et } \rho_D = 0,125,\ p_D = 0,1,\ u_D = v_D = 0.$$

La figure suivante présente une solution de référence (en l'occurrence calculée avec un schéma éprouvé d'ordre 3 et un grand nombre de mailles) au temps $t = 0.14$. On distingue nettement le choc à droite, la discontinuité de contact au centre et la détente à gauche. Cette solution servira de référence pour les études de schémas. La solution de référence est la solution faible entropique qui se compose d'un choc à droite, d'une détente à gauche et d'une discontinuité de contact au centre. La valeur de la solution exacte à la discontinuité de contact est (voir [T97]) donnée dans la table 5.1.

p^*	u^*	ρ_G^*	ρ_D^*	$v_D^* = v_G^*$
0,30313	0,92745	0,42632	0,26557	0

Tableau 5.1. Valeurs de diverses quantités à la discontinuité de contact pour le problème test de Sod

5.2 Discrétisation numérique

Nous construisons plusieurs schémas numériques différents pour la résolution numérique du système de la dynamique des gaz. On considère la dimension deux d'espace

$$\begin{cases} \partial_t \rho + \partial_x(\rho u) + \partial_y(\rho v) = 0, \\ \partial_t(\rho u) + \partial_x(\rho u^2 + p) + \partial_y(\rho uv) = 0, \\ \partial_t(\rho v) + \partial_x(\rho uv) + \partial_y(\rho v^2 + p) = 0, \\ \partial_t(\rho e) + \partial_x(\rho ue + pu) + \partial_y(\rho ve + pv) = 0. \end{cases} \tag{5.8}$$

Les modifications à apporter pour la dimension trois d'espace sont évidentes. Les deux premiers schémas sont fort différents dans le principe de construction. Le schéma de Roe utilise une linéarisation astucieuse des équations de

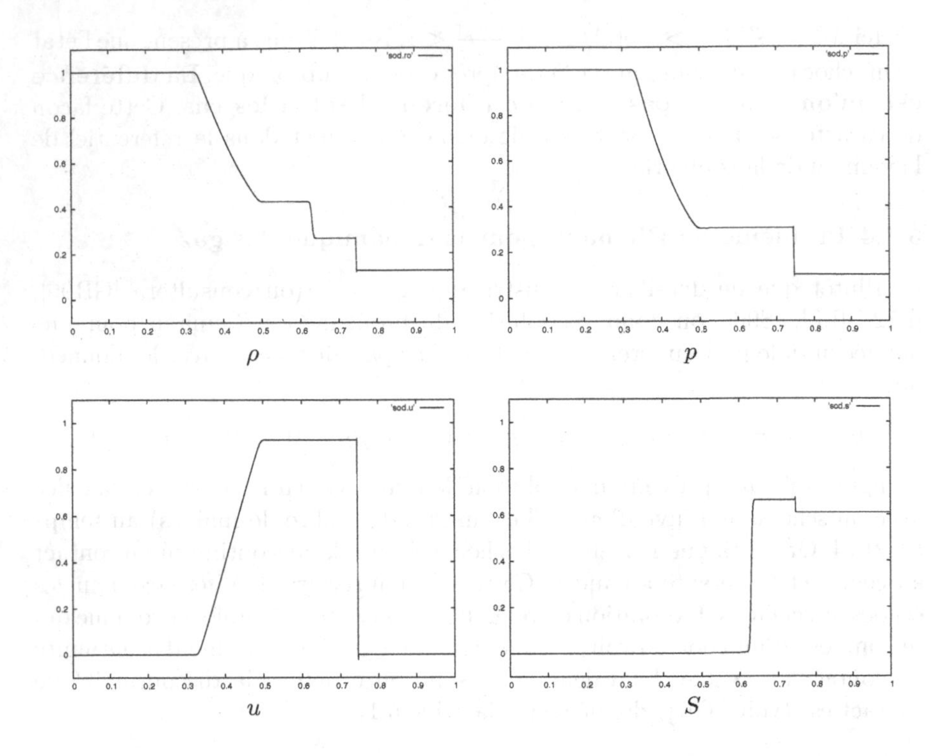

Fig. 5.3. Cas test de Sod. Solution de référence au temps $t = 0,14$. On notera que la détente à gauche est visible sur les profils de densité, pression et vitesse mais pas sur l'entropie. La discontinuité de contact au centre est visible sur les profils de densité et entropie mais pas sur la pression ni sur la vitesse. Le choc à droite est clairement identifiable sur toutes les variables

la dynamique des gaz. Le principe général est valable pour n'importe quel système de lois de conservation. Le schéma Lagrange+projection utilise la possibilité de récrire le système de la dynamique des gaz en coordonnées de Lagrange. Partant de là il n'est pas valable pour n'importe quel système de lois de conservation, mais seulement pour ceux qui viennent de la mécanique des milieux continus ou en sont très proches. Une autre différence est que le schéma de Roe n'est pas entropique dans sa version de base. Il est nécessaire d'adjoindre ce qui s'appelle un correcteur entropique pour obtenir des résultats corrects. En revanche le schéma Lagrange+projection vérifie des inégalités d'entropie naturellement en toute dimension. Le troisième schéma est du type ALE (Arbitrary Lagrange Euler).

Toujours pour simplifier, considérons une résolution numérique sur un maillage cartésien par splitting directionnel. C'est à dire que le maillage est ordonné (j, k), $j, k \in \mathbb{Z}$. A chaque étape du calcul nous résolvons sur chaque ligne horizontale le système

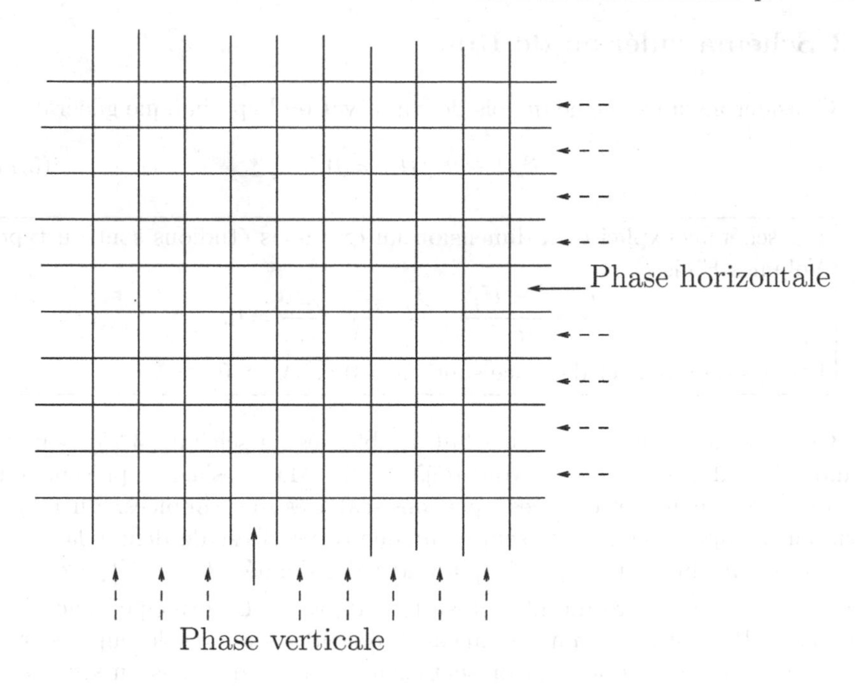

Fig. 5.4. Maillage cartésien en 2D

$$\begin{cases} \partial_t \rho + \partial_x(\rho u) = 0, \\ \partial_t(\rho u) + \partial_x(\rho u^2 + p) = 0, \\ \partial_t(\rho v) + \partial_x(\rho uv) = 0, \\ \partial_t(\rho e) + \partial_x(\rho ue + pu) = 0. \end{cases} \tag{5.9}$$

Puis nous résolvons sur chaque ligne verticale le système

$$\begin{cases} \partial_t \rho + \partial_y(\rho v) = 0, \\ \partial_t(\rho u) + \partial_y(\rho uv) = 0, \\ \partial_t(\rho v) + \partial_y(\rho v^2 + p) = 0, \\ \partial_t(\rho e) + \partial_y(\rho ve + pv) = 0. \end{cases} \tag{5.10}$$

L'intérêt de cette méthode universellement utilisée[4] est sa simplicité puisqu'il suffit à présent de savoir résoudre indépendamment sur chaque ligne de maillage le système en dimension un d'espace $\partial_t U + \partial_x f(U) = 0$ où U et $f(U)$ sont définis par (5.9).

[4] Remarquons au passage que nous utilisons au niveau numérique une variante du principe qui a permis d'étudier (5.3) au lieu du système vraiment multidimensionnel (5.1).

5.3 Schéma eulérien de Roe

Considérons un système de lois de conservation hyperbolique général

$$\partial_t U + \partial_x f(U) = 0. \tag{5.11}$$

Les schémas explicite en dimension un que nous étudions sont du type Volumes Finis

$$\frac{U_j^{n+1} - U_j^n}{\Delta t} + \frac{f_{j+\frac{1}{2}}^n - f_{j-\frac{1}{2}}^n}{\Delta x} = 0.$$

Les pas de temps et d'espace sont $\Delta t > 0$ et $\Delta x > 0$.

Ces schémas sont donc tout à fait semblables au schéma (3.25) pour les équations scalaires que nous avons déjà étudié. Mais il s'agit à présent d'un système pour lequel les diverses équations scalaires sont couplées. Sur le plan strictement opératoire, notre seul et unique objectif est de définir la valeur numérique du flux numérique $f_{j+\frac{1}{2}}^n$ à partir des données U_j^n et U_{j+1}^n, de telle sorte que le schéma résultant soit stable et précis. Le principe général du schéma de Roe est de se ramener au cas d'équations scalaires découplées grâce à une linéarisation ad-hoc. La présentation que nous donnons du schéma de Roe est un peu différente de la présentation classique, laquelle présuppose une étude approfondie de la structure d'ondes du modèle considéré, du schéma de Godounov associé et des solveurs de Riemann approchés. La présentation proposée s'inspire plus de la méthode des Différences Finies.

Soit $A(U) = \nabla_U f(U)$ la matrice Jacobienne du flux, laquelle est diagonalisable dans $\mathbb{R}$ dans une base complète de vecteurs propres réels. Nous récrivons (5.11) sous une forme non conservative

$$\partial_t U + A\partial_x U = 0 \Longleftrightarrow \partial_t U + \partial_x(AU) - (\partial_x A)U = 0. \tag{5.12}$$

Cette écriture est correcte pour les solutions régulières. La méthode de Roe se fonde sur la définition qui suit.

Définition 32 *On suppose qu'il existe une matrice $A(U,V)$ telle que*

a) $A(U,V)$ est diagonalisable dans $\mathbb{R}$ dans une base complète de vecteurs propres réels,

b) pour tout (U,V) on a $f(U) - f(V) = A(U,V)(U-V)$,

c) pour tout U on a $A(U,U) = A(U)$.

On dira alors que $A(U,V)$ est une **matrice de Roe**.

Supposons qu'une matrice de Roe existe pour le système considéré (à la section suivante on construit une matrice de Roe pour le système de la dynamique des gaz).

1) On commence par résoudre le problème de Cauchy pour l'équation issue de (5.12) $\partial_t U + \partial_x(AU) = 0$. Soit

$$\partial_t U + \partial_x(A(U_G, U_D)U) = 0 \tag{5.13}$$

pour la donnée initiale U_G à gauche et U_D à droite. Grâce à la propriété a) on diagonalise $A(U_G, U_D)$ ainsi que la matrice transposée $A(U_G, U_D)^t$

$$A(U_G, U_D)r_p = \lambda_p r_p, \quad A(U_G, U_D)^t l_p = \lambda_p l_p$$

avec une **normalisation** $(l_p, r_q) = \delta_{pq}$. La base (l_p) est la base duale de la base (r_p). On effectue le produit scalaire de l'équation (5.13) contre le vecteur propre adjoint l_p

$$\partial_t(l_p, U) + \lambda_p \partial_x(l_p, U) = 0, \quad \forall p. \tag{5.14}$$

Le sens de cette équation est : (l_p, U) est transporté vers la droite si $\lambda_p > 0$; vers la gauche si $\lambda_p < 0$. En discutant suivant le signe de λ_p, on obtient la valeur de la solution en $x = 0$ pour tout temps

$$U(t, 0) = \sum_{\lambda_p > 0} (l_p, U_G) r_p + \sum_{\lambda_p < 0} (l_p, U_D) r_p. \tag{5.15}$$

On remarque que

$$A(U_G, U_D)U(t, 0) = \sum_{\lambda_p > 0} \lambda_p (l_p, U_G) r_p + \sum_{\lambda_p < 0} \lambda_p (l_p, U_D) r_p. \tag{5.16}$$

Notons de (5.16) est correcte même pour des λ_p nuls. Par identification on obtient la définition de $A(U_G, U_D)^+$ et $A(U_G, U_D)^-$

$$A(U_G, U_D) = \sum_{\lambda_p > 0} \lambda_p r_p \otimes l_p + \sum_{\lambda_p < 0} \lambda_p r_p \otimes l_p = A(U_G, U_D)^+ + A(U_G, U_D)^-, \tag{5.17}$$

ainsi que

$$A(U_G, U_D)U(t, 0) = A(U_G, U_D)^+ U_G + A(U_G, U_D)^- U_D. \tag{5.18}$$

D'où un schéma numérique pour la discrétisation de $\partial_t U + \partial_x(AU) = 0$

$$\frac{U_j^{n+1} - U_j^n}{\Delta t} + \frac{h_{j+\frac{1}{2}}^n - h_{j-\frac{1}{2}}^n}{\Delta x} = 0. \tag{5.19}$$

avec

$$h_{j+\frac{1}{2}}^n = A(U_j^n, U_{j+1}^n)^+ U_j^n + A(U_j^n, U_{j+1}^n)^- U_{j+1}^n, \quad \forall j.$$

Comme annoncé le schéma (5.19) discrétise (5.13).

2) Il s'agit en fait de discrétiser l'équation complète (5.12), avec la correction $-(\partial_x A)U$. Aussi nous considérons le schéma explicite

$$\frac{U_j^{n+1}-U_j^n}{\Delta t}+\frac{h_{j+\frac{1}{2}}^n-h_{j-\frac{1}{2}}^n}{\Delta x}-\frac{A(U_j^n,U_{j+1}^n)-A(U_{j-1}^n,U_j^n)}{\Delta x}U_j^n=0 \quad (5.20)$$

qui est une discrétisation consistante au sens des différences finies de l'équation (5.12). La consistance est une conséquence du point c) de la définition 32. Nous avons juste ajouté la correction nécessaire au schéma (5.19).

3) Enfin on montre que le schéma (5.20) est équivalent au schéma de Volumes Finis

$$\frac{U_j^{n+1}-U_j^n}{\Delta t}+\frac{f_{j+\frac{1}{2}}^n-f_{j-\frac{1}{2}}^n}{\Delta x}=0$$

avec le **flux de Roe**

$$f_{j+\frac{1}{2}}^n=\frac{1}{2}(f(U_j^n)+f(U_{j+1}^n))-\frac{1}{2}\left|A(U_j^n,U_{j+1}^n)\right|(U_{j+1}^n-U_j^n). \quad (5.21)$$

Par définition

$$\left|A(U_j^n,U_{j+1}^n)\right|=A(U_j^n,U_{j+1}^n)^+-A(U_j^n,U_{j+1}^n)^-.$$

La preuve repose sur la suite d'égalités (on omet l'indice n)

$$\begin{aligned}
f_{j+\frac{1}{2}}-f_{j-\frac{1}{2}} &= \left[\frac{1}{2}(f(U_j)+f(U_{j+1}))-\frac{1}{2}\left|A_{j+\frac{1}{2}}\right|(U_{j+1}-U_j)\right] \\
&\quad -\left[\frac{1}{2}(f(U_{j-1})+f(U_j))-\frac{1}{2}\left|A_{j-\frac{1}{2}}\right|(U_j-U_{j-1})\right] \\
&= \left[\frac{1}{2}(f(U_{j+1})-f(U_j))-\frac{1}{2}\left|A_{j+\frac{1}{2}}\right|(U_{j+1}-U_j)\right] \\
&\quad -\left[\frac{1}{2}(f(U_{j-1})-f(U_j))-\frac{1}{2}\left|A_{j-\frac{1}{2}}\right|(U_j-U_{j-1})\right].
\end{aligned}$$

C'est à ce point précis que l'on utilise le point b) pour montrer que

$$\frac{1}{2}(f(U_{j+1})-f(U_j))-\frac{1}{2}\left|A_{j+\frac{1}{2}}\right|(U_{j+1}-U_j)$$

$$\begin{aligned}
&=\frac{1}{2}A_{j+\frac{1}{2}}(U_{j+1}-U_j)-\frac{1}{2}\left|A_{j+\frac{1}{2}}\right|(U_{j+1}-U_j)=A_{j+\frac{1}{2}}^-(U_{j+1}-U_j) \\
&=h_{j+\frac{1}{2}}^n-A(U_j^n,U_{j+1}^n)U_j.
\end{aligned}$$

Ce dernier terme est le flux en $j+\frac{1}{2}$ dans le schéma (5.20). De même pour le flux en $j-\frac{1}{2}$, ce qui montre le résultat.

Le flux de Roe est très populaire. Une raison est sans aucun doute la grande similitude qu'il y a entre la formule générale du flux de Roe (5.21) et la formule très proche pour le flux des équations scalaires (3.32). De ce point de vue le flux de Roe apparaît comme une extension naturelle du flux scalaire. Au vu de la complexité inhérente des méthodes numériques pour les systèmes non linéaires, cette similitude est très heureuse.

5.3.1 Matrice de Roe pour la dynamique des gaz eulérienne

Il reste à construire une matrice de Roe pour la dynamique des gaz. Il n'y a pas unicité de la matrice de Roe. Pour la méthode présentée, la simplicité de mise en oeuvre finale et le contrôle du nombre d'opérations sont un atout. La construction, élégante, repose sur une propriété d'homogénéité. Considérons le vecteur

$$W = \begin{pmatrix} \sqrt{\rho} = w_1 \\ \sqrt{\rho}u = w_2 \\ \sqrt{\rho}v = w_3 \\ \sqrt{\rho}(e + \frac{p}{\rho}) = w_4 \end{pmatrix}.$$

On a $p = -\frac{\gamma-1}{2\gamma}(w_2^2 + w_3^2) + \frac{\gamma-1}{\gamma} w_1 w_4$. Alors on vérifie que

$$U = \begin{pmatrix} w_1^2 \\ w_1 w_2 \\ w_1 w_4 \\ w_1 w_4 - p \end{pmatrix} \text{ et } f(U) = \begin{pmatrix} w_1 w_2 \\ w_2^2 + p \\ w_2 w_3 \\ w_2 w_4 \end{pmatrix}.$$

Comme p est une fonction homogène de degré deux par rapport à W, alors U et $f(U)$ sont aussi des fonctions homogène de degré deux par rapport à W. On en déduit

Lemme 44 *Soient U_D et U_G deux états donnés. Soient W_D et W_G les états en W correspondants. Soit $U^* = U\left(\frac{W_G+W_D}{2}\right)$ un état que nous appellerons état intermédiaire. Alors la matrice*

$$A(U_G, U_D) = A(U_D, U_G) = A(U^*)$$

est une matrice de Roe.

Vérifions les trois propriétés qui définissent une matrice de Roe dans l'ordre a), c) puis b). Point a) : $A(U_G, U_D)$ est diagonalisable, car c'est la Jacobienne du flux calculée en U^*. Point c) : $A(U,U) = A(U)$. Il reste à vérifier le point b). Comme U est homogène de degré deux en fonction de W, on a la relation d'Euler (4.59) $2U(W) = (\nabla_W U(W))W$ puis

$$U(W_1) - U(W_2) = \frac{1}{2}(\nabla_W U(W_1))W_1 - (\nabla_W U(W_2))W_2.$$

Mais $\nabla_W U(W)$ étant homogène de degré un on a aussi $\nabla_W U(W) = (\nabla_W^2 U)W$, avec $\nabla_W^2 U$ constant. D'où

$$(\nabla_W U(W_1))W_1 - (\nabla_W U(W_2))W_2 = ((\nabla^2_W U)W_1, W_1) - ((\nabla^2_W U)W_2, W_2)$$
$$= ((\nabla^2_W U)\frac{W_1 + W_2}{2}, W_1 - W_2) = ((\nabla_W U)(W^*))(W_1 - W_2).$$

En résumé $U(W_1) - U(W_2) = ((\nabla_W U)(W^*))(W_1 - W_2)$. Attention aux notations : le plus simple est de considérer les relations ci-dessus composante par composante, ce qui permet de donner un sens aux diverses manipulations. De même pour le flux. On a

$$f(U(W_1)) - f(U(W_2)) = (\nabla_W f(U(W))(W^*))(W_1 - W_2).$$

La formule de dérivation composée permet d'écrire

$$f(U(W_1)) - f(U(W_2)) = (\nabla_U f(U)(U^*))(\nabla_W U(W^*))(W_1 - W_2).$$

D'où le résultat

$$f(U(W_1)) - f(U(W_2)) = A(U^*)(U(W_1) - U(W_2)).$$

Cela montre que la matrice $A(U^*)$ définie dans le lemme vérifie le point b). La preuve du lemme est terminée.

La mise en oeuvre du schéma Volume Fini avec le flux de Roe (5.21) nécessite le calcul du terme $|A(U_D, U_G)|\,(U_G - U_D) = |A(U^*)|(U_G - U_D)$, où $A(U_D, U_G) = A(U^*)$ est la matrice de Roe. L'état intermédiaire est U^* est caractérisé par

$$\left|\begin{array}{l} \rho_* = \left(\frac{\sqrt{\rho_G + \rho_D}}{2}\right)^2 \\ u_* = \frac{\sqrt{\rho_G}u_G + \sqrt{\rho_D}u_D}{\sqrt{\rho_G} + \sqrt{\rho_D}} \\ v_* = \frac{\sqrt{\rho_G}v_G + \sqrt{\rho_D}v_D}{\sqrt{\rho_G} + \sqrt{\rho_D}} \\ \widetilde{H}_* = \frac{\sqrt{\rho_G}\widetilde{H}_G + \sqrt{\rho_D}\widetilde{H}_D}{\sqrt{\rho_G} + \sqrt{\rho_D}} \end{array}\right.$$

avec $\widetilde{H} = e + \tau p$. Pour une loi de gaz parfait $\widetilde{H} = \gamma\varepsilon + \frac{1}{2}(u^2 + v^2) = h + \frac{1}{2}(u^2 + v^2) = H + u^2 + v^2$. D'autre part la matrice Jacobienne du flux $A = \nabla_U f(U)$ est

$$A = \begin{pmatrix} 0 & 1 & 0 & 0 \\ \frac{\gamma-3}{2}u^2 + \frac{\gamma-1}{2}v^2 & (3-\gamma)u & (1-\gamma)v & (\gamma-1) \\ -uv & v & u & 0 \\ u\left(-\widetilde{H} + \frac{\gamma-1}{2}(u^2+v^2)\right) & \widetilde{H} + \frac{1-\gamma}{2}u^2 & (1-\gamma)uv & \gamma u \end{pmatrix}.$$

Les valeurs propres-vecteurs propres sont rangés dans un ordre particulier

$$u, \quad u + c, \quad u - c, \quad u.$$

Les vecteurs propres $(r_p)_{1 \le p \le 4}$ à droite de A sont les colonnes de

$$\Omega_1 = \begin{pmatrix} 1 & 1 & 1 & 0 \\ u & u+c & u-c & 0 \\ v & v & v & 1 \\ \frac{u^2+v^2}{2} & \widetilde{H}+uc & \widetilde{H}-uc & v \end{pmatrix}$$

Les vecteurs propres à gauche $(l_p)_{1\leq p\leq 4}$ sont les vecteurs de la base duale. Ils sont rangés dans les lignes de Ω_2

$$\Omega_2 = \begin{pmatrix} 1-\frac{1}{2}r_3 & r_1 & r_2 & -\frac{1}{\nu_2} \\ \frac{1}{4}r_3 - \frac{u}{2c} & -\frac{1}{2}r_1 + \frac{1}{2c} & -\frac{1}{2}r_2 & \frac{1}{2\nu_2} \\ \frac{1}{4}r_3 + \frac{u}{2c} & -\frac{1}{2}r_1 - \frac{1}{2c} & -\frac{1}{2}r_2 & \frac{1}{2\nu_2} \\ -\frac{v}{c} & 0 & 0 & 1 \end{pmatrix}$$

sachant que $c = \sqrt{\gamma(\gamma-1)\varepsilon}$, $\nu_2 = \frac{c^2}{\gamma-1}$, $r_1 = \frac{u}{\nu_2}$, $r_2 = \frac{v}{\nu_2}$ et $r_3 = r_1 u + r_2 v = \frac{u^2+v^2}{\nu_2}$. La matrice diagonale des valeurs propres est

$$\Lambda = \begin{pmatrix} u & 0 & 0 & 0 \\ 0 & u+c & 0 & 0 \\ 0 & 0 & u-c & 0 \\ 0 & 0 & 0 & u \end{pmatrix}.$$

On vérifie que $A = \Omega_1 \Lambda \Omega_2$. Il s'ensuit que la matrice $|A(U^*)|$ est donnée par

$$|A(U^*)| = \Omega_1^* |\Lambda^*| \Omega_2^* \tag{5.22}$$

où $|\Lambda^*| = \text{diag}(|u^*|, |u^*+c^*|, |u^*-c^*|, |u^*|)$. La donnée de $|A^*|$ est suffisante pour le calcul du flux de Roe pour le système de la dynamique des gaz compressible en dimension deux d'espace[5].

5.3.2 Propriétés du schéma de Roe

Parmi les propriétés du schéma de Roe, nous en distinguons quatre qui sont importantes pour la mise en oeuvre finale.

Propriété 1. Le schéma de Roe est par construction conservatif pour toutes les variables $U = (\rho, \rho u, \rho v \rho e)$. C'est à dire qu'on a

$$\sum_j U_j^{n+1} = \sum_j U_j^n + \text{C.B.}.$$

Le terme C.B. représente les apports ou pertes dûs aux conditions aux bords du domaine. Cette propriété est une conséquence directe de l'utilisation d'une méthode de Volume Fini.

[5] La matrice de Roe en dimension un d'espace s'obtient en faisant $v = 0$ et en ne conservant que les trois premières lignes et colonnes.

Propriété 2. Le schéma de Roe est par construction linéairement stable sous une condition CFL pour tous les états qui ne sont pas soniques. On dira qu'un état U est **sonique** si une des valeurs propres de la Jacobienne s'annule en U : $\lambda_p(U) = 0$. Supposons que l'état $U \in \mathbb{R}^n$ ne soit pas sonique et appliquons le schéma de Roe pour la donnée initiale $U^0_\varepsilon = U + \varepsilon V^0$, $V^0 = (V^0_j)_{j\in\mathbb{Z}}$ est la perturbation. On suppose que $V^0_j = e^{ij\Delta x k}$, $i^2 = -1$, $j \in \mathbb{Z}$, $k \in \mathbb{R}$: k est le nombre d'onde. En injectant dans la formule du flux, la perturbation est solution au premier ordre du schéma

$$\frac{V^{n+1}_j - V^n_j}{\Delta t} + \frac{g^n_{j+\frac12} - g^n_{j-\frac12}}{\Delta x} = 0 \tag{5.23}$$

où $g^n_{j+\frac12}$ est le linéarisé du flux $f^n_{j+\frac12}$ défini en (5.21)

$$g^n_{j+\frac12} = \frac12 (AV^n_j + AV^n_{j+1}) - \frac12 |A| (V^n_{j+1} - V^n_j).$$

La matrice A est la Jacobienne du flux pour l'état de référence U. Cela vient de $f(U + \varepsilon V^n_j) = f(U) + \varepsilon AV^n_j + o(\varepsilon)$ et

$$\left|A(U + \varepsilon V^n_j, U + \varepsilon V^n_{j+1})\right| (U + \varepsilon V^n_{j+1} - U - \varepsilon V^n_j)$$
$$= \varepsilon \sum_p |\lambda_p| r_p \otimes l_p (V^n_{j+1} - V^n_j) + o(\varepsilon^2).$$

L'hypothèse de point non sonique est ici importante car sinon les valeurs propres de $|A(U,U)| = |A(U)|$ ne sont pas différentiables en U et le développement n'est plus valable. Soit l_p un vecteur propre à gauche pour la matrice A. Soit $\alpha^n_j = (l_p, V^n_j)$ le produit scalaire de V^n_j contre ce vecteur propre particulier. Comme

$$\begin{cases} (l_p, g^n_{j+\frac12}) = \lambda(l_p, g^n_j) & \text{pour } \lambda_p > 0, \\ (l_p, g^n_{j+\frac12}) = \lambda(l_p, g^n_{j+1}) & \text{pour } \lambda_p < 0, \end{cases}$$

on obtient pour $\lambda_p > 0$

$$\frac{\alpha^{n+1}_j - \alpha^n_j}{\Delta t} + \lambda_p \frac{\alpha^n_j - \alpha^n_{j-1}}{\Delta x} = 0.$$

On reconnaît le schéma de transport qui vérifie le principe du maximum pour $\lambda_p \Delta t \le \Delta x$. C'est donc que le schéma de Roe est linéairement stable en tout état U non sonique ssi la condition CFL est respectée

$$\max_p |\lambda_p(U)| \frac{\Delta x}{\Delta x} \le 1. \tag{5.24}$$

Propriété 3. Le schéma de Roe ne dégénère pas dans le cas scalaire vers la formule de flux (3.32) à cause des points **soniques**. En appliquant le schéma de Roe pour un flux scalaire $u \mapsto f(u) \in \mathbb{R}$ on aboutit à l'identification

$$c = \left| \frac{f(u_j^n) - f(u_{j+1}^n)}{u_j^n - u_{j+1}^n} \right| .$$

Si $c > 0$ alors le flux de Roe dégénère bien dans le cas scalaire vers la formule de flux (3.32). Par exemple pour le flux de Burgers, $f(u) = \frac{u^2}{2}$, on a tout calcul fait

$$c = \frac{1}{2} \left| u_j^n + u_{j+1}^n \right| .$$

Pour $u_j^n + u_{j+1}^n = 0$ alors $c = 0$, ce qui n'est pas autorisé. Plus précisément supposons que $u_j^n > 0$ et $u_{j+1}^n = -u_j^n < 0$. alors on peut considérer que par continuité il existe un point $j + \theta$ avec $\theta \in]0,1[$ tel que $u_{j+\theta}^n = 0$. La remarque importante est que $a(u_{j+\theta}^n) = f'(u_{j+\theta}^n) = 0$ ce qui correspond très exactement à la définition d'un point **sonique** qui a été donnée précédemment.

Propriété 4. Le schéma de Roe **n'est pas entropique** pour les chocs stationnaires. Très classiquement nous considérons une donnée initiale de type Riemann $U(0,x) = U_G$ pour $x < 0$ et $U(x,0) = U_D$ pour $x > 0$. Nous supposons que cette donnée initiale correspond à un choc stationnaire, c'est à dire que $f(U_D) = f(U_G)$. On suppose que plus que la condition d'entropie pour les chocs stationnaires est vérifiée $\rho_D u_D S_D - \rho_G u_G S_G > 0$. La solution exacte est donc un choc entropique stationnaire $U(t,x) = U(0,x)$, $\forall t > 0$. Évaluons à présent comment réagit le schéma de Roe pour cette donnée initiale. La propriété principale que nous utilisons est que

$$|A(U_G, U_D)|(U_G - U_D) = 0.$$

En effet par construction $A(U_G, U_D)(U_G - U_D) = f(U_G) - f(U_D) = 0$. Mais on a aussi $(U_G - U_D) = \sum_p \alpha_p r_p$ et $A(U_G, U_D)(U_G - U_D) = \sum_p \lambda_p \alpha_p r_p$. Comme les r_p sont des vecteurs linéairement indépendants, on a la suite d'inégalité

$$\begin{aligned} ||A(U_G, U_D)|(U_G - U_D)| &\leq C_1 \left(\sum_p |\lambda_p||\alpha_p| \right) \\ &\leq C_1 C_2 \left| A(U_G, U_D)(U_G - U_D) \right| = 0. \end{aligned}$$

La conséquence est que $f_{j+\frac{1}{2}}^n = f(U_G) = f(U_D)$ et ce pour tout $j \in \mathbb{Z}$ et $n \in \mathbb{N}$. De plus $U_j^n = U_j^0$. La solution numérique est aussi stationnaire, égale à la solution exacte.

A présent nous renversons la donnée initiale et considérons

$$\tilde{U}_G = U_D \text{ et } \tilde{U}_D = U_G.$$

La solution numérique issue de cette donnée initiale est aussi stationnaire $\tilde{U}_j^n = \tilde{U}_j^0$. Le schéma numérique calcule donc un choc stationnaire non entropique qui n'est pas admissible. Il est assez troublant de constater que ceci est vrai quelque soit le pas de temps Δt.

Comparons avec le point précédent pour l'équation de Burgers. Les chocs stationnaires entropiques pour l'équation de Burgers sont tels que $u_D = -u_G < 0$. Donc le caractère non entropique du schéma de Roe est lié à l'existence d'un point sonique $u = 0$ pour un état situé *entre* u_G et u_D.

Correcteur entropique et pas de temps

En conclusion le schéma de Roe est conservatif, stable mais non entropique. C'est pour cela qu'il est nécessaire de modifier ce schéma par l'adjonction d'une **correction entropique**. En pratique il suffit de modifier légèrement la matrice de Roe $A(U_G, U_D)$. Au lieu de (5.22) on pourra prendre

$$|A(U^*)_\varepsilon| = \Omega_1 |\Lambda|_\varepsilon \Omega_2. \tag{5.25}$$

La fonction valeur absolue étant modifiée

$$|a|_\varepsilon = \begin{cases} |a| \text{ pour } |a| \geq \varepsilon, \\ \varepsilon \text{ pour } |a| \leq \varepsilon. \end{cases}$$

On applique ce lissage de la fonction valeur absolue à toutes les valeurs sur la diagonale de la matrice Λ. Le choix du paramètre $\varepsilon > 0$ se fait en proportion de la plus grande des valeurs propres. Par exemple $\varepsilon \approx \frac{\max(|u|+c)}{100}$. Le pas de temps est choisi tel que

$$\max(|u| + c)\frac{\Delta x}{\Delta x} \leq \text{CFL}.$$

Le paramètre CFL ≤ 1 est un paramètre de réserve que l'on se donne **par sécurité**. L'analyse qui a permis de dimensionner le pas de temps étant uniquement linéaire il convient en effet d'être prudent lors de l'utilisation pour un calcul avec des interactions numériques non linéaires.

5.3.3 Résultats numériques

Nous considérons un problème de Riemann en dimension un d'espace. Il s'agit du problème de Sod. Pour 200 mailles et une CFL de 0,4, on observe au temps final $t = 0,14$ les résultats de la figure 5.5. Les calculs ont été faits avec un solveur de Roe dit linéarisé, qui utilise une calcul simplifié du terme (5.22)[6].

[6] Voir [T97] pour une comparaison des différentes possibilités connues pour simplifier le calcul de (5.22). Les résultats sont très proches quelque soit la simplification utilisée.

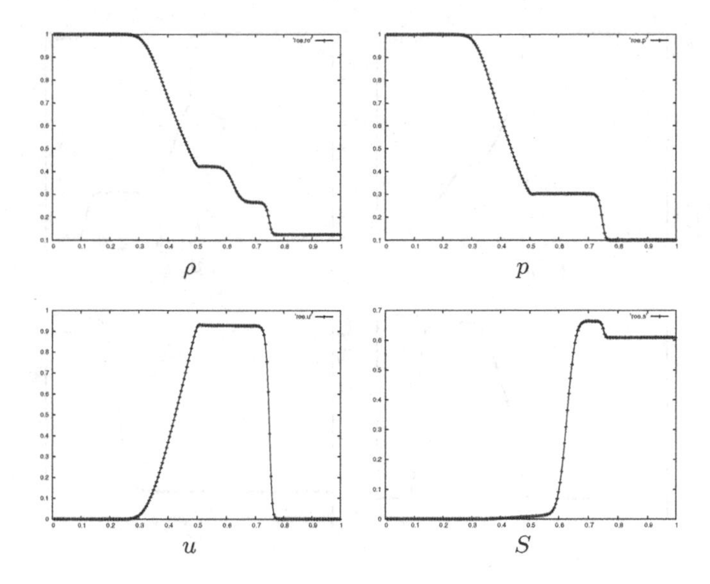

Fig. 5.5. Cas test de Sod. Schéma de Roe de base (c'est à dire sans correcteur entropique). 200 mailles, $t = 0,14$

A présent nous considérons les mêmes données initiales, seule la vitesse change

$$\rho_G = p_G = 1,\ u_G = 1,\ v_G = 0,\ \text{et } \rho_D = 0,125,\ p_D = 0.1,\ u_D = 1,\ v_D = 0. \tag{5.26}$$

Par invariance galiléenne la solution exacte est la même que pour le cas-test précédent. Seule change la valeur de la vitesse à laquelle il faut ajouter la vitesse initiale. On devrait trouver $u_{\text{DDC}} \approx 0,927 + 1 = 1,927$. Les résultats sont présentés dans les figures 5.6 et 5.7. Ils ne sont pas corrects à cause de l'apparition d'une discontinuité supplémentaire en $x \approx 0.5$ qui est un choc non entropique. Au travers de la discontinuité la masse volumique et la pression baissent ainsi que l'entropie physique. Or ce n'est pas physiquement admissible.

Finalement nous reprenons les données initiales précédentes, mais en incorporant une correction entropique uniquement sur le premier champ, c'est à dire celui dont la vitesse d'onde est $u - c$. En effet le point sonique de la figure 5.6 est associé à ce champ. Les résultats rentrent dans l'ordre, voir figure 5.8.

Petite conclusion pour le schéma de Roe

Les conclusions que nous pouvons tirer des développements théoriques et des expériences numériques sont : le schéma de Roe ressemble au schéma déjà

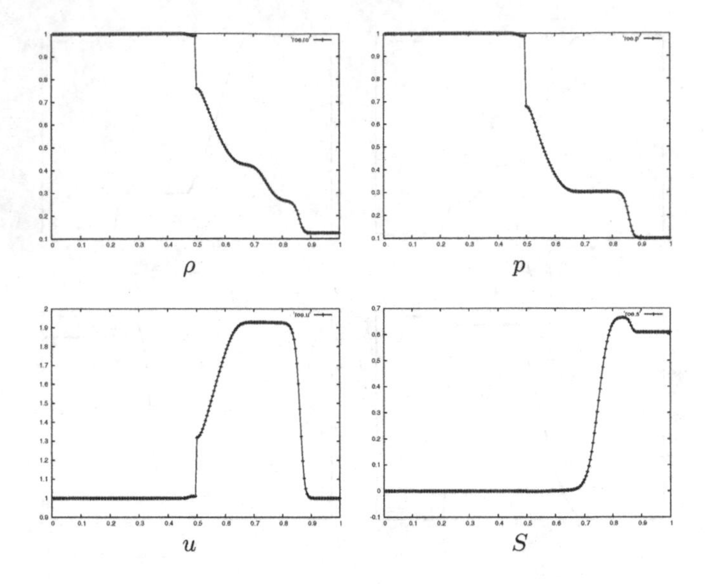

Fig. 5.6. Cas test de Sod modifié, avec une vitesse initiale $u = 1$. Schéma de Roe de base (c'est à dire sans correcteur entropique). 200 mailles, $t = 0,14$. Le point sonique est visible en $x \approx 0,5$. On note un choc de raréfaction. C'est à dire que la masse volumique devant le choc est supérieure à la masse volumique après le choc $1 = \rho_{\text{avant}} > \rho_{\text{après}} \approx 0,75$. Le principe d'invariance galiléenne n'est pas respectée.

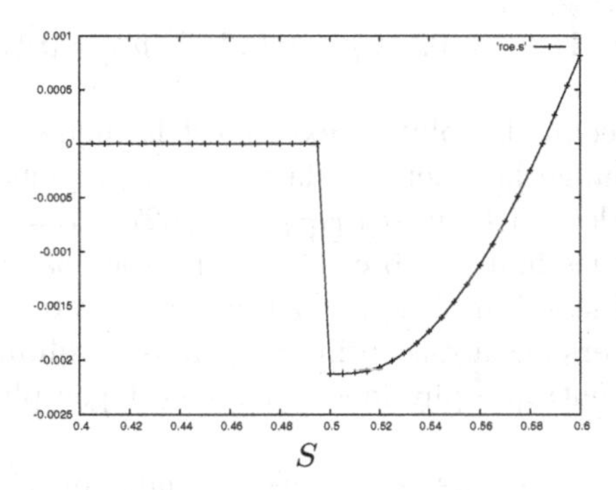

Fig. 5.7. Cas test de Sod modifié, avec une vitesse initiale $u = 1$. Schéma de Roe de base (c'est à dire sans correcteur entropique). 200 mailles, $t = 0,14$. Agrandissement autour du point sonique en $x \approx 0,5$. La chute d'entropie non admissible est visible

étudié pour le cas scalaire ; la forme finale du schéma est proche ; une utilisation maladroite nous fait calculer des solutions faibles non entropiques ; des modifications ou améliorations somme toute assez simples permettent de régler le problème pour des cas test élémentaires. Un grand nombre de

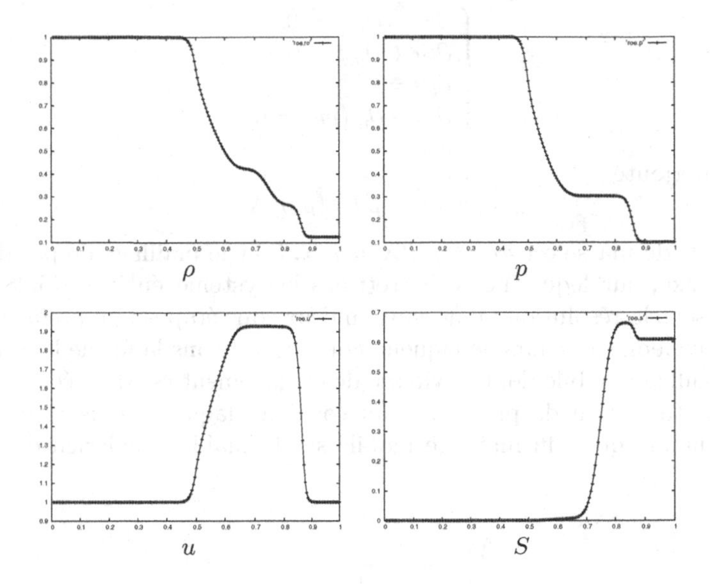

Fig. 5.8. Cas test de Sod modifié, avec une vitesse initiale $u = 1$. Schéma de Roe avec **correcteur entropique**. 200 mailles, $t = 0,14$. Le point sonique n'est plus pathologique

correcteurs entropiques sont *sur le marché*. Ces correcteurs sont plus sophistiqués que celui présenté de ce cours, mais le schéma de principe est semblable. Voir [KPS01], [GR96] et [T97]. Le réglage de ces correcteurs entropiques relève de l'art de l'ingénieur.

5.4 Schéma Lagrange+projection

Le principe de construction du schéma Lagrange+projection pour la dynamique des gaz compressibles est fort différent de celui du schéma de Roe. Alors que le schéma de Roe qui est un schéma **eulérien direct** (à un pas), le schéma Lagrange+projection utilise un **splitting** ce qui mène à un algorithme à deux pas. Le point de départ est le système en dimension un d'espace

$$\begin{cases} \partial_t \rho + \partial_x(\rho u) + \partial_y(\rho v) = 0, \\ \partial_t(\rho u) + \partial_x(\rho u^2 + p) + \partial_y(\rho uv) = 0, \\ \partial_t(\rho v) + \partial_x(\rho uv) + \partial_y(\rho v^2 + p) = 0, \\ \partial_t(\rho e) + \partial_x(\rho ue + pu) + \partial_y(\rho ve + pv) = 0. \end{cases} \tag{5.27}$$

Nous savons que ce système eulérien est équivalent au système lagrangien

$$\begin{cases} \partial_t \tau - \partial_m u = 0, \\ \partial_t u + \partial_m p = 0, \\ \partial_t v = 0, \\ \partial_t e + \partial_m (pu) = 0, \end{cases} \tag{5.28}$$

auquel on ajoute

$$\partial_t x = u \quad \rho J = \rho(0, X). \tag{5.29}$$

La variable de masse est $dm = \rho_0 dX = \rho dx$. Soit le maillage de pas d'espace $\Delta x > 0$ fixe, sur lequel nous discrétisons le système eulérien (5.28). Nous décomposons la résolution numérique en deux sous étapes : un première étape dite lagrangienne au cours de laquelle nous discrétisons la forme lagrangienne sur un maillage mobile dont la vitesse de déplacement est donnée par (5.29) ; puis une étape dite de projection au cours de laquelle nous projetons les données numériques du maillage mobile sur le maillage eulérien de pas Δx initial.

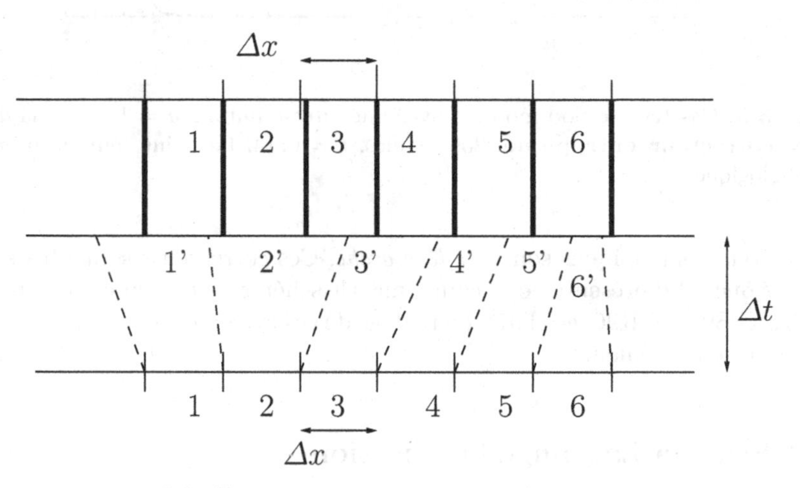

Fig. 5.9. Principe d'un schéma Lagrange+projection en dimension un d'espace. La maille 1 est en translation vers la gauche. La maille 2 est en expansion. Les mailles 3 et 4 sont en translation vers la droite. La maille 6 est en compression. Une restriction sur le pas de temps est nécessaire pour garantir que les mailles ne se croisent pas

5.4.1 Phase lagrangienne

Au cours de la phase lagrangienne nous discrétisons le système (5.28). Ce système est un cas particulier de la classe générale de système lagrangien qui sera étudiée au chapitre 6

$$\partial_t U + \partial_m \begin{pmatrix} M\Psi \\ -\frac{1}{2}(\Psi, M\Psi) \end{pmatrix} = 0. \tag{5.30}$$

Pour le système (5.28) il suffit de prendre $U = (\tau, u, v, e)^t$, $\Psi = (p, -u, -v)^t$ et $M = \begin{pmatrix} 0\,1\,0 \\ 1\,0\,0 \\ 0\,0\,0 \end{pmatrix} \in \mathbb{R}^{3\times 3}$. On rappelle que l'entropie du système est $\eta = -S$ où S est l'entropie physique qui est strictement concave en fonction de $U = (\tau, u, v, e)$ et que $\nabla_U S = \frac{1}{T}(\Psi, 1)$.

Définition 33 *On se donne deux matrices $M^+ \in \mathbb{R}^{3\times 3}$ et $M^- \in \mathbb{R}^{3\times 3}$. On suppose que ces deux matrices sont telles que*

$$M^+ = \left(M^+\right)^t \geq 0, \quad M^- = \left(M^-\right)^t \leq 0, \ \textit{et}\ M = M^- + M^-.$$

On dira que le couple (M^+, M^-) est un **splitting de matrice** *pour la matrice M.*

Pour une matrice $M = M^t$ donnée, il est toujours possible de définir un splitting de matrice. Par exemple $M^+ = \frac{1}{2}M + \frac{1}{\varepsilon}I$ et $M^- = \frac{1}{2}M - \frac{1}{\varepsilon}I$ convient pour $\varepsilon > 0$ assez petit. A la section suivante, on construira un bon splitting de matrice pour la dynamique des gaz.

Nous étudions un schéma numérique de Volumes Finis

$$\frac{U_j^{\mathbf{L}} - U_j^n}{\Delta t} + \frac{f_{j+\frac{1}{2}}^n - f_{j-\frac{1}{2}}^n}{\rho_j^n \Delta x} = 0, \quad \Delta m_j^n = \rho_j^n \Delta x,$$

pour la discrétisation de (5.30). La solution à la fin du pas de temps est indicée par **L** pour phase **L**agrange. Ce schéma repose sur le **flux lagrangien**

$$f_{j+\frac{1}{2}}^n = \begin{pmatrix} M^+\Psi_{j+1}^n + M^-\Psi_j^n \\ -\frac{1}{2}(\Psi_{j+1}^n, M^+\Psi_{j+1}^n) - \frac{1}{2}(\Psi_j^n, M^-\Psi_j^n) \end{pmatrix}. \tag{5.31}$$

Lemme 45 *Soit le schéma de Volumes Finis avec le flux lagrangien (5.31). Pour tout $j \in \mathbb{Z}$ et $n \in \mathbb{N}$ il existe un constante $c_j^n > 0$ telle que si la condition de type CFL $c_j^n \frac{\Delta t}{\Delta x} \leq 1$ est vérifiée, alors l'entropie augmente dans la maille*

$$S_j^{\mathbf{L}} \geq S_j^n.$$

Posons $g(\alpha) = S\left(U_j^n + \alpha(U_j^{\mathbf{L}} - U_j^n)\right)$ de sorte que $g(0) = S_j^n$ et $g(1) = S_j^{\mathbf{L}}$. La formule des accroissements finis au deuxième ordre est $g(1) = g(0) + g'(1) - \frac{1}{2}g''(\theta)$, $\theta \in]0, 1[$. Par construction $g'(1) = \left(\nabla_U S(U_j^{\mathbf{L}}), U_j^{\mathbf{L}} - U_j^n\right)$ et $g''(\theta) = \left(U_j^{\mathbf{L}} - U_j^n, \nabla_U^2 S(U_j^\theta)(U_j^{\mathbf{L}} - U_j^n)\right)$, $U_j^\theta = U_j^n + \theta(U_j^{\mathbf{L}} - U_j^n)$. Comme la fonction $U \mapsto S(U)$ est strictement concave, on a $-\frac{1}{2}g''(\theta) \geq 0$. Il reste à évaluer $g'(1)$. On a

$$g'(1) = -\frac{\Delta t}{\rho_j^n \Delta x}\left(\nabla_U S(U_j^{\mathbf{L}}), f_{j+\frac{1}{2}}^n - f_{j-\frac{1}{2}}^n\right)$$

$$= -\frac{\Delta t}{T_j^{\mathbf{L}} \rho_j^n \Delta x} \left(\begin{pmatrix} \Psi_j^{\mathbf{L}} \\ 1 \end{pmatrix}, f_{j+\frac{1}{2}}^n - f_{j-\frac{1}{2}}^n \right)$$

$$= -\frac{\Delta t}{T_j^{\mathbf{L}} \rho_j^n \Delta x} \Big((\Psi_j^{\mathbf{L}}, M^+ \Psi_{j+1}^n + M^- \Psi_j^n) - \frac{1}{2}(\Psi_{j+1}^n, M^+ \Psi_{j+1}^n) - \frac{1}{2}(\Psi_j^n, M^- \Psi_j^n)$$

$$- (\Psi_j^{\mathbf{L}}, M^+ \Psi_j^n + M^- \Psi_{j-1}^n) + \frac{1}{2}(\Psi_j^n, M^+ \Psi_j^n) + \frac{1}{2}(\Psi_{j-1}^n, M^- \Psi_{j-1}^n) \Big)$$

$$= -\frac{\Delta t}{T_j^{\mathbf{L}} \rho_j^n \Delta x} \Big((\Psi_j^{\mathbf{L}}, M^+ \Psi_{j+1}^n + M^- \Psi_j^n) - \frac{1}{2}(\Psi_{j+1}^n, M^+ \Psi_{j+1}^n) - \frac{1}{2}(\Psi_j^n, M^- \Psi_j^n)$$

$$+ (\Psi_j^{\mathbf{L}}, (M^+ + M^-) \Psi_j^{\mathbf{L}}) - (\Psi_j^{\mathbf{L}}, (M^+ + M^-) \Psi_j^{\mathbf{L}})$$

$$- (\Psi_j^{\mathbf{L}}, M^+ \Psi_j^n + M^- \Psi_{j-1}^n) + \frac{1}{2}(\Psi_j^n, M^+ \Psi_j^n) + \frac{1}{2}(\Psi_{j-1}^n, M^- \Psi_{j-1}^n) \Big)$$

$$= -\frac{\Delta t}{2 T_j^{\mathbf{L}} \rho_j^n \Delta x} \left(-(\Psi_{j+1}^n - \Psi_j^{\mathbf{L}}, M^+ (\Psi_{j+1}^n - \Psi_j^{\mathbf{L}})) - (\Psi_j^n - \Psi_j^{\mathbf{L}}, M^- (\Psi_j^n - \Psi_j^{\mathbf{L}})) \right.$$

$$\left. + (\Psi_j^n - \Psi_j^{\mathbf{L}}, M^+ (\Psi_j^n - \Psi_j^{\mathbf{L}})) + (\Psi_{j-1}^n - \Psi_j^{\mathbf{L}}, M^- (\Psi_{j-1}^n - \Psi_j^{\mathbf{L}})) \right)$$

$$\geq -\frac{\Delta t}{2 T_j^{\mathbf{L}} \rho_j^n \Delta x} \left(-(\Psi_j^n - \Psi_j^{\mathbf{L}}, M^- (\Psi_j^n - \Psi_j^{\mathbf{L}})) + (\Psi_j^n - \Psi_j^{\mathbf{L}}, M^+ (\Psi_j^n - \Psi_j^{\mathbf{L}})) \right)$$

$$\geq -\frac{\Delta t}{2 T_j^{\mathbf{L}} \rho_j^n \Delta x} (\Psi_j^n - \Psi_j^{\mathbf{L}}, |M| (\Psi_j^n - \Psi_j^{\mathbf{L}})).$$

On a posé $|M| = M^+ - M^-$. Donc on peut écrire que

$$S_j^{\mathbf{L}} \geq S_j^n + \frac{1}{T_j^{\mathbf{L}}} \left(A - \frac{\Delta t}{\Delta x} B \right)$$

où $A = -\frac{T_j^{\mathbf{L}}}{2} g''(\theta) \geq 0$ et $B = -\frac{1}{2\rho_j^n} (\Psi_j^n - \Psi_j^{\mathbf{L}}, |M| (\Psi_j^n - \Psi_j^{\mathbf{L}})) \leq 0$. Plus précisément A est une forme quadratique définie positive évaluée en $U_j^{\mathbf{L}} - U_j^n$ et B est une forme quadratique positive évaluée en $\Psi_j^{\mathbf{L}} - \Psi_j^n$. La fonction $U \mapsto \Psi$ étant continue, il existe une constante $c > 0$ telle que $|\Psi_j^{\mathbf{L}} - \Psi_j^n| \leq c |U_j^{\mathbf{L}} - U_j^n|$. Dès lors il suffit de prendre $\frac{\Delta t}{\Delta x}$ assez petit pour garantir que $A - \frac{\Delta t}{\Delta x} B \geq 0$. Cela termine la preuve. Comme les diverses estimations sont locales, la constante c_j^n est locale en temps et en espace.

5.4.2 Phase lagrangienne pour le système de la dynamique des gaz

En pratique il est bien sûr nécessaire de choisir le splitting $M = M^+ + M^-$ ce qui a une influence sur la constante c_j^n. Nous allons montrer qu'un bon choix permet de minimiser la contrainte résultante c'est-à-dire de prendre un pas de temps le plus grand possible. Nous nous contentons dans ce qui suit d'une approche simplifiée, pour laquelle nous approchons A et $\frac{\Delta t}{\Delta x}B$ (dans la preuve du lemme précédent) par

$$A \approx -\frac{T}{2}\left(\delta U, \nabla_U^2 S \delta U\right), \text{ avec } \delta U = U_j^{\mathbf{L}} - U_j^n,$$

et

$$\frac{\Delta t}{\Delta x}B \approx \frac{\Delta t}{2\rho_j \Delta x}(\delta \Psi, |M|\delta\Psi) \text{ avec } \delta\Psi = \Psi_j^{\mathbf{L}} - \Psi_j^n.$$

On néglige systématiquement les termes d'ordre supérieur (en δ^3 donc). La condition simplifiée qui assure que $A - \frac{\Delta t}{\Delta x}B \geq 0$ est

$$\left(\max_{\delta U \in \mathbb{R}^n}\left(\frac{(\delta\Psi, |M|\delta\Psi)}{-T\rho\,(\delta U, \nabla_U^2 S\delta U)}\right)\right)\frac{\Delta t}{\Delta x} \leq 1. \tag{5.32}$$

Le maximum est à prendre sur tous les $\delta U \in \mathbb{R}^n$. La quantité $\delta\Psi = (\delta p, -\delta u, -\delta v)$ qui apparaît au numérateur est liée à δU qui apparaît au dénominateur. Pour calculer l'une en fonction de l'autre on peut utiliser $\delta\Psi \approx \nabla_U \Psi \delta U$. Mais on peut aussi exprimer $\delta U \in \mathbb{R}^n$ en fonction de $\delta\Psi \in \mathbb{R}^{n-1}$ et d'une quantité auxiliaire. Un choix agréable consiste à choisir comme quantité auxiliaire $\delta S \in \mathbb{R}$.

Lemme 46 *Comme au lemme 19, nous faisons l'hypothèse que l'entropie S est une fonction strictement concave et que $T > 0$. Alors $\frac{\partial T}{\partial S|p} > 0$ et on a la relation à l'ordre suivant d'approximation*

$$(\delta U, \nabla_U^2 S\delta U) \approx -\frac{1}{T}(\delta u^2 + \delta v^2) - \frac{1}{T\rho^2 c^2}\delta p^2 - \frac{1}{T}\frac{\partial T}{\partial S|p}\delta S^2.$$

On commence par la relation ci-dessus. On a

$$C = (\delta U, \nabla_U^2 S\delta U) = (\delta U, \nabla_U V\delta U) \approx (\delta U, \delta V) \approx \delta\tau\delta\frac{p}{T} - \delta u\delta u - \delta v\delta v + \delta e\delta\frac{1}{T}$$

$$\approx -\frac{1}{T}(\delta u^2 + \delta v^2) + \delta\tau\delta\frac{p}{T} + \delta\varepsilon\delta\frac{1}{T} \approx -\frac{1}{T}(\delta u^2 + \delta v^2) + D$$

grâce à $e = \varepsilon + \frac{1}{2}(u^2 + v^2)$. Or

$$D = \delta\tau\delta\frac{p}{T} + \delta\varepsilon\delta\frac{1}{T} \approx (p\delta\tau + \delta\varepsilon)\delta\frac{1}{T} + \frac{1}{T}\delta\tau\delta p$$

$$\approx T\delta S\delta\frac{1}{T} + \frac{1}{T}\delta\tau\delta p \approx T\delta S\delta\frac{1}{T} + \frac{1}{T}\left(\frac{\partial\tau}{\partial p|S}\delta p + \frac{\partial\tau}{\partial S|p}\delta S\right)\delta p$$

$$\approx -\frac{1}{T\rho^2c^2}\delta p^2 + \delta S(T\delta\frac{1}{T} + \frac{1}{T}\frac{\partial\tau}{\partial S|p}\delta p) - \frac{1}{T\rho^2c^2}\delta p^2 + \delta S(T\delta\frac{1}{T} + \frac{1}{T}\frac{\partial\tau}{\partial S|p}\delta p).$$

On a aussi que $\delta\frac{1}{T} = -\frac{1}{T^2}\delta T \approx -\frac{1}{T^2}(\frac{\partial T}{\partial S|p}\delta S + \frac{\partial T}{\partial p|S}\delta p)$. Donc

$$D \approx -\frac{1}{T\rho^2c^2}\delta p^2 + \frac{1}{T}\delta S(-\frac{\partial T}{\partial S|p}\delta S - \frac{\partial T}{\partial p|S}\delta p + \frac{\partial \tau}{\partial S|p}\delta p).$$

A partir de la relation fondamentale de la thermodynamique $TdS = d\varepsilon + pd\tau$, on a aussi $TdS + \tau dp = d(\varepsilon + p\tau)$. La formule des dérivées croisées implique $\frac{\partial T}{\partial p|S} = \frac{\partial \tau}{\partial S|p}$. Cela apporte une simplification dans l'expression au premier ordre de D : $D \approx -\frac{1}{T\rho^2c^2}\delta p^2 - \frac{1}{T}\frac{\partial T}{\partial S|p}\delta S^2$. Donc

$$C = -\frac{1}{T}(\delta u^2 + \delta v^2) - \frac{1}{T\rho^2c^2}\delta p^2 - \frac{1}{T}\frac{\partial T}{\partial S|p}\delta S^2.$$

Finalement nous vérifions que $\frac{\partial T}{\partial S|p} > 0$. On a

$$TdS = \begin{pmatrix} p \\ 1 \end{pmatrix}.d\begin{pmatrix} \tau \\ \varepsilon \end{pmatrix} = \begin{pmatrix} p \\ 1 \end{pmatrix}.\left[\nabla_{(\frac{p}{T},\frac{1}{T})}(\tau,\varepsilon)\right] d\begin{pmatrix} \frac{p}{T} \\ \frac{1}{T} \end{pmatrix}$$

$$= \begin{pmatrix} p \\ 1 \end{pmatrix}.\left[\nabla_{(\frac{p}{T},\frac{1}{T})}(\tau,\varepsilon)\right]\left(\begin{pmatrix} p \\ 1 \end{pmatrix} d\frac{1}{T} + \begin{pmatrix} \frac{1}{T} \\ 0 \end{pmatrix} dp\right).$$

C'est donc que

$$T^3\frac{\partial S}{\partial T|p} = -\begin{pmatrix} p \\ 1 \end{pmatrix}.\left[\nabla_{(\frac{p}{T},\frac{1}{T})}(\tau,\varepsilon)\right]\begin{pmatrix} p \\ 1 \end{pmatrix}.$$

Cette quantité est positive car la matrice $\left[\nabla_{(\frac{p}{T},\frac{1}{T})}(\tau,\varepsilon)\right]$ est définie négative par hypothèse. Donc $\frac{\partial T}{\partial S|p} > 0$. Le preuve est terminée.

Au final la constante devant le $\frac{\Delta t}{\Delta x}$ dans (5.32) peut être évaluée grâce à

$$E = \max_{(\delta u,\delta v,\delta p,\delta S)\in\mathbb{R}^4}\left(\frac{(\delta\Psi, |M|\delta\Psi)}{\rho\left[(\delta u^2+\delta v^2) + \frac{1}{\rho^2c^2}\delta p^2 + \frac{\partial T}{\partial S|p}\delta S^2\right]}\right) \quad (5.33)$$

Par exemple pour le splitting $M^+ = \frac{1}{2}M + \frac{1}{\varepsilon}I$ et $M^- = \frac{1}{2}M - \frac{1}{\varepsilon}I$ on a

$$E = \max_{(\delta u,\delta v,\delta p,\delta S)\in\mathbb{R}^4}\left(\frac{\frac{2}{\varepsilon}(\delta p^2+\delta u^2+\delta v^2)}{\rho\left[(\delta u^2+\delta v^2) + \frac{1}{\rho^2c^2}\delta p^2 + \frac{\partial T}{\partial S|p}\delta S^2\right]}\right) = \max\left(\frac{2}{\rho\varepsilon}, \frac{2\rho c^2}{\varepsilon}\right)$$

sachant que $\varepsilon \leq 2$ pour que M^+ et M^- soient positives ou nulles.

Lemme 47 *Le splitting qui minimise la constante E dans (5.33) est*

$$M^+ = \begin{pmatrix} \frac{1}{2\rho c} & \frac{1}{2} & 0 \\ \frac{1}{2} & \frac{\rho c}{2} & 0 \\ 0 & 0 & 0 \end{pmatrix} \quad M^- = \begin{pmatrix} -\frac{1}{2\rho c} & \frac{1}{2} & 0 \\ \frac{1}{2} & -\frac{\rho c}{2} & 0 \\ 0 & 0 & 0 \end{pmatrix}.$$

Pour ce splitting on a au premier ordre $c_j^n \approx c$ où c est la vitesse du son locale et $E \approx c$.

On rappelle que $M = M^+ + M^-$ et que $|M| = M^+ - M^-$. Pour le splitting choisi, la constante dans (5.32) est

$$E = \max_{(\delta u, \delta v, \delta p, \delta S)} \left(\frac{\frac{1}{\rho c}\delta p^2 + \rho c \delta u^2}{\rho(\delta u^2 + \delta v^2) + \frac{1}{\rho c^2}\delta p^2 + \rho \frac{\partial T}{\partial S|p}\delta S^2} \right) = c.$$

Pour tout autre splitting $M = \widetilde{M}^+ + \widetilde{M}^-$, on a $|\widetilde{M}| \geq M$. Soit

$$F = \max_{\delta U \in \mathbb{R}^4} \left(\frac{\left(\delta \Psi, |\widetilde{M}| \delta \Psi\right)}{\rho(\delta u^2 + \delta v^2) + \frac{1}{\rho c^2}\delta p^2 + \rho \frac{\partial T}{\partial S|p}\delta S^2} \right)$$

la nouvelle valeur de la constante avec ce nouveau splitting. On a

$$F \geq \max_{\delta U \in \mathbb{R}^n} \left(\frac{(\delta \Psi, M \delta \Psi)}{-T\rho \left(\delta U, \nabla_U^2 S \delta U\right)} \right)$$

$$= \max_{(\delta u, \delta v, \delta p, \delta S)} \left(\frac{2\delta p \delta u}{\rho(\delta u^2 + \delta v^2) + \frac{1}{\rho c^2}\delta p^2 + \rho \frac{\partial T}{\partial S|p}\delta S^2} \right) = c$$

car un calcul élémentaire montre que $\rho c(\delta u^2 + \frac{1}{\rho c}\delta p^2 \geq 2\delta u \delta p$ et que l'égalité est atteinte comme cas particulier. Donc $F \geq E$. Cela termine la preuve.

5.4.3 Formule du flux lagrangien

Pour le splitting optimal (au sens du lemme 47) le flux est

$$M^+ \Psi_{j+1} + M^- \Psi_j$$

$$= \begin{pmatrix} \frac{1}{2\rho c} & \frac{1}{2} & 0 \\ \frac{1}{2} & \frac{\rho c}{2} & 0 \\ 0 & 0 & 0 \end{pmatrix} \begin{pmatrix} p_{j+1} \\ -u_{j+1} \\ -v_{j+1} \end{pmatrix} + \begin{pmatrix} -\frac{1}{2\rho c} & \frac{1}{2} & 0 \\ \frac{1}{2} & -\frac{\rho c}{2} & 0 \\ 0 & 0 & 0 \end{pmatrix} \begin{pmatrix} p_j \\ -u_j \\ -v_j \end{pmatrix}$$

$$= \begin{pmatrix} -\frac{1}{2}(u_j + u_{j+1}) - \frac{1}{2\rho c}(p_j - p_{j+1}) \\ \frac{1}{2}(p_j + p_{j+1}) + \frac{\rho c}{2}(u_j - u_{j+1}) \\ 0 \end{pmatrix}.$$

Le flux pour l'équation d'énergie est

$$-\frac{1}{2}\left(\Psi_{j+1}, M^+ \Psi_{j+1}\right) - \frac{1}{2}\left(\Psi_j, M^- \Psi_j\right)$$

$$= -\frac{1}{4\rho c}p_{j+1}^2 + \frac{1}{2}p_{j+1}u_{j+1} - \frac{\rho c}{4}u_{j+1}^2 + \frac{1}{4\rho c}p_j^2 + \frac{1}{2}p_j u_j + \frac{\rho c}{4}u_j^2$$

$$= \left(\frac{1}{2}(p_j + p_{j+1}) + \frac{\rho c}{2}(u_j - u_{j+1})\right)\left(\frac{1}{2}(u_j + u_{j+1}) + \frac{1}{2\rho c}(p_j - p_{j+1})\right)$$

qui est une approximation du produit pu.

En résumé le flux lagrangien (5.31) avec ce splitting optimal s'écrit

$$f_{j+\frac{1}{2}}^n = \begin{pmatrix} -u_{j+\frac{1}{2}}^* \\ p_{j+\frac{1}{2}}^* \\ 0 \\ (pu)_{j+\frac{1}{2}}^* = p_{j+\frac{1}{2}}^* u_{j+\frac{1}{2}}^* \end{pmatrix}$$

avec

$$\begin{cases} u_{j+\frac{1}{2}}^* = \frac{1}{2}(u_j^n + u_{j+1}^n) + \frac{1}{2\rho c}(p_j^n - p_{j+1}^n) \\ p_{j+\frac{1}{2}}^* = \frac{1}{2}(p_j^n + p_{j+1}^n) + \frac{\rho c}{2}(u_j^n - u_{j+1}^n). \end{cases} \tag{5.34}$$

On pourrait parfaitement choisir la constante ρc qui apparaît dans ce flux globalement. En pratique on préfère bien évidemment la définir localement, c'est à dire qu'on prend $\rho c = (\rho c)_{j+\frac{1}{2}}^n$. Par exemple

$$(\rho c)_{j+\frac{1}{2}}^n = \frac{1}{2}\left[(\rho c)_j^n + (\rho c)_{j+1}^n\right]$$

convient le plus souvent. Le schéma est

$$\begin{cases} \frac{\rho_j^n \Delta x}{\Delta t}(\tau_j^{\mathbf{L}} - \tau_j^n) - u_{j+\frac{1}{2}}^* + u_{j-\frac{1}{2}}^* = 0, \\ \frac{\rho_j^n \Delta x}{\Delta t}(u_j^{\mathbf{L}} - u_j^n) + p_{j+\frac{1}{2}}^* - p_{j-\frac{1}{2}}^* = 0, \\ v_j^{\mathbf{L}} - v_j^n = 0, \\ \frac{\rho_j^n \Delta x}{\Delta t}(e_j^{\mathbf{L}} - e_j^n) + p_{j+\frac{1}{2}}^* u_{j+\frac{1}{2}}^* - p_{j-\frac{1}{2}}^* u_{j-\frac{1}{2}}^* = 0. \end{cases} \tag{5.35}$$

La condition CFL associée est

$$\left(\max_j c_j^n\right) \frac{\Delta t}{\Delta x} \leq CFL.$$

Le coefficient $CFL < 1$ est un facteur de garde qui incorpore toutes les incertitudes et approximations de l'analyse précédente.

5.4.4 Grille mobile durant la phase lagrangienne

La phase lagrangienne discrétise (5.28). Vérifions qu'elle est compatible avec la discrétisation de (5.29). On définit $x_{j+\frac{1}{2}}^n = (j + \frac{1}{2})\Delta x$ la position au début du pas de temps du bord droit de la maille j. La position à la fin de la phase lagrangienne est naturellement définie comme suit

$$x_{j+\frac{1}{2}}^{\mathbf{L}} = x_{j+\frac{1}{2}}^n + \Delta t u_{j+\frac{1}{2}}^*. \tag{5.36}$$

Le résultat suivant énonce que la deuxième équation de (5.29) est prise en compte dans le schéma lagrangien sur un pas de temps.

Lemme 48 *On a la relation*

$$\rho_j^{\mathbf{L}} \frac{x_{j+\frac{1}{2}}^{\mathbf{L}} - x_{j-\frac{1}{2}}^{\mathbf{L}}}{\Delta x} = \rho_j^n.$$

Par construction cette relation est équivalente à $\frac{1}{\Delta x}(\Delta x + \Delta t(u_{j+\frac{1}{2}}^* - u_{j-\frac{1}{2}}^*)) = \frac{\rho_j^n}{\rho_j^{\mathbf{L}}}$, c'est à dire $\frac{1}{\rho_j^{\mathbf{L}}} - \frac{1}{\rho_j^n} = \frac{1}{\rho_j^n \Delta x}(\Delta t(u_{j+\frac{1}{2}}^* - u_{j-\frac{1}{2}}^*))$ dans laquelle on reconnaît la première équation de (5.35). Cela termine la preuve.

Le schéma (5.35) s'interprète aussi comme un schéma sur grille mobile. La vitesse des points de grille $j + \frac{1}{2}$ est $u_{j+\frac{1}{2}}^*$. Posons

$$\Delta x_j^{\mathbf{L}} = x_{j+\frac{1}{2}}^{\mathbf{L}} - x_{j-\frac{1}{2}}^{\mathbf{L}}, \quad j \in \mathbb{Z}.$$

Comme $\Delta x_j^{\mathbf{L}} \rho_j^{\mathbf{L}} = \Delta x \rho_j^{\mathbf{n}} = \Delta m_j$, le schéma est conservatif au sens où

$$\begin{cases} \sum_{j\in\mathbb{Z}} \Delta m_j \tau_j^{\mathbf{L}} = \sum_{j\in\mathbb{Z}} \Delta m_j \tau_j^{\mathbf{n}}, \\ \sum_{j\in\mathbb{Z}} \Delta m_j u_j^{\mathbf{L}} = \sum_{j\in\mathbb{Z}} \Delta m_j u_j^{\mathbf{n}}, \\ \sum_{j\in\mathbb{Z}} \Delta m_j v_j^{\mathbf{L}} = \sum_{j\in\mathbb{Z}} \Delta m_j v_j^{\mathbf{n}}, \\ \sum_{j\in\mathbb{Z}} \Delta m_j e_j^{\mathbf{L}} = \sum_{j\in\mathbb{Z}} \Delta m_j e_j^{\mathbf{n}}. \end{cases}$$

Ces relations sont vraies aux conditions au bord près.

5.4.5 Phase de projection

On détermine la position de la grille à la fin du pas de temps lagrangien et on projette les diverses données sur l'ancienne grille. Cette projection se doit d'être conservative pour obtenir un schéma conservatif. Reprenons la schéma de principe de la figure 5.9. La valeur à la fin de la phase de projection pour la masse volumique se détermine graphiquement en faisant attention au signe de $u_{j-\frac{1}{2}}^*$ et $u_{j+\frac{1}{2}}^*$

$$\begin{aligned} j = 1 \ &: \Delta x \rho_j^{n+1} = (\Delta x + \Delta t u_{j+\frac{1}{2}}^*)\rho_j^{\mathbf{L}} - \Delta t u_{j+\frac{1}{2}}^* \rho_{j+1}^{\mathbf{L}}, \\ j = 2 \ &: \Delta x \rho_j^{n+1} = \Delta x \rho_j^{\mathbf{L}}, \\ j = 3,4,5 \ &: \Delta x \rho_j^{n+1} = (\Delta x - \Delta t u_{j-\frac{1}{2}}^*)\rho_j^{\mathbf{L}} + \Delta t u_{j-\frac{1}{2}}^* \rho_{j-1}^{\mathbf{L}}, \\ j = 6 \ &: \Delta x \rho_j^{n+1} = (\Delta x - \Delta t u_{j-\frac{1}{2}}^* + \Delta t u_{j+\frac{1}{2}}^*)\rho_j^{\mathbf{L}} - \Delta t u_{j+\frac{1}{2}}^* \rho_{j+1}^{\mathbf{L}} \\ &\quad + \Delta t u_{j-\frac{1}{2}}^* \rho_{j-1}^{\mathbf{L}}. \end{aligned} \tag{5.37}$$

On a les mêmes relations pour les autres quantités conservées ρu, ρv et ρe. Pour la maille $j = 1$ on obtient $\Delta x \rho_j^{n+1} u_j^{n+1} = (\Delta x - \Delta t u_{j+\frac{1}{2}}^*)\rho_j^{\mathbf{L}} u_j^{\mathbf{L}} + \Delta t u_{j+\frac{1}{2}}^* \rho_{j+1}^{\mathbf{L}} u_{j+1}^{\mathbf{L}}$ et ainsi de suite. Dans tous les cas de figures ces relations peuvent s'écrire

$$\Delta x \rho_j^{n+1} = (\Delta x - \Delta t u_{j-\frac{1}{2}}^* + \Delta t u_{j+\frac{1}{2}}^*)\rho_j^{\mathbf{L}} - \Delta t u_{j+\frac{1}{2}}^* \rho_{j+\frac{1}{2}}^{\mathbf{L}} + \Delta t u_{j-\frac{1}{2}}^* \rho_{j-\frac{1}{2}}^{\mathbf{L}} \tag{5.38}$$

où $\rho^{\mathbf{L}}_{j+\frac{1}{2}}$ (resp. $\rho^{\mathbf{L}}_{j+\frac{1}{2}}u^{\mathbf{L}}_{j+\frac{1}{2}}$ ou $\rho^{\mathbf{L}}_{j+\frac{1}{2}}e^{\mathbf{L}}_{j+\frac{1}{2}}$) est la valeur de la masse volumique (resp. impulsion ou énergie totale) **décentrée suivant le signe de la vitesse** $u^*_{j+\frac{1}{2}}$

$$\begin{cases} \text{si } u^*_{j+\frac{1}{2}} > 0 \ \rho^{\mathbf{L}}_{j+\frac{1}{2}} = \rho^{\mathbf{L}}_j, \\ \text{si } u^*_{j+\frac{1}{2}} < 0 \ \rho^{\mathbf{L}}_{j+\frac{1}{2}} = \rho^{\mathbf{L}}_{j+1}, \\ \text{si } u^*_{j+\frac{1}{2}} = 0 \text{ indifférent.} \end{cases}$$

La relation (5.38) est équivalente à

$$\Delta x \rho_j^{n+1} = \Delta x_j^{\mathbf{L}} \rho_j^{\mathbf{L}} - \Delta t u^*_{j+\frac{1}{2}} \rho^{\mathbf{L}}_{j+\frac{1}{2}} + \Delta t u^*_{j-\frac{1}{2}} \rho^{\mathbf{L}}_{j-\frac{1}{2}} \tag{5.39}$$

Contrôle du pas de temps

Il est nécessaire de contrôler le pas de temps pour garantir le non croisement du maillage. Une condition suffisante est

$$\left(\max_j |u^*_{j+\frac{1}{2}}|\right) \frac{\Delta t}{\Delta x} \le \frac{1}{2}. \tag{5.40}$$

Le facteur $\frac{1}{2}$ vient de la configuration de la maille 6.

Conservativité

Par construction le schéma est conservatif. On a

$$\begin{cases} \sum_{j\in\mathbb{Z}} \Delta x \rho_j^{n+1} = \sum_{j\in\mathbb{Z}} \Delta x_j^{\mathbf{L}} \rho_j^{\mathbf{L}} = \sum_{j\in\mathbb{Z}} \Delta x \rho_j^n, \\ \sum_{j\in\mathbb{Z}} \Delta x \rho_j^{n+1} u_j^{n+1} = \sum_{j\in\mathbb{Z}} \Delta x_j^{\mathbf{L}} \rho_j^{\mathbf{L}} u_j^{\mathbf{L}} = \sum_{j\in\mathbb{Z}} \Delta x \rho_j^n u_j^n, \\ \sum_{j\in\mathbb{Z}} \Delta x \rho_j^{n+1} v_j^{n+1} = \sum_{j\in\mathbb{Z}} \Delta x_j^{\mathbf{L}} \rho_j^{\mathbf{L}} v_j^{\mathbf{L}} = \sum_{j\in\mathbb{Z}} \Delta x \rho_j^n v_j^n, \\ \sum_{j\in\mathbb{Z}} \Delta x \rho_j^{n+1} e_j^{n+1} = \sum_{j\in\mathbb{Z}} \Delta x_j^{\mathbf{L}} \rho_j^{\mathbf{L}} e_j^{\mathbf{L}} = \sum_{j\in\mathbb{Z}} \Delta x \rho_j^n e_j^n. \end{cases} \tag{5.41}$$

Ces relations sont vraies aux conditions au bord près.

5.4.6 Synthèse

Pour programmer le schéma Lagrange+projection on peut se satisfaire des relations (5.35) et (5.38). La synthèse consiste à écrire ces relations sous un forme compacte qui met en évidence la consistance au sens des différences finies du schéma complet.

Le schéma Lagrange+projection peut s'écrire sous forme compacte

$$\begin{cases} \dfrac{\rho_j^{n+1}-\rho_j^n}{\Delta t}+\dfrac{u^*_{j+\frac12}\rho^{\mathbf{L}}_{j+\frac12}-u^*_{j-\frac12}\rho^{\mathbf{L}}_{j-\frac12}}{\Delta x}=0,\\ \dfrac{\rho_j^{n+1}u_j^{n+1}-\rho_j^n u_j^n}{\Delta t}+\dfrac{u^*_{j+\frac12}\rho^{\mathbf{L}}_{j+\frac12}u^{\mathbf{L}}_{j+\frac12}-u^*_{j-\frac12}\rho^{\mathbf{L}}_{j-\frac12}u^{\mathbf{L}}_{j-\frac12}}{\Delta x}\\ \qquad\qquad +\dfrac{p^*_{j+\frac12}-p^*_{j-\frac12}}{\Delta x}=0,\\ \dfrac{\rho_j^{n+1}v_j^{n+1}-\rho_j^n v_j^n}{\Delta t}+\dfrac{u^*_{j+\frac12}\rho^{\mathbf{L}}_{j+\frac12}v^{\mathbf{L}}_{j+\frac12}-u^*_{j-\frac12}\rho^{\mathbf{L}}_{j-\frac12}v^{\mathbf{L}}_{j-\frac12}}{\Delta x}=0,\\ \dfrac{\rho_j^{n+1}e_j^{n+1}-\rho_j^n e_j^n}{\Delta t}+\dfrac{u^*_{j+\frac12}\rho^{\mathbf{L}}_{j+\frac12}e^{\mathbf{L}}_{j+\frac12}-u^*_{j-\frac12}\rho^{\mathbf{L}}_{j-\frac12}e^{\mathbf{L}}_{j-\frac12}}{\Delta x}\\ \qquad\qquad +\dfrac{p^*_{j+\frac12}u^*_{j+\frac12}-p^*_{j-\frac12}u^*_{j-\frac12}}{\Delta x}=0. \end{cases} \tag{5.42}$$

La première équation se retrouve grâce à (5.39) dans laquelle on élimine $\Delta x_j^{\mathbf{L}}\rho_j^{\mathbf{L}}=\Delta x\rho_j^n$. Pour retrouver les trois équations suivantes, on part de (5.39) que l'on écrit successivement pour ρu, ρv et ρe. Par exemple pour la première composante de l'impulsion

$$\Delta x\rho_j^{n+1}u_j^{n+1}=\Delta x_j^{\mathbf{L}}\rho_j^{\mathbf{L}}u_j^{\mathbf{L}}-\Delta t u^*_{j+\frac12}\rho^{\mathbf{L}}_{j+\frac12}u^{\mathbf{L}}_{j+\frac12}+\Delta t u^*_{j-\frac12}\rho^{\mathbf{L}}_{j-\frac12}u^{\mathbf{L}}_{j-\frac12}.$$

La deuxième équation du schéma lagrangien (5.35) se récrit

$$\frac{1}{\Delta t}\left(\Delta x_j^{\mathbf{L}}\rho_j^{\mathbf{L}}u_j^{\mathbf{L}}-\rho_j^n\Delta x u_j^n\right)+p^*_{j+\frac12}-p^*_{j-\frac12}=0.$$

En combinant ces deux équations on trouve la deuxième équation discrète de (5.42). De même pour les deux suivantes dont la structure est très proche. La forme compacte (5.42) est à l'évidence conservative aux conditions aux bords près. Cela permet de retrouver les relations (5.41).

Une propriété théorique qui distingue ce schéma du schéma de Roe est la suivante.

Théorème 5.1. *Nous supposons vérifiée la contrainte lagrangienne sur le pas de temps du lemme 45 et la contrainte géométrique (5.40) pour la phase de projection. Alors le schéma Lagrange+projection (5.42) est entropique*

$$\frac{\rho_j^{n+1}S_j^{n+1}-\rho_j^n S_j^n}{\Delta t}+\frac{u^*_{j+\frac12}\rho^{\mathbf{L}}_{j+\frac12}S^{\mathbf{L}}_{j+\frac12}-u^*_{j-\frac12}\rho^{\mathbf{L}}_{j-\frac12}S^{\mathbf{L}}_{j-\frac12}}{\Delta x}\geq 0. \tag{5.43}$$

Cette inégalité est la contrepartie discrète de l'inégalité d'entropie $\partial_t\rho S+\partial_x\rho u S\geq 0$.

La preuve utilise le résultat entropique pour le schéma lagrangien (5.35) plus une inégalité supplémentaire pour la phase de projection. On écrit (5.38) sous la forme

$$\begin{cases} \rho_j^{n+1} = \alpha\rho_j^{\mathbf{L}} + \beta\rho_{j+\frac{1}{2}}^{\mathbf{L}} + \gamma\rho_{j-\frac{1}{2}}^{\mathbf{L}}, \\ \rho_j^{n+1}u_j^{n+1} = \alpha\rho_j^{\mathbf{L}}u_j^{\mathbf{L}} + \beta\rho_{j+\frac{1}{2}}^{\mathbf{L}}u_{j+\frac{1}{2}}^{\mathbf{L}} + \gamma\rho_{j-\frac{1}{2}}^{\mathbf{L}}u_{j-\frac{1}{2}}^{\mathbf{L}}, \\ \rho_j^{n+1}v_j^{n+1} = \alpha\rho_j^{\mathbf{L}}v_j^{\mathbf{L}} + \beta\rho_{j+\frac{1}{2}}^{\mathbf{L}}v_{j+\frac{1}{2}}^{\mathbf{L}} + \gamma\rho_{j-\frac{1}{2}}^{\mathbf{L}}v_{j-\frac{1}{2}}^{\mathbf{L}}, \\ \rho_j^{n+1}e_j^{n+1} = \alpha\rho_j^{\mathbf{L}}e_j^{\mathbf{L}} + \beta\rho_{j+\frac{1}{2}}^{\mathbf{L}}e_{j+\frac{1}{2}}^{\mathbf{L}} + \gamma\rho_{j-\frac{1}{2}}^{\mathbf{L}}e_{j-\frac{1}{2}}^{\mathbf{L}}, \end{cases}$$

les coefficients α, β et γ étant tels que $\alpha, \beta, \gamma \geq 0$, $\alpha+\beta+\gamma = 1$ (γ n'a pas de rapport avec la constante des gaz parfaits polytropiques). L'état $n+1$ est ainsi une combinaison convexe des états $\mathbf{L}$. La fonction ρS étant concave en fonction de ces quantités, on obtient $\rho_j^{n+1}S_j^{n+1} \geq \alpha\rho_j^{\mathbf{L}}S_j^{\mathbf{L}} + \beta\rho_{j+\frac{1}{2}}^{\mathbf{L}}S_{j+\frac{1}{2}}^{\mathbf{L}} + \gamma\rho_{j-\frac{1}{2}}^{\mathbf{L}}S_{j-\frac{1}{2}}^{\mathbf{L}}$ ou encore grâce à $S_j^{\mathbf{L}} \geq S_j^n$

$$\rho_j^{n+1}S_j^{n+1} \geq \alpha\rho_j^{\mathbf{L}}S_j^n + \beta\rho_{j+\frac{1}{2}}^{\mathbf{L}}S_{j+\frac{1}{2}}^n + \gamma\rho_{j-\frac{1}{2}}^{\mathbf{L}}S_{j-\frac{1}{2}}^n. \tag{5.44}$$

En remultipliant par Δx on obtient

$$\Delta x\rho_j^{n+1}S_j^{n+1} \geq \Delta x\rho_j^nS_j^n - \Delta t u_{j+\frac{1}{2}}^*\rho_{j+\frac{1}{2}}^{\mathbf{L}}S_{j+\frac{1}{2}}^{\mathbf{L}} + \Delta t u_{j-\frac{1}{2}}^*\rho_{j-\frac{1}{2}}^{\mathbf{L}}S_{j-\frac{1}{2}}^{\mathbf{L}}$$

ce qui prouve le résultat attendu.

Lemme 49 *Une conséquence de l'inégalité (5.43) est*

$$S_j^{n+1} \geq \min\left(S_{j-1}^n, S_j^n, S_{j+1}^n\right).$$

C'est une conséquence de (5.44) et de l'identité $\rho_j^{n+1} = \alpha\rho_j^{\mathbf{L}} + \beta\rho_{j+\frac{1}{2}}^{\mathbf{L}} + \gamma\rho_{j-\frac{1}{2}}^{\mathbf{L}}$. Pour un gaz parfait $S = \log(\varepsilon\tau^{\gamma-1})$, $\gamma > 1$. Donc

$$\frac{\varepsilon_j^n}{(\rho_j^n)^{\gamma-1}} \geq \min_j\left(\frac{\varepsilon_j^0}{(\rho_j^0)^{\gamma-1}}\right) > 0.$$

Cette inégalité exprime que le ratio de certaines quantités qui se doivent d'être strictement positives reste strictement positif. C'est *presque* un résultat de positivité de la masse volumique et de l'énergie interne.

Les propriétés du schéma lagrange projeté (on pense en particulier à l'inégalité d'entropie discrète) ont été établies sans tenir compte explicitement de la loi de gaz parfait. On s'est uniquement servi des proprités de concavité de l'entropie thermodynamique. Cela justifie l'utilisation de ce schéma pour d'autres lois d'états pourvu qu'elles soient thermodynamiquement correctes.

5.4.7 Conditions au bord

La question des conditions au bord pour un schéma lagrangien sera abordée dans un contexte plus général en dimension deux d'espace à la section

7.6.4. Nous montrons cependant rapidement comment prendre en compte une **condition dite de mur** (ou de vitesse normale nulle en dimension supérieure par splitting directionnel). En dimension un d'espace cette condition s'écrit

$$u = 0 \text{ sur le bord.}$$

Plusieurs approches sont possibles qui mènent au même résultat. On privilégie la compatibilité avec la condition d'entropie.

Considérons une maille J située par exemple sur le bord droit du segment de calcul en dimension un d'espace (figure 5.10). Pour être compatible avec

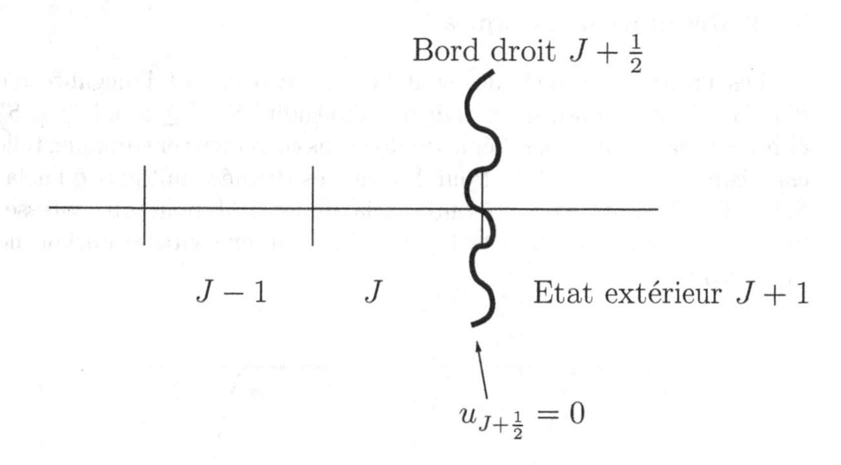

Fig. 5.10. Condition au bord de mur en $J+\frac{1}{2}$

la condition de mur il parait naturel d'imposer dans la phase lagrangienne

$$u^*_{J+\frac{1}{2}} = \frac{1}{2}\left(u^n_J + \frac{1}{\rho c}p^n_J\right) - \frac{1}{2}\left(-u^n_{J+1} + \frac{1}{\rho c}p^n_{J+1}\right) = 0.$$

Il se trouve qu'il est possible de définir un état extérieur artificiel que nous noterons $\left(u^n_{J+1}, p^n_{J+1}\right)$ tel que la condition de mur discrète soit réalisée. En considérant le flux (5.34) nous devons prendre

$$-u^n_{J+1} + \frac{1}{\rho c}p^n_{J+1} = u^n_J + \frac{1}{\rho c}p^n_J \Longleftrightarrow p^n_{J+1} - \rho c u^n_{J+1} = p^n_J + \rho c u^n_J.$$

Par construction la condition de mur est réalisée. En reportant dans la deuxième égalité de (5.34) cela procure une valeur pour la pression au bord $p^*_{J+\frac{1}{2}} = \frac{1}{2}\left(p^n_J + \rho c u^n_J\right) + \frac{1}{2}\left(p^n_{J+1} - \rho c u^n_{J+1}\right)$ c'est à dire

$$p^*_{J+\frac{1}{2}} = p^n_J - \rho c u^n_J.$$

Le flux pour l'équation d'énergie étant le produit $u^*_{J+\frac{1}{2}}p^*_{J+\frac{1}{2}}$, il est nul. D'une certaine manière on a reconstitué dans la maille $J+1$ un état fictif. Cet état fictif se retrouve en symétrisant la vitesse $u^n_{J+1} = -u^n_J$ et en conservant la pression $p^n_{J+1} = p^n_J$.

La phase de projection ne pose pas de problème car la vitesse de bord de maille étant nulle, $u^*_{J+\frac{1}{2}} = 0$, le déplacement du maillage (voir la figure 5.9) est nul à cet endroit. Il suffit d'en tenir compte dans les formules finales (5.42).

Cette procédure à l'avantage d'être entropique, car l'inégalité du théorème 5.1 est toujours vraie avec une vitesse $u^*_{j+\frac{1}{2}} = u^*_{J+\frac{1}{2}} = 0$ nulle sur le bord droit.

5.4.8 Résultats numériques

Les propriétés principales sont la conservativité et l'inégalité d'entropie discrète. Tout d'abord il est clair que l'inégalité $S_j^{n+1} \geq \min\left(S^n_{j-1}, S^n_j, S^n_{j+1}\right)$ élimine la pathologie du schéma de Roe sans correcteur entropique, telle qu'elle est visible à la figure 5.7. Pour les mêmes données initiales qu'à la section 5.3.3, les résultats sont présentés à la figure 5.11 pour une vitesse initiale nulle $u_G = u_D = 0$, et à la figure 5.12 pour une vitesse initiale non nulle $u_G = u_D = 1$.

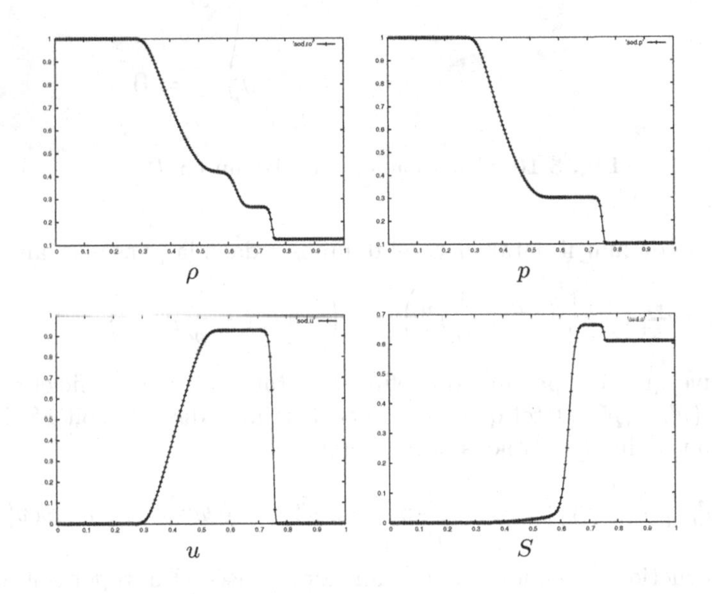

Fig. 5.11. Cas test de Sod. Schéma de Lagrange+projection. 200 mailles. Temps final $t = 0.14$

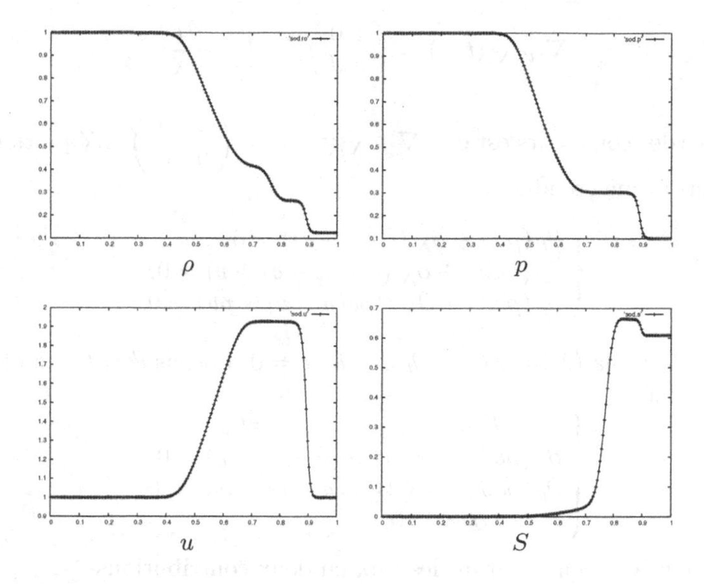

Fig. 5.12. Cas test de Sod modifié avec une vitesse initiale de $u = 1$. Schéma de Lagrange+projection. 200 mailles, $t = 0.14$. L'invariance galiléenne est respectée. Le point sonique n'est pas pathologique

5.5 Schéma ALE en dimension un

La dénomination **Arbitrary Lagrangian Eulerian** (ALE) désigne un schéma dont la vitesse de grille n'est a priori ni nulle (donc non eulérienne) ni égale à la vitesse du fluide (donc non lagrangienne). C'est un cas intermédiaire qui présente surtout un intérêt pratique en dimension supérieure à un. Nous considérons ici uniquement le cas monodimensionnel et montrons comment dériver et analyser un tel schéma. Cela donne des indications pour le cas multidimensionnel.

Tout d'abord nous reprenons l'analyse faite à la section 2.3.2. On part du système de la dynamique des gaz en coordonnées d'Euler

$$\begin{cases} \partial_t \rho + \partial_x(\rho u) = 0, \\ \partial_t(\rho u) + \partial_x \left(\rho u^2 + p\right) = 0, \\ \partial_t(\rho e) + \partial_x(\rho u e + p u) = 0. \end{cases}$$

Soit le changement de coordonnées

$$t' = t, \qquad \frac{\partial x(t', X)}{\partial t'} = v(t', x(t', X))$$

Ici $(t, x) \mapsto v(t, x)$ est une vitesse de grille arbitraire que nous ajusterons plus loin. Appliquons les formules de changements de coordonnées. La matrice Jacobienne de la transformation est

$$\nabla_{(t',X)}(t,x) = \begin{pmatrix} 1 & 0 \\ v & J \end{pmatrix}, \quad J = \frac{\partial x}{\partial X}.$$

La matrice des cofacteurs est $\mathrm{cof}\left(\nabla_{(t',X)}(t,x)\right) = \begin{pmatrix} J & -v \\ 0 & 1 \end{pmatrix}$. L'équation (2.18) s'écrit sous forme étendue

$$\begin{cases} \partial_{t'}(\rho J) + \partial_X\left((\rho(u-v)\right) = 0, \\ \partial_{t'}(\rho u J) + \partial_X\left((\rho u(u-v) + p\right) = 0, \\ \partial_{t'}(\rho e J) + \partial_X\left((\rho e(u-v) + pu\right) = 0. \end{cases}$$

L'identité de Piola (2.19) s'écrit $\partial_{t'} J - \partial_X v = 0$. Posons $t' = t$. On obtient le système fermé

$$\begin{cases} \partial_{t'}(\rho J) + \partial_X\left((\rho(u-v)\right) = 0, \\ \partial_{t'}(\rho u J) + \partial_X\left((\rho u(u-v) + p\right) = 0, \\ \partial_{t'}(\rho e J) + \partial_X\left((\rho e(u-v) + pu\right) = 0, \\ \partial_t J - \partial_X v = 0, \end{cases}$$

que nous récrivons en séparant les flux en deux contributions

$$\partial_t \begin{pmatrix} \rho J \\ J \\ \rho u J \\ \rho e J \end{pmatrix} + \partial_X \begin{pmatrix} 0 \\ -u \\ p \\ pu \end{pmatrix} + \partial_X \begin{pmatrix} \rho(u-v) \\ u-v \\ \rho u(u-v) \\ \rho e(u-v) \end{pmatrix} = 0. \tag{5.45}$$

Sous cette forme le flux total est la somme d'un premier flux de type lagrangien et d'un deuxième flux de type convection à la vitesse $u - v$. On peut distinguer trois cas.

Premier cas : $v = 0$. On retrouve bien sûr le système eulérien initial. On peut éliminer la deuxième équation de (5.45) qui n'apporte rien.

Deuxième cas : $v = u$. On retrouve le système lagrangien pour la dynamique des gaz compressible. On peut éliminer la première équation de (5.45) et passer en variable de masse.

Troisième cas : $v \neq 0$ et $v \neq u$. C'est la situation de type ALE.

5.5.1 Discrétisation numérique

Pour discrétiser le système (5.45) on peut utiliser une technique de splitting. C'est à dire que l'on discrétise tout d'abord

$$\partial_t \begin{pmatrix} \rho J \\ J \\ \rho u J \\ \rho e J \end{pmatrix} + \partial_X \begin{pmatrix} 0 \\ -u \\ p \\ pu \end{pmatrix} = 0 \tag{5.46}$$

pendant le pas de temps Δt. Puis on discrétise

$$\partial_t \begin{pmatrix} \rho J \\ J \\ \rho u J \\ \rho e J \end{pmatrix} + \partial_X \begin{pmatrix} \rho(u-v) \\ u-v \\ \rho u(u-v) \\ \rho e(u-v) \end{pmatrix} = 0 \tag{5.47}$$

pendant le même pas de temps. Puis nous vérifierons que l'on peut récrire le schéma final sur la grille mobile.

5.5.2 Discrétisation de (5.46)

La grille initiale est constituée des points $X_{j+\frac{1}{2}}$ pour tout $j \in \mathbb{Z}$: $\Delta X_j = X_{j+\frac{1}{2}} - X_{j-\frac{1}{2}}$. Par analogie avec (5.28) et (5.30) on peut reprendre le schéma lagrangien (5.34) et (5.35) et d'adapter les notations. On définit les flux lagrangiens

$$\begin{cases} u^*_{j+\frac{1}{2}} = \frac{1}{2}(u^n_j + u^n_{j+1}) + \frac{1}{2\rho c}(p^n_j - p^n_{j+1}) \\ p^*_{j+\frac{1}{2}} = \frac{1}{2}(p^n_j + p^n_{j+1}) + \frac{\rho c}{2}(u^n_j - u^n_{j+1}). \end{cases} \tag{5.48}$$

Le schéma est

$$\begin{cases} \rho_j^{n+\frac{1}{2}} J_j^{n+\frac{1}{2}} - \rho_j^n J_j^n = 0, \\ \Delta X_j \left(J_j^{n+\frac{1}{2}} - J_j^n \right) - \Delta t \left(u^*_{j+\frac{1}{2}} - u^*_{j-\frac{1}{2}} \right) = 0, \\ \Delta X_j \left(\rho_j^{n+\frac{1}{2}} J_j^{n+\frac{1}{2}} u_j^{n+\frac{1}{2}} - \rho_j^n J_j^n u_j^n \right) + \Delta t \left(p^*_{j+\frac{1}{2}} - p^*_{j-\frac{1}{2}} \right) = 0, \\ \Delta X_j \left(\rho_j^{n+\frac{1}{2}} J_j^{n+\frac{1}{2}} e_j^{n+\frac{1}{2}} - \rho_j^n J_j^n e_j^n \right) + \Delta t \left(p^*_{j+\frac{1}{2}} u^*_{j+\frac{1}{2}} - p^*_{j-\frac{1}{2}} u^*_{j-\frac{1}{2}} \right) = 0. \end{cases} \tag{5.49}$$

5.5.3 Discrétisation de (5.47)

Posons pour simplifier les notations

$$w^n_{j+\frac{1}{2}} = u^*_{j+\frac{1}{2}} - v^n_{j+\frac{1}{2}}$$

étant entendu que $u^*_{j+\frac{1}{2}}$ est évalué au pas de temps n et que $v^n_{j+\frac{1}{2}}$ est la vitesse du point de grille. Une discrétisation de (5.47) en respectant le signe du champ de vitesse $w = u - v$ permet d'aboutir au schéma

$$\begin{cases} \Delta X_j \left(\rho_j^{n+1} J_j^{n+1} - \rho_j^{n+\frac{1}{2}} J_j^{n+\frac{1}{2}} \right) + \Delta t \left(\rho_{j+\frac{1}{2}}^{n+\frac{1}{2}} w^n_{j+\frac{1}{2}} - \rho_{j-\frac{1}{2}}^{n+\frac{1}{2}} w^n_{j-\frac{1}{2}} \right) = 0, \\ \Delta X_j \left(J_j^{n+1} - J_j^{n+\frac{1}{2}} \right) + \Delta t \left(w^n_{j+\frac{1}{2}} - w^n_{j-\frac{1}{2}} \right) = 0, \\ \Delta X_j \left(\rho_j^{n+1} J_j^{n+1} u_j^{n+1} - \rho_j^{n+\frac{1}{2}} J_j^{n+\frac{1}{2}} u_j^{n+\frac{1}{2}} \right) \\ \qquad + \Delta t \left(\rho_{j+\frac{1}{2}}^{n+\frac{1}{2}} u_{j+\frac{1}{2}}^{n+\frac{1}{2}} w^n_{j+\frac{1}{2}} - \rho_{j-\frac{1}{2}}^{n+\frac{1}{2}} u_{j-\frac{1}{2}}^{n+\frac{1}{2}} w^n_{j-\frac{1}{2}} \right) = 0, \\ \Delta X_j \left(\rho_j^{n+1} J_j^{n+1} e_j^{n+1} - \rho_j^{n+\frac{1}{2}} J_j^{n+\frac{1}{2}} e_j^{n+\frac{1}{2}} \right) \\ \qquad + \Delta t \left(\rho_{j+\frac{1}{2}}^{n+\frac{1}{2}} e_{j+\frac{1}{2}}^{n+\frac{1}{2}} w^n_{j+\frac{1}{2}} - \rho_{j-\frac{1}{2}}^{n+\frac{1}{2}} e_{j-\frac{1}{2}}^{n+\frac{1}{2}} w^n_{j-\frac{1}{2}} \right) = 0. \end{cases} \tag{5.50}$$

Par convention : $f_{j+\frac{1}{2}}^{n+\frac{1}{2}} = f_j^{n+\frac{1}{2}}$ pour $w^n_{j+\frac{1}{2}} \geq 0$; $f_{j+\frac{1}{2}}^{n+\frac{1}{2}} = f_{j+1}^{n+\frac{1}{2}}$ pour $w^n_{j+\frac{1}{2}} < 0$.

5.5.4 Réécriture sur la grille mobile

Pour la première phase du schéma le déplacement équivalent du maillage est

$$x_{j+\frac{1}{2}}^{n+\frac{1}{2}} = x_{j+\frac{1}{2}}^{n} + \Delta t u_{j+\frac{1}{2}}^{*}. \tag{5.51}$$

Pour la deuxième phase le déplacement équivalent du maillage est

$$x_{j+\frac{1}{2}}^{n+1} = x_{j+\frac{1}{2}}^{\frac{1}{2}} + \Delta t \left(v_{j+\frac{1}{2}}^{n} - u_{j+\frac{1}{2}}^{*} \right). \tag{5.52}$$

La vitesse de grille dans la phase de projection est donnée en tout point $j+\frac{1}{2}$ par la différence du flux $u_{j+\frac{1}{2}}^{*}$ et de la vitesse totale de grille $v_{j+\frac{1}{2}}^{n}$

$$x_{j+\frac{1}{2}}^{n+1} = x_{j+\frac{1}{2}}^{n} + \Delta t v_{j+\frac{1}{2}}^{n}. \tag{5.53}$$

La condition initiale est $x_{j+\frac{1}{2}}^{0} = X_{j+\frac{1}{2}}$. Posons $\Delta x_j^n = x_{j+\frac{1}{2}}^{n} - x_{j-\frac{1}{2}}^{n}$. On vérifie que par construction la variation de $\Delta X_j J_j^n$ est égale à la variation de Δx_j^n. D'où

$$J_j^n = \frac{\Delta x_j^n}{\Delta X_j}. \tag{5.54}$$

Nous définissons la masse dans la maille j $\Delta M_j^n = \Delta x_j^n \rho_j^n$. On peut alors récrire la première phase (5.49) du schéma sous la forme

$$\begin{cases} \frac{\Delta M_j^n}{\Delta t}(\tau_j^{n+\frac{1}{2}} - \tau_j^n) - u_{j+\frac{1}{2}}^{*} + u_{j-\frac{1}{2}}^{*} = 0, \\ \frac{\Delta M_j^n}{\Delta t}(u_j^{n+\frac{1}{2}} - u_j^n) + p_{j+\frac{1}{2}}^{*} - p_{j-\frac{1}{2}}^{*} = 0, \\ \frac{\Delta M_j^n}{\Delta t}(e_j^{n+\frac{1}{2}} - e_j^n) + p_{j+\frac{1}{2}}^{*} u_{j+\frac{1}{2}}^{*} - p_{j-\frac{1}{2}}^{*} u_{j-\frac{1}{2}}^{*} = 0, \end{cases}$$

dans laquelle nous retrouvons le schéma lagrangien (5.35). On en déduit immédiatement que la condition CFL est pour cette phase

$$\max_j \left(\frac{c_j^n}{\Delta x_j^n} \right) \Delta t \le CFL < 1. \tag{5.55}$$

A condition que le paramètre de Courant CFL soit suffisamment petit on obtient l'inégalité d'entropie

$$S_j^{n+\frac{1}{2}} \ge S_j^n. \tag{5.56}$$

Après cette phase lagrangienne, le schéma est donné par (5.50). Notons $\Delta x_j^{n+\frac{1}{2}}$ la taille de la maille j en fin de phase lagrangienne. Analysons la première équation de (5.50)

$$\Delta x_j^{n+1} \rho_j^{n+1} - \Delta x_j^{n+\frac{1}{2}} \rho_j^{n+\frac{1}{2}} + \Delta t \left(\rho_{j+\frac{1}{2}}^{n+\frac{1}{2}} w_{j+\frac{1}{2}}^{n} - \rho_{j-\frac{1}{2}}^{n+\frac{1}{2}} w_{j-\frac{1}{2}}^{n} \right) = 0.$$

Supposons pour simplifier que $w^n_{j+\frac{1}{2}} \geq 0$ et $w^n_{j-\frac{1}{2}} \geq 0$. La compatibilité de la définition des flux $\rho^{n+\frac{1}{2}}_{j+\frac{1}{2}}$ et $\rho^{n+\frac{1}{2}}_{j-\frac{1}{2}}$ fait que

$$\rho^{n+\frac{1}{2}}_{j+\frac{1}{2}} = \rho^{n+\frac{1}{2}}_{j} \text{ et } \rho^{n+\frac{1}{2}}_{j-\frac{1}{2}} = \rho^{n+\frac{1}{2}}_{j-1}.$$

D'où

$$\Delta x^{n+1}_j \rho^{n+1}_j = \left(\Delta x^{n+\frac{1}{2}}_j - \Delta t w^n_{j+\frac{1}{2}}\right) \rho^{n+\frac{1}{2}}_j + \Delta t w^n_{j-\frac{1}{2}} \rho^{n+\frac{1}{2}}_{j-1}. \tag{5.57}$$

Comme toutes les équations de (5.50) ont la même structure on obtient en particulier pour la deuxième équation

$$\Delta x^{n+1}_j = \left(\Delta x^{n+\frac{1}{2}}_j - \Delta t w^n_{j+\frac{1}{2}}\right) + \Delta t w^n_{j-\frac{1}{2}}$$

$$\Rightarrow \Delta x^{n+\frac{1}{2}}_j - \Delta t w^n_{j+\frac{1}{2}} = \Delta x^{n+1}_j - \Delta t w^n_{j-\frac{1}{2}}.$$

En reportant dans (5.57) on a

$$\Delta x^{n+1}_j \rho^{n+1}_j = \left(\Delta x^{n+1}_j - \Delta t w^n_{j-\frac{1}{2}}\right) \rho^{n+\frac{1}{2}}_j + \Delta t w^n_{j-\frac{1}{2}} \rho^{n+\frac{1}{2}}_{j-1}. \tag{5.58}$$

Il suffit alors de comparer cette équation à la définition géométrique de la phase de projection (5.37) pour les mailles 3,4 et 5 qui présentent la même configuration de vitesse d'interface positive : $u^*_{j+\frac{1}{2}} \geq 0$ est devenu $w^n_{j+\frac{1}{2}} \geq 0$. Hormis cette différence qui tient uniquement à la définition de la vitesse de grille et au fait que la taille de la maille est maintenant variable, la situation générale est absolument identique. Les autres cas pour des vitesses $w^n_{j+\frac{1}{2}} \leq 0$ se traitent identiquement. Cela montre

Lemme 50 *Le schéma (5.50) est équivalent à une projection géométrique sur le maillage de la figure 5.13.*

La condition de stabilité devient

$$\left(\max_j |w^*_{j+\frac{1}{2}}|\right) \frac{\Delta t}{\Delta x} \leq \frac{1}{2}. \tag{5.59}$$

Le facteur $\frac{1}{2}$ prévient contre les croisements de maille.

Pour le schéma ALE on a le résultat qui généralise le théorème 5.1.

Théorème 5.2. *Nous supposons vérifiées les deux contrainte sur le pas de temps (5.55) et (5.59). Alors le schéma ALE (5.49-5.50) est entropique*

$$\Delta x^{n+1}_j \rho^{n+1}_j S^{n+1}_j - \Delta x^n_j \rho^n_j S^n_j \tag{5.60}$$

$$+\Delta t \left(w^*_{j+\frac{1}{2}} \rho^{n+\frac{1}{2}}_{j+\frac{1}{2}} S^{n+\frac{1}{2}}_{j+\frac{1}{2}} - w^*_{j-\frac{1}{2}} \rho^{n+\frac{1}{2}}_{j-\frac{1}{2}} S^{n+\frac{1}{2}}_{j-\frac{1}{2}}\right) \geq 0.$$

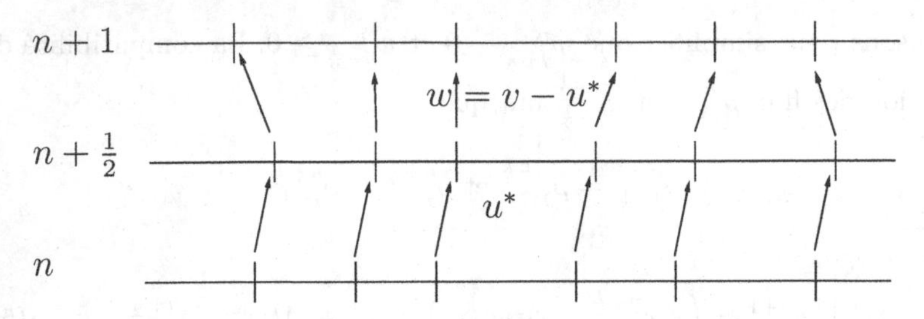

Fig. 5.13. La vitesse de grille est $u^*_{j+\frac{1}{2}}$ pour toute maille j dans la phase lagrangienne. Elle vaut $w^n_{j+\frac{1}{2}} = v^n_{j+\frac{1}{2}} - u^*_{j+\frac{1}{2}}$ dans la phase de projection.

5.5.5 Résultat numérique

Les résultats numériques ont été calculés avec trois déterminations de la vitesse de grille. Les résultats sont globalement très proches. On notera cependant que le schéma lagrangien avec déplacement à la vitesse du fluide ne présente aucune dissipation à l'interface. L'avantage est que la discontinuité en

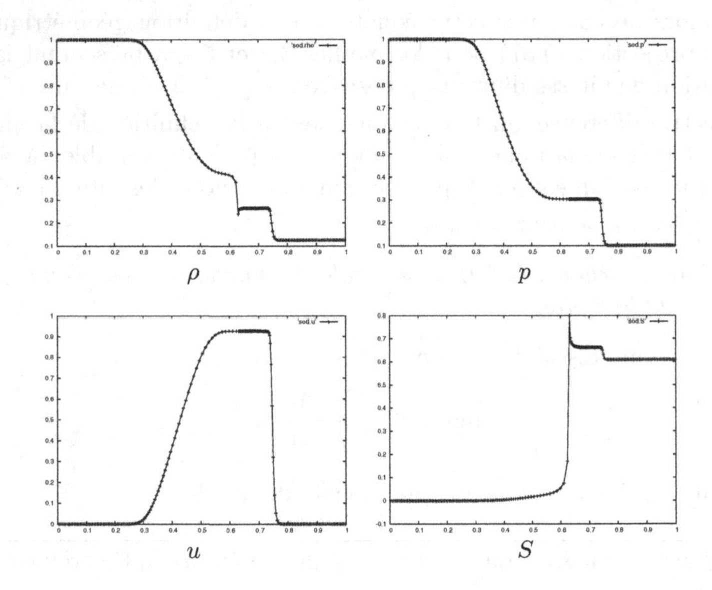

Fig. 5.14. Cas test de Sod. Schéma Lagrangien sans projection. 200 mailles. Temps final $t = 0.14$. On peut noter la compression du maillage derrière le choc et le wall-heating à la discontinuité de contact.

densité est respectée. L'inconvénient est que les défauts numériques localisés à l'interface ne sont pas lissés par la phase de projection. C'est aussi visible sur le profil de densité. Dans tous les cas les profils de vitesse et pression sont monotones. La figure 5.14 décrit le cas lagrangien $v_{j+\frac{1}{2}} = u^*_{j+\frac{1}{2}}$. La figure 5.11 déjà vue décrit le cas eulérien sous la forme du schéma Lagrange+projection $v_{j+\frac{1}{2}} = 0$. Et finalement figure 5.15 décrit le cas intermédiaire ALE avec une vitesse de grille arbitraire $v_{j+\frac{1}{2}} = 0.5 * \sin(4\pi x) * \sin(2\pi t)$.

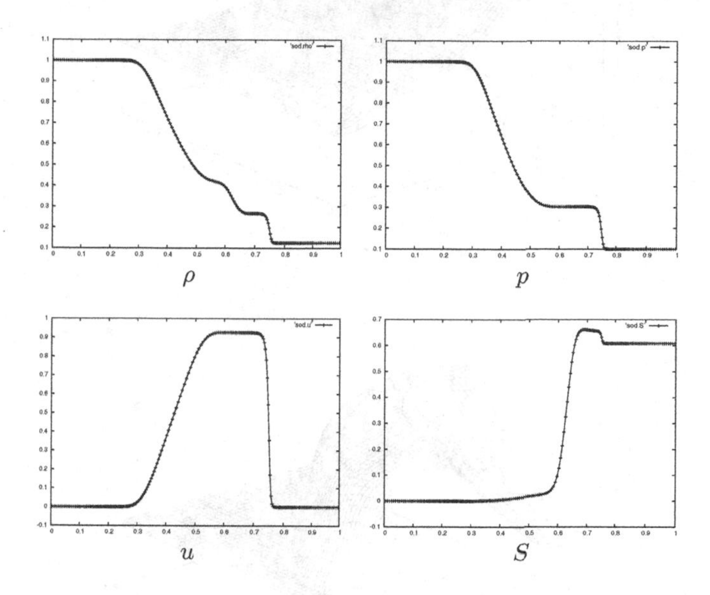

Fig. 5.15. Cas test de Sod. Schéma ALE (Lagrange plus projection sur une grille mobile). 200 mailles. Temps final $t = 0.14$.

5.6 Un résultat numérique en dimension deux d'espace

On présente un résultat numérique pour un problème de Sod en dimension deux d'espace, calculé avec le schéma Lagrange+projection et avec splitting directionnel. On notera que l'inégalité entropique discrète est encore vraie même en dimension deux (ou plus).

La donné initiale est celle du tube à choc de Sod (5.26) de part et d'autre de la ligne $\sqrt{x^2 + y^2} = 0,5$. Le phénomène de lissage de la discontinuité de contact particulièrement évident pour la masse volumique ρ.

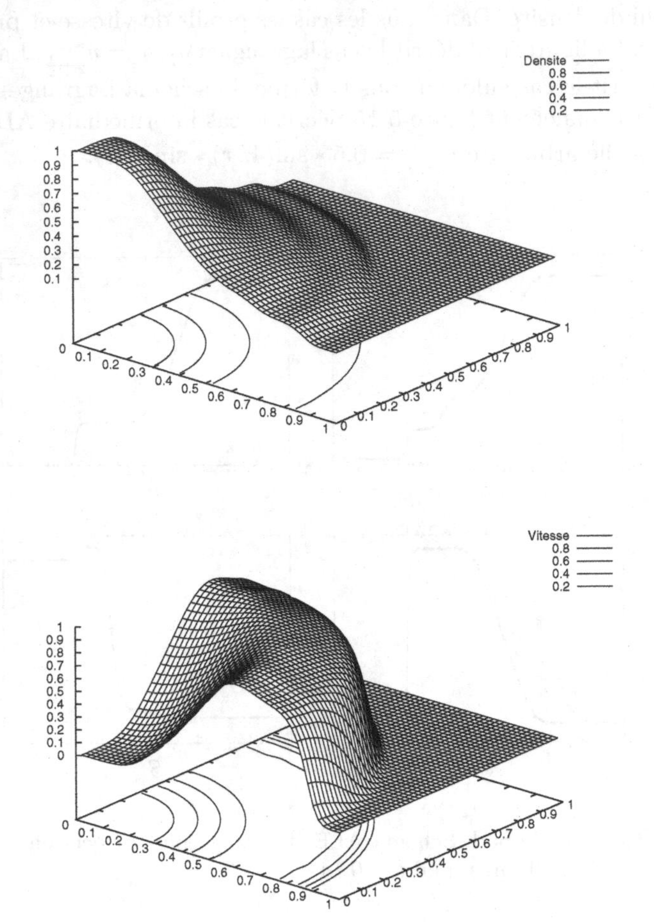

Fig. 5.16. Masse volumique ρ et vitesse $\sqrt{u^2+v^2}$ à $T=0.2$. On comparera avec le résultat de la figure 7.17 calculé en Lagrangien

5.7 Exercices

Exercice 34

Montrer que l'air se comprime d'au plus un facteur 6 sous choc plan.

Exercice 35

Soit une colonne d'air homogène initialement au repos qui si détend dans la vide. Montrer que la vitesse de la tête de détente est $5c_0$ où c_0 est la vitesse de son dans l'air à $t=0$.

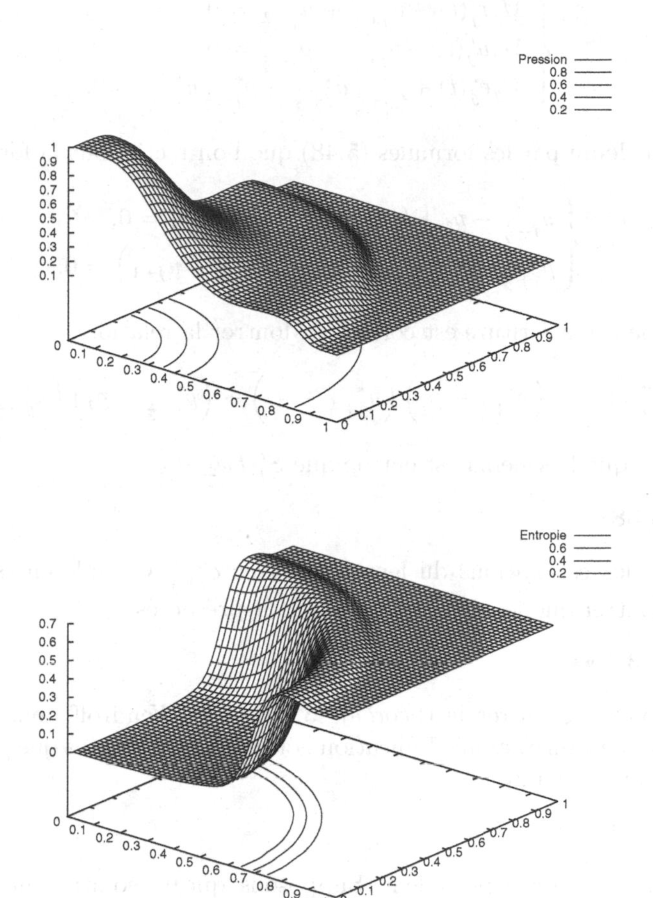

Fig. 5.17. Pression p et entropie S à $T = 0.2$

Exercice 36 •

Montrer que $A = \nabla_U f(U)$ est homogène de degré zéro en U pour le système de la dynamique des gaz avec une loi de gaz parfait. En déduire que $(\partial_x A)U = 0$. A quoi ressemblerait le flux du schéma de Roe si on négligeait le terme $(\partial_x A)U$ dans la construction ? Ce type de schéma porte le nom de schéma de flux.

Exercice 37

Cet exercice est une version simplifiée du lemme 45. Soit le schéma lagrangien semi-discret (c'est à dire continu en temps)

$$\begin{cases} M_j\tau_j'(t) - u^*_{j+\frac12} + u^*_{j-\frac12} = 0, \\ M_ju_j'(t) + p^*_{j+\frac12} - p^*_{j-\frac12} = 0, \\ M_je_j'(t) + p^*_{j+\frac12}u^*_{j+\frac12} - p^*_{j-\frac12}u^*_{j-\frac12} = 0. \end{cases}$$

Le flux est défini par les formules (5.48) que l'on récrit sous la forme

$$\begin{cases} p^*_{j+\frac12} - p_j + (\rho c)_{j+\frac12}\left(u^*_{j+\frac12} - u_j\right) = 0, \\ p^*_{j+\frac12} - p_{j+1} - (\rho c)_{j+\frac12}\left(u^*_{j+\frac12} - u_{j+1}\right) = 0. \end{cases}$$

Vérifier que cette écriture est correcte. Montrer la relation

$$M_jT_jS_j'(t) = -\left(p^*_{j+\frac12} - p_j\right)\left(u^*_{j+\frac12} - u_j\right) + \left(p^*_{j-\frac12} - p_j\right)\left(u^*_{j-\frac12} - u_j\right).$$

En déduire que le schéma est entropique $S_j'(t) \geq 0$.

Exercice 38

Reprendre les estimations du lemme 45 avec $c^n_{j+\frac12}$ variable en espace et en temps. Montrer que les divers résultats sont préservés.

Exercice 39 ••

Énoncer puis démontrer le théorème 3.4 de Lax-Wendroff pour un schéma numérique pour un système. Indication : on supposera de plus que $||U_{\Delta x}||_{L^\infty} \leq C$ uniformément en Δx.

Exercice 40 •

On reprend l'exercice précédent. Supposons que la solution numérique du schéma Lagrange+projection converge raisonnablement vers une limite pour $\Delta x \to 0$. Montrer que la limite est une solution faible entropique pour la dynamique des gaz.

Exercice 41

Écrire et étudier le schéma Lagrange+projection pour le système de St-Venant.

Exercice 42

Écrire et étudier un schéma ALE pour le modèle LWR.

5.8 Notes bibliographiques

Le schéma de Roe est issu de [R81]. De nombreuses modifications existent, voir [T97, L92, GR96]. La partie lagrangienne du schéma Lagrange projeté a été construite et reconstruite maintes fois à partir d'approche très diverses. Le solveur dans la phase Lagrange prend aussi le nom de solveur acoustique, voir [GZIKP79, M94]. Un lien entre les méthodes eulériennes et lagrangiennes est fait dans [G03]. On consultera aussi les ouvrages [AG01] et [EGH00] pour deux points de vue complémentaires sur les méthodes de résolution pour les problèmes non linéaires issus de la mécanique des fluides. Nous renvoyons aux travaux de [H06] pour une définition de certains méthodes optimales de définition d'une grille mobile ALE.

6

Solveurs lagrangiens à un état et à deux états

Dasn cette section nous analysons en détail deux solveurs pour les systèmes lagrangiens (4.81) en dimension un d'espace

$$\partial_t U + \partial_m \begin{pmatrix} M\Psi \\ -\frac{1}{2}(\Psi, M\Psi) \end{pmatrix} = 0. \tag{6.1}$$

En variable lagrangienne un tel système partage une structure commune avec le système de la dynamique des gaz lagrangien. Cela permet de généraliser immédiatement le schéma numérique (5.38). La phase de projection (5.42) ne posant pas de problème particulier, on se concentrera dans ce chapitre uniquement sur la discrétisation du système lagrangien (6.1). Le mode de constrution se fera en partant de la solution du problème de Riemann linéarisé, ce qui est un des modes principaux de construction de solveurs numériques pour les systèmes de lois de conservation. Nous verrons étudierons deux façons légèrement différentes pour construire la solution du problème Riemann linéarisé ce qui donnera lieu à deux solveurs différents.

Etant donné un état droit **D** et un état gauche **G**, le premier solveur appliqué à la dynamique des gaz s'écrit

$$\begin{cases} p^* = \dfrac{p_G + p_D}{2} + \dfrac{\rho^* c^*}{2}(u_G - u_D), \\ u^* = \dfrac{u_G + u_D}{2} + \dfrac{1}{2\rho^* c^*}(p_G - p_D), \end{cases} \tag{6.2}$$

où $\rho^* c^*$ est une approximation locale de l'impédance acoustique, par exemple

$$\rho^* c^* = \frac{1}{2}(\rho_G c_G + \rho_D c_D).$$

On retrouvera alors le solveur (5.34) que nous appellerons solveur à un état. Le deuxième solveur prend explicitement en compte les deux états différents pour la construction du problème de Riemann linéarisé pour le système de la dynamique des gaz compressibles. Il s'écrit

B. Després, *Lois de Conservations Eulériennes, Lagrangiennes et Méthodes Numériques*, Mathématiques et Applications, DOI 10.1007/978-3-642-11657-5_6,

$$\begin{cases} p^* = \dfrac{\rho_D c_D p_G + \rho_G c_G p_D}{\rho_G c_G + \rho_D c_D} + \dfrac{\rho_G c_G \rho_D c_D}{\rho_G c_G + \rho_D c_D}(u_G - u_D), \\ u^* = \dfrac{\rho_G c_G u_G + \rho_D c_D u_D}{\rho_G c_G + \rho_D c_D} + \dfrac{1}{\rho_G c_G + \rho_D c_D}(p_G - p_D). \end{cases} \tag{6.3}$$

Pour la dynamique des gaz compressibles, ce solveur dit aussi solveur acoustique est identique à un solveur de Godounov linéarisé [GZIKP79]. Nous l'appellerons aussi solveur à deux états pour des raisons évidentes. Nous montrerons que le solveur (6.3) est préférable car sa condition CFL est moins restrictive dans le cas où les impédances acoustiques $\rho_G c_G$ et $\rho_D c_D$ sont très différentes. On a mieux : la condition CFL du solveur (6.3) est moins restrictive que la condition CFL de tout solveur qui peut se construire à partir de la résolution approchée du problème de Riemann. Donc pour ce critère, les formules (6.3) sont optimales dans une classe très large de méthodes numériques. On peut se demander si cela a une influence sur la précision de la solution numérique. La pratique tend à montrer que la solution numérique calculée avec 6.3) est plus précise que la solution numérique calculée avec 6.2).

La situation est la même dans le cas général. Nous montrerons que le solveur à deux états est toujours optimal pour des considérations de pas de temps. Cela constituera le résultat théorique central de ce chapitre. Nous aurons alors fait le lien entre la solution du problème de Riemann linéarisé pour le système (6.1) et la construction de méthodes numériques qui vérifient par construction une inégalité d'entropie discrète.

6.1 Solution du problème de Riemann linéarisé

Pour les systèmes lagrangiens (6.1) on peut calculer assez facilement une solution approchée du problème de Riemann entre un état gauche U_G et un état droit U_D. De manière schématique le flux de la solution du problème de Riemann linéarisé est représentée dans la figure 6.1. La solution du problème de Riemann est constituée d'un nombre fini d'ondes de type détente ou discontinuités qui partent vers la droite, d'un nombre fini d'ondes de type détente ou discontinuités qui partent vers la gauche, et d'une discontinuité de contact stationnaire (associée à la valeur propre nulle en coordonnées de Lagrange). Sur la figure 6.1 nous n'avons représenté que trois types d'ondes à gauche et à droite.

A la discontinuité de contact stationnaire ($\sigma = 0$) nous avons l'équation

$$\begin{pmatrix} M\Psi_D - M\Psi_G \\ -\frac{1}{2}(\Psi_D, M\Psi_D) + \frac{1}{2}(\Psi_G, M\Psi_G) \end{pmatrix} = 0.$$

Il s'ensuit que $M\Psi$ est continu de part et d'autre de la discontinuité de contact stationnaire. Nous notons $(M\Psi)^*$ cette valeur. Notons que Ψ n'est pas nécessairement continu de part et d'autre de la discontinuité de contact sauf si M est inversible.

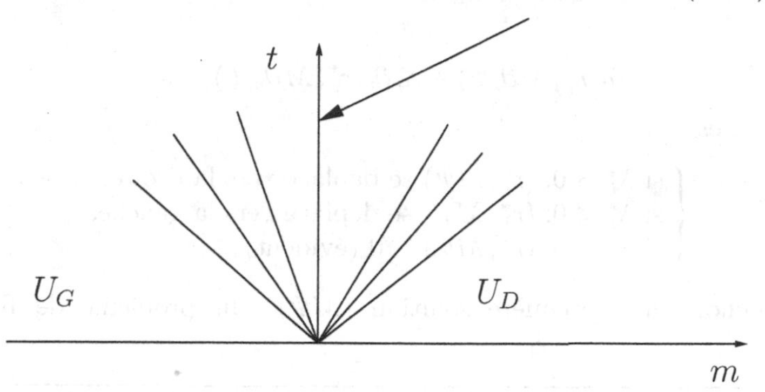

Fig. 6.1. Schéma de principe de la solution du problème de Riemann pour un système lagrangien

Dans ce qui suit, nous linéarisons les équations (6.1) pour trouver une valeur approchée pour $(M\Psi)^*$. Ces équations linéarisées sont

$$-D\partial_t\Psi + M\partial_m\Psi = 0, \quad D \text{ métrique de l'enthalpie} \tag{6.4}$$

ainsi que $\partial_t S = 0$.

6.1.1 Solution à un état intermédiaire

Dans (6.4) la matrice M est fixe, seule D dépend des inconnues. On commence par figer D en un état intermédiaire D^* entre les valeurs gauche et droite. La détermination précise de cet état intermédiaire importe peu en première approche. Par exemple

$$D^* = \frac{1}{2}(D_{\text{à gauche}} + D_{\text{à droite}}) = (D^*)^t > 0$$

convient. Le système linéarisé que nous considérons est

$$-D^*\partial_t\Psi + M\partial_m\Psi = 0. \tag{6.5}$$

A présent les deux matrices du système sont fixes ce qui permet une résolution exacte. Soient $(-\lambda_i^*, r_i^*)$ les couples valeur propre-vecteur propre de M dans la métrique de l'enthalpie D^* pour cette détermination particulière

$$Mr_i^* = -\lambda_i^* D^* r_i^*.$$

Les (r_i^*) forment une base orthogonale dans la métrique D^* : $(r_i^*, D^* r_j) = \delta_{ij}$. Effectuons le produit scalaire de (6.5) contre un vecteur propre $\lambda_i^* r_i^*$ pour une valeur propre non nulle $\lambda_i^* \neq 0$. On a

$$-\lambda_i^*(r_i^*, D^*\partial_t\Psi) + \lambda_i^*(r_i^*, M\partial_m\Psi) = 0$$

soit

$$\partial_t(r_i^*, M\partial_x\Psi) + \lambda_i^*\partial_t(r_i^*, M\partial_m\Psi) = 0.$$

La solution est

$$\begin{cases} \text{si } \lambda_i^* > 0, (r_i^*, M\Psi) \text{ se déplace vers la droite,} \\ \text{si } \lambda_i^* < 0, (r_i^*, M\Psi) \text{ se déplace vers la gauche,} \\ \text{si } \lambda_i^* = 0, (r_i^*, M\Psi) = 0 \text{ (évident).} \end{cases}$$

Nous obtenons une première solution $(M\Psi)^*$ du problème de Riemann linéarisé.

Cette première solution est obtenue comme solution d'un système linéaire inversible

$$\begin{cases} (r_i^*, (M\Psi)^*) = (r_i^*, M\Psi_G) \text{ pour } \lambda_i^* > 0, \\ (r_i^*, (M\Psi)^*) = (r_i^*, M\Psi_D) \text{ pour } \lambda_i^* < 0, \\ (r_i^*, (M\Psi)^*) = 0 \qquad\qquad \text{ pour } \lambda_i^* = 0. \end{cases} \tag{6.6}$$

Compte tenu de l'orthonormalité des vecteurs propres, $(r_i^*, D^*r_j) = \delta_{ij}$, la solution est

$$(M\Psi)^* = \sum_{\lambda_i^*>0} (r_i^*, M\Psi_G)D^*r_i^* + \sum_{\lambda_i^*<0} (r_i^*, M\Psi_D)D^*r_i^*. \tag{6.7}$$

Par exemple considérons la dynamique des gaz compressible en dimension un d'espace. On a $D^* = \begin{pmatrix} \frac{1}{(\rho^*c^*)^2} & 0 \\ 0 & 1 \end{pmatrix}$ et $M = \begin{pmatrix} 0 & 1 \\ 1 & 0 \end{pmatrix}$. Les valeurs propres non normalisées du problème $Mr = -\lambda D^*r$ sont données par

$$\det \begin{pmatrix} \frac{\lambda}{(\rho^*c^*)^2} & 1 \\ 1 & \lambda \end{pmatrix} = \frac{\lambda^2}{(\rho^*c^*)^2} - 1 = 0.$$

Donc $\lambda^+ = \rho^*c^*$ et $\lambda^- = \rho^*c^*$ comme il se doit. Les vecteurs propres sont $r^+ = (\rho^*c^*, -1)$ et $r^- = (\rho^*c^*, 1)$. Posons avec des notations naturelles

$$(M\Psi)^* = \begin{pmatrix} -u^* \\ p^* \end{pmatrix}.$$

Le système (6.6) devient

$$\begin{cases} \rho^*c^*(-u^*) - p^* = \rho^*c^*(-u_G) - p_G, \\ \rho^*c^*(-u^*) + p^* = \rho^*c^*(-u_D) + p_D. \end{cases} \tag{6.8}$$

La solution est (6.2). Nous retrouvons les formules qui ont été utilisées pour le flux numérique lagrangien (5.34).

Il est possible d'utiliser le schéma de Roe pour la formulation lagrangienne et de retrouver ces formules (à quelques modifications mineures près sans importance). Au plan des principes la méthode de Roe consiste à déterminer tout d'abord un état intermédiaire unique puis à prendre la Jacobienne du flux dans cet état intermédiaire pour construire une solution approchée du problème de Riemann. C'est bien une méthode de ce type qui vient d'être utilisée.

Notons que le flux est ici construit à partir d'une approche différente de la méthode avec splitting de matrice (5.31). C'est en fait une écriture différente. Le lien entre les deux approches sera établi au lemme 53 dans un cadre plus général.

6.1.2 Solution à deux états

La première solution du problème de Riemann linéarisé recèle un arbitraire dans le choix de la matrice D^*. Dans le cas où les états gauche et droit sont proches, on conçoit que prendre la demi-somme des valeurs gauche et droite convient très probablement. Cependant si les états gauche et droit sont très différents, il n'est pas évident de choisir la matrice D^*. La deuxième solution[1], que nous détaillons ci-après, lève cette indétermination.

Soit (s_i^*) la famille constituée des vecteurs propres du problème à gauche pour les valeurs propres strictement positives

$$s_i^* = r_i^G \ : \qquad Mr_i^G = -\lambda_i^G D^G r_i^G, \quad \lambda_i^G > 0,$$

des vecteurs propres du problème à droite pour les valeurs propres strictement négatives

$$s_i^* = r_i^D \ : \qquad Mr_i^D = -\lambda_i^D D^D r_i^D, \quad \lambda_i^D < 0,$$

et des vecteurs propres associés à la valeur propre nulle

$$s_i^* = r_i* \ : \qquad Mr_i^* = 0.$$

Le nombre des vecteurs de cette famille est bien égal à la taille des systèmes matriciels considérés (soit $n-1$ avec nos notations), car le nombre de valeurs propres positives, négatives ou nulles du problème aux valeurs propres $Mr = -\lambda Dr$ ne dépend pas de la matrice $D = D^t > 0$.

[1] Cette solution est en quelque sorte compatible avec la solution du problème de Riemann où on a gelé la matrice D à gauche et à droite

$$-D^*(x)\partial_t \Psi + M\partial_x \Psi = 0, \quad D^*(x) = D_G \; x < 0, \quad D^*(x) = D_D \; x > 0.$$

Cependant il faut noter que cette équation est une équation à coefficients discontinus, pour laquelle la détermination d'une solution exacte est un point délicat que nous ne désirons pas aborder. C'est la raison pour laquelle on privilégie une extension directe des formules (6.6) sous la forme (6.9).

Une deuxième solution approchée possible pour le problème de Riemann linéarisé est donnée par

$$\begin{cases} (r_i^G, (M\Psi)^*) = (r_i^G, M\Psi_G) & \text{pour } \lambda_i^G > 0, \\ (r_i^D, (M\Psi)^*) = (r_i^D, M\Psi_D) & \text{pour } \lambda_i^D < 0, \\ (r_i^*, (M\Psi)^*) = 0 & \text{pour } Mr_i^* = 0. \end{cases} \quad (6.9)$$

Par rapport à (6.6) on a décentré les vecteurs propres. Le système (6.9) est un système linéaire de $n-1$ équations à $n-1$ inconnues, dont la solution existe et est unique si et seulement si ce système la famille (s_i^*) est libre.

Lemme 51 *La famille de vecteurs (s_i^*) est libre.*

Soit une combinaison linéaire nulle de ces vecteurs

$$0 = \sum_i \alpha_i s_i^* = \sum_{\lambda_i^G > 0} \alpha_i r_i^G + \sum_{\lambda_i^D < 0} \alpha_i r_i^D + \sum_{Mr_i^* = 0} \alpha_i r_i^*. \quad (6.10)$$

Soit le vecteur z défini par $z = \sum_{\lambda_i^G > 0} \alpha_i r_i^G + \sum_{Mr_i^*=0} \alpha_i r_i^*$ ou $z = -\sum_{\lambda_i^D < 0} \alpha_i r_i^D$. Nous calculons la quantité (z, Mz) en utilisant les deux expressions différentes pour z. Premièrement les vecteurs (r_i^G, r_i^*) sont tous des vecteurs propres du problème $Mr_i^G = -\lambda_i^G D^G r_i^G$. Sous l'hypothèse d'orthonormalisation

$$(r_i^G, D^G r_i^G) = \delta_{ij}$$

on a

$$(z, Mz) = \left(\sum_{\lambda_i^G > 0} \alpha_i r_i^G + \sum_{Mr_i^*=0} \alpha_i r_i^*, M \left(\sum_{\lambda_i^G > 0} \alpha_i r_i^G + \sum_{Mr_i^*=0} \alpha_i r_i^* \right) \right)$$

$$= \left(\sum_{\lambda_i^G > 0} \alpha_i r_i^G + \sum_{Mr_i^*=0} \alpha_i r_i^*, \sum_{\lambda_i^G > 0} \alpha_i \lambda_i^G D^G r_i^G \right) = -\sum_{\lambda_i^G > 0} \lambda_i^G |\alpha_i|^2 \neq 0.$$

De même

$$(z, Mz) = \left(\sum_{\lambda_i^D < 0} \alpha_i r_i^D, M \left(\sum_{\lambda_i^D < 0} \alpha_i r_i^D \right) \right) = -\sum_{\lambda_i^D < 0} \lambda_i^D |\alpha_i|^2 \geq 0.$$

Donc $(z, Mz) = 0 = -\sum_{\lambda_i^G > 0} \lambda_i^G |\alpha_i|^2 = -\sum_{\lambda_i^D < 0} \lambda_i^D |\alpha_i|^2$. De plus $\alpha_i = 0$ pour les indices i tels que $\lambda_i^G > 0$ ou $\lambda_i^D < 0$. L'équation (6.10) se simplifie $0 = \sum_i \alpha_i r_i^*$ dont la solution est $\alpha_i = 0$ car les r_i^* ont été choisis linéairement indépendants. La preuve est terminée.

Reprenons l'**exemple de la dynamique des gaz**. Le système linéaire (6.8) devient

$$\begin{cases} \rho_G c_G(-u^*) - p^* = \rho_G c_G(-u_G) - p_G, \\ \rho_D c_D(-u^*) + p^* = \rho_D c_D(-u_D) + p_D. \end{cases} \tag{6.11}$$

La solution est à présent donnée par les formules (6.3). Cette solution est égale à (6.2) pour des coefficients gauche et droit égaux. A présent la pression p^* est une moyenne des pressions plus un terme de différence de vitesses. De même la vitesse u^* est une moyenne des vitesses plus une différence de pressions. Les coefficients numériques qui servent à calculer ces moyennes sont différents dans les expressions de p^* et u^*. Ce flux prend le nom de **solveur acoustique**.

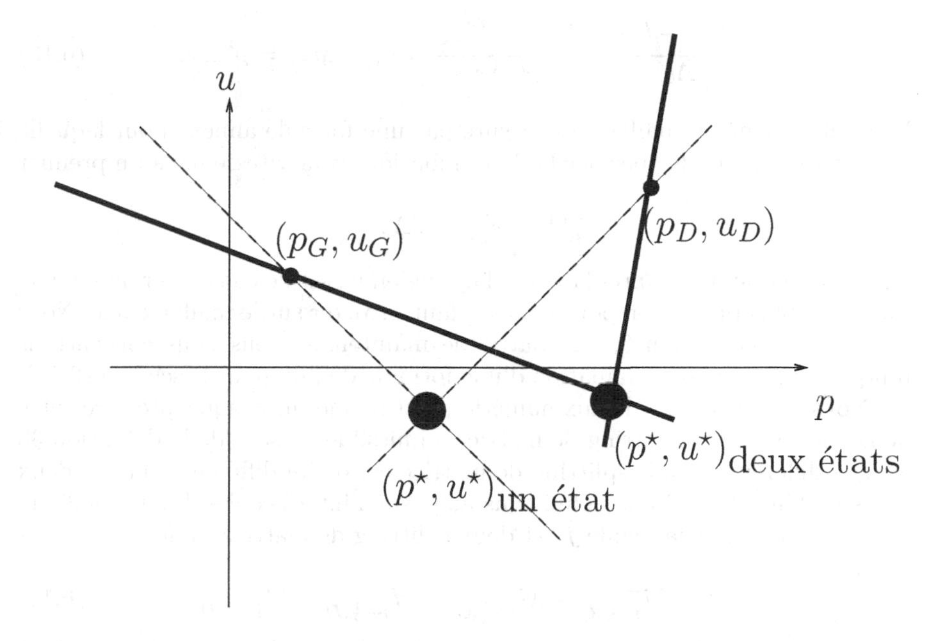

Fig. 6.2. Interprétation graphique des solveurs à un état (6.8) et à deux états (6.11). Le flux est le point d'intersection de deux droites, qui sont de même pente en valeur absolue pour le solveur à un état (6.8), et de pentes différentes en valeur absolue pour le solveur à deux états (6.11). Ici $\rho_D c_D > \rho_G c_G$.

Il est difficile d'identifier directement les formules (6.3) à une application du schéma de Roe car nous avons utilisé deux états différents (G et D) et deux jeux d'invariants de Riemann différents (les r_i^G et les r_i^D) pour la construction du flux. C'est différent de la méthode de Roe qui utilise un seul état intermédiaire. Les flux (6.3) ne peuvent pas se mettre sous la forme (6.2) sauf dans des cas particuliers ou si $\rho_G c_G = \rho_D c_D$. Nous verrons par la suite que cette deuxième solution est optimale pour des considérations de pas de temps.

6.2 Discrétisation numérique

Soit le système lagrangien

$$\partial_t U + \partial_m \begin{pmatrix} M\Psi \\ -\frac{1}{2}(\Psi, M\Psi) \end{pmatrix} = 0 \tag{6.12}$$

avec l'entropie strictement concave $U \mapsto S(U)$. Soit le schéma numérique

$$\frac{U_j^{k+1} - U_j^k}{\Delta t} + \frac{f_{j+\frac{1}{2}}^k - f_{j-\frac{1}{2}}^k}{\rho_j^n \Delta x} = 0, \quad \Delta m_j^k = \rho_j^k \Delta x. \tag{6.13}$$

Le déplacement du maillage est assuré par une formule annexe pour laquelle il n'est pas besoin de spécifier la détermination de la vitesse dans un premier temps

$$x_{j+\frac{1}{2}}^{k+1} = x_{j+\frac{1}{2}}^k + \Delta u_{j+\frac{1}{2}}^k.$$

Une autre possibilité, après la phase lagrangienne, est de considérer un schéma Lagrange plus projection pour lequel il faut projeter sur le maillage fixe. Nous renvoyons à la section 5.4. A partir de maintenant nous nous concentrons uniquement sur la détermination d'une formule de flux pour le schéma (6.13).

Nous supposons que le flux numérique est donné sur chaque interface entre deux mailles par le splitting de matrice admissible au sens de la définition 33 avec la différence que le splitting de matrice est défini différemment des deux côtés de l'interface. Nous définissons ainsi sur l'interface $j + \frac{1}{2}$ intermédiaire entre la maille j et la maille $j+1$ deux splitting de matrices différents sur les bords

$$M = M_{j+\frac{1}{2},G}^+ + M_{j+\frac{1}{2},G}^- = M_{j+\frac{1}{2},D}^+ + M_{j+\frac{1}{2},D}^-. \tag{6.14}$$

Pour l'instant ces deux splitting de matrices sont *a priori* différents. Nous allons définir un schéma qui s'appuie sur ces matrices, puis nous déterminerons un choix optimal de ces deux matrices.

6.2.1 Autre mode de construction du flux numérique

Nous allons donner un autre mode de construction des flux numériques (6.6) et (6.9). Au lieu de les construire comme solution d'un système linéaire, nous allons en donner une représentation avec la méthode du splitting de matrices mieux adaptée à l'étude de l'inégalité d'entropie.

Commençons par simplifier les notations : l'indice d'itération k est abandonné, de même que les indices j, $j + \frac{1}{2}$ et $j+1$. Par convention ce qui correspond à la maille j sera noté G (pour état gauche), ce qui correspond à la maille $j+1$ sera noté D (pour état droite) et le flux sur l'interface sera noté avec une * (en conformité avec les notations pour le problème de Riemann linéarisé). Avec ces notations les splitting (6.14) se récrivent sous la forme

$$M = M_G^+ + M_G^- = M_D^+ + M_D^-. \tag{6.15}$$

Le flux $f_{j+\frac{1}{2}}^k = f^*$ que nous allons étudier s'écrit sous la forme générique

$$f^* = \begin{pmatrix} a^* \\ b^* \end{pmatrix}, \quad a^* \in \mathbb{R}^{n-1}, \quad b \in \mathbb{R}. \tag{6.16}$$

Nous supposons l'existence des **états auxiliaires** $\widetilde{\Psi}_G$ et $\widetilde{\Psi}_D$ tels que

$$\begin{aligned} a^* &= M_G^+ \widetilde{\Psi}_D + M_G^- \Psi_G = M_D^+ \Psi_D + M_D^- \widetilde{\Psi}_G, \\ b^* &= -\tfrac{1}{2}(\widetilde{\Psi}_D, M_G^+ \widetilde{\Psi}_D) - \tfrac{1}{2}(\Psi_G, M_G^- \Psi_G) \\ &\qquad = -\tfrac{1}{2}(\Psi_D, M_D^+ \Psi_D) - \tfrac{1}{2}(\widetilde{\Psi}_G, M_D^- \widetilde{\Psi}_G). \end{aligned} \tag{6.17}$$

Cela revient à demander à a^* et b^* d'être compatible avec les deux splitting de matrices (6.14).

Les formules (6.17) expriment des relations de compatibilité dont il faut déterminer les solutions possibles.

Lemme 52 *Pour des splitting identiques $M_G^+ = M_D^+$ et $M_G^- = M_D^-$, une solution de (6.17) est donnée par*

$$\widetilde{\Psi}_G = \Psi_D \text{ et } \widetilde{\Psi}_D = \Psi_G \qquad (\textit{évident}).$$

Dans le cas de deux splitting identiques on retrouve donc le flux (5.31) pour lequel la propriété de croissance de l'entropie $S\left(U_j^{k+1}\right) \geq S\left(U_j^k\right)$ est assurée sous une condition CFL qui est détaillée dans le lemme 45. Le cas nouveau correspond à des splitting de matrices différents. Nous allons faire une hypothèse supplémentaire : **les deux splitting de matrices sont compatibles avec la résolution d'un de type problème de Riemann linéarisé de part et d'autre de l'interface**.

Cela revient à choisir deux matrices symétriques définies positives arbitraires pour l'instant que nous noterons

$$\widetilde{D}_G = \left(\widetilde{D}_G\right)^t > 0, \quad \widetilde{D}_D = \left(\widetilde{D}_D\right)^t > 0,$$

puis à diagonaliser la matrice M séparément dans chacune de deux métriques induites, et enfin à en déduire les splitting.

Par exemple le choix

$$\widetilde{D}_G = \widetilde{D}_D = \left(\frac{1}{(\rho^* c^*)^2} \right) \tag{6.18}$$

correspond au schéma à un état (6.2-6.8). L'autre choix naturel

$$\widetilde{D}_G = \begin{pmatrix} \frac{1}{(\rho_G c_G r)^2} & 0 \\ 0 & 1 \end{pmatrix} \text{ et } \widetilde{D}_D = \begin{pmatrix} \frac{1}{(\rho_D c_D r)^2} & 0 \\ 0 & 1 \end{pmatrix} \tag{6.19}$$

correspond au schéma à deux états (6.3-6.11).

Dans le cas général les valeurs propres et vecteurs propres orthonormalisés à gauche sont

$$M r_i^G = -\lambda_i^G \widetilde{D}_G r_i^G, \quad \left(r_{i'}^G, \widetilde{D}_G r_i^G \right) = \delta_{ii'}.$$

Les valeurs propres et vecteurs propres orthonormalisés à droite sont

$$M r_i^D = -\lambda_i^D \widetilde{D}_D r_i^D, \quad \left(r_{i'}^D, \widetilde{D}_D r_i^D \right) = \delta_{ii'}.$$

Les splitting de matrices correspondants sont respectivement : à gauche

$$M_G^+ = \sum_{\lambda_i^G > 0} \lambda_i^G \left(\widetilde{D}_G r_i^G \right) \otimes \left(\widetilde{D}_G r_i^G \right), \quad M_G^- = \sum_{\lambda_i^G < 0} \lambda_i^G \left(\widetilde{D}_G r_i^G \right) \otimes \left(\widetilde{D}_G r_i^G \right) ; \tag{6.20}$$

et à droite

$$M_D^+ = \sum_{\lambda_i^D > 0} \lambda_i^D \left(\widetilde{D}_D r_i^D \right) \otimes \left(\widetilde{D}_D r_i^D \right), \quad M_D^- = \sum_{\lambda_i^D < 0} \lambda_i^D \left(\widetilde{D}_D r_i^D \right) \otimes \left(\widetilde{D}_D r_i^D \right), \tag{6.21}$$

Par convention les vecteurs propres de M associés à la valeur propre nulle sont notés r_i^*

$$M r_i^* = 0.$$

Lemme 53 *Sous les hypothèses (6.20-6.21), le flux f^* défini par le splitting de matrices et les états auxiliaires (6.16-6.17) existe et est unique. Le vecteur a^* est la solution du système linéaire qui caractérise les flux à deux états (6.9)*

$$\begin{cases} (r_i^G, a^*) = (r_i^G, M\Psi_G) & \text{pour } \lambda_i^G > 0, \\ (r_i^D, a^*) = (r_i^D, M\Psi_D) & \text{pour } \lambda_i^D < 0, \\ (r_i^*, a^*) = 0 & \text{pour } \lambda_i^* = 0. \end{cases} \tag{6.22}$$

On a montré l'inversibilité de ce système linéaire, à la différence près que les matrices D^G et D^D sont remplacées par des matrices $\widetilde{D}^G$ et $\widetilde{D}^D$ pour l'instant indéterminées. Les petites difficultés techniques dans la preuve proposée sont une conséquence du fait que la matrice M n'est pas nécessairement inversible. Si M est inversible, il est possible de simplifier.

Commençons par montrer les formules (6.22). On effectue le produit scalaire de $a^* = M_G^+\widetilde{\Psi}_D + M_G^-\Psi_G$ par un vecteur r_i^G avec $\lambda_i^G > 0$. On a

$$(r_i^G, a^*) = \left(r_i^G, M_G^+\widetilde{\Psi}_D\right) + \left(r_i^G, M_G^-\Psi_G\right)$$

$$= \left(r_i^G, M_G^-\Psi_G\right) = \left(r_i^G, \left(M_G^- + M_G^+\right)\Psi_G\right) = \left(r_i^G, M\Psi_G\right).$$

Cela montre la première ligne de (6.22). La deuxième ligne se montre de façon similaire. La troisième ligne est évidente par symétrie de M.

Montrons que la solution a^* de (6.22) vérifie (6.17). Il suffit dans un premier temps de montrer qu'il est possible de déterminer les états auxiliaires $\widetilde{\Psi}_G$ et $\widetilde{\Psi}_D$ solutions des systèmes linéaires issus de (6.17)

$$a^* - M_G^+\widetilde{\Psi}_D = M_G^-\Psi_G \text{ et } a^* - M_D^+\Psi_D = M_D^-\widetilde{\Psi}_G.$$

On a le résultat : **soit un système linéaire quelconque $Ax = b$. La matrice A n'est pas nécessairement inversible. Il existe une solution x si et seulement si le second membre b est dans l'orthogonal du noyau de la matrice transposée A^t.** Appliquons ce critère au système $M_G^+\widetilde{\Psi}_D = \mathbf{b} = a^* - M_G^-\Psi_G$. Par construction, les éléments du noyau de $M_G^- = \left(M_G^-\right)^t$ sont les vecteurs r_i^G pour $\lambda_i^G > 0$ et les vecteurs r_i^*. La propriété d'orthogonalité de $\mathbf{b}$ est donc vraie grâce aux formules (6.17). Il est possible de trouver un état auxiliaire $\widetilde{\Psi}_G$ solution de $M_G^+\widetilde{\Psi}_D = \mathbf{b} = a^* - M_G^-\Psi_G$.

De même il est possible de trouver un état auxiliaire $\widetilde{\Psi}_D$ solution de $M_D^-\widetilde{\Psi}_G = \mathbf{c} = a^* - M_D^+\Psi_D$.

Construction de Ψ_G^* et Ψ_D^*. Il est utile pour la fin de la preuve de déterminer deux états que nous noterons Ψ_G^* et Ψ_D^*. Le vecteur Ψ_G^* est une solution particulière du système $M\Psi_G^* = a^*$. Cette solution existe puisque a^* est par construction (6.17) dans l'orthogonal des vecteurs propres de la matrice $M = M^t$. Plus précisément on prendra

$$\Psi_G^* = \sum_i \alpha_i^G r_i^G \quad \text{avec} \quad \begin{cases} \alpha_i^G = \left(\Psi_G, \widetilde{D}_G\Psi_G\right), & \lambda_i^G > 0, \\ \alpha_i^G = \left(\widetilde{\Psi}_G, \widetilde{D}_G\widetilde{\Psi}_G\right), & \lambda_i^G < 0, \\ \alpha_i^G = 0, & \lambda_i^G = 0. \end{cases}$$

De même nous définissons

$$\Psi_D^* = \sum_i \alpha_i^D r_i^D \quad \text{avec} \quad \begin{cases} \alpha_i^D = \left(\widetilde{\Psi}_G, \widetilde{D}_D\widetilde{\Psi}_D\right), & \lambda_i^D > 0, \\ \alpha_i^D = \left(\Psi_G, \widetilde{D}_D\Psi_G\right), & \lambda_i^D < 0, \\ \alpha_i^D = 0, & \lambda_i^D = 0, \end{cases}$$

avec $M\Psi_D^* = a^* = M\Psi_G^*$.

Fin de la preuve pour b^*. Nous calculons $(\Psi_G^*, M\Psi_G^*)$ de deux manières différentes. On a tout d'abord

$$(\Psi_G^*, M\Psi_G^*) = \left(\sum_i \alpha_i^G r_i^G, M\left(\sum_i \alpha_i^G r_i^G\right)\right) \tag{6.23}$$

$$= \sum_i \lambda_i^G (\alpha_i^G)^2 = (\Psi_G, M_G^- \Psi_G) + \left(\widetilde{\Psi}_G, M_G^- \widetilde{\Psi}_G\right)$$

dans lequel nous retrouvons la première expression de b^* telle qu'elle est définie dans (6.17)

$$(\Psi_G^*, M\Psi_G^*) = b^*.$$

D'autre part Ψ_G^* et Ψ_D^* diffèrent au plus d'un vecteur présent dans le noyau de M car $M(\Psi_G^* - \Psi_D^*) = 0$. Donc $\Psi_D^* = \Psi_G^* + r^*$ avec $Mr^* = 0$, et

$$(\Psi_D^*, M\Psi_D^*) = (\Psi_G^* + r^*, M(\Psi_G^* + r^*)) = (\Psi_G^*, M\Psi_G^*) = b^*.$$

En reprenant (6.23) à droite cette fois ci, on obtient

$$(\Psi_D^*, M\Psi_D^*) = \left(\widetilde{\Psi}_D, M_D^- \widetilde{\Psi}_D\right) + (\Psi_D, M_D^- \Psi_D).$$

Nous retrouvons la deuxième expression de b^* telle qu'elle est définie dans (6.17). La preuve est terminée.

Une nouvelle fois tout ceci se simplifie grandement dans le cas M inversible.

Lemme 54 *Supposons la matrice M inversible. Alors $b^* = -\frac{1}{2}\left(a^*, M^{-1}a^*\right)$.*

Dans ce cas $\Psi_G^* = \Psi_D^* = M^{-1}a^*$. Donc $b^* = -\frac{1}{2}(\Psi_G^*, M\Psi_G^*) = -\frac{1}{2}(a^*, M^{-1}a^*)$. La preuve est terminée.

Lemme 55 *Supposons la matrice M non inversible. Soit c^* une solution de $Mc^* = a^*$. Alors $b^* = -\frac{1}{2}(c^*, a^*)$.*

Commençons par montrer qu'il est possible de trouver un c^* solution de $Mc^* = a^*$. C'est en fait évident car a^* est par construction dans l'orthogonal des éléments du noyau de $M = M^t$. En reprenant la fin de la preuve du lemme 53, on obtient que $c^* = \Psi_G^* + r^*$ avec $Mr^* = 0$. D'où

$$(c^*, a^*) = (c^*, Mc^*) = (\Psi_G^* + r^*, M(\Psi_G^* + r^*)) = (\Psi_G^*, M\Psi_G^*) = b^*.$$

On peut se demander comment déterminer **pratiquement** a^* et b^* dans le cas général. Pour a^* il suffit de résoudre tout système linéaire équivalent à (6.22). Pour b^* deux cas se présentent. Soit M est inversible auquel cas la formule du lemme 54 répond à la question. Soit M n'est pas inversible, alors on peut commencer par utiliser toute méthode qui fait l'affaire pour calculer un c^* puis par utiliser directement la formule du lemme 55.

Notons une propriété évidente de consistance du flux numérique.

Lemme 56 *Supposons que $\Psi_G = \Psi_D = \Psi$. Alors $a^* = M^\Psi$ et $b^* = -\frac{1}{2}(\Psi, M\Psi)$. Donc $f^* = f(U_G) = f(U_D)$.*

6.2.2 Propriété entropique

Pour mettre en oeuvre le schéma (6.13), il suffit donc de se donner deux matrices symétriques définies positives par maille. Nous notons ces matrices

$$\widetilde{D}^G_{j+\frac{1}{2}} = \left(\widetilde{D}^G_{j+\frac{1}{2}}\right)^t > 0 \text{ et } \widetilde{D}^D_{j-\frac{1}{2}} = \left(\widetilde{D}^D_{j-\frac{1}{2}}\right)^t > 0 \tag{6.24}$$

pour tout maille j. La matrice $\widetilde{D}^G_{j+\frac{1}{2}} D$ sera utilisée pour la construction du flux numérique $f^k_{j+\frac{1}{2}}$ sur le bord gauche de l'interface $j+\frac{1}{2}$ tandis la matrice $\widetilde{D}^D_j$ sera utilisée pour la construction du flux numérique $f^k_{j-\frac{1}{2}}$ sur le bord droit Sur l'interface $j+\frac{1}{2}$. Le flux numérique $f^k_{j+\frac{1}{2}}$ est calculé par l'intermédiaire (6.16-6.17) évaluée avec les matrices

$$\forall j+\frac{1}{2} \ : \widetilde{D}_G = \widetilde{D}^G_{j+\frac{1}{2}} \text{ et } \widetilde{D}_D = \widetilde{D}^D_{j+\frac{1}{2}}. \tag{6.25}$$

Tout l'intérêt des formules avec splitting de matrices et états auxiliaires (6.16-6.17) apparaît dans le lemme suivant.

Théorème 6.1. *Soit le schéma numérique (6.13) pour lequel le flux numérique est construit sur chaque interface $j+\frac{1}{2}$ par les formules des lemmes 53 et 54 ou 55 avec les déterminations (6.24-6.25). Il existe une constante c^k_j telle que si la condition CFL*

$$c^k_j \frac{\Delta t}{\Delta m^k_j} \leq 1$$

est respectée, alors

$$S\left(U^{k+1}_j\right) \geq S\left(U^k_j\right).$$

Il suffit de reprendre point par point la preuve du lemme 45. Les deux seules différences sont que : a) les états Ψ^k_{j+1} et Ψ^k_{j-1} de la preuve du lemme 45 sont remplacés par les états auxiliaires que nous notons **à gauche** $\widetilde{\Psi}^k_{j+1} = \widetilde{\Psi}^G$ et **à droite** $\widetilde{\Psi}^k_{j-1} = \widetilde{\Psi}^D$. Attention aux notations : les $\widetilde{\Psi}^G$ et $\widetilde{\Psi}^D$ sont calculés sur deux interfaces différentes. Posons $g(\alpha) = S\left(U^k_j + \alpha(U^{k+1}_j - U^k_j)\right)$ de sorte que $g(0) = S^n_j$ et $g(1) = S^{k+1}_j$. La formule des accroissements finis au deuxième ordre est $g(1) = g(0) + g'(1) - \frac{1}{2}g''(\theta), \quad \theta \in]0,1[$. Par construction $g'(1) = \left(\nabla_U S(U^{k+1}_j, U^{k+1}_j - U^k_j\right)$ et $g''(\theta) = \left(U^{k+1}_j - U^k_j, \nabla^2_U S(U^\theta_j)(U^{k+1}_j - U^k_j)\right)$ et $U^\theta_j = U^k_j + \theta(U^{k+1}_j - U^k_j)$. Comme la fonction $U \mapsto S(U)$ est strictement concave, on a $-\frac{1}{2}g''(\theta) \geq 0$. Il reste à évaluer $g'(1)$. On note par commodité T l'inverse de la dernière composante du vecteur $\nabla_U S(U)$. On a

$$g'(1) = -\frac{\Delta t}{\Delta m^k_j}\left(\nabla_U S(U^{k+1}_j), f^k_{j+\frac{1}{2}} - f^k_{j-\frac{1}{2}}\right)$$

$$= -\frac{\Delta t}{T_j^{k+1}\Delta m_j^k}\left(\begin{pmatrix}\Psi_j^{k+1}\\ 1\end{pmatrix}, f^k_{j+\frac12} - f^k_{j-\frac12}\right)$$

$$= -\frac{\Delta t}{T_j^{k+1}\Delta m_j^k}$$

$$\times\Big[\left(\Psi_j^{k+1}, M^{G,+}_{j+\frac12}\widetilde{\Psi}^k_{j+1} + M^{G,-}_{j+\frac12}\Psi_j^k\right) - \frac12(\widetilde{\Psi}^k_{j+1}, M^{G,+}_{j+\frac12}\widetilde{\Psi}^k_{j+1}) - \frac12(\Psi^k_j, M^{G,-}_{j+\frac12}\Psi^k_j)$$

$$-\left(\Psi_j^{k+1}, M^{D,+}_{j-\frac12}\Psi^k_j + M^{D,-}_{j-\frac12}\widetilde{\Psi}^k_{j-1}\right) + \frac12(\Psi^k_j, M^{D,+}_{j-\frac12}\Psi^k_j) + \frac12(\widetilde{\Psi}^k_{j-1}, M^{D,-}_{j-\frac12}\widetilde{\Psi}^k_{j-1})\Big]$$

$$= -\frac{\Delta t}{T_j^{k+1}\rho_j^k\Delta x}$$

$$\times\Big[\left(\Psi_j^{k+1}, M^{G,+}_{j+\frac12}\widetilde{\Psi}^k_{j+1} + M^{G,-}_{j+\frac12}\Psi_j^k\right) - \frac12(\widetilde{\Psi}^k_{j+1}, M^{G,+}_{j+\frac12}\widetilde{\Psi}^k_{j+1}) - \frac12(\Psi^k_j, M^{G,-}_{j+\frac12}\Psi^k_j)$$

$$+(\Psi_j^{k+1}, (M^{G,+}_{j+\frac12} + M^{G,-}_{j+\frac12})\Psi_j^{k+1}) - (\Psi_j^{k+1}, (M^{D,+}_{j-\frac12} + M^{D,-}_{j-\frac12})\Psi_j^{k+1})$$

$$-\left(\Psi_j^{k+1}, M^{D,+}_{j-\frac12}\Psi^k_j + M^{D,-}_{j-\frac12}\widetilde{\Psi}^k_{j-1}\right) + \frac12(\Psi^k_j, M^{D,+}_{j-\frac12}\Psi^k_j) + \frac12(\widetilde{\Psi}^k_{j-1}, M^{D,-}_{j-\frac12}\widetilde{\Psi}^k_{j-1})\Big]$$

$$= -\frac{\Delta t}{2T_j^{k+1}\rho_j^k\Delta x}$$

$$\times\Big[-(\widetilde{\Psi}^k_{j+1} - \Psi_j^{k+1}, M^{G,+}_{j+\frac12}(\widetilde{\Psi}^k_{j+1} - \Psi_j^{k+1})) - (\Psi^k_j - \Psi_j^{k+1}, M^{G,-}_{j+\frac12}(\Psi^k_j - \Psi_j^{k+1}))$$

$$+(\Psi^k_j - \Psi_j^{k+1}, M^{D,+}_{j-\frac12}(\Psi^k_j - \Psi_j^{k+1})) + (\widetilde{\Psi}^k_{j-1} - \Psi_j^{k+1}, M^{D,-}_{j-\frac12}(\widetilde{\Psi}^k_{j-1} - \Psi_j^{k+1}))\Big]$$

$$\geq -\frac{\Delta t}{2T_j^{k+1}\rho_j^k\Delta x}$$

$$\times\Big[-(\Psi^k_j - \Psi_j^{k+1}, M^{G,-}_{j+\frac12}(\Psi^k_j - \Psi_j^{k+1})) + (\Psi^k_j - \Psi_j^{k+1}, M^{D,+}_{j-\frac12}(\Psi^k_j - \Psi_j^{k+1})\Big]$$

$$\geq -\frac{\Delta t}{2T_j^{k+1}\rho_j^k\Delta x}(\Psi^k_j - \Psi_j^{k+1}, |M|_j(\Psi^k_j - \Psi_j^{k+1})).$$

On a posé

$$|M|_j = M^{D,+}_{j-\frac12} - M^{G,-}_{j+\frac12}. \tag{6.26}$$

Donc on peut écrire que

$$S_j^{k+1} \geq S_j^n + \frac{1}{T_j^{k+1}}\left(A - \frac{\Delta t}{\Delta m_j^k}B\right) \tag{6.27}$$

où $A = -\frac{T_j^{k+1}}{2}g''(\theta) \geq 0$ et $B = -\frac{1}{2\rho_j^k}(\Psi^k_j - \Psi_j^{k+1}, |M|_j(\Psi^k_j - \Psi_j^{k+1})) \leq 0$. Plus précisément A est une forme quadratique définie positive évaluée en

$U_j^{k+1} - U_j^n$ et B est une forme quadratique positive évaluée en $\Psi_j^{k+1} - \Psi_j^n$. La fonction $U \mapsto \Psi$ étant continue, il existe une constante $c > 0$ telle que $|\Psi_j^{k+1} - \Psi_j^k| \leq c|U_j^{k+1} - U_j^k|$. Dès lors il suffit de prendre $\frac{\Delta t}{\Delta m_j^k}$ assez petit pour garantir que $A - \frac{\Delta t}{\Delta m_j^k} B \geq 0$. Cela termine la preuve. Comme les diverses estimations sont locales, la constante c_j^k est locale à la maille et locale en temps.

Le schéma présenté plus haut repose finalement sur le choix des deux matrices par mailles $\widetilde{D}^G_{j+\frac{1}{2}}$ et $\widetilde{D}^D_{j-\frac{1}{2}}$. Une fois ce choix fait, l'ensemble du schéma en découle. Le schéma est entropique pour tous les choix possibles à condition que le pas de temps soit ajusté en conséquence.

Nous retiendrons deux critères pour optimiser le schéma. Le premier critère consiste à choisir les matrices $\widetilde{D}^G_{j+\frac{1}{2}}$ et $\widetilde{D}^D_{j-\frac{1}{2}}$ pour que la contrainte résultante sur le pas de temps soit la plus petite possible. Le deuxième critère concerne la mise en oeuvre effective d'un tel schéma.

6.2.3 Optimisation par rapport au pas de temps

Pour analyser la dépendance de la constante c_j^k par rapport aux matrices $\widetilde{D}^G_{j+\frac{1}{2}}$ et $\widetilde{D}^D_{j-\frac{1}{2}}$, nous simplifions un peu le problème avec une approche linéarisée en temps des formes quadratiques A et B comme pour la dynamique des gaz. Nous confondons donc les indices de temps k et $k+1$ et ne les notons plus sauf intérêt particulier. Reprenons l'inégalité (6.27) de la fin de la preuve précédente pour laquelle le pas de temps est choisi de telle sorte que $A - \frac{\Delta t}{\Delta m_j} B \geq 0$, ou encore $\frac{B}{A}\frac{\Delta t}{\Delta m_j} \leq 1$ avec

$$A = \left(U_j^{k+1} - U_j^k, \nabla_U^2 S(U_j^\theta)(U_j^{k+1} - U_j^k)\right)$$

et

$$B = \frac{1}{2T_j^{k+1}\rho_j^k}(\Psi_j^k - \Psi_j^{k+1}, |M|_j(\Psi_j^k - \Psi_j^{k+1})).$$

Nous décidons de simplifier l'analyse en approximant A et B par

$$A \approx T_j\left(\delta U, \nabla_U^2 S(U_j)\delta U\right), \quad \delta U \in \mathbb{R}^n,$$

et

$$B \approx \frac{1}{2\rho_j}(\delta\Psi, |M|_j\delta\Psi), \quad \delta\Psi \in \mathbb{R}^{n-1}.$$

Il importe que la variation $\delta\Psi$ soit compatible avec la variation δU. Cela est assuré à condition de prendre $\delta\Psi = \nabla_U\Psi(U_j)\delta U$.

Le critère linéarisé que nous allons analyser s'écrit pour la maille j

$$\left(\max_{\delta U \in \mathbb{R}^, \ \delta U \neq 0} \frac{(\delta\Psi, |M|_j\delta\Psi)}{2\rho_j T_j\left(\delta U, \nabla_U^2 S_j \delta U\right)}\right)\frac{\Delta t}{\Delta m_j} \leq 1. \tag{6.28}$$

Notons $\Lambda \geq 0$ la plus grande vitesse d'onde en valeur absolue de la Jacobienne du flux (voir théorème 4.4)

$$\Lambda_j = \left|\mathrm{Sp}\left(D_j^{-1}M\right)\right| \geq 0.$$

Théorème 6.2. La solution à deux états est optimale. *Plus précisément pour tout choix de matrices symétriques définies positives* $\widetilde{D}^G_{j+\frac{1}{2}}$ *et* $\widetilde{D}^D_{j-\frac{1}{2}}$, *on a*

$$\max_{\delta U \in \mathbb{R}^, \, \delta U \neq 0} \frac{(\delta\Psi, |M|_j \delta\Psi)}{2\rho_j T_j \left(\delta U, \nabla_U^2 S_j \delta U\right)} \geq \Lambda_j. \tag{6.29}$$

Supposons que $\widetilde{D}^G_{j+\frac{1}{2}} = \widetilde{D}^D_{j-\frac{1}{2}} = D_j$, *alors l'inégalité est une égalité*

$$\max_{\delta U \in \mathbb{R}^, \, \delta U \neq 0} \frac{(\delta\Psi, |M|_j \delta\Psi)}{2\rho_j T_j \left(\delta U, \nabla_U^2 S_j \delta U\right)} = \Lambda_j. \tag{6.30}$$

On utilise la variable $\delta W = (\delta\Psi, \delta S)$ qui est mieux adaptée à la preuve.

a) On a $\delta U = \left(\nabla_W U\right)_j \delta W$ donc

$$\left(\delta U, \nabla_U^2 S_j \delta U\right) = \left(\delta W, \left[\left(\nabla_W U\right)_j^t \left(\nabla_U V\right)_j \left(\nabla_W U\right)_j\right] \delta W\right)$$

$$= \left(\delta W, \left[\left(\nabla_W V\right)_j^t \left(\nabla_W U\right)_j\right] \delta W\right).$$

La matrice entre crochets est exprimable avec l'expression (4.73). D'où

$$\left(\delta U, \nabla_U^2 S_j \delta U\right) = \frac{\frac{1}{2\rho_j}(\delta\Psi, |M|_j \delta\Psi)}{(\delta\Psi, D_j \delta\Psi) + \beta \delta S^2}, \quad \beta > 0.$$

Le maximum de cette expression est atteint pour un vecteur propre du problème

$$\begin{cases} \frac{1}{\rho_j}|M|_j \delta\Psi = -\lambda D_j \delta\Psi, \\ \beta \, \delta S = 0, \end{cases} \tag{6.31}$$

Cela permet de calculer $\Lambda_j = \max|\lambda|$ sur toutes les solutions possibles. A présent on analyse les solutions de (6.31). Tout d'abord $\delta S = 0$. Il reste le système aux valeurs propres déjà rencontré

$$\frac{1}{\rho_j}|M|_j \delta\Psi = -\lambda D_j \delta\Psi.$$

b) On transforme les matrices sous la forme $\overline{P} = D_j^{-\frac{1}{2}} P D_j^{-\frac{1}{2}}$. On a $\overline{M} = D_j^{-\frac{1}{2}} P D_j^{-\frac{1}{2}}$, $|M|_j = M_{j+\frac{1}{2}}^{G,-} - M_{j-\frac{1}{2}}^{D,+}$ devient $\overline{|M|_j} = \overline{M_{j+\frac{1}{2}}^{G,-}} - \overline{M_{j-\frac{1}{2}}^{D,+}}$ et sachant finalement que $\overline{M} = \overline{M_{j+\frac{1}{2}}^{G,-}} + \overline{M_{j+\frac{1}{2}}^{G,+}}$ et $\overline{M} = \overline{M_{j-\frac{1}{2}}^{D,-}} + \overline{M_{j-\frac{1}{2}}^{D,+}}$. Le problème aux valeurs propres est transformé en

$$\overline{|M|_j}\, \overline{\delta\Psi} = -\lambda \overline{\delta\Psi}, \quad \overline{\delta\Psi} = D_j^{\frac{1}{2}} \delta\Psi.$$

Les valeurs propres sont elles inchangées. Or on a

$$\overline{M} = \overline{M_{j+\frac{1}{2}}^{G,-}} + \overline{M_{j-\frac{1}{2}}^{G,+}} \le \overline{|M|_j}$$

et

$$-\overline{M} = -\overline{M_{j-\frac{1}{2}}^{D,-}} - \overline{M_{j-\frac{1}{2}}^{D,+}} \le \overline{|M|_j}.$$

Par principe de comparaison le maximum des valeurs propres de $\overline{|M|_j}$ est plus que la plus grande valeur propre de $\overline{M}$ et plus grand que la plus grande valeur propre de $-\overline{M}$. Nous écrivons

$$|\mathrm{Sp}(|M|)| \ge |\mathrm{Sp}(M)|,$$

où $\mathrm{Sp}(P)$ désigne l'ensemble des valeurs propres de la matrice P. Cela montre (6.29).

c) Supposons finalement que $\widetilde{D}_{j+\frac{1}{2}}^{G} = \widetilde{D}_{j-\frac{1}{2}}^{D} = D_j$. On a alors

$$\overline{M_{j-\frac{1}{2}}^{G,-}} = \overline{M_{j-\frac{1}{2}}^{D,-}} = \overline{M^-} \text{ et } \overline{M_{j-\frac{1}{2}}^{G,+}} = \overline{M_{j-\frac{1}{2}}^{D,+}} = \overline{M^+}.$$

Partons des formules (6.20-6.21) qui montrent que montrent que les symétriques les matrices $\overline{M^-}$ et $\overline{M^+}$ sont orthogonales au sens $\overline{M^-M^+} = \overline{M^+M^-} = 0$. Donc dans ce cas précis les valeurs propres de $\overline{|M|}$ sont soit les valeurs propres de $\overline{M^+}$ soit les opposés des valeurs propres de $\overline{M^-}$. Donc $|\mathrm{Sp}(|M|)| = |\mathrm{Sp}(M)|$. Cela montre (6.30) et termine la preuve.

Lemme 57 *Le critère de pas de temps (6.28) pour le solveur (6.3) pour la dynamique des gaz compressibles est moins restrictif que le même critère pour le solveur pour le solveur (6.2).*

C'est une application du théorème précédent à l'exemple (6.18-6.19).

Un exemple numérique montre que la différence peut se révéler très importante. Nous considérons la résolution numérique du problème de Riemann $\rho_G = p_G = 1$, $u_G = v_G = 0$ et $\rho_D = 0,125 \times a$, $p_D = 0,1 \times a$, $u_D = v_D = 0$, pour une loi de gaz parfait $\gamma = 1.4$. Le paramètre varie de $a = 1$ vers les valeurs décroissantes. Pour $a = 1$ il s'agit du tube à choc de Sod. Nous effectuons plusieurs séries de calcul et notons à partir de quelle valeur de CFL les calculs s'arrètent (en pratique l'énergie interne devient négative). Pour le solveur à un état, les calculs s'arrêtent si on ne respecte pas la condition CFL de la table 6.1. Les résultats montrent que le flux (6.3) permet d'utiliser la même CFL pour toutes les valeurs de a. Cela traduit une meilleure robustesse du flux (6.3) que l'on interprète comme la conséquence du théorème 6.2.

a	flux	CFL	flux	CFL
1	(6.2)	0,5	(6.3)	0,5
10^{-1}	(6.2)	0,5	(6.3)	0,5
10^{-2}	(6.2)	0,002	(6.3)	0,5
10^{-3}	(6.2)	0,002	(6.3)	0,5
10^{-4}	(6.2)	10^{-5}	(6.3)	0,5

Tableau 6.1. Condition CFL de stabilité. Le flux à deux états (6.3) est plus stable que le flux à un état (6.2) pour des différences importantes entre les états

6.2.4 Optimisation par rapport à la simplicité de mise en oeuvre

La situation est moins claire. Nous distinguons plusieurs cas.

Premier cas. Cela correspond aux situations où le calcul des valeurs propres et vecteurs propres du problème symétrique

$$Mr = -\lambda Dr$$

est **simple**. Par simple on entend par là qu'il existe des formules analytiques pour les vecteurs propres et que ces formules sont continues par rapport aux variables. La continuité est importante pour être robuste par rapport aux erreurs d'arrondis lors de la programmation effective. Ce premier cas est la situation générique.

Deuxième cas. Cela correspond aux situations dans lesquelles les vecteurs propres ne sont pas continus par rapport aux paramètres. Ce qui peut arriver pour des systèmes de taille deux et plus. Il faut alors être très attentif à désingulariser les expressions pour éviter en pratique une dégénérescence du système linéaire. Si la situation physique est telle ce type de singularité se manifeste, on peut alors préférer un choix de matrices $\widetilde{D}^G_{j+\frac{1}{2}}$ et $\widetilde{D}^D_{j-\frac{1}{2}}$ tels que les vecteurs propres sont continus et non singuliers.

Troisième cas. Pour certains systèmes il peut être pratiquement impossible d'obtenir les valeurs propres et vecteurs propres analytiquement. Par exemple on peut construire un système de lois de conservation pour la magnétohydrodynamique à deux vitesses de type isobare-isotherme en couplant le système de la magnétohydrodynamique idéale au système à deux vitesses isobare-isotherme. On obtient alors un système de grande taille non parfaitement découplé. Pour ce systèmes il n'existe pas à notre connaissance d'expression analytique des valeurs propres et vecteurs propres. On doit donc se contenter en pratique de valeurs propres approchées et de vecteurs propres approchés.

Quatrième cas Même pour des systèmes simples tels que celui de la dynamique des fluides, les paramètres de vitesse du son sont parfois difficiles à obtenir de façon précise. Par exemple pour des lois d'états tabulées.

En résumé il n'est pas toujours possible d'obtenir des expressions analytiques des vecteurs propres et valeurs propres, même si c'est le cas pour grand nombre de systèmes. Il faudra alors se satisfaire de calculs approchés, en définissant des matrices $\widetilde{D}$ plus faciles à évaluer. Par exemple

$$\widetilde{D}_j = \alpha I$$

où α est une approximation de la plus grande vitesse d'onde du système.

Un exemple qui correspond au deuxième cas est celui du système de la magnétohydrodynamique idéale. Pour ce système les vecteurs propres peuvent s'exprimer en fonction de s_s, s_a et s_f donnés par (4.69) et (4.87). Nous renvoyons à la section 4.11.1 pour les notations utilisées. A l'évidence ces expressions dégénèrent dans le cas où $B_y = B_z = 0$. Supposons de plus que $c^2 > \frac{B_x^2}{\mu\rho}$. Alors

$$\varphi_s = \varphi_a = \frac{B_x^2}{\mu\tau} < \varphi_f = \rho^2 c^2.$$

Les deux vecteurs propres $s_s = s_a$ s'annulent. Il est donc nécessaire de normaliser ces vecteurs pour être en mesure d'assembler le système linéaire inversible. Or le vecteur de norme un

$$\frac{s_s}{||s_s||}^t = \left(0, \frac{B_z}{\sqrt{B_y^2 + B_z^2}}, -\frac{B_y}{\sqrt{B_y^2 + B_z^2}}\right)$$

ne peut pas être défini continuement en $B_y = B_z = 0$. Au moment de l'implémentation cela nécessitera des tests pour détecter cette configuration. C'est le deuxième cas mentionné plus haut. Pour contourne cette difficulté il suffit de remplacer la matrice D_j par une matrice $\widetilde{D}_j$ adaptée. Un choix possible consiste à remplacer F par $\widetilde{F}$ $\widetilde{F} = \begin{pmatrix} -\varphi_f & 0 & 0 \\ 0 & -\frac{1}{\mu\tau} & 0 \\ 0 & 0 & -\frac{1}{\mu\tau} \end{pmatrix}$ Alors $\widetilde{G} = N^t \widetilde{F} N = \begin{pmatrix} \varphi_f & 0 & 0 \\ 0 & \varphi_a & 0 \\ 0 & 0 & \varphi_a \end{pmatrix}$ possède une base de trois vecteurs propres

$$s_1^t = (1,0,0), \quad s_2 = (0,1,0), \quad s_3 = (0,0,1),$$

qui sont bien évidemment continus par rapport aux paramètres du problème. Il sont même constants. Les valeurs propres de $\widetilde{G}$ sont

$$\varphi_a = \varphi_a \leq \varphi_f.$$

Ce choix qui confond la vitesse des ondes lentes et celle des ondes d'Alfven est un compromis possible entre la compatibilité du solveur avec la résolution du problème de Riemann linéarisé et la simplicité de mise en oeuvre. Un schéma qui suit ce principe est décrit à la section 7.5.

6.3 Exercices

Exercice 43 •

Soit le système des ondes linéaires

$$\begin{cases} \partial_t v + \partial_x u = 0, \\ \partial_t u + \partial_x v = 0. \end{cases}$$

On le récrit sous la forme

$$\begin{cases} \partial_t v + \partial_x u = 0, \\ \partial_t u + \partial_x v = 0, \\ \partial_t e + \partial_x (uv) = 0 \end{cases}$$

grâce à la variable supplémentaire e. Posons $S = \frac{1}{2}(u^2 + v^2) - e$. Montrer que ce système est de la forme (4.81) ou (6.1). En déduire que le schéma de Volumes Finis

$$\begin{cases} \frac{v_j^{n+1} - v_j^n}{\Delta t} + \frac{u_{j+\frac{1}{2}}^n - u_{j-\frac{1}{2}}^n}{\Delta x} = 0, \\ \frac{u_j^{n+1} - u_j^n}{\Delta t} + \frac{v_{j+\frac{1}{2}}^n - v_{j-\frac{1}{2}}^n}{\Delta x} = 0, \end{cases}$$

avec les flux ($a > 0$)

$$u_{j+\frac{1}{2}}^n = \frac{1}{2}\left(u_j^n + u_{j+1}^n\right) + \frac{1}{2a}\left(v_j^n - v_{j+1}^n\right), \; v_{j+\frac{1}{2}}^n = \frac{1}{2}\left(v_j^n + v_{j+1}^n\right) + \frac{a}{2}\left(u_j^n - u_{j+1}^n\right),$$

est stable dans L^2 sous la condition CFL : $\max(a, \frac{1}{a})\frac{\Delta t}{\Delta x} \leq 1$. Vérifier que le solveur est du type à un état.

Exercice 44

Définir un solveur à deux états pour le système des ondes linéaires.

Exercice 45 •

Généraliser au cas des équations de Maxwell linéaires en dimension un d'espace.

Exercice 46 •

Soit le système (2.20) pour la dynamique des gaz, écrit non pas en variable de masse mais en variable d'espace à l'instant initial X. L'inconnue est $U^t = (\rho J, J, \rho J u, \rho J e)$. On considère l'entropie $\eta = -\rho J S$. Montrer qu'on peut mettre ce système sous la forme (4.81) pour la matrice

$$M = \begin{pmatrix} 0 & 0 & 0 \\ 0 & 0 & 1 \\ 0 & 1 & 0 \end{pmatrix}$$

et un vecteur Ψ à déterminer. La variable de masse m est remplacée par la variable X. En déduire des schémas entropiques en utilisant (6.6) ou (6.9). Déterminer les cas qui correspondent à (6.2) ou à (6.3).

Exercice 47

Généraliser l'exercice précédent au système de la magnétohydrodynamique.

6.4 Notes bibliographiques

Pour la dynamique des gaz compressibles, le solveur acoustique a deux états est absolument identique à un solveur de Godounov linéarisé [GZIKP79]. Parmi l'abondante littérature traitant de la discrétisation des équations de la magnétohydrodynamique idéale en dimension un d'espace, citons [BD99, DW98, DD98, G95, PRMG95, W94, DW97]. Le lecteur trouvera d'autres références dans [KPS01]. L'inégalité d'entropie est présentée sur le solveur à un état dans [D01]. Pour d'autres approches qui permettent aussi d'obtenir des inégalités discrètes d'entropie, on consultera les travaux de Coquel [CP97, CCM07, BCT05] pour une approche par relaxation, de Gallice [G03] ainsi que les travaux déjà cités, et de Bouchut [B03, B04] dans laquelle se trouve une discussion de solveurs à deux états à partir des systèmes de Suliciu.

7

Systèmes lagrangiens multidimensionnels

Nous souhaitons étendre à la dimension supérieure certains des résultats obtenus en dimension un. Nous allons montrer qu'un formalisme permet de regrouper des situations très diverses. A partir de ce formalisme il est aisé de généraliser l'inégalité entropique sous forme discrète. Une nouvelle fois cela fera le lien entre la structure des modèles de la mécanique des milieux continus et la mise au point de méthodes numériques robustes qui respectent le principe d'entropie par construction.

7.1 Cadre théorique

Nous commençons par une définition qui est adaptée aux exemples qui seront discutés par la suite. Dans les exemples la définition de la dérivée temporelle pourra changer sans remettre en question la structure principale.

Définition 34 *Un* **système lagrangien vraiment multidimensionnel** *est un système en dimension $d \geq 1$ que l'on peut mettre sous la forme*

$$\partial_t U + \sum_{1 \leq i \leq d} \partial_{X_i} \begin{pmatrix} M_i \Psi \\ -\frac{1}{2}(\Psi, M_i \Psi) \end{pmatrix} = \begin{pmatrix} M_0 \Psi \\ 0 \end{pmatrix}. \quad (7.1)$$

L'inconnue est $U \in \mathbb{R}^n$. Soit S une fonction de U strictement concave. Le vecteur $\Psi \in \mathbb{R}^{n-1}$ se déduit de l'entropie $U \mapsto S(U)$ par l'algèbre $V = \nabla_U S$ et $\Psi_i = \frac{V_i}{V_n}$ pour tout $1 \leq i \neq n-1$ $(V_n \neq 0)$. Les matrices $M_i \in \mathbb{R}^{n-1}$ sont symétriques $M_i = M_i^t$ pour $1 \leq i \leq d$. Elles vérifient de plus l'équation de compatibilité

$$\sum_{1 \leq i \leq d} \partial_{X_i} M_i = M_0 + M_0^t. \quad (7.2)$$

B. Després, *Lois de Conservations Eulériennes, Lagrangiennes et Méthodes Numériques*, Mathématiques et Applications, DOI 10.1007/978-3-642-11657-5_7,

Le fonction strictement concave $U \mapsto \eta(U) = -S(U)$ n'est pas une entropie mathématique au sens strict. Il faudrait pour cela soit le système soit fermé et donc que les matrices M_i soient constantes ou fonctions de l'inconnue U. Pour le premier exemple de la section 7.4 les matrices sont données mais variables à chaque pas de temps pour un maillage est mobile. Pour le deuxième exemple de la section 7.5 les matrices dépendent des composantes normales du champ magnétique. Pour le troisième exemple de la section 7.6 les matrices sont des fonctions du gradient de déformation local.

Considérons le cas $d = 1$ avec un second membre nul

$$M_0 = M_2 = M_3 = \cdots = 0.$$

L'équation de compatibilité implique alors que M_1 est constant en espace. On retrouve les systèmes lagrangiens en dimension un de la définition 29.

Théorème 7.1. *Supposons les matrices $M_1, M_2, \cdots$ régulières. Les solutions régulières des système lagrangien vraiment multidimensionnel sont telles que $\partial_t S = 0$.*

Pour une solution régulière on a

$$\partial_t U + \sum_{1 \le i \le d} \begin{pmatrix} M_i\left(\partial_{X_i} \Psi\right) + \left(\partial_{X_i} M_i\right) \Psi \\ -\frac{1}{2}\left(\Psi, \partial_{X_i} M_i \Psi\right) - \left(\Psi, M_i \partial_{X_i} \Psi\right) \end{pmatrix} = \begin{pmatrix} M_0 \Psi \\ 0 \end{pmatrix}.$$

On sait que $\partial_t S = V_n \left(\begin{pmatrix} \Psi \\ 1 \end{pmatrix}, U \right)$. Alors en effectuant le produit scalaire

$$\partial_t S + \frac{V_n}{2} \sum_i \left(\Psi, \partial_{X_i} M_i \Psi\right) = V_n \left(\Psi, M_0 \Psi\right) = \frac{V_n}{2}\left(\Psi, \left[M_0 + M_0^t\right] \Psi\right).$$

Donc

$$\partial_t S = -\frac{V_n}{2}\left(\Psi, \left[M_0 + M_0^t - \sum_i \partial_{X_i} M_i\right] \Psi\right) = 0$$

grâce à la relation de compatibilité. La preuve est terminée.

Ce résultat est en fait la véritable motivation de la définition proposée d'un système lagrangien multidimensionnel. Cela permet de caractériser plusieurs situations physiques pour lesquelles le système de coordonnées choisi possède la propriété d'entropie constante pour les solutions régulières.

7.2 Inégalité entropique discrète

La famille de schémas numériques abstraits dans un premier temps que nous considérons s'écrit sous forme compacte

$$s_j \frac{U_j^{k+1} - U_j^k}{\Delta t} + \sum_r l_{jr} f_{jr}^k = s_j R_j^{k+1}, \tag{7.3}$$

où les flux f_{jr}^k sont tels que

$$f_{jr}^k = \begin{pmatrix} N_{jr}^+ \widetilde{\Psi}_{jr} + N_{jr}^- \Psi_j \\ -\frac{1}{2}\left(\widetilde{\Psi}_{jr}, N_{jr}^+ \widetilde{\Psi}_{jr}\right) - \frac{1}{2}\left(\Psi_j, N_{jr}^- \Psi_j\right) \end{pmatrix}. \tag{7.4}$$

Ces flux sont des flux abstraits et génériques à ce niveau de description. A priori les $s_j > 0$ (resp. $l_{jr} \geq 0$) ferait référence en dimension deux d'espace à la surface de la maille (resp. à la longueur des bords). Le terme second membre est

$$R_j^{k+1} = \begin{pmatrix} M_0 \Psi_j^{k+1} \\ 0 \end{pmatrix}. \tag{7.5}$$

Le terme **implicite** au second membre du schéma est une **contrainte importante** pour la mise en oeuvre. Plusieurs stratégies de mise en oeuvre sont alors possibles, lesquelles consiste à relaxer le caractère implicite de la prise en compte de ce second membre. Nous en détaillerons quelques unes pour le premier exemple. De plus nous verrons dans le cas du troisième exemple que les matrices N_{jr} peuvent être variables en temps. Pour des raisons de compatibilité avec d'autres contraintes, le schéma final que nous développerons sera légèrement différent de ce schéma abstrait que l'on peut alors considérer comme un **guide pour le développement de méthodes numériques**. Nous exprimons que la relation de compatibilité (7.2) est vraie pour le schéma.

Hypothèse 7 *Il existe des matrices symétriques $N_{jr} = N_{jr}^t$ compatibles avec la matrice M_0*

$$\sum_r l_{jr} N_{jr} = s_j \left(M_0 + M_0^t\right), \tag{7.6}$$

et les matrices symétriques

$$N_{jr}^- = \left(N_{jr}^-\right)^t \leq 0 \text{ et } N_{jr}^+ = \left(N_{jr}^+\right) \geq 0 \tag{7.7}$$

sont des splitting pour les matrices N_{jr}

$$N_{jr} = N_{jr}^- + N_{jr}^+. \tag{7.8}$$

La relation de compatibilité (7.6) est la contrepartie discrète de la relation de compatibilité continue (7.2).

Théorème 7.2. *Le schéma (7.3-7.8) vérifie l'inégalité d'entropie $S(U_j^{k+1}) \geq S(U_j^k)$ sous CFL.*

La structure de la preuve est bien sûr identique à celle du théorème (6.1). Posons

$$g(\alpha) = S\left(U_j^k + \alpha\left(U_j^{k+1} - U_j^k\right)\right).$$

La différence principale est la prise en compte du terme second membre implicite dans l'évaluation de $g'(1)$. On a $g'(1) = \frac{\Delta t}{T_j^{k+1} s_j}(W, Z)$ avec $W = \begin{pmatrix} \Psi_j^{k+1} \\ 1 \end{pmatrix}$ et

$$Z = s_j R_j^{k+1} - \sum_r l_{jr} \begin{pmatrix} N_{jr}^+ \widetilde{\Psi}_{jr} + N_{jr}^- \Psi_j \\ -\frac{1}{2}\left(\widetilde{\Psi}_{jr}, N_{jr}^+ \widetilde{\Psi}_{jr}\right) - \frac{1}{2}\left(\Psi_j, N_{jr}^- \Psi_j\right) \end{pmatrix}.$$

Or

$$\left(W, s_j R_j^{k+1}\right) = s_j\left(\Psi_j^{k+1}, M_0 \Psi_j^{k+1}\right) = \frac{s_j}{2}\left(\Psi_j^{k+1}, \left(M_0 + M_0^t\right)\Psi_j^{k+1}\right).$$

Nous éliminons la matrice symétrique $M_0 + M_0^t$ grâce à la relation (7.6). Donc

$$\begin{aligned} \left(W, s_j R_j^{k+1}\right) &= \frac{1}{2}\left(W, \begin{pmatrix} \sum_r N_{jr} \Psi_j^{k+1} \\ 0 \end{pmatrix}\right) \\ &= \frac{1}{2}\sum l_{jr}\left(\Psi_j^{k+1}, N_{jr}^+ \Psi_j^{k+1}\right) + \frac{1}{2}\sum_r l_{jr}\left(\Psi_j^{k+1}, N_{jr}^- \Psi_j^{k+1}\right) \end{aligned}$$

grâce à (7.8). Donc le produit scalaire (W, Z) se décompose sous la forme

$$\begin{aligned} (W, Z) &= \frac{1}{2}\sum_r l_{jr}\left[\left(\Psi_j^{k+1}, N_{jr}^+ \Psi_j^{k+1}\right) - 2\left(\Psi_j^{k+1}, N_{jr}^+ \widetilde{\Psi}_{jr}\right) + \left(\widetilde{\Psi}_{jr}, N_{jr}^+ \widetilde{\Psi}_{jr}\right)\right] \\ &+ \frac{1}{2}\sum_r l_{jr}\left[\left(\Psi_j^{k+1}, N_{jr}^- \Psi_j^{k+1}\right) - 2\left(\Psi_j^{k+1}, N_{jr}^+ \Psi_j^k\right) + \left(\Psi_j^k, N_{jr}^+ \Psi_j^k\right)\right] \\ &= \frac{1}{2}\sum_r l_{jr}\left(\Psi_j^{k+1} - \widetilde{\Psi}_{jr}, N_{jr}^+\left(\Psi_j^{k+1} - \widetilde{\Psi}_{jr}\right)\right) \\ &+ \frac{1}{2}\sum_r l_{jr}\left(\Psi_j^{k+1} - \Psi_j^k, N_{jr}^-\left(\Psi_j^{k+1} - \Psi_j^k\right)\right). \end{aligned}$$

Il s'ensuit que

$$g'(1) \geq \frac{\Delta t}{2T_j^{k+1} s_j}\sum_r l_{jr}\left(\Psi_j^{k+1} - \Psi_j^k, N_{jr}^-\left(\Psi_j^{k+1} - \Psi_j^k\right)\right).$$

Nous avons donc tous calculs faits

$$S\left(U_j^{k+1}\right) \geq S\left(U_j^k\right) + \frac{1}{T_j^{k+1}}(A - \Delta t B)$$

avec pour $U_j^\theta = U_j^k + \theta\left(U_j^{k+1} - U_j^k\right)$ et $0 \leq \theta \leq 1$

$$A = \frac{-T_j^{k+1}}{2}\left(U_j^{k+1} - U_j^k, \nabla_U^2 S(U_j^\theta)(U_j^{k+1} - U_j^k)\right), \tag{7.9}$$

et

$$\Delta t B \geq \frac{\Delta t}{2s_j}\sum_r l_{jr}\left(\Psi_j^{k+1} - \Psi_j^k, N_{jr}^-\left(\Psi_j^{k+1} - \Psi_j^k\right)\right). \tag{7.10}$$

Le reste de la preuve est alors identique à celle du théorème (6.1). En première approximation une condition CFL est $c\frac{\max_r l_{jr}}{s_j}\Delta t \leq 1$, la constante c dépendant des formes quadratiques. Fin de la preuve.

7.3 Stabilité L^2

L'inégalité d'entropie est aussi un résultat de stabilité au sens L^2 (pour la norme du carré). En effet supposons que la méthode discrète soit conservative

$$\sum_j s_j U_j^k = \sum_j s_j U_j^0. \tag{7.11}$$

Cela implique probablement que $M_0 = 0$ mais n'a pas vraiment d'importance dans ce qui suit. Définissons la valeur moyenne de la solution

$$U^* = \frac{\sum_j s_j U_j^0}{\sum_j s_j}. \tag{7.12}$$

Lemme 58 *Supposons (7.11). On a l'inégalité*

$$\sum_j s_j\left[S\left(U_j^k\right) - S\left(U^*\right) - \left(\nabla_U S(U^*), U_j^k - U^*\right)\right] \geq \sum_j s_j\left[S\left(U_j^0\right) - S\left(U^*\right)\right]. \tag{7.13}$$

Évident.

Notons a_j^k la quantité contrôlée à gauche par l'inégalité (7.13)

$$a_j^k = S\left(U_j^k\right) - S\left(U^*\right) - \left(\nabla_U S(U^*), U_j^k - U^*\right).$$

On a : $0 \geq a_j^k$ et $0 = a_j^k$ si et seulement si $U_j^k = U^*$. Cela vient de l'inégalité de convexité classique appliquée à $\eta = -S$

$$\eta(b) - \eta(a) + (\nabla\eta(a), b - a) = \frac{1}{2}\left(b - a, \nabla^2\eta(c)(b - a)\right) \geq \frac{\alpha}{2}\left|b - a\right|^2.$$

Lemme 59 Stabilité L^2. *Supposons la Hessienne de l'entropie bornée inférieurement $\nabla_U^2 S \geq \alpha I$ avec $\alpha > 0$. Alors*

$$\frac{\alpha}{2} \sum_j s_j \left| U_j^k - U^* \right|^2 \leq \sum_j s_j \left[-S\left(U_j^0\right) + S\left(U^*\right) \right]. \tag{7.14}$$

La preuve évidente est laissée au lecteur.

7.4 Dynamique des gaz en géométrie cylindrique ou sphérique

Partons du système de la dynamique des gaz en dimension trois d'espace. Nous faisons l'hypothèse d'un écoulement cylindrique (figure 7.1) ou sphérique (figure 7.2). Le système de la dynamique de gaz selon le rayon $r > 0$ est

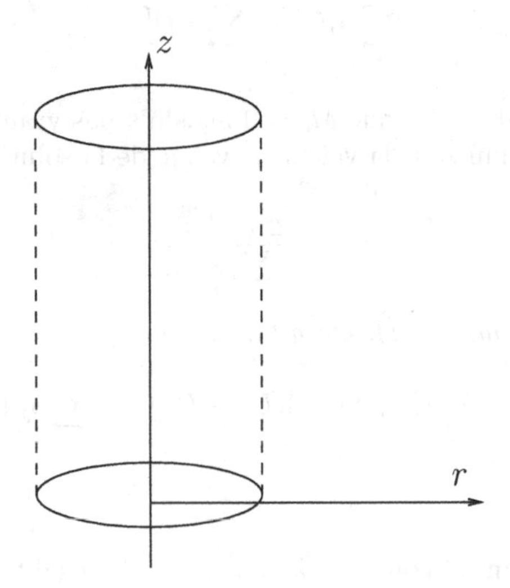

Fig. 7.1. Coordonnées cylindrique : invariance par rotation autour d'un axe

$$\begin{cases} \partial_t(r^d \rho) + \partial_r(r^d \rho u) = 0, \\ \partial_t(r^d \rho u) + \partial_r\left(r^d \rho u^2 + r^d p\right) = d r^{d-1} p, \\ \partial_t(r^d \rho e) + \partial_r(r^d \rho u e + r^d p u) = 0. \end{cases} \tag{7.15}$$

On prend $d = 1$ pour le système en coordonnées cylindrique et $d = 2$ pour le système en coordonnées sphérique. Le paramètre d représente par commodité

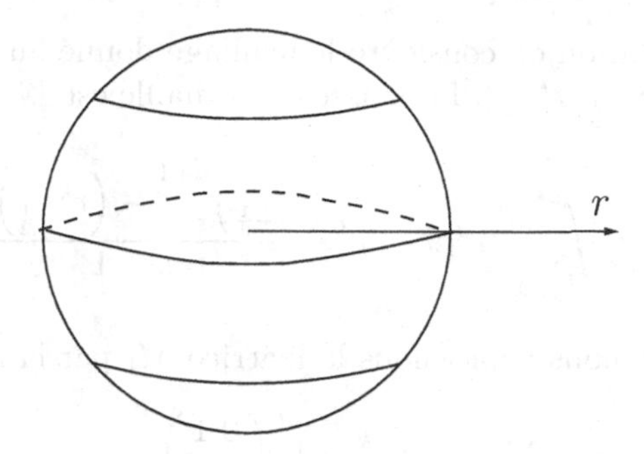

Fig. 7.2. Coordonnées sphérique : invariance par rotation autour d'un point

la dimension du problème initial et est différent de la définition 34. La vitesse u est la vitesse radiale. C'est la raison du terme non conservatif au second membre. Le cas de la coordonnée plane est couvert par $d = 0$. Soit $\frac{d}{dt} = \partial_t + u\partial_r$ la dérivée matérielle. Le système (7.15) se récrit

$$\begin{cases} r^d \rho \frac{d}{dt}\tau - \partial_r(r^d u) = 0, \\ r^d \rho \frac{d}{dt} u + \partial_r \left(r^d p\right) = d r^{d-1} p, \\ r^d \rho \frac{d}{dt} e + \partial_r (r^d p u) = 0. \end{cases} \tag{7.16}$$

Définissons le changement de coordonnées Euler-Lagrange

$$\partial_{t|R} r(t, R) = u(t, r(t, R)), \quad r(0, R) = R.$$

Le rayon au temps initial est R. Soit la coordonnée de masse

$$dm = r^d \rho dr = R^d \rho_0 dR.$$

Le système (7.15) ou (7.16) s'écrit aussi

$$\begin{cases} \partial_t \tau - \partial_m(r^d u) = 0, \\ \partial_t u + \partial_m \left(r^d p\right) = \frac{d}{\rho r} p, \\ \partial_t e + \partial_r (r^d p u) = 0. \end{cases} \tag{7.17}$$

Définissons

$$M_0 = \frac{d}{\rho r} \begin{pmatrix} 0 & 0 \\ 1 & 0 \end{pmatrix} \text{ et } M_1 = r^d \begin{pmatrix} 0 & 1 \\ 1 & 0 \end{pmatrix}.$$

Alors le système en coordonnée de Lagrange (7.17) est de la forme (7.1) (avec $\Psi = (p, -u)^t$) car la relation de compatibilité (7.2) a lieu ($dm = \rho r^d dr$)

$$\frac{\partial}{\partial m} M_1 = M_0 + M_0^t.$$

Le système en coordonnée de Lagrange (7.17) est un système lagrangien vraiment multidimensionnel.

Pour la discrétisation on considère le maillage donné au début du pas de temps k par $\Omega_j =]r^k_{j-\frac{1}{2}}, r^k_{j+\frac{1}{2}}[$. La masse de la maille est

$$\Delta m_j = \rho^k_j \int_{r^k_{j-\frac{1}{2}}}^{r^k_{j+\frac{1}{2}}} r^d dr = \rho^k_j \frac{\left(r^k_{j+\frac{1}{2}}\right)^{d+1} - \left(r^k_{j-\frac{1}{2}}\right)^{d+1}}{d+1}.$$

Assez naturellement nous approchons la matrice M_1 par la matrice

$$N^k_{j+\frac{1}{2}} = \left(r^k_{j+\frac{1}{2}}\right)^d \begin{pmatrix} 0 & 1 \\ 1 & 0 \end{pmatrix}.$$

La relation de compatibilité (7.6) s'écrit

$$\frac{N^k_{j+\frac{1}{2}} - N^k_{j-\frac{1}{2}}}{\Delta m_j} = \widetilde{\left(\frac{d}{\rho r}\right)}^k_j \begin{pmatrix} 0 & 1 \\ 1 & 0 \end{pmatrix}$$

avec par définition

$$\widetilde{\left(\frac{d}{\rho r}\right)}^k_j = \frac{\left(r^k_{j+\frac{1}{2}}\right)^d - \left(r^k_{j-\frac{1}{2}}\right)^d}{\Delta m_j}.$$

Au final un schéma lagrangien possible est

$$\left\{ \begin{array}{l} \frac{\Delta m_j}{\Delta t}(\tau^{k+1}_j - \tau^k_j) - \left(r^k_{j+\frac{1}{2}}\right)^d u^*_{j+\frac{1}{2}} + \left(r^k_{j-\frac{1}{2}}\right)^d u^*_{j-\frac{1}{2}} = 0, \\ \frac{\Delta m_j}{\Delta t}(u^{k+1}_j - u^k_j) + \left(r^k_{j+\frac{1}{2}}\right)^d p^*_{j+\frac{1}{2}} - \left(r^k_{j-\frac{1}{2}}\right)^d p^*_{j-\frac{1}{2}} \\ \qquad = \left(\left(r^k_{j+\frac{1}{2}}\right)^d - \left(r^k_{j-\frac{1}{2}}\right)^d\right) p^{k+1}_j \\ \frac{\Delta m_j}{\Delta t}(e^{k+1}_j - e^k_j) + \left(r^k_{j+\frac{1}{2}}\right)^d p^*_{j+\frac{1}{2}} u^*_{j+\frac{1}{2}} - \left(r^k_{j-\frac{1}{2}}\right)^d p^*_{j-\frac{1}{2}} u^*_{j-\frac{1}{2}} = 0. \end{array} \right. \tag{7.18}$$

Les flux $u^*_{j+\frac{1}{2}}$ et $p^*_{j+\frac{1}{2}}$ sont définis par exemple par les formules (5.34). Ce schéma est **implicite** et nécessite une procédure spécifique pour être mis en oeuvre. Supposons une loi de gaz parfait

$$p = (\gamma - 1)\rho\varepsilon = (\gamma - 1)\rho e - \frac{\gamma - 1}{2}\rho u^2.$$

Les quantités $\rho = \frac{1}{\tau}$ et e étant données explicitement par le schéma (7.18), la pression implicite p^{k1}_j ne dépend de la vitesse u^k_j que par son carré $\left(u^{k+1}_j\right)^2$. Il suffit de résoudre une équation polynomiale du second degré en gardant la racine physique. On peut aussi chercher à mettre en place une procédure de point fixe ou un algorithme de Newton pour résoudre le système non linéaire.

Une autre possibilité consiste à sacrifier *a priori* le caractère entropique du schéma en prenant une pression explicite dans le terme second membre

$$\frac{\Delta m_j}{\Delta t}(u_j^{k+1}-u_j^k)+\left(r_{j+\frac{1}{2}}^k\right)^d p_{j+\frac{1}{2}}^* - \left(r_{j-\frac{1}{2}}^k\right)^d p_{j-\frac{1}{2}}^* = \left(\left(r_{j+\frac{1}{2}}^k\right)^d - \left(r_{j-\frac{1}{2}}^k\right)^d\right) p_j^{\mathbf{k}}. \tag{7.19}$$

On peut aussi remplacer la pression explicite au second membre par la demi-somme des valeurs droite et gauche des flux de pressions : le second membre devient

$$\left(\left(r_{j+\frac{1}{2}}^k\right)^d - \left(r_{j-\frac{1}{2}}^k\right)^d\right) \frac{p_{j+\frac{1}{2}}^* + p_{j-\frac{1}{2}}^*}{2}. \tag{7.20}$$

Nous obtenons alors

$$\frac{\Delta m_j}{\Delta t}(u_j^{k+1} - u_j^k) + \frac{1}{2}\left(\left(r_{j+\frac{1}{2}}^k\right)^d + \left(r_{j-\frac{1}{2}}^k\right)^d\right) \times \left(p_{j+\frac{1}{2}}^* - p_{j-\frac{1}{2}}^*\right) = 0. \tag{7.21}$$

Notons que les schémas (7.18), (7.19) ou (7.21) **préservent l'état de repos** : si la pression est constante en espace et la vitesse nulle partout à l'itération k, alors c'est encore le cas à l'itération $k+1$.

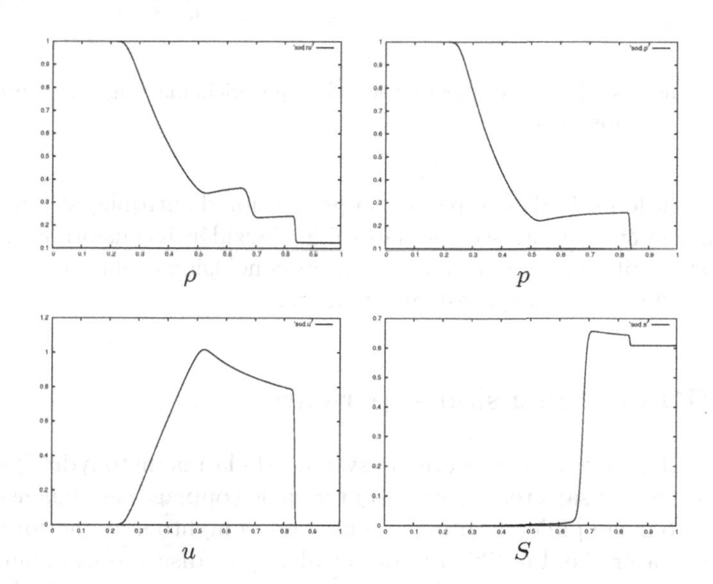

Fig. 7.3. Cas test de Sod en géométrie cylindrique. Schéma Lagrange+projection. 1000 mailles. Temps final $t = 0,14$

Reprenons les données du cas test de Sod et analysons les résultats numériques obtenus avec ce schéma numérique en version Lagrange plus projection. On fait suivre (7.18) ou (7.19) par une phase de projection géométrique sur le maillage initial. A partir des résultats de la figure 7.3 nous observons que la géométrie cylindrique influe sur la nature des résultats. La solution n'est plus autosemblable. Les paliers sont à présent des rampes. Il

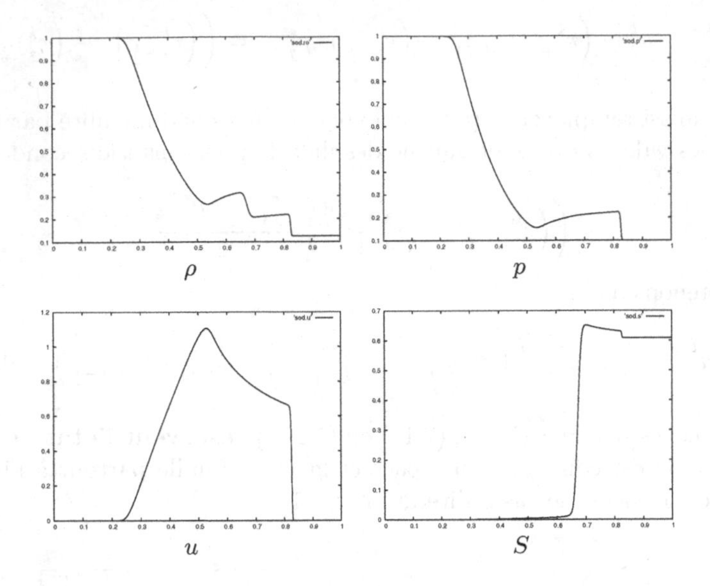

Fig. 7.4. Cas test de Sod en géométrie sphérique. Schéma Lagrange+projection. 1000 mailles. Temps final $t = 0,14$

est visible sur le profil d'entropie que la production d'entropie est plus faible à mesure que le choc progresse vers la droite. Considérons ensuite les résultats en géométrie sphérique de la figure 7.4. Les conclusions sont similaires, si ce n'est que l'effet géométrique est plus marqué.

7.5 MHD en dimension supérieure

Le deuxième exemple concerne le système de la magnétohydrodynamique idéale (c'est à dire sans terme source ni terme de couplage) en dimension trois d'espace. Pour simplifier le propos nous nous contentons d'une formulation en dérivée matérielle. La difficulté principale, après discrétisation numérique, se situe au niveau du respect de la condition de divergence nulle du champ magnétique.

Pour les problèmes de MHD idéale, le non respect éventuel sur le plan numérique de la condition de divergence nulle n'est pas fondamental pour les simulations. En revanche dans les cas où les équations sont couplées au suivi de particules chargées, il est bien connu que cela peut avoir des conditions catastrophiques en terme de stabilité numérique car les termes additionnels sont souvent très sensibles aux écarts à zéro de la divergence discrète du champ magnétique. C'est pour cela qu'il est important d'étudier ce problème. On renvoie aux travaux de Gallice [G95, CGR96, CG97, G03] pour l'étude des solveurs de Roe pour la MHD. Le point de vue qui suit est juste illustratif de l'utilisation des outils présentés et ne prétend pas épuiser le sujet.

On part du système de la magnétohydrodynamique idéale en dimension trois d'espace (4.82) que nous récrivons sous la forme

$$\begin{cases} \partial_t \rho + \nabla.\rho u = 0, \\ \partial_t \rho u + \nabla.(\rho u \otimes u) + \nabla P - \nabla.\frac{B \otimes B}{\mu} = 0, \\ \partial_t B + \nabla.(u \otimes B - B \otimes u) = 0, \\ \partial \rho e + \nabla.(\rho u e + P u - \frac{1}{\mu} B(B,u)) = 0. \end{cases} \tag{7.22}$$

De façon artificielle, nous gelons certaines occurrences de B dans le flux. Plus précisément nous récrivons (7.22) sous la forme

$$\begin{cases} \partial_t \rho + \nabla.\rho u = 0, \\ \partial_t B + \nabla.(u \otimes B - C \otimes u) = 0, \\ \partial_t \rho u + \nabla.(\rho u \otimes u) + \nabla P - \nabla.\frac{C \otimes B}{\mu} = 0, \\ \partial \rho e + \nabla.\left(\rho u e + P u - \frac{1}{\mu} C(B,u)\right) = 0, \end{cases} \tag{7.23}$$

dans laquelle C est un champ de vecteur à divergence nulle

$$\nabla.C = 0. \tag{7.24}$$

In fine (7.23-7.24) est équivalent à (7.23) si et seulement si $C = B$ bien sûr. La formulation en dérivée matérielle correspondante est

$$\begin{cases} \rho \frac{d}{dt}\tau - \nabla.u = 0, \\ \rho \frac{d}{dt}\tau B - \nabla.(C \otimes u) = 0, \\ \rho \frac{d}{dt} u + \nabla P - \nabla.\frac{C \otimes B}{\mu} = 0, \\ \rho \frac{d}{dt} e + \nabla.\left(P u - \frac{1}{\mu} C(B,u)\right) = 0. \end{cases} \tag{7.25}$$

Montrons que la structure du flux de (7.25) correspond à la définition 34. On pose

$$M_w = \begin{pmatrix} 0 & N_w \\ N_w^t & 0 \end{pmatrix}, \quad N_x = \begin{pmatrix} 1 & 0 & 0 \\ C_w & 0 & 0 \\ 0 & C_w & 0 \\ 0 & 0 & C_w \end{pmatrix}, \quad w = x, y \text{ ou } z.$$

Pour le système de la magnétohydrodynamique l'entropie du système est l'entropie thermodynamique de la matière S. Pour un gaz parfait $S = \log\left(\varepsilon\tau^{\gamma-1}\right)$ convient. A partir de $TdS = d\varepsilon + pd\tau$ et de la définition de e nous obtenons

$$TdS = de - u.du + \overline{P}d\tau - \frac{B}{\mu}dB.$$

D'où

$$\Psi = \begin{pmatrix} \overline{P} \\ -\frac{B_x}{\mu} \\ -\frac{B_y}{\mu} \\ -\frac{B_z}{\mu} \\ -u_x \\ -u_y \\ -u_z \end{pmatrix}.$$

Nous pouvons écrire (7.25) sous la forme

$$\rho\frac{d}{dt}U + \partial_x \begin{pmatrix} M_x\Psi \\ -\frac{1}{2}(\Psi, M_x\Psi) \end{pmatrix} + \partial_y \begin{pmatrix} M_y\Psi \\ -\frac{1}{2}(\Psi, M_y\Psi) \end{pmatrix} \tag{7.26}$$

$$+\partial_z \begin{pmatrix} M_z\Psi \\ -\frac{1}{2}(\Psi, M_z\Psi) \end{pmatrix} = 0.$$

Les matrices M_x, M_y et M_z sont symétriques et vérifient la relation de compatibilité

$$\partial_x M_x + \partial_z M_z + \partial_z M_z = 0. \tag{7.27}$$

Il s'ensuit que les flux du système de la magnétohydrodynamique idéale écrit en dérivée matérielle correspondent à la définition 34.

On peut comparer avec la dimension un d'espace (4.86). La structure (7.26) a été utilisée par [DD98] pour la discrétisation du système de la magnétohydrodynamique idéale en dimension deux d'espace $\partial z = 0$, avec un schéma Lagrange plus projection. La structure des équations est identique en dimension deux et en dimension trois d'espace. Cela nécessite de discrétiser le champ magnétique deux fois. Une première fois à l'intérieur des mailles, une deuxième fois sur les bords pour déterminer le flux de C sur chaque bord. Le flux de C est un paramètre des matrices à partir desquelles le flux est calculé.

Phase lagrangienne

Par exemple la matrice M_x est splittée en une partie positive et une partie négative

$$M_x^+ = \begin{pmatrix} \frac{1}{2\alpha_1} & 0 & 0 & 0 & \frac{1}{2} & 0 & 0 \\ 0 & \frac{C_x^2}{2\alpha_2} & 0 & 0 & \frac{C_x}{2} & 0 & 0 \\ 0 & 0 & \frac{C_x^2}{2\alpha_2} & 0 & 0 & \frac{C_x}{2} & 0 \\ 0 & 0 & 0 & \frac{C_x^2}{2\alpha_2} & 0 & 0 & \frac{C_x}{2} \\ \frac{1}{2} & \frac{C_x}{2} & 0 & 0 & \frac{\alpha_1+\alpha_2}{2} & 0 & 0 \\ 0 & 0 & \frac{C_x}{2} & 0 & 0 & \frac{\alpha_2}{2} & 0 \\ 0 & 0 & 0 & \frac{C_x}{2} & 0 & 0 & \frac{\alpha_2}{2} \end{pmatrix},$$

et

$$M_x^- = \begin{pmatrix} -\frac{1}{2\alpha_1} & 0 & 0 & 0 & \frac{1}{2} & 0 & 0 \\ 0 & -\frac{C_x^2}{2\alpha_2} & 0 & 0 & \frac{C_x}{2} & 0 & 0 \\ 0 & 0 & -\frac{C_x^2}{2\alpha_2} & 0 & 0 & \frac{C_x}{2} & 0 \\ 0 & 0 & 0 & -\frac{C_x^2}{2\alpha_2} & 0 & 0 & \frac{C_x}{2} \\ \frac{1}{2} & \frac{C_x}{2} & 0 & 0 & -\frac{\alpha_1+\alpha_2}{2} & 0 & 0 \\ 0 & 0 & \frac{C_x}{2} & 0 & 0 & -\frac{\alpha_2}{2} & 0 \\ 0 & 0 & 0 & \frac{C_x}{2} & 0 & 0 & -\frac{\alpha_2}{2} \end{pmatrix}.$$

Par analogie avec la dimension un d'espace qui a été évoquée à la section 6.2.4, deux choix simples sont possibles. Soit

$$\alpha_1 = \alpha_2 = \rho c_f,$$

soit

$$\alpha_1 = \rho c_f, \quad \alpha = \rho c_a.$$

Ici c_f est une approximation locales de la vitesse des ondes rapides. c_a est une approximation locales de la vitesse des ondes d'Alfven. En pratique les tests ont été effectués en prenant la demi-somme des valeurs gauche et droite. Tous calculs faits, l'expression du flux dans la direction x se réduit

$$f_{i+1/2,j,k} = \begin{pmatrix} -u^*_{x\,i+1/2,j,k} \\ -C_{x\,i+1/2,j,k}\tilde{u}_{i+1/2,j,k} \\ \begin{pmatrix} P^*_{i+1/2,j,k} \\ 0 \\ 0 \end{pmatrix} - \dfrac{C_{x\,i+1/2,j,k}\tilde{B}_{i+1/2,j,k}}{\mu} \\ P^*_{i+1/2,j,k}u^*_{x\,i+1/2,j,k} - \dfrac{C_{x\,i+1/2,j,k}\tilde{u}_{i+1/2,j,k}.\tilde{B}_{i+1/2,j,k}}{\mu} \end{pmatrix}, \tag{7.28}$$

où l'on a introduit les intermédiaires de calcul suivants

$$\begin{cases} u^*_{x\,i+1/2,j,k} &= \frac{1}{2}(u_{x\,i+1,j,k} + u_{x\,i,j,k}) - \frac{1}{2\alpha_{1\,i+1/2,j,k}}(P_{i+1,j,k} - P_{i,j,k}) \\ \tilde{u}_{i+1/2,j,k} &= \frac{1}{2}(u_{i+1,j,k} + u_{i,j,k}) + \frac{C_{x\,i+1/2,j,k}}{2\alpha_{2\,i+1/2,j,k}\mu}(B_{i+1,j,k} - B_{i,j,k}) \\ \tilde{B}_{i+1/2,j,k} &= \frac{1}{2}(B_{i+1,j,k} + B_{i,j,k}) + \frac{\mu\alpha_{2\,i+1/2,j,k}}{2C_{x\,i+1/2,j,k}}(u_{i+1,j,k} - u_{i,j,k}) \\ P^*_{i+1/2,j,k} &= \frac{1}{2}(P_{i+1,j,k} + P_{i,j,k}) - \frac{\alpha_{1\,i+1/2,j,k}}{2}(u_{x\,i+1,j,k} - u_{x\,i,j,k}) \end{cases}$$

Une modification a été proposée [DD98] pour respecter par construction les solutions monodimensionnelles pour lesquelles B_x est constant. La décomposition de M_x que l'on a donnée initialement n'est pas la meilleure de ce point de vue, car elle ne permet pas de conserver numériquement l'uniformité de B_x : en effet, la décomposition donne

$$\begin{cases} u^*_{x\,i+1/2} = \frac{1}{2}(u_{x\,i+1} + u_{x\,i}) - \frac{1}{2\alpha_{1\,i+1/2}}(P_{i+1} - P_i) \\ \tilde{u}_{x\,i+1/2} = \frac{1}{2}(u_{x\,i+1} + u_{x\,i}), \end{cases}$$

donc le flux de τ (multiplié par B_x/μ) est différent de celui de $\tau B_x/\mu$, ce qui entraîne qu'au pas de temps suivant, B_x n'est plus uniforme en général.

On définit à présent une décomposition de M_x qui nous assure que B_x restera uniforme si les conditions initiales ne dépendent que de x et si B_x est uniforme l'instant initial. Le plus simple est d'ajouter à M_x^+ (et de soustraire à M_x^-) la matrice L_x dfinie par

$$L_x = \begin{pmatrix} \frac{\gamma}{2\beta} & \frac{\gamma}{2} & 0 \cdots 0 \\ \frac{\gamma}{2} & \frac{\beta\gamma}{2} & 0 \cdots 0 \\ 0 & 0 & 0 \cdots 0 \\ \vdots & \vdots & \vdots \ddots \vdots \\ 0 & 0 & 0 \cdots 0 \end{pmatrix},$$

où β et γ sont des coefficients de même signe à déterminer. Les quantités u_x^* et $\tilde{u}_x$ deviennent provisoirement

$$\begin{cases} u^*_{x\,i+1/2,j,k} = \frac{1}{2}(u_{x\,i+1,j,k} + u_{x\,i,j,k}) + \frac{\gamma_{i+1/2,j,k}}{2\mu}(B_{x\,i+1,j,k} - B_{x\,i,j,k}) \\ \qquad - \left(\frac{1}{2\alpha_{1\,i+1/2,j,k}} + \frac{\gamma_{i+1/2,j,k}}{2\beta_{i+1/2,j,k}}\right)(P_{i+1,j,k} - P_{i,j,k}) \\ \tilde{u}_{x\,i+1/2,j,k} = \frac{1}{2}(u_{x\,i+1,j,k} + u_{x\,i,j,k}) - \frac{\gamma_{i+1/2,j,k}}{2C_{x\,i+1/2,j,k}}(P_{i+1,j,k} - P_{i,j,k}) \\ \qquad + \left(\frac{C_{x\,i+1/2,j,k}}{2\mu\alpha_{2\,i+1/2,j,k}} + \frac{\beta_{i+1/2,j,k}\gamma_{i+1/2,j,k}}{2\mu C_{x\,i+1/2,j,k}}\right)(B_{x\,i+1,j,k} - B_{x\,i,j,k}) \end{cases}$$

Pour que u_x^* et $\tilde{u}_x$ soient égaux dans le cas monodimensionnel, il faut avoir $\frac{1}{\alpha_1} + \frac{\gamma}{\beta} = \frac{\gamma}{C_x}$, c'est à dire

$$\gamma\left(\frac{1}{C_x} - \frac{1}{\beta}\right) = \frac{1}{\alpha_1}, \tag{7.29}$$

ce qui implique que γ, β et C_x sont de même signe et que $|\beta| > |C_x|$. Par exemple, on peut choisir $\beta = 2C_x$ et $\gamma = \frac{2C_x}{\alpha_1}$. Pour alléger les notations, jusqu'à la fin de ce paragraphe, on omet les indices j et k. Avec ce choix de α, β, ct γ, lc flux suivant la direction x devient

$$f_{i+1/2} = \begin{pmatrix} -u^*_{x\,i+1/2} \\ -C_{x\,i+1/2}\tilde{u}_{i+1/2} \\ \begin{pmatrix} P^*_{i+1/2} \\ 0 \\ 0 \end{pmatrix} - \frac{C_{x\,i+1/2}\tilde{B}_{i+1/2}}{\mu} \\ P^*_{i+1/2}u^*_{x\,i+1/2} - \frac{C_{x\,i+1/2}\tilde{u}_{i+1/2}.\tilde{B}_{i+1/2}}{\mu} + \mathbf{D_{i+1/2}} \end{pmatrix}, \tag{7.30}$$

avec

$$\begin{cases} u^*_{x\,i+1/2} = \frac{1}{2}(u_{x\,i+1} + u_{x\,i}) - \left(\frac{1}{2\alpha_{1\,i+1/2}} + \frac{1}{\mathbf{2\alpha_{1\,i+1/2}}}\right)(P_{i+1} - P_i) \\ \qquad + \frac{\mathbf{C_{x\,i+1/2}}}{\alpha_{\mathbf{1\,i+1/2}}\mathbf{\mu}}(\mathbf{B_{x\,i+1}} - \mathbf{B_{x\,i}}) \\ \tilde{u}_{x\,i+1/2} = \frac{1}{2}(u_{x\,i+1} + u_{x\,i}) \\ \qquad + \frac{C_{x\,i+1/2}}{2\mu}\left(\frac{1}{\alpha_{2\,i+1/2}} + \frac{\mathbf{4}}{\alpha_{\mathbf{1\,i+1/2}}}\right)(B_{x\,i+1} - B_{x\,i}) \\ \qquad - \frac{\mathbf{1}}{\alpha_{\mathbf{1\,i+1/2}}}(\mathbf{P_{i+1}} - \mathbf{P_i}) \\ D_{i+1/2} = \frac{1}{4}\left(\frac{2\alpha_{2\,i+1/2}}{\alpha_{1\,i+1/2}} + 1\right)(u_{x\,i+1} - u_{x\,i}) \\ \qquad \times \left(\frac{2C_{x\,i+1/2}}{\mu}(B_{x\,i+1} - B_{x\,i}) - (P_{i+1} - P_i)\right), \end{cases}$$

les autres quantités n'étant pas modifiées (les quantités en gras représentent ce qui a été rajouté au flux par rapport à (7.28)).

Splitting directionnel

Le splitting directionnel (x, puis y et enfin z) n'est pas compatible avec l'inégalité d'entropie discrète pour le système de la MHD idéale. Prenons le cas de la dimension deux d'espace. La condition de compatibilité discrète sur les matrices est une conséquence de

$$C^k_{i+\frac{1}{2},j} - C^k_{i-\frac{1}{2},j} + C^k_{i,j+\frac{1}{2}} - C^k_{i,j-\frac{1}{2}} = 0$$

qui doit être vérifiée au début de chaque pas de temps. En conséquence de quoi, la compatibilité avec l'inégalité d'entropie discrète élimine la possibilité du splitting directionnel. Cela doit être pris en compte lors de l'implémentation.

Phase de projection

La phase de projection se fait de manière classique en projetant géométriquement dans chacune des directions.

Réactualisation de C

Le point nouveau par rapport à un schéma plus classique concerne la discrétisation des degrés de liberté supplémentaires pour C, que l'on peut effectuer sous une forme eulérienne directe. En effet la propriété importante est la préservation de la divergence discrète de C. Soit le maillage cartésien en dimension deux de la figure 7.6

Le champ de vecteurs C est discrétisé sur les interfaces. Pour réactualiser les flux normaux on peut utiliser

$$\frac{C^{k+1}_{i+\frac{1}{2},j} - C^k_{i+\frac{1}{2},j}}{\Delta t} + \frac{q_{i+\frac{1}{2},j+\frac{1}{2}} - q_{i+\frac{1}{2},j-\frac{1}{2}}}{\Delta x} = 0$$

et

$$\frac{C^{k+1}_{i,j+\frac{1}{2}} - C^k_{i,j+\frac{1}{2}}}{\Delta t} + \frac{q_{i+\frac{1}{2},j+\frac{1}{2}} - q_{i-\frac{1}{2},j+\frac{1}{2}}}{\Delta x} = 0.$$

Ici q est une approximation locale de $C_x u_y - C_y u_x$.

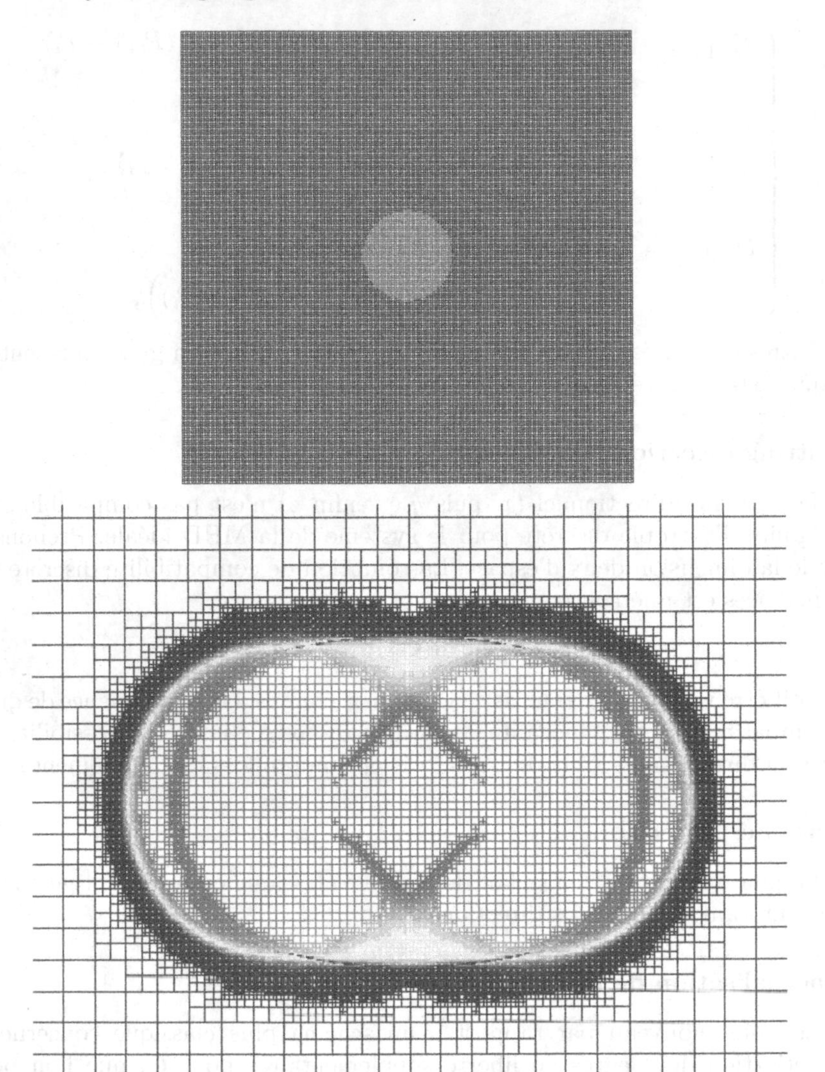

Fig. 7.5. Donnée initiale (bulle haute pression) en haut. Calcul final pour le système de la magnétohydrodynamique avec la technologie **AMR** (Adaptive Mesh Refinement) en bas. Cette méthode permet le raffinement adaptatif de maillage là où le besoin s'en fait le plus sentir, par exemple sur les discontinuités. Le maillage est grossier loin des discontinuités. Calcul réalisé au Commissariat à l'Énergie Atomique.

7.6 Dynamique des gaz lagrangienne

La présentation qui suit a eu comme point de départ les travaux [DM03, DM05]. Le point de vue choisi consiste à mettre en évidence un splitting

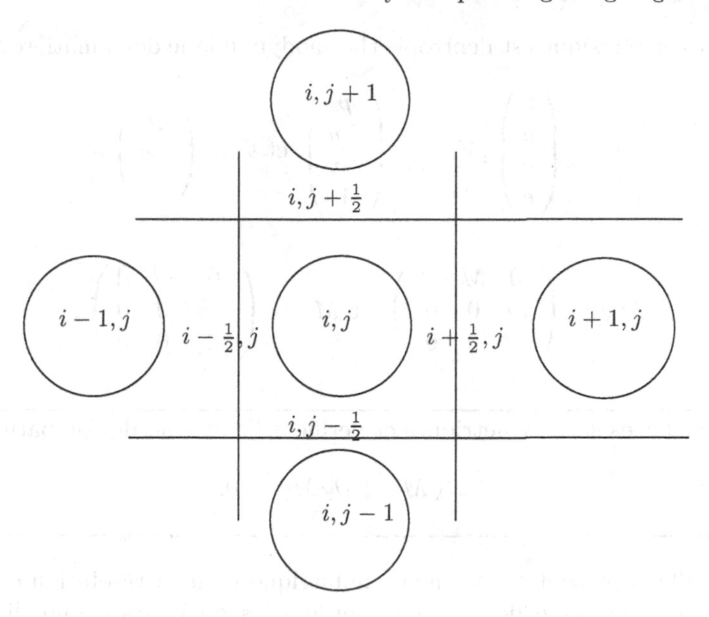

Fig. 7.6. Maillage cartésien en dimension deux

de matrices adapté, ce qui permet de construire le schéma avec le moins d'a priori possibles. Cependant ce point de vue est loin d'être le seul. Le schéma [AMJ04] sera aussi construit, ainsi que le schéma dit hydro-compatible [CBSW98, CSW] qui est défini sur grilles décalées. On revoit aux notes de fin de chapitre pour une liste plus complète de références à propos des schémas lagrangiens pour la dynamique des gaz compressibles. C'est un thème en renouveau actuellement.

Considérons le système de la dynamique des gaz en coordonnée de Lagrange en dimension deux d'espace (2.24). Pour simplifier posons

$$\rho^0(X,Y) = \rho J.$$

La première équation des identités de Piola (2.25) prend aussi la forme

$$\rho^0 \partial_t \tau - \partial_X(uM - vL) - \partial_Y(vA - uB) = 0.$$

En réunissant en un seul système l'égalité précédente et les équations de quantité de mouvement et d'énergie de (2.24) on obtient le système

$$\begin{cases} \rho^0 \partial_t \tau - \partial_X(uM - vL) - \partial_Y(vA - uB) = 0, \\ \rho^0 \ \partial_t u + \partial_X(pM) + \partial_Y(-pB) = 0, \\ \rho^0 \ \partial_t v + \partial_X(-pL) + \partial_Y(pA) = 0, \\ \rho^0 \ \partial_t e + \partial_X(puM - pvL) + \partial_Y(pvA - puB) = 0. \end{cases} \tag{7.31}$$

L'entropie physique est l'entropie thermodynamique de la matière S. Donc

$$U = \begin{pmatrix} \tau \\ u \\ v \\ e \end{pmatrix}, V = \frac{1}{T} \begin{pmatrix} p \\ -u \\ -v \\ 1 \end{pmatrix} \text{ et } \Psi = \begin{pmatrix} p \\ -u \\ -v \end{pmatrix}.$$

Posons

$$M_X = \begin{pmatrix} 0 & M & -L \\ M & 0 & 0 \\ -L & 0 & 0 \end{pmatrix} \text{ et } M_Y = \begin{pmatrix} 0 & -B & A \\ -B & 0 & 0 \\ A & 0 & 0 \end{pmatrix}.$$

Ces matrices sont symétriques et vérifient l'équation de compatibilité

$$\partial_X M_X + \partial_Y M_Y = 0.$$

Nous allons présenter un schéma numérique pour la résolution des équations de la dynamique des gaz en coordonnées de Lagrange en dimension deux d'espace. Ce schéma se fonde sur la structure discrète (7.3-7.4). Cependant un aménagement doit être effectué. En effet notre objectif est d'obtenir une méthode numérique sur maillage mobile. C'est à dire que la méthode numérique doit idéalement correspondre d'une part à une discrétisation dans le référentiel initial (X, Y), et d'autre part à une discrétisation dans le référentiel courant (x, y). Pour les équations aux dérivées partielles cela est garanti par les identités de Piola qui permettent de faire le passage d'une formulation à l'autre. A priori la méthode numérique que nous désirons mettre en place doit être compatible avec ce principe. En considérant par exemple la formulation de Hui qui est un système fermé, il apparaît que cette formulation n'est pas adaptée au premier abord car les identités de Piola en sont absentes. La formulation qui va effectivement être utilisée est constituée de la partie physique (7.31) et de la partie que nous appellerons géométrique $\rho J = \rho^0$, $\partial_X M - \partial_Y B = 0$ et $-\partial_X L + \partial_Y A = 0$. Pour un maillage en triangle (ce qui n'est pas obligatoire en pratique) on retrouvera une définition naturelle du gradient de déformation.

7.6.1 Maillage mobile

Nous commençons par quelques remarques à propos des maillages mobiles.

Compatibilité entre les vitesses aux noeuds et la vitesse au milieu du segment

Soit le maillage de la figure 7.7. Notons $\mathbf{u}_1 = (u_1, v_1)$ et $\mathbf{u}_2 = (u_2, v_2)$ les vitesses des extrémités du segment, et $\mathbf{n}$ la normale à la maille qui est aussi la

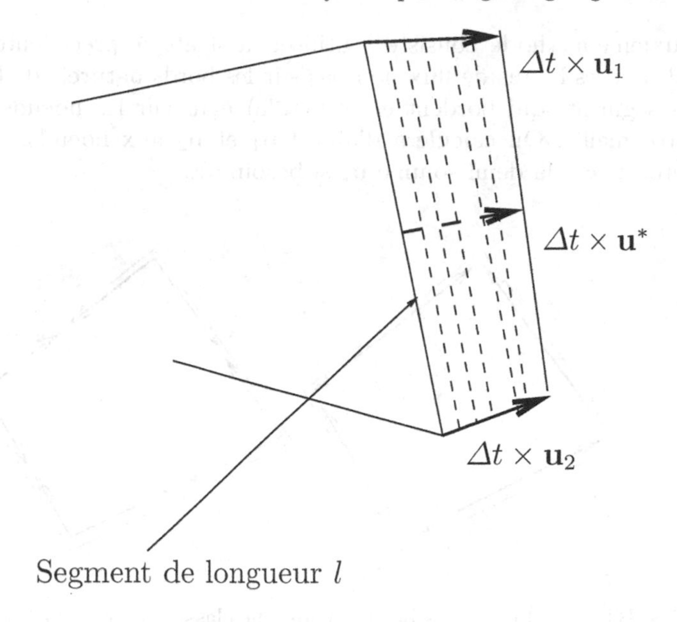

Fig. 7.7. Région balayée lors du déplacement du segment

normale au segment au début du pas de temps. La surface balayée pendant le pas de temps Δt est $S = l\Delta t \left|\left(\frac{\mathbf{u}_1+\mathbf{u}_2}{2}, \mathbf{n}\right)\right|$. On a $S = l\Delta t \left|(\mathbf{u}_*, \mathbf{n})\right|$ si la vitesse $\mathbf{u}_*$ définie au milieu du segment est telle que

$$\mathbf{u}_* = \frac{\mathbf{u}_1 + \mathbf{u}_2}{2}. \tag{7.32}$$

Il suffit en fait que les projections sur la normale soient identiques

$$(\mathbf{u}_*, \mathbf{n}) = \frac{1}{2}(\mathbf{u}_1, \mathbf{n}) + \frac{1}{2}(\mathbf{u}_2, \mathbf{n}). \tag{7.33}$$

A partir de cette constatation deux stratégies sont possibles pour définir un schéma lagrangien sur grille mobile.

La première méthode consiste à généraliser le schéma lagrangien en dimension un d'espace à l'intérieur d'une formulation Volumes Finis dans laquelle les bilans de flux sont faits sur chacun des bords de la maille séparément. Cela apporte une définition naturelle de $(\mathbf{u}_*, \mathbf{n})$ qui est une des composantes du flux lagrangien. Le problème est qu'il faut que le déplacement du maillage soit compatible avec la définition de cette vitesse au milieu du segment. Donc il est nécessaire de définir des vitesses aux noeuds en inversant un système de relations linéaires (7.32) ou (7.33) (une ou deux relations linéaires par segment, les inconnues sont les vitesses aux noeuds). Ce système linéaire a priori rectangulaire n'est pas inversible sauf cas particuliers.

La deuxième méthode consiste à utiliser la stratégie précédente mais en localisant les bilans de flux non pas sur les bords naturels de la maille (i.e. les segments qui bordent cette maille) mais sur les noeuds qui bordent cette maille. On calculera d'abord $\mathbf{u}_1$ et $\mathbf{u}_2$ aux noeuds, et ensuite on déterminera la demi-somme $\mathbf{u}_*$ si besoin est.

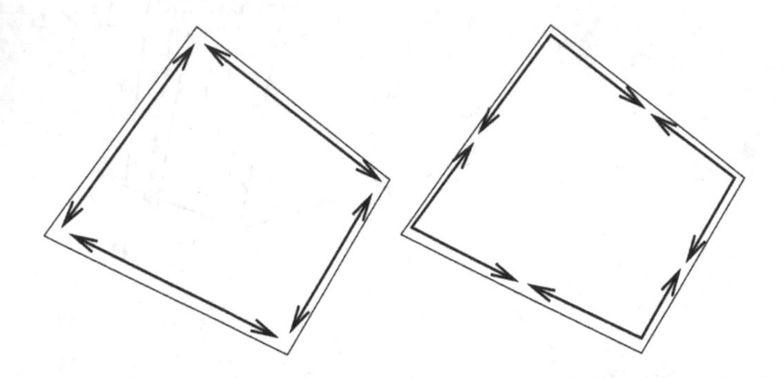

Fig. 7.8. Bilan de flux sur les bords. Approche classique à gauche, approche nodale à droite

La première stratégie consiste à prendre les bilans en accord avec la partie gauche de la figure 7.8, la deuxième stratégie consiste à en utiliser la partie droite. Nous allons utiliser la deuxième approche.

Quelques notations

Les considérations précédentes motivent les définitions et notations suivantes. Dans cette partie on pourra supposer pour simplifier que la vitesse des noeuds du maillage est une fonction continue du temps. Soit une maillage constitué de mailles d'indice j. Les noeuds seront référencés par les indices r et s. Soit $l_{jk} = l_{kj} \geq 0$ la longueur de l'interface entre la maille j et la maille k. Soit $\mathbf{n}_{jk} = -\mathbf{n}_{kj}$ la normale sortante de la maille j qui pointe vers la maille k. Nous avons

$$\sum_k l_{jk}\mathbf{n}_{jk} = 0.$$

Définissons à présent les longueurs nodales et normales nodales en accord avec la figure 7.8. Soit r un noeud bordant la maille j, et r^+ (resp. r^-)le noeud situé après (avant) dans le sens trigonométrique, voir la figure 7.9. Nous définissons la longueur nodale et la normale sortante au noeud par

$$l_{jr}\mathbf{n}_{jr} = \frac{1}{2}l_{jk}\mathbf{n}_{jk} + \frac{1}{2}l_{jp}\mathbf{n}_{jp} = \frac{1}{2}\begin{pmatrix} y_{r^+} - y_{r^-} \\ x_{r^-} - x_{r^+} \end{pmatrix}. \qquad (7.34)$$

Par construction nous avons

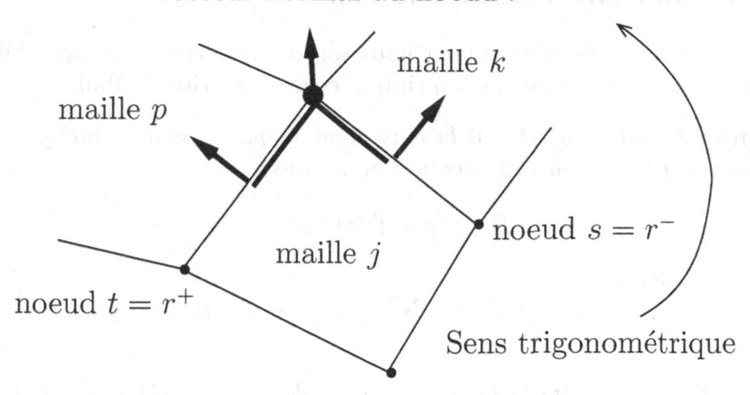

Fig. 7.9. Notations : $t = r^+$, $s = r^-$

$$\sum_r l_{jr}\mathbf{n}_{jr} = 0. \tag{7.35}$$

A présent considérons que la maille j évolue au court du temps par l'intermédiaire de vitesses nodales $\mathbf{u}_r(t) = (u_r(t), v_r(t))$. La surface de la maille est une fonction du temps $t \mapsto s_j(t)$.

Lemme 60 *La surface d'une maille est donnée par la formule*

$$s_j(t) = \frac{1}{2}\sum_r (x_r y_{r^+} - x_{r^+} y_r).$$

Par convention la somme est à prendre dans le sens trigonométrique autour de la maille j et r^+ désigne le noeud suivant.

Soit O un point situé au centre de la maille. La surface est égale à la somme des triangles $OM_rM_{r^+}$ où M_r et M_{r^+} sont deux sommets consécutifs. Après simplification on obtient le résultat.

Lemme 61 *On a la relation*

$$s'_j(t) = \sum_r l_{jr}(\mathbf{n}_{jr}, \mathbf{u}_r) = \sum_k l_{jk}(\mathbf{n}_{jk}, \mathbf{u}_k). \tag{7.36}$$

On dérive la relation précédente et on regroupe les termes

$$s'_j(t) = \sum_r \left(u_r \frac{y_{r^+} - y_{r^-}}{2} - v_r \frac{x_{r^+} x_{r^-}}{2} \right).$$

En se reportant à la figure 7.9 il apparaît que

$$\mathbf{n}_{jr} = \left(\frac{x_{r^+} - x_{r^-}}{2}, \frac{y_{r^+} - y_{r^-}}{2} \right).$$

La preuve est terminée.

Compatibilité avec l'identité de Piola

Les formules précédentes vont nous servir à montrer la compatibilité des vitesses nodales avec une version simplifiée de l'identité de Piola.

Lemme 62 *Soit* $\mapsto \rho_j(t) > 0$ *la masse volumique dans la maille* j. *Alors on a l'équivalence entre la conservation de la masse*

$$(\rho_j s_j)'(t) = 0$$

et la loi de bilan

$$M_j \tau_j'(t) - \sum_r l_{jr} (\mathbf{n}_{jr}, \mathbf{u}_r) = 0. \tag{7.37}$$

Soit $M_j(t) = \rho_j(t) s_j(t)$ la masse de la maille. Alors $s_j'(t) = \frac{d}{dt}(M_j(t)\tau_j(t))$. Le résultat s'en déduit grâce à la formule (7.36).

Dans le cas où le maillage évolue de façon discrète la vitesse des noeuds est donnée au pas de temps $k\Delta t$. Cette vitesse sert à déplacer les noeuds suivant la loi

$$\mathbf{x}_r^{k+1} = \mathbf{x}_r^k + t\mathbf{u}_r^k \Longleftrightarrow \begin{cases} x_r^{k+1} = x_r^k + \Delta t u_r^k, \\ y_r^{k+1} = y_r^k + \Delta t v_r^k. \end{cases} \tag{7.38}$$

Lemme 63 *On a l'équivalence entre la conservation de la masse*

$$s_j^{k+1} \rho_j^{k+1} = s_j^k \rho_j^k \tag{7.39}$$

et la loi de bilan discrète

$$M_j \frac{\tau_j^{k+1} - \tau_j^k}{\Delta t} - \sum_r l_{jr}^{k+\frac{1}{2}} \left(\mathbf{n}_{jr}^{k+\frac{1}{2}}, \mathbf{u}_r^k \right) = 0, \tag{7.40}$$

avec

$$l_{jr}^{k+\frac{1}{2}} \mathbf{n}_{jr}^{k+\frac{1}{2}} = \frac{1}{2} \left(l_{jr}^k \mathbf{n}_{jr}^k + l_{jr}^{k+1} \mathbf{n}_{jr}^{k+1} \right).$$

Commençons par définir un interpolant linéaire $\begin{cases} x_r(t) = x_r^k + t u_r^k, \\ y_r(t) = y_r^k + t v_r^k. \end{cases}$ Intégrons la relation (7.37) durant le pas de temps Δt. Par construction le vecteur $l_{jr}(t)\mathbf{n}_{jr}(t)$ est une fonction linéaire du temps, voir (7.34). Donc

$$\int_0^{\Delta t} l_{jr}(t) \mathbf{n}_{jr}(t) = \frac{1}{2} \left(l_{jr}^k \mathbf{n}_{jr}^k + l_{jr}^{k+1} \mathbf{n}_{jr}^{k+1} \right).$$

Compatibilité avec la formulation de Hui

On retrouve aisément les équations pour le gradient de déformation de la formulation de Hui pour un maillage triangulaire. Considérons la figure 7.10.

Pour un tel déplacement la position (x, y) au début du pas de temps $k\Delta t$ dans la maille est une fonction affine des coordonnées initiales

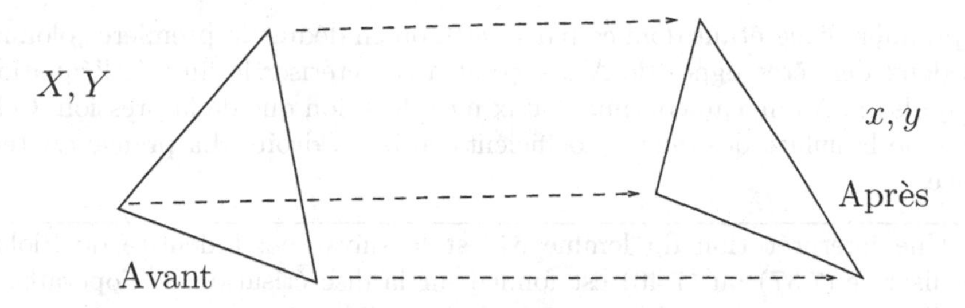

Fig. 7.10. Déplacement d'une maille en triangle

$$x_j^k(X,Y) = a_j^k + b_j^k X + c_j^k Y, \quad y_j^k(X,Y) = d_j^k + e_j^k X + f_j^k Y.$$

Énoncé autrement la déformation est une fonction P^1 (au sens des éléments finis). Il suffit de connaître la position des noeuds du maillage initial et du maillage final pour déterminer les coefficients (a,b,c,d,e,f). Le gradient de déformation s'en déduit immédiatement

$$A_j^k = \partial_X x = b_j^k,\ B_j^k = \partial_X y = e_j^k,\ L_j^k = \partial_Y x = c_j^k,\ M_j^k = \partial_Y y = f_j^k.$$

Par construction on a la continuité des flux normaux des champs de vecteurs $(L,-A)$ et $(M,-B)$ entre deux mailles contigües.

7.6.2 Tentative de construction d'un schéma numérique

Nous sommes en mesure de définir un schéma numérique pour le système lagrangien en dimension deux d'espace. Ce schéma vérifie le principe d'entropie du théorème 7.2. Nous considérons le schéma (7.3) pour la maille j. Nous faisons une hypothèse simplificatrice supplémentaire : le flux de (7.3), défini localement, est le même pour toutes les mailles qui ont le noeud r en commun. Cela revient essentiellement à postuler l'existence d'un état au noeud r

$$\Psi_r^* = \begin{pmatrix} p_r^* \\ -u_r^* \\ -v_r^* \end{pmatrix} \text{ tel que } f_{jr}^k = \begin{pmatrix} N_{jr}\Psi_r^r \\ -\frac{1}{2}\left(\Psi_r^*, N_{jr}\Psi_r^*\right) \end{pmatrix}.$$

Nous connaissons la première ligne de N_{jr} qui doit être compatible avec l'égalité (7.40). D'où

Lemme 64 *La matrice N_{jr} compatible avec (7.40) est définie par*

$$N_{jr} = \begin{pmatrix} 0 & \cos\theta_{jr}^{k+\frac{1}{2}} & \sin\theta_{jr}^{k+\frac{1}{2}} \\ \cos\theta_{jr}^{k+\frac{1}{2}} & 0 & 0 \\ \sin\theta_{jr}^{k+\frac{1}{2}} & 0 & 0 \end{pmatrix}, \quad \mathbf{n}_{jr}^{k+\frac{1}{2}} = \left(\cos\theta_{jr}^{k+\frac{1}{2}}, \sin\theta_{jr}^{k+\frac{1}{2}}\right).$$

La première ligne étant donnée par (7.40), on en déduit la première colonne. Les deux dernières lignes de N_{jr} servent à caractériser le flux de l'équation d'impulsion. Au niveau continu ce flux n'est fonction que de la pression. Cela implique la nullité des quatre coefficients en bas à droite. La preuve est terminée.

Une interprétation du lemme 64 est la suivante : l'identité de Piola discrète (7.37) ou (7.40) est fondée sur la discrétisation de l'opérateur divergence; Cela induit par dualité la discrétisation compatible de l'opérateur gradient.

Une forme du schéma que nous cherchons à construire est alors

$$\begin{cases} M_j\tau_j^{k+1} &= M_j\tau_j^k + \Delta t\sum_r l_{jr}^{k+\frac{1}{2}}\left(\mathbf{n}_{jr}^{k+\frac{1}{2}},\mathbf{u}_r^*\right), \\ M_j\mathbf{u}_j^{k+1} &= M_j\mathbf{u}_j^k - \Delta t\sum_r l_{jr}^{k+\frac{1}{2}}\mathbf{n}_{jr}^{k+\frac{1}{2}}p_r^*, \\ M_je_j^{k+1} &= M_je_j^k - \Delta t\sum_r l_{jr}^{k+\frac{1}{2}}\left(\mathbf{n}_{jr}^{k+\frac{1}{2}},\mathbf{u}_r^*\right)p_r^*. \end{cases} \tag{7.41}$$

La définition du schéma se reporte a priori sur la détermination des valeurs nodales

$$\Psi_r^* = (p_r^*, -u_r^*, -v_r^*)^t$$

en fonction des valeurs locales des pressions et vitesses (figure 7.11).

Nous décidons que le schéma doit être compatible avec l'inégalité d'entropie dans le but d'obtenir un schéma stable et compatible avec la nécessité de production d'entropie pour le calcul des chocs. Compte tenu des lemmes 54 et 55 il suffit *in fine* de s'assurer que

$$N_{jr}\Psi_r^* = N_{jr}^+\widetilde{\Psi}_{jr} + N_{jr}^-\Psi_j. \tag{7.42}$$

Pour l'instant les matrices symétriques N_{jr} n'ont pas été spécifiées. Nous décidons d'étudier le splitting suivant

$$N_{jr}^+ = \frac{1}{2}\begin{pmatrix} \frac{1}{\alpha_j} & \cos\theta_{jr}^{k+\frac{1}{2}} & \sin\theta_{jr}^{k+\frac{1}{2}} \\ \cos\theta_{jr}^{k+\frac{1}{2}} & \alpha_j\left(\cos\theta_{jr}^{k+\frac{1}{2}}\right)^2 & \alpha_j\cos\theta_{jr}^{k+\frac{1}{2}}\sin\theta_{jr}^{k+\frac{1}{2}} \\ \sin\theta_{jr}^{k+\frac{1}{2}} & \alpha_j\cos\theta_{jr}^{k+\frac{1}{2}}\sin\theta_{jr}^{k+\frac{1}{2}} & \alpha_j\left(\sin\theta_{jr}^{k+\frac{1}{2}}\right)^2 \end{pmatrix},$$

$$N_{jr}^- = \frac{1}{2}\begin{pmatrix} -\frac{1}{\alpha_j} & \cos\theta_{jr}^{k+\frac{1}{2}} & \sin\theta_{jr}^{k+\frac{1}{2}} \\ \cos\theta_{jr}^{k+\frac{1}{2}} & -\alpha_j\left(\cos\theta_{jr}^{k+\frac{1}{2}}\right)^2 & -\alpha_j\cos\theta_{jr}^{k+\frac{1}{2}}\sin\theta_{jr}^{k+\frac{1}{2}} \\ \sin\theta_{jr}^{k+\frac{1}{2}} & -\alpha_j\cos\theta_{jr}^{k+\frac{1}{2}}\sin\theta_{jr}^{k+\frac{1}{2}} & -\alpha_j\left(\sin\theta_{jr}^{k+\frac{1}{2}}\right)^2 \end{pmatrix},$$

avec

$$\alpha_j = \rho_j c_j. \tag{7.43}$$

Ces deux matrices sont symétriques. La première est positive et la deuxième négative.

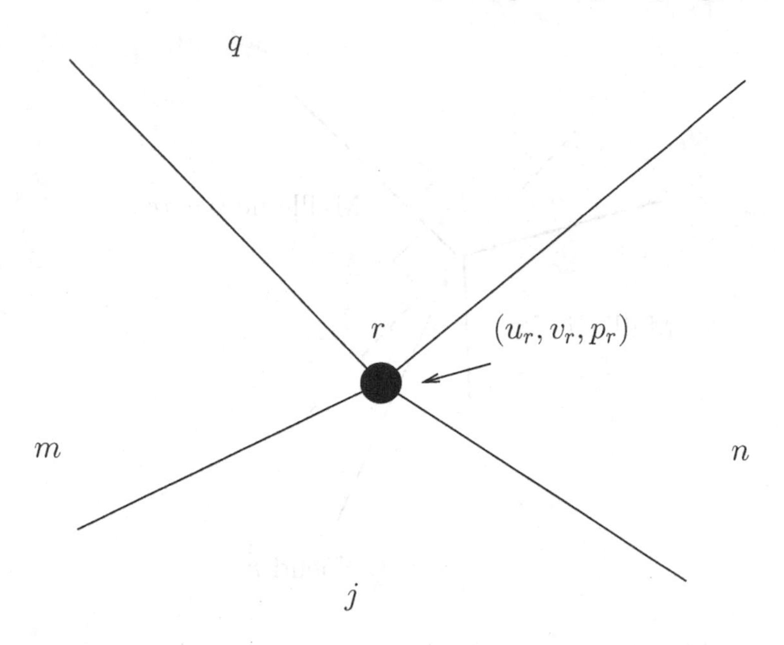

Fig. 7.11. Flux nodaux (u_r, v_r, p_r) pour le premier schéma. Les mailles j, n, q et m ont le noeud r en commun.

Lemme 65 *La relation (7.42) est équivalente à*

$$p_r^* + \alpha_j \left(\mathbf{n}_{jr}^{k+\frac{1}{2}}, \mathbf{u}_r^* \right) = p_j^k + \alpha_j \left(\mathbf{n}_{jr}^{k+\frac{1}{2}}, \mathbf{u}_j^k \right). \tag{7.44}$$

Prenons le produit scalaire de (7.42) contre le vecteur propre particulier pour la matrice N_{jr}^+

$$z = (-\alpha_j, \cos \theta_{jr}^{k+\frac{1}{2}}, \sin \theta_{jr}^{k+\frac{1}{2}})^t.$$

On obtient (7.44). Réciproquement supposons (7.44) satisfait. Alors (7.42) est un système linéaire dont l'inconnue est l'état auxiliaire $\widetilde{\Psi}_{jr}$. Il existe un tel état auxiliaire dès que le second membre du système est dans l'image de la matrice N_{jr}^+. Par construction ce second membre est orthogonal à tous les éléments du noyau de $N_{jr}^+ = \left(N_{jr}^+\right)^t$. La preuve est terminée.

On peut interpréter l'expression (7.44) comme l'application d'un solveur de Riemann linéarisé en dimension un d'espace dans la direction $\mathbf{n}_{jr}$. C'est illustré à la figure 7.12. Cependant on a le résultat d'obstruction qui montre que la construction n'est pas possible.

Lemme 66 *Le système linéaire constitué par les relations (7.44) pour tous les coefficients j qui entourent le noeud r est surdéterminé en dimension deux pour un maillage générique.*

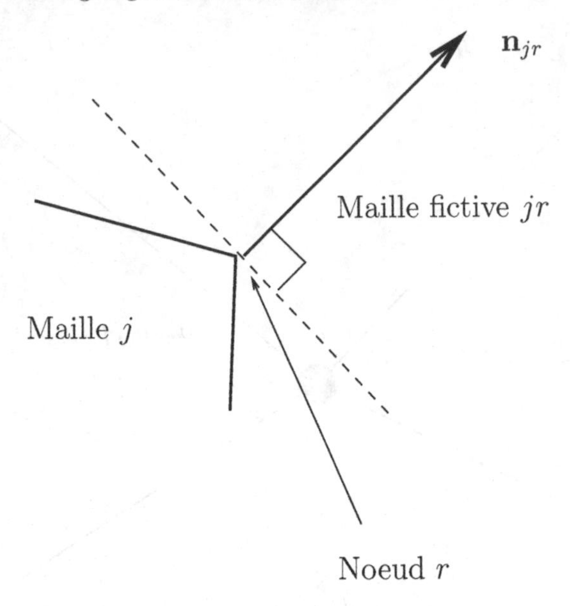

Fig. 7.12. Schéma de principe du problème de Riemann dans la direction $\mathbf{n}_{jr}$ entre la maille j et la maille fictive

Ce système est constitué de $j = 1, 2, \cdots, J$ équations linéaires. Pour un maillage générique en dimension deux d'espace on a $J > 3$. Le nombre d'inconnues est de trois p_r^*, u_r^*, v_r^*. La preuve est terminée.

La conclusion est qu'il n'est pas possible en dimension deux d'être compatible avec le principe d'entropie discret pour ce schéma. Nous devons relaxer certaines contraintes.

7.6.3 Une première solution

Le système de J équations linéaires (7.44) est sur déterminé. Pour le rendre inversible, deux options sont possibles. La **première option** consiste à diminuer le nombre d'équations pour le réduire à trois. Cela parait difficile, car les équations (7.44) sont importantes pour la compatibilité avec le principe discret de production d'entropie. Comme ce principe assure en pratique la stabilité du schéma nous abandonnons cette option. La **deuxième option** consiste à ajouter des degrés de liberté.

Détaillons une solution possible. Nous allons chercher les flux sous la forme

$$\Psi_{jr}^* = (p_{jr}^*, -u_r^*, -v_r^*)^t.$$

C'est à dire que la pression de noeud unique p_r^* est remplacée par des pressions de noeud p_{jr}^* vue par le noeud j (figure 7.13).

Le système linéaire possède à présent J équations

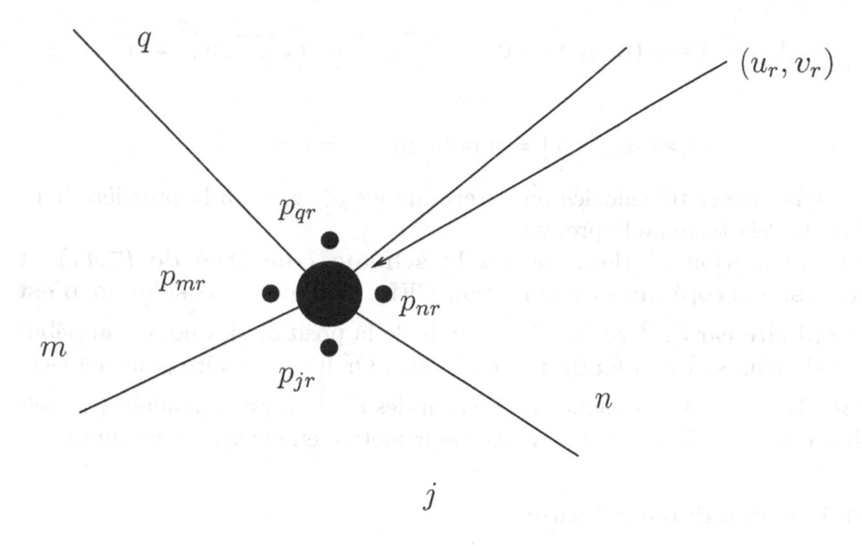

Fig. 7.13. Les pressions sont délocalisées

$$p_{jr}^* + \alpha_j \left(\mathbf{n}_{jr}^{k+\frac{1}{2}}, \mathbf{u}_r^*\right) = p_j^k + \alpha_j \left(\mathbf{n}_{jr}^{k+\frac{1}{2}}, \mathbf{u}_j^k\right)$$

et $J+2$ inconnues. Il est sous-déterminé. Deux équations naturelles viennent alors fermer le système. Ces équations viennent de la contrainte de conservativité pour l'équation de quantité de mouvement. Nous imposons

$$\sum_i l_{jr}^{k+\frac{1}{2}} \mathbf{n}_{jr}^{k+\frac{1}{2}} p_{jr}^* = 0 \in \mathbb{R}^2. \tag{7.45}$$

Le système final dont la solution fournie les Ψ_{jr}^* est

$$\begin{cases} p_{jr}^* + \alpha_j \left(\mathbf{n}_{jr}^{k+\frac{1}{2}}, \mathbf{u}_r^*\right) = p_j^k + \alpha_j \left(\mathbf{n}_{jr}^{k+\frac{1}{2}}, \mathbf{u}_j^k\right), \ j = 1, \cdots, J, \\ \sum_i l_{jr}^{k+\frac{1}{2}} \mathbf{n}_{jr}^{k+\frac{1}{2}} p_{jr}^* = 0. \end{cases} \tag{7.46}$$

Théorème 7.3. *Pour un maillage non dégénéré le système linéaire (7.46) est inversible.*

On élimine les p_{jr}^* dans la deuxième partie de (7.45). On obtient un système linéaire de taille deux

$$A_r \mathbf{u}_r^* = \sum_j \left(l_{jr}^{k+\frac{1}{2}} \alpha_j \mathbf{n}_{jr}^{k+\frac{1}{2}} \otimes \mathbf{n}_{jr}^{k+\frac{1}{2}} u_j^k \right) + \sum_j l_{jr}^{k+\frac{1}{2}} \mathbf{n}_{jr}^{k+\frac{1}{2}} p_j^k, \tag{7.47}$$

avec $A_r = \sum_j \left(l_{jr}^{k+\frac{1}{2}} \alpha_j \mathbf{n}_{jr}^{k+\frac{1}{2}} \otimes \mathbf{n}_{jr}^{k+\frac{1}{2}} \right)$. La matrice A_r est inversible pour un maillage non dégénéré. En effet supposons que $l_{jr}^{k+\frac{1}{2}} > 0$ et $\alpha_j > 0$ pour tout j et que deux normales soient linéairement indépendantes.

$$A_r \mathbf{u} = 0 \Longrightarrow (\mathbf{u}, A_r \mathbf{u}) = 0 \Longrightarrow \sum_j l_{jr}^{k+\frac{1}{2}} \alpha_j \left(\mathbf{n}_{jr}^{k+\frac{1}{2}}, \mathbf{u}\right)^2 = 0$$

$$\Longrightarrow \left(\mathbf{n}_{jr}^{k+\frac{1}{2}}, \mathbf{u}\right) = 0 \text{ pour tout } j \Longrightarrow \mathbf{u} = 0.$$

Une fois la vitesse $\mathbf{u}_r^*$ calculée on détermine les p_{jr}^* grâce à la première ligne de (7.46). Cela termine la preuve.

Par application du théorème 7.2 **le schéma constitué de (7.41) et (7.46) est entropique** sous condition CFL. Néanmoins **ce schéma n'est pas explicite** car $l_{jr}^{k+\frac{1}{2}}$ se calcule à partir de la position des points au début du pas de temps et à la fin du pas de temps. Or $\mathbf{u}_r^*$ nécessaire pour déplacer les noeuds se calcule lui-même en fonction des $l_{jr}^{k+\frac{1}{2}}$. Il est cependant possible d'utiliser une procédure de point fixe pour mettre en oeuvre ce schéma.

7.6.4 Une deuxième solution

On modifie le schéma (7.41)-(7.46) au prix d'un léger affaiblissement des propriétés théoriques. L'idée principale est d'abandonner la stricte compatibilité (7.39) et (7.40) en se contentant de l'équation de conservation de la masse de la maille j.

Le schéma **explicite** [DM05, M07] que nous considérons est constitué du système

$$\begin{cases} p_{jr}^* + \alpha_j \left(\mathbf{n}_{jr}^k, \mathbf{u}_r^*\right) = p_j^k + \alpha_j \left(\mathbf{n}_{jr}^k, \mathbf{u}_j^k\right), \; j = 1, \cdots, J, \\ \sum_j l_{jr}^k \mathbf{n}_{jr}^k p_{jr}^* = 0, \end{cases} \tag{7.48}$$

des équations (7.38) pour le déplacement du maillage, de l'équation (7.49) de conservation de la masse qui permet de recalculer la masse volumique après détermination de la nouvelle surface s_j^{k+1}

$$\rho_j^{k+1} = \frac{s_j^k}{s_j^{k+1}} \rho_j^k, \Longleftrightarrow M_j = s_j^k \rho_j^k = s_j^{k+1} \rho_j^{k+1}, \tag{7.49}$$

et des équations pour la vitesse $\mathbf{u}_j^{k+1}$ et l'énergie e_j^{k+1}

$$\begin{cases} M_j \mathbf{u}_j^{k+1} = M_j \mathbf{u}_j^k - \Delta t \sum_r l_{jr}^k \mathbf{n}_{jr}^k p_r^*, \\ M_j e_j^{k+1} = M_j e_j^k - \Delta t \sum_r l_{jr}^k \left(\mathbf{n}_{jr}^k, \mathbf{u}_r^*\right) p_r^* \end{cases} \tag{7.50}$$

A priori nous prendrons $\alpha_j = \rho_j^k c_j^k$.

La différence entre ce schéma et le schéma précédent est que les coefficients géométriques du maillage sont évalués au début du pas de temps. Dans la limite des pas de temps infiniment petits, c'est identique à l'équation de compatibilité (7.37). Comme c'est un schéma de type Godounov, Lagrangien et Conservatif en Energie Totale, un acronyme possible est schéma Glace.

Lemme 67 *Le schéma (7.48-7.50) est conservatif en masse, quantité de mouvement et énergie totale.*

Il est naturel de préférer la conservation de la masse (7.49) pour la pratique. En revanche l'équation de compatibilité (7.37) permet, elle, d'obtenir la compatibilité avec la loi d'entropie discrète. La conservation de la quantité de mouvement et de l'énergie totale sont des conséquences de la deuxième équation de (7.48).

Les conditions aux bords ne sont pas complètement immédiates à écrire, d'autant que la méthode présentée repose sur un solveur nodal. Nous présentons dans ce qui suit quelques conditions aux bord et leur prise en compte numérique.

Vitesse imposée Soit r un noeud situé sur le bord du domaine de calcul lagrangien. Nous imposons simplement $\mathbf{u}_r^* = \mathbf{u}_{\text{donné}} \in \mathbb{R}^2$. Les pressions p_{jr} sont calculées par

$$p_{jr}^* = -\alpha_j \left(\mathbf{n}_{jr}^k, \mathbf{u}_r^*\right) + p_j^k + \alpha_j \left(\mathbf{n}_{jr}^k, \mathbf{u}_j^k\right). \tag{7.51}$$

Pression extérieure imposée Considérons la situation de la figure 7.14 pour laquelle nous allons modifier le système (7.48).

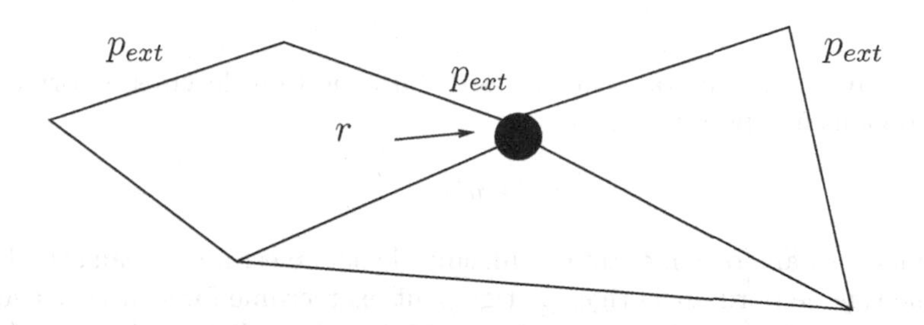

Fig. 7.14. Pression extérieure imposée

Il suffit d'écrire

$$\sum_j l_{jr}^k \mathbf{n}_{jr}^k p_{jr}^* + \left(-\sum_j l_{jr}^k \mathbf{n}_{jr}^k \right) p_{ext} = 0 \tag{7.52}$$

qui correspond à la loi de l'action et de la réaction autour du noeud r en considérant que la pression extérieure s'applique sur une maille extérieure fictive que l'on caractérise par

$$l^k_{\text{ext},r}\mathbf{n}^k_{\text{ext},r} = -\sum_j l^k_{jr}\mathbf{n}^k_{jr}.$$

Après élimination des pressions dans (7.52) on obtient un système du type (7.47) qui est inversible si le maillage est non dégénéré au bord. Les pressions p^*_{jr} se recalculent par (7.51).

Vitesse normale nulle Supposons à présent que la vitesse normale soit imposée. Nous considérons que la normale est la normale discrète $\mathbf{n}^k_{jr}$. La situation générique est celle d'un glissement du maillage le long d'un bord plat

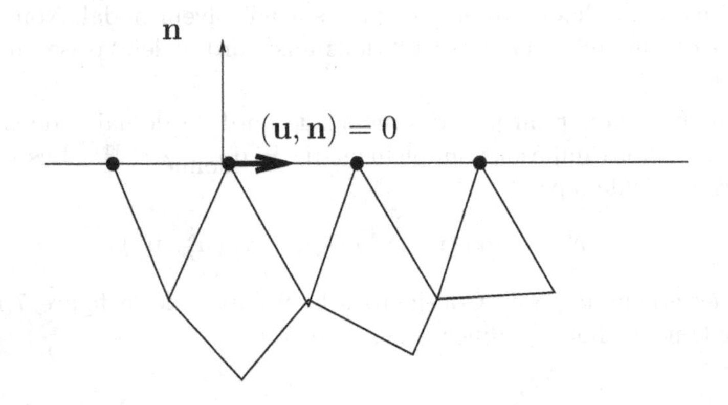

Fig. 7.15. Vitesse normale nulle, glissement possible

Soit $\mathbf{t} = \mathbf{n}^t$ le vecteur tangent au bord. La condition de vitesse normale nulle revient à supposer que

$$\mathbf{u}^k_r = u^*_r \mathbf{t}^k.$$

Considérons l'analogie mécanique qui suit : le noeud est un anneau attaché sur une tige, le bord est la tige. La tige peut exercer une force alignée avec la normale sur le noeud au cours de son déplacement. Il s'ensuit que la loi de l'action et de la réaction est encore vraie mais **projetée le long du vecteur tangent**. Nous écrirons

$$\left(\sum_j l^k_{jr}\mathbf{n}^k_{jr}p^*_{jr} + \left(-\sum_j l^k_{jr}\mathbf{n}^k_{jr}\right)p_{\text{ext}}, \mathbf{t}^k_r\right) = 0. \qquad (7.53)$$

Ici p_{ext} est une pression extérieure inconnue. Comme $\sum_j l^k_{jr}\mathbf{n}^k_{jr}$ est orthogonale au vecteur $\mathbf{t}^k_r$, la pression inconnue dispara^. Après élimination des pressions p^*_{jr} en fonction de u^*_r nous obtenons l'équation

$$\left(\sum_j l_{jr}^k \alpha_j \left(\mathbf{n}_{jr}^k, \mathbf{t}_r^k\right)^2\right) u_r^* = \text{ second membre } \in \mathbb{R}. \tag{7.54}$$

D'où la valeur de u_r^* puis la valeur des pressions p_{jr}^* .

Vitesse normale imposée Si la vitesse normale est imposée mais non nulle, il est *a priori* possible d'opérer une translation selon cette vitesse normale imposée pour se ramener au cas précédent. Puis il suffit d'appliquer la méthode pour une vitesse normale nulle pour prédire les pressions p_{jr}^*. Finalement la vitesse des noeuds de bord est la combinaison de la composante tangente (7.54) et la composante normale imposée.

Condition libre Cette condition simule un milieu extérieur similaire au milieu décrit par le maillage. En considérant (7.47) une possibilité est d'annuler les termes de pression. On obtient

$$\left[\sum_j \left(l_{jr}^{k+\frac{1}{2}} \alpha_j \mathbf{n}_{jr}^{k+\frac{1}{2}} \otimes \mathbf{n}_{jr}^{k+\frac{1}{2}}\right)\right] \mathbf{u}_r^* = \sum_j \left(l_{jr}^{k+\frac{1}{2}} \alpha_j \mathbf{n}_{jr}^{k+\frac{1}{2}} \otimes \mathbf{n}_{jr}^{k+\frac{1}{2}} u_j^k\right). \tag{7.55}$$

Une fois déterminée la vitesse $\mathbf{u}_r$ les pressions se calculent par l'intermédiaire de (7.51).

Les coins Nous ne considérons qu'un seul cas. Tous les autres pouvant s'en déduire moyennant quelques adaptations évidentes. Soit une maille dont un des bord est situé sur une frontière (condition de vitesse normale nulle). A l'autre bord est attaché une condition en pression imposée.

La loi d'action et de réaction peut s'écrire sous la forme (7.53) à la différence près que la pression extérieure est à présent imposée. Le vecteur $\left(-\sum_j l_{jr}^k \mathbf{n}_{jr}^k\right)$ est la somme d'un vecteur orthogonal à $\mathbf{t}_r^k$ et du vecteur normal au bord sur lequel la pression imposée doit être appliquée. Une fois la vitesse calculée, les pressions p_{jr}^* se calculent grâce à (7.51).

Dans tous les cas de figures, la pression p_{jr}^* se calcule grâce à l'expression (7.51). Cela garantit le caractère entropique du schéma. Ceci est vrai dans les limites des petits pas de temps pour prendre en compte le remplacement des quantités géométriques évaluées au demi-pas de temps par les quantités géométriques évaluées au pas de temps n (voir la remarque en fin de section 7.6.4).

Nous étudions à présent le critère de contrôle du pas de temps à partir de l'inégalité d'entropie. Cela fera apparaître une modification multidimensionnelle par rapport à la situation purement monodimensionelle. Mais surtout cela mettra en évidence le fait que le coefficient d'impédance acoustique ρc n'est pas nécessairement le meilleur pour le flux numérique, pour peu que l'on cherche à établir l'optimalité pour un certain critère de la méthode choisie. Dans ce qui suit on s'appuie une fois de plus sur l'analyse de la condition de stabilité sur le pas de temps.

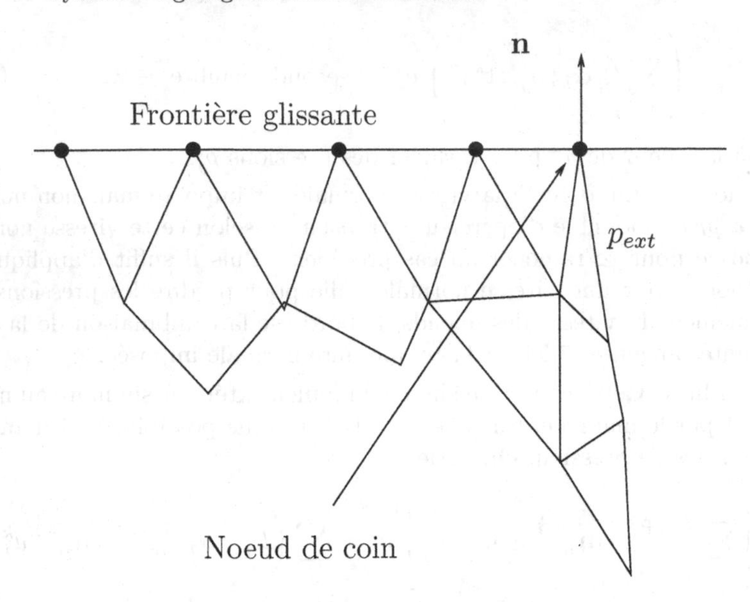

Fig. 7.16. Condition de coin intermédiaire entre la condition de pression imposée et la condition de glissement

On part des formes quadratiques A (7.9) et B (7.10). On note $(\delta p, \delta u, \delta v)$ les variations de pression et composantes de vitesse dans la maille j (où on note $\delta f \approx f_j^{k+1} - f_j^k + O(\Delta t^2)$). Soit

$$A = \frac{1}{2}\rho_j \left(\frac{\delta p^2}{\rho^2 c^2} + |\delta \mathbf{u}|^2 \right)$$

et

$$B = \frac{1}{4s_j} \sum_r l_{jr} \left(\alpha_{jr} \left(\frac{1}{\alpha_{jr}} \delta p - (\mathbf{n}_{jr}, \delta \mathbf{u}) \right)^2 \right).$$

Le critère de contrôle du pas de temps s'écrit

$$\Delta t B \leq A, \quad \forall (\delta p, \delta u, \delta v) \in \mathbb{R}^3. \tag{7.56}$$

Pour simplifier l'analyse nous supposons que les coefficients α_j sont tous identiques, ce qui revient à prendre

$$\alpha_{jr} = \alpha_j = \lambda_j \rho_j c_j$$

pour un $\lambda_j = \lambda > 0$ arbitraire. Grâce à l'identité $\sum_r l_{jr} \mathbf{n}_{jr} = 0$ la forme quadratique B se simplifie en

$$B = \frac{1}{4s_j} \sum_r l_{jr} \left(\frac{1}{\lambda \rho c} \delta p^2 + \lambda \rho c \, (\mathbf{n}_{jr}, \delta \mathbf{u})^2 \right), \quad \delta \mathbf{u} = (\delta u, \delta v). \tag{7.57}$$

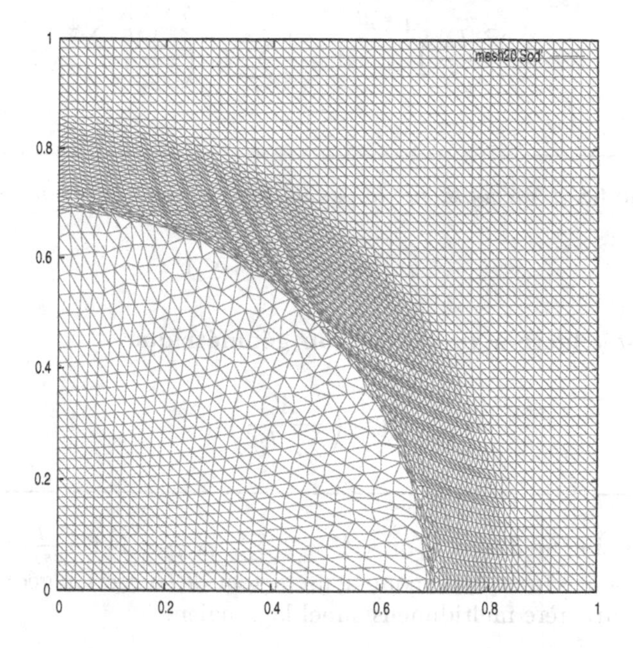

Fig. 7.17. Example de simulation numérique du problème de Sod 2D avec un maillage mobile triangulaire. $T = 0.2$. La détente, la discontinuité de contact parfaite et le choc sont bien visibles à partir du déplacement du maillage.

Posons $\delta p = \rho c \delta q$ de sorte que

$$B = \frac{1}{4s_j}\rho c \sum_r l_{jr}\left(\frac{1}{\lambda}\delta q^2 + \lambda\left(\mathbf{n}_{jr}, \delta\mathbf{u}\right)^2\right) \text{ et } A = \frac{1}{2}\rho\left(\delta q^2 + |\delta\mathbf{u}|^2\right).$$

Soit Λ la plus grande valeur propre de la forme quadratique $(\delta q, \delta u, \delta v) \mapsto \sum_r l_{jr}\left(\frac{1}{\lambda}\delta p^2 + \lambda\left(\mathbf{n}_{jr}, \delta\mathbf{u}\right)^2\right)$. Alors le critère (7.56) sur le pas de temps prend la forme

$$c\frac{\Lambda}{s_j}\Delta t \leq 1. \tag{7.58}$$

Or 2Λ (le double de Λ) est égal au maximum de $\frac{1}{\lambda}\sum_r l_{jr}$ et de la plus grande valeur propre Λ' de la forme quadratique

$$(\delta u, \delta v) \mapsto \lambda \sum_r l_{jr}\left(\left(\mathbf{n}_{jr}, \delta\mathbf{u}\right)^2\right) = \left(\delta\mathbf{u}, \left[\sum_r l_{jr}\mathbf{n}_{jr}\otimes\mathbf{n}_{jr}\right]\delta\mathbf{u}\right),$$

qui vaut $\Lambda' = \frac{a+c+\sqrt{(a-c)^2+4b^2}}{2}$ avec $a = \sum_r l_{jr}\cos\theta_{jr}^2$, $b = \sum_r l_{jr}\cos\theta_{jr}\sin\theta_{jr}$ et $c = \sum_r l_{jr}\sin\theta_{jr}^2$. Donc $\Lambda = \frac{1}{2}\max\left(\frac{1}{\lambda}\sum_r l_{jr}, \lambda\Lambda'\right)$. La valeur optimale de λ est celle qui minimise Λ

$$\lambda = \left(\frac{\sum_r l_{jr}}{\Lambda'}\right)^{\frac{1}{2}}, \quad \Lambda = \frac{1}{2}\sum_r l_{jr}\left(\frac{\Lambda'}{\sum_r l_{jr}}\right)^{\frac{1}{2}}.$$

Lemme 68 *L'inégalité sur le pas de temps prend la forme*

$$\mu\left(c\frac{\sum_r l_{jr}}{2s_j}\Delta t\right) \leq 1 \tag{7.59}$$

où μ est le **facteur de correction géométrique**

$$\mu = \left(\frac{\Lambda'}{\sum_r l_{jr}}\right)^{\frac{1}{2}}. \tag{7.60}$$

En dimension un d'espace, on a $\Lambda' = 2, \sum_r l_{jr}$, $\mu = 1$ et $\frac{\sum_r l_{jr}}{2s_j} = \frac{1}{\Delta x}$. C'est pourquoi μ peut s'interpréter comme un facteur de correction géométrique qui découle du caractère multidimensionnel lagrangien.

Lemme 69 *On a les encadrements*

$$1 \leq \lambda = \frac{1}{\mu} \leq \sqrt{2}. \tag{7.61}$$

Par définition de Λ' on a $\Lambda' \geq \frac{a+c}{2} = \frac{1}{2}\sum_r l_{jr}$. Donc $\mu \geq 1$. D'autre part l'inégalité de Cauchy-Schwartz $b^2 \leq ac$ implique $(a-c)^2 + 4b^2 \leq (a+c)^2$ qui entraîne à son tour $\Lambda' \leq \sum_r l_{jr}$. La preuve est terminée.

Le terme géométrique principal dans le pas de temps est le ratio $\frac{\sum_r l_{jr}}{s_j}$. On interprète cette quantité comme un pseudo-périmètre divisé par une surface. On a toujours intérêt à ce que cette quantité soit la plus petite possible, ce qui revient à utiliser les mailles avec la plus grande surface possible par rapport au pseudo-périmètre.

7.6.5 Une troisième solution

Un schéma avec un choix légèrement diffférent pour la délocalisation des pressions à été proposé dans les travaux issus de la référence [AMJ04]. Dans ce qui suit on se contente de fournir les règles de construction en dimension deux d'espace. Une des idées poursuivies dans la construction de cette méthode est de revenir autant que possible vers une notion de solveur de Riemann lagrangien mondodimensionnel dans des directions données par les bords de chaque maille. C'est favorable pour les conditions au bords qui sont plus immédiates à écrire. La situation est décrite géométriquement dans la figure 7.18.

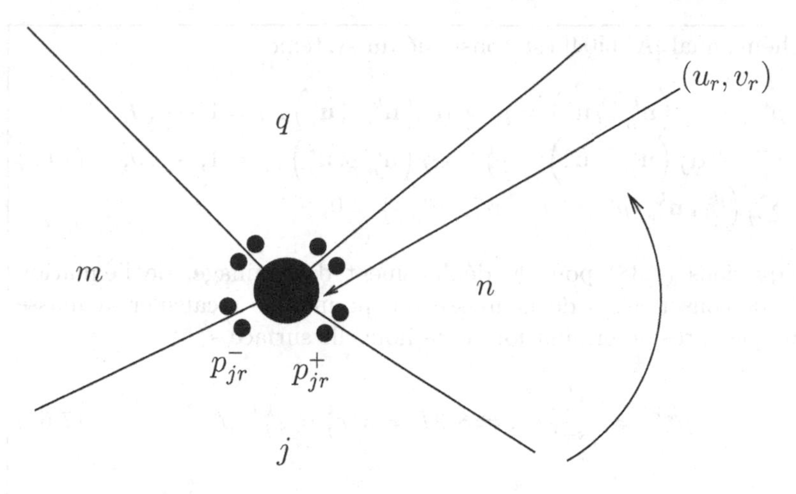

Fig. 7.18. Les pressions sont délocalisées deux fois en chaque coin. Les pressions sont indicées p_{jr}^- et p_{jr}^+ dans le sens trogonomtrique.

On utilise en chaque noeud et pour chaque maille deux pressions nodales découplées p_{jr}^- et p_{jr}^+. On écrit alors la forme discrète d'un invariant de Riemann dans les directions $\mathbf{n}_{jr\pm}^k$ pour $p_{jr}^{\pm}$, ce qui donne lieu aux deux premières équations de (7.62). Les éléments de longueur et les normales qu'il faut considérer sont notées l_{jr+} et $\mathbf{n}_{jr\pm}$. Ces normales sont exactement les normales sortantes par les bras de la maille, les longueurs étant les moitiés des longeurs des bras. Cela permet d'identifier ces éléments géométriques aux éléments géométriques décrits dans l'équation (7.34) et dans la figure 7.9.

Le schéma final [AMJ04] est constitué du système

$$\begin{cases} p^*_{jr+} + \alpha_j \left(\mathbf{n}^k_{jr+}, \mathbf{u}^*_r\right) = p^k_j + \alpha_j \left(\mathbf{n}^k_{jr+}, \mathbf{u}^k_j\right), \; j = 1, \cdots, J, \\ p^{*-}_{jr-} + \alpha_j \left(\mathbf{n}^k_{jr-}, \mathbf{u}^*_r\right) = p^k_j + \alpha_j \left(\mathbf{n}^k_{jr-}, \mathbf{u}^k_j\right), \; j = 1, \cdots, J, \\ \sum_j \left(l^k_{jr+} \mathbf{n}^k_{jr+} p^*_{jr+} + l^k_{jr-} \mathbf{n}^k_{jr-} p^*_{jr-}\right) = 0, \end{cases} \tag{7.62}$$

des équations (7.38) pour le déplacement du maillage, de l'équation (7.49) de conservation de la masse qui permet de recalculer la masse volumique après détermination de la nouvelle surface s_j^{k+1}

$$\rho_j^{k+1} = \frac{s_j^k}{s_j^{k+1}} \rho_j^k, \Longleftrightarrow M_j = s_j^k \rho_j^k = s_j^{k+1} \rho_j^{k+1}, \tag{7.63}$$

et enfin des équations pour la vitesse $\mathbf{u}_j^{k+1}$ et l'énergie e_j^{k+1}

$$\begin{cases} M_j \mathbf{u}_j^{k+1} = M_j \mathbf{u}_j^k - \Delta t \sum_r \left(l^k_{jr+} \mathbf{n}^k_{jr+} p^*_{jr+} + l^k_{jr-} \mathbf{n}^k_{jr-} p^*_{jr-}\right), \\ M_j e_j^{k+1} = M_j e_j^k - \Delta t \sum_r \left(l^k_{jr+} \left(\mathbf{n}^k_{jr+}, \mathbf{u}^*_r\right) p^*_{jr+} + l^k_{jr-} \left(\mathbf{n}^k_{jr-}, \mathbf{u}^*_r\right) p^*_{jr-}\right) \end{cases} \tag{7.64}$$

Le choix de α_j préconisé par les auteurs est $\alpha_j = \rho_j^k c_j^k$.

Il a été observé une différence de comportement entre le schéma (7.48-7.50) et le schéma (7.62-7.64) dans le cas de maillages en quadrangles. Le schéma (7.48-7.50) est en lui-même moins visqueux que le schéma (7.62-7.64). Voir quelques comparaisons dans les références [DM05, M07, K08]. En revanche le schéma (7.62-7.64) semble insensible aux modes en sabliers pour les maillages quadrangulaires, ce qui traduit une robustesse supérieure dans ce cas.

7.6.6 Un schéma lagrangien sur grilles décalées

Les deux schémas précédents ont toutes leurs inconnues principales centrées dans les maille indicées j. Il est instructif de comparer la structure de ces méthodes numériques avec celle de la méthode plus communément utilisée. Celle-ci s'appuie sur les travaux de Von Neumann et Richtmyer [VNR50] en dimension un d'espace et a été étendue ensuite à la dimension supérieure [W64, W80]. On renvoie à la présentation récente qui en a été faite récemment [S00]. La variante dite **hydro-compatible** a été proposée initialement dans [CBSW98, CSW] et a été complétée depuis dans les travaux [CRB, CL06, LC05]. Cette variante repose sur une intégration temporelle astucieuse à un pase ce qui lui permet d'être conservative par construction en énergie totale.

Pour la simplicité de la présentation nous partons du schéma semi-discret (7.36) pour l'évaluation de l'aire des mailles mobiles

$$s_j'(t) = \sum_r l_{jr} (\mathbf{n}_{jr}, \mathbf{u}_r).$$

La masse des mailles $M_j = \frac{s_j(t)}{\tau_j(t)}$ étant constante par hypothèse, on en déduit comme auparavant la loi dévolution du volume spécifique (7.37)

$$M_j \tau_j'(t) - \sum_r l_{jr} (\mathbf{n}_{jr}, \mathbf{u}_r) = 0. \tag{7.65}$$

L'équation d'énergie totale n'est pas discrétisée directement. A la place on part de la loi d'entropie que l'on discrétise sous la forme

$$\varepsilon_j'(t) + (p_j + q_j)\, \tau_j'(t) = 0. \tag{7.66}$$

Le terme $q_j \geq 0$ est une viscosité artificielle. La nécessité de ce terme apparaît dans l'expression

$$T_j S_j'(t) = \varepsilon_j'(t) + p_j \tau_j'(t) = -q_j \tau_j'(t).$$

A priori les chocs sont des phénomènes compressifs. Dans ce cas le terme $-q_j \tau_j'(t)$ se doit d'être positif, ce qui permet l'augmentation d'entropie nécessaire. L'expression optimale de la viscosité artificielle

$$q \approx \Delta x \left(C_1 |\nabla \mathbf{u}| + C_2 |\nabla \mathbf{u}|^2 \right)$$

fait débat depuis l'origine des schémas sur grilles décalées [VNR50]. On renvoie à [S00] pour une définition multidimensionnelle.

A présent nous nous concentrons sur la discrétisation de l'équation de quantité de mouvement. Dans cette méthode sur grille décalée, la variable de vitesse est centrée aux noeuds du maillage sous la forme d'une fonction

$$t \mapsto \mathbf{u}_r(t).$$

La loi d'évolution de $\mathbf{u}_r$ s'appuie sur une discrétisation de la loi de Newton sous la forme

$$M_r \mathbf{u}_r'(t) = -\sum_j \mathbf{D}_{rj} (p_j + q_j), \tag{7.67}$$

où les vecteurs géométriques $\mathbf{D}_{rj}$, qu'il nous faut définir, dépendent a priori du maillage au temps t. Dans cette expression le gradient de la pression est discrétisé sous la forme $-\nabla p \approx -\sum_j \mathbf{D}_{rj} (p_j + q_j)$. Nous dirons que le schéma est conservatif en quantité de mouvement ssi

$$\sum_r M_r \mathbf{u}_r'(t) = 0.$$

Un point important consiste à opérer une définition appropriée de l'énergie totale dans la maille j. On part de l'expression

$$M_j e_j = M_j \varepsilon_j + \sum_r M_{jr} \frac{1}{2} |\mathbf{u}_r|^2$$

dans laquelle les masses zonales M_{jr} restent à définir elles aussi. A priori $\sum_r M_{jr} = M_j$ pour retrouver une consistance naturelle de la définition de l'énergie totale sur la maille j. Nous dirons que le schéma est conservatif en énergie totale ssi

$$\sum_j M_j e_j'(t) = 0.$$

Lemme 70 *Une condition suffisante pour avoir la conservation de l'énergie totale et de la quantité de mouvement consiste à prendre* $\mathbf{D}_{rj} = -l_{jr}\mathbf{n}_{jr}$ *et* $M_r = \sum_j M_{jr}$ *avec* M_{jr} *constant en temps.*

En pratique les masses zonales M_{jr} *sont définies au pas de temps initial* $k = 0$ *par un calcul géométrique*

$$M_{jr} = \rho_j^0 s_{jr}^0$$

où s_{jr}^0 *est une aire de contrôle tel que* $\sum_r s_{jr}^0 = s_j^0$.

La relation $\mathbf{D}_{rj} = -l_{jr}\mathbf{n}_{jr}$ est une version discrète de la relation de dualité entre les opérateurs divergence et gradient. On a

$$M_j e_j'(t) = M_j \varepsilon_j'(t) + \sum_r M_{jr}'(t) \frac{1}{2} |\mathbf{u}_r|^2 + \sum_r M_{jr} M_{jr} (\mathbf{u}_r, \mathbf{u}_r'(t))$$

$$= -(p_j + q_j) \sum_r l_{jr} (\mathbf{n}_{jr}, \mathbf{u}_r) + \sum_r M_{jr}'(t) \frac{1}{2} |\mathbf{u}_r|^2$$

$$+ \sum_r \frac{M_{jr}}{M_r} \left(\mathbf{u}_r, -\sum_{j'} \mathbf{D}_{rj'} (p_{j'} + q_{j'}) \right).$$

On a utilisé les relations (7.65-7.67). Donc

$$M_j e_j'(t) = \sum_r M_{jr}'(t) \frac{1}{2} |\mathbf{u}_r|^2$$

$$- \sum_r \left(\mathbf{u}_r, l_{jr}\mathbf{n}_{jr} (p_j + q_j) + \frac{M_{jr}}{M_r} \sum_{j'} \mathbf{D}_{rj'} (p_{j'} + q_{j'}) \right).$$

Le premier terme dépend de la variation des masses zonales. Il est naturel de supposer que $M_{jr}'(t) = 0$. On dit parfois que les masses zonales sont lagrangiennes. Le terme résiduel peut s'interpréter comme un bilan de flux aux coins de la maille pour une formule de Volumes Finis. La relation de conservation globale $\sum_j M_j e_j'(t) = 0$ est vérifiée dès que

$$0 = \sum_j \left(l_{jr}\mathbf{n}_{jr}(p_j + q_j) + \frac{M_{jr}}{M_r} \sum_{j'} \mathbf{D}_{rj'}(p_{j'} + q_{j'}) \right)$$

que l'on peut récrire sous la forme

$$\left(\sum_j \frac{M_{jr}}{M_r} \right) \sum_j \mathbf{D}_{rj}(p_j + q_j) = \sum_j \left(l_{jr}\mathbf{n}_{jr}(p_j + q_j) \right).$$

Supposons donc que $M_r = \sum_j M_{jr}$ et $\mathbf{D}_{rj} = -l_{jr}\mathbf{n}_{jr}$. Alors la relation précédente est toujours vérifiée quelque soient les pressions p_j et les viscosités artificielles q_j. D'autre part la loi d'évolution de la quantité de mouvement s'écrit $M_r\mathbf{u}'_r(t) = \sum_j l_{jr}\mathbf{n}_{jr}(p_j + q_j)$. Donc

$$\sum_r M_r\mathbf{u}'_r(t) = \sum_j \left((p_j + q_j) \sum_r l_{jr}\mathbf{n}_{jr} \right) = 0$$

car on a (7.35). La preuve est terminée.

Il s'agit ensuite de discrétiser en temps pour terminer la construction du schéma. La variante dite hydro-compatible privilégie un respect absolu de la loi de conservation d'énergie totale. Ce schéma est à un pas, au sens où les inconnues au temps $(k+1)\Delta t$ se déduisent des inconnues au temps $k\Delta t$. On suppose donc que

$$s_j^k, \tau_j^k, \varepsilon_j^k \text{ et } \mathbf{u}_r^k$$

sont connus au pas de temps $k\Delta t$ pour toute maille j et tout noeud r. On commence par déplacer les noeuds du maillage $\mathbf{x}_r^{k+1} = \mathbf{x}_r^k + t\mathbf{u}_r^k$ ce qui permet de recalculer l'aire des mailles s_j^{k+1} puis la nouvelle densité $\rho_j^{k+1} = \frac{M_j}{s_j^{k+1}}$. Ensuite nous faisons évoluer la vitesse des noeuds en discrétisant (7.67) sous la forme

$$M_r \frac{\mathbf{u}_r^{k+1} - \mathbf{u}_r^k}{\Delta t} = \sum_j \mathbf{f}_{jr}^k, \quad \text{avec } \mathbf{f}_{jr}^k = -\mathbf{D}_{rj}^k \left(p_j^k + q_j^k \right). \tag{7.68}$$

Le terme $\mathbf{f}_{jr}^k$ s'interpète comme la force venant de la maille j qui s'applique sur le noeud d'indice r. Il reste alors à faire évoluer l'énergie interne, de sorte que la loi de conservation de l'énergie totale soit encore vraie. On prend

$$\frac{\varepsilon_j^{k+1} - \varepsilon_j^k}{\Delta t} = -\sum_r \left(\mathbf{f}_{jr}^k, \frac{\mathbf{u}_r^k + \mathbf{u}_r^{k+1}}{2} \right). \tag{7.69}$$

Lemme 71 *Les relations (7.68-7.69) sont compatibles avec la préservation de l'énergie totale.*

On part de la définition de l'énergie totale au pas de temps k $M_j e_j^k = M_j \varepsilon_j^k + \sum_r M_{jr} \frac{1}{2} \left| \mathbf{u}_r^k \right|^2$. On a les relations

$$M_j \frac{e_j^{k+1} - e_j^k}{\Delta t} = M_j \frac{\varepsilon_j^{k+1} - \varepsilon_j^k}{\Delta t} + \sum_r M_{jr} \left(\frac{\mathbf{u}_r^{k+1} + \mathbf{u}_r^k}{2}, \frac{\mathbf{u}_r^{k+1} - \mathbf{u}_r^k}{\Delta t} \right)$$

$$= - \sum_r \left(\mathbf{f}_{jr}^k, \frac{\mathbf{u}_r^k + \mathbf{u}_r^{k+1}}{2} \right) + \sum_r \frac{M_{jr}}{M_r} \left(\frac{\mathbf{u}_r^{k+1} + \mathbf{u}_r^k}{2}, \sum_{j'} \mathbf{f}_{j'r}^k \right)$$

$$= \sum_r \left(-\mathbf{f}_{jr}^k + \frac{M_{jr}}{M_r} \sum_{j'} \mathbf{f}_{j'r}^k, \frac{\mathbf{u}_r^k + \mathbf{u}_r^{k+1}}{2} \right).$$

Comme

$$\sum_j \left(-\mathbf{f}_{jr}^k + \frac{M_{jr}}{M_r} \sum_{j'} \mathbf{f}_{j'r}^k \right) = 0$$

on en déduit que

$$\sum_j \left(M_j \frac{e_j^{k+1} - e_j^k}{\Delta t} \right) = 0$$

ce qui termine la preuve. L'information importante est qu'il faut faire agir la force $\mathbf{f}_{jr}^k$ contre la demi-somme des vitesses pour un correct calcul de l'incrément d'énergie interne.

Au final la partie non triviale du schéma dit **hydro-compatible** issu des travaux [CBSW98, CSW] est défini par les formules (7.68-7.69).

Le choix de la viscosité artificielle q_j relève de l'art de l'ingénieur. On renvoie aux références déjà citées pour la définition précise de tous les paramètres de cette méthode numérique.

7.6.7 Choix du maillage pour un calcul donné

Le choix d'un maillage pour un calcul lagrangien se fait le plus souvent en adaptant ce maillage aux conditions initiales. Nous distinguons deux types de maillage. Le premier cas correspond à des mailles de forme triangulaire, le deuxième cas à des mailles à quatre côtés et plus. La raison de cette distinction est que les simulations avec des mailles triangulaires sont beaucoup plus robustes que les simulations avec des mailles à quatre côtés et plus. A titre d'illustration considérons les mailles de la figure 7.19.

A gauche est figuré une maille quadrangulaire dont deux noeuds se croisent. Cette opération est possible avec une surface totale positive. En revanche si deux noeuds tentent de se croiser sur un maillage triangulaire,

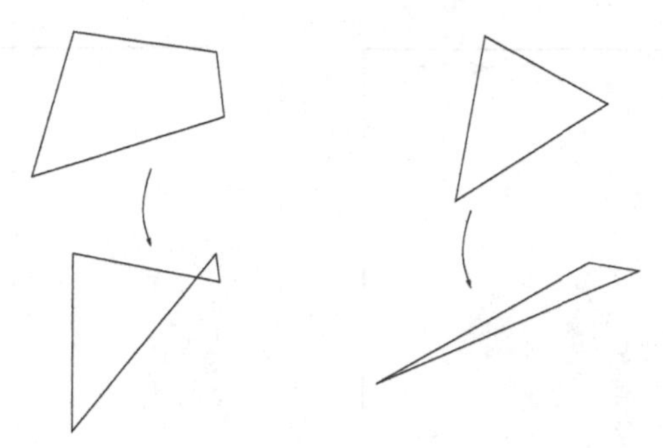

Fig. 7.19. Évolution possible pour une maille donnée

cela entraînera une compression de la maille : par conservativité de la masse, la masse volumique puis la pression vont augmenter de manière importante ; cette pression va interagir avec le schéma par l'intermédiaire des formules (7.48) ce qui entraînera finalement une expansion de la maille triangulaire qui avait été préliminairement comprimée. A la fin de ce scénario il n'est pas possible à un maillage triangulaire de dégénérer comme c'est le cas dans la partie gauche de la figure 7.19. Une preuve pour un schéma semi-discret en triangles est proposée dans [DM05]. La figure 7.17 présente le résultat d'une simulation avec un tel maillage. De façon concommitente, les maillages en triangles sont susceptibles de présenter une raideur importante. Par raideur on entend par là que les variations du champ de vitesse vont se trouver fortement diminuées pour certaines configurations de type cisaillement par exemple. Ce comportement est compatible avec la **robustesse** des maillages en triangles.

Des comportement collectifs instables sont possibles pour les mailles qui ont quatre côtés ou plus. Ce sont les modes instables de type **sablier**. Cela est visible pour le résultat de la figure 7.20, pour laquelle le modes en sablier sont corrélés avec le fait que la force du choc est infinie. Pour un choc fort voire très fort l'analyse de stabilité linéarisée, qui n'est vraie en toute rigueur que pour le schéma semi-discret, peut être insuffisante. On rappelle que le schéma dépend de la vitesse du son par l'intermédiaire de $\alpha_j \approx \rho_j c_j$. En première approximation la vitesse du son augmente lors d'un choc. Dans l'analyse linéarisée sur le pas de temps, la vitesse du son intervient dans la forme quadratique B et dans la forme quadratique A. La linéarisation en temps à consister à remplacer la véritable forme quadratique A par son approximation au début du pas de temps. Une première conséquence est que la vitesse du son c qui intervient dans A est probablement sous-évaluée, alors qu'elle est égale à la vitesse du son au début du pas de temps dans la forme quadratique B pour laquelle il n'y a pas d'approximation. Considérons la situation extrême d'un choc infini pour lequel l'état avant choc est à vitesse du son nulle pour un gaz parfait. Alors l'expression (7.57) pour B est **singulière** par rapport à $c \approx 0$ et l'analyse précédente se révèle inadaptée. De même la matrice A_r nécessaire

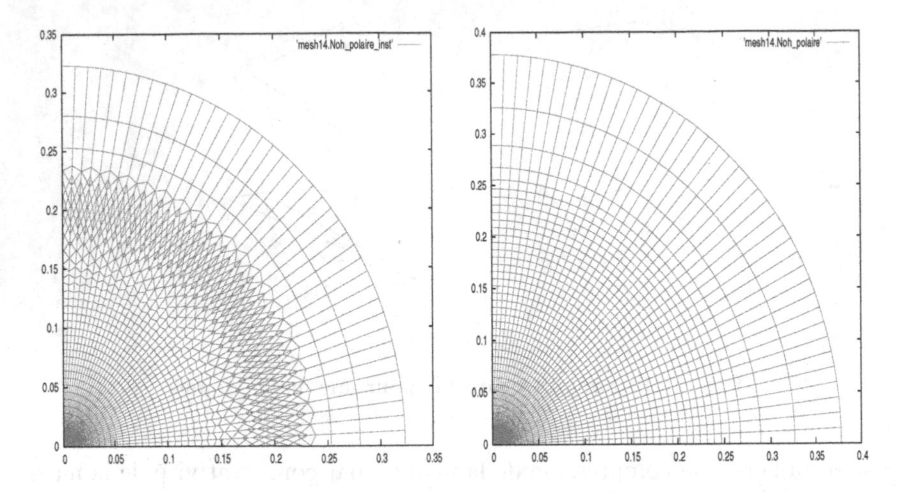

Fig. 7.20. Problème de Noh. La donnée initiale est $\rho = 1$, $p = 10^{-6}$, la vitesse initiale est centripète de norme 1. La solution exacte se compose d'un choc infini centrifuge après lequel la masse volumique est de 16 et la vitesse nulle. Le résultat de gauche présente des **instabilités en sablier**. Le résultat de droite est stable. Il a suffit d'augmenter la vitesse du son dans le flux pour stabiliser le schéma.

pour la mise en oeuvre est à la limite nulle

$$A_r = \sum_j \left(l_{jr}^{k+\frac{1}{2}} \alpha_j \mathbf{n}_{jr}^{k+\frac{1}{2}} \otimes \mathbf{n}_{jr}^{k+\frac{1}{2}} \right) \approx 0$$

car α_j est proportionnel à $\rho_j c_j \approx 0$. Un remède simple consiste à désingulariser B et donc à prendre une vitesse du son strictement positive arbitraire dans ce cas de figure. Une évaluation même grossière de la vitesse du son derrière le choc est *a priori* suffisante $c_{\text{solveur}} \leftarrow c_{\text{après le choc}}$. Voir la figure 7.20 pour une utilisation de cette méthode à la stabilisation de la solution numérique pour le tube à choc de Noh.

Il faut bien avoir à l'esprit que **si des cisaillements, c'est à dire des lignes de glissement, sont présents dans la simulation, alors aucune méthode lagrangienne n'est suffisante en elle-même pour un calcul numérique efficace**. Ce phénomène est indépendant du maillage ou du schéma lagrangien utilisé. Il faut nécessairement adjoindre au schéma une méthode de remaillage ou de régularisation de maillage. Un exemple tiré de [BDP08] est proposé aux figures 7.21 et 7.22.

Le calcul de figure 7.23 est représentatif d'un calcul avec des mailles quandrangulaires, dans le cas où le maillage reste correct.

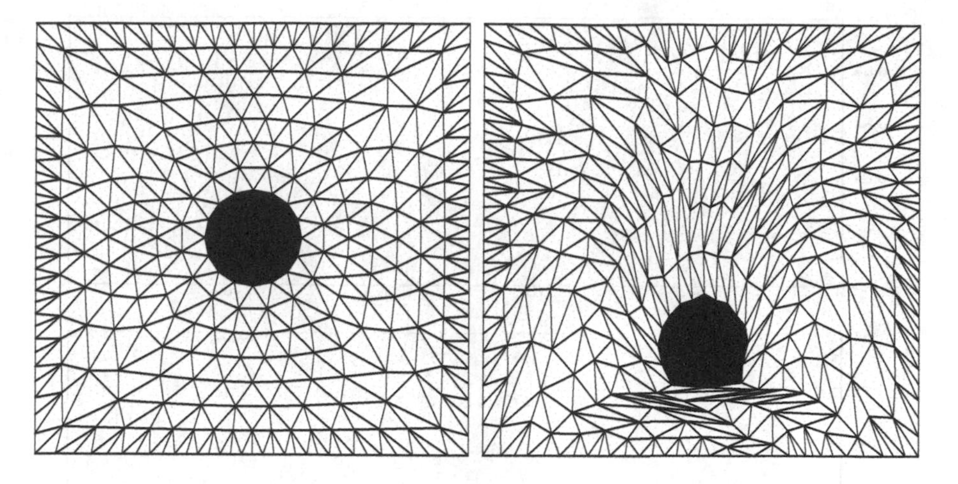

Fig. 7.21. On simule la chute d'une goutte de liquide en noir dans un gaz, typiquement de l'air. La gravité est orientée verticalement vers le bas. La déformation importante du maillage final rend illusoire toute interpétation raisonnable du résultat. Cela est dû aux cisaillements et aux tourbillons de l'écoulement physique qui ne sont pas rendus par la méthode purement lagrangienne.

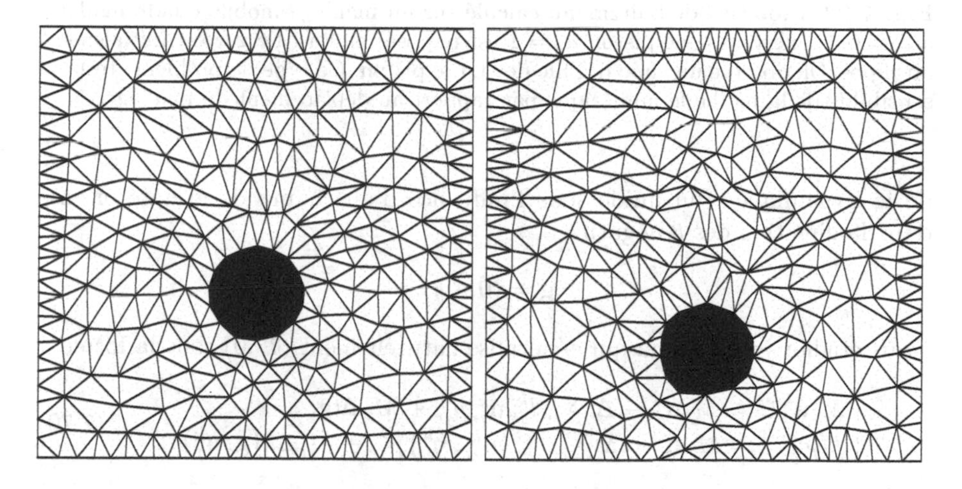

Fig. 7.22. Nous reprenons le problème de la figure 7.21. Un algorithme de reconnection de maillage (méthode de **Free Lagrange** basé sur d'un maillage de Delaunay-Voronoï) permet le *glissement* des mailles les unes au dessus des autres.

7.6.8 Gravité et équilibre hydrostatique

La prise en compte de la force de gravité est nécessaire pour les applications en géophysique. Considérons donc la formulation lagrangienne des équations

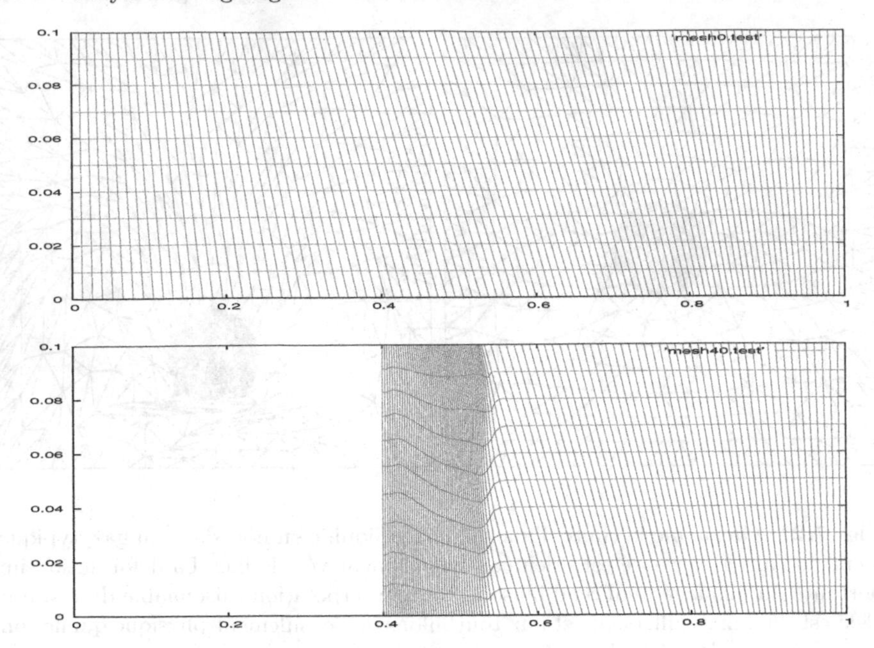

Fig. 7.23. Problème de Saltzmann calculé sur un maillage mobile quadrangulaire à $T = 0.4$. Une vitesse de piston $u_p = 1$ est imposée en bas. Le gaz est initialement au repos. On observe un choc qui file devant le piston. Ce type de problème teste la sensibilité de la méthode numérique par rapport au déplacement du maillage.

de la dynamique d'un fluide sous l'influence d'un champ de gravité orienté dans la direction des y négatif

$$\mathbf{g} = (0, -g).$$

Nous étudions un schéma qui généralise naturellement (7.50) sous la forme

$$\begin{cases} M_j \mathbf{u}_j^{k+1} = M_j \mathbf{u}_j^k - \Delta t \sum_r l_{jr}^k \mathbf{n}_{jr}^k p_{jr}^* + M_j \Delta t \mathbf{g}, \\ M_j e_j^{k+1} = M_j e_j^k - \Delta t \sum_r l_{jr}^k \left(\mathbf{n}_{jr}^k, \mathbf{u}_r^*\right) p_{jr}^* + M_j \Delta t \left(\mathbf{g}, \mathbf{u}_j^k\right). \end{cases} \tag{7.70}$$

Le terme de travail de la force de gravité $\left(\mathbf{g}, \mathbf{u}_j^k\right)$ peut aussi être remplacé par

$$\left(\mathbf{g}, \frac{\mathbf{u}_j^k + \mathbf{u}_j^{k+1}}{2}\right)$$

qui réalise une évaluation centrée du travail de la gravité. Cette évaluation différente du travail de la gravité a peu d'importance pour ce qui suit. L'état d'**équilibre hydrostatique** se définit par

$$\mathbf{u}_r^* = \mathbf{u}_j^{k+1} = \mathbf{u}_j^k = 0 \text{ et } e_j^{k+1} = e_j^k. \tag{7.71}$$

Pour l'équation de quantité de mouvement dans (7.70) cela impose

$$0 = -\Delta t \sum_r l_{jr}^k \mathbf{n}_{jr}^k p_{jr}^* + M_j \Delta t \mathbf{g}. \tag{7.72}$$

Compte tenu de (7.48) qui implique $p_{jr}^* + \alpha_j \left(\mathbf{n}_{jr}^k, \mathbf{u}_r^*\right) = p_j^k + \alpha_j \left(\mathbf{n}_{jr}^k, \mathbf{u}_j^k\right)$, on obtient trois de relations de compatibilité avec l'équilibre hydrostatique (7.71)

$$\begin{cases} p_{jr}^* = p_j^k, & \text{(vient de (7.48))}, \\ -\Delta t \sum_r l_{jr}^k \mathbf{n}_{jr}^k p_{jr}^* + M_j \Delta t \mathbf{g} = 0, & \text{(vient de (7.72))}, \\ \sum_i l_{jr}^{k+\frac{1}{2}} \mathbf{n}_{jr}^k p_{jr}^* = 0, & \text{(vient de (7.48))}. \end{cases}$$

Comme $\sum_r l_{jr}^k \mathbf{n}_{jr}^k = 0$ ces relations de compatibilité hydrostatique se simplifient en deux équations indépendantes

$$\begin{cases} M_j \Delta t \mathbf{g} = 0, \\ \sum_j l_{jr}^k \mathbf{n}_{jr}^k p_j^k = 0. \end{cases}$$

Le problème se pose essentiellement pour la première équation. On aboutit à une contradiction manifeste pour $\mathbf{g} \neq 0$ qui montre que le schéma ne peut pas capturer l'équilibre hydrostatique. De ce fait des mouvements ou oscillations en vitesse, aussi appelés **courants parasites**, apparaîssent lors des simulations.

Nous décrivons à présent une méthode qui intègre le terme source de gravité dans la détermination des flux. Cela permettra de mieux respecter l'état d'équilibre hydrostatique.

Le cas 1D

Commençons par revenir sur la situation modimensionelle. Le système eulérien est

$$\begin{cases} \partial_t \rho + \partial_x (\rho u) = 0, \\ \partial_t (\rho u) + \partial_x \left(\rho u^2 + p\right) = -\rho g, \\ \partial_t (\rho e) + \partial_x (\rho u e + p u) = -\rho g u. \end{cases}$$

Nous utilisons une idée due à Cargo et Leroux [CL94] qui consiste à définir un potentiel q tel que

$$\partial_x q = -\rho g \text{ et } \partial_t q = \rho g u.$$

Cela est compatible avec $\partial_t \rho + \partial_x (\rho u) = 0$. On vérifie que le potentiel q satisfait

$$\partial_t (\rho q) + \partial_x (\rho u q) = \rho \left(\partial_t + u \partial_x\right) q = 0.$$

Donc le système eulérien non homogène s'écrit aussi sous la forme d'un système de quatre lois de conservation

$$\begin{cases} \partial_t \rho + \partial_x(\rho u) = 0, \\ \partial_t(\rho q) + \partial_x(\rho u q) = 0, \\ \partial_t(\rho u) + \partial_x\left(\rho u^2 + \Phi\right) = 0, \ \Phi = p - q \\ \partial_t(F) + \partial_x(\rho u F + \Phi u) = 0, \ F = \rho e + q. \end{cases}$$

La quantité F est l'énergie totale dans laquelle on tient compte de l'énergie potentielle de gravitation q. Sous forme lagrangienne on obtient

$$\begin{cases} \partial_t \tau - \partial_m u = 0, \\ \partial_t \Phi = 0, \\ \partial_t u + \partial_m \Phi = 0, \\ \partial_t f + \partial_m(\Phi u) = 0, \ f = e + \tau q. \end{cases}$$

Ce système est compatible avec $\partial_t S = 0$. Cela est naturel car le système sans gravité satisfait cette loi d'entropie et la gravité ne modifie pas l'équilibre thermodynamique de la matière. On est dans le cadre décrit au théorème 4.3. Ici

$$TdS = d\varepsilon + pd\tau = de - udu + pd\tau = d(f - \tau q) - udu + pd\tau = df - udu - \tau dq + \Phi d\tau.$$

Donc

$$-V = (\nabla_U S)^t = \frac{1}{T}\begin{pmatrix} \Phi \\ -\tau \\ -u \\ 1 \end{pmatrix}, \quad \Psi = \begin{pmatrix} \Phi \\ -\tau \\ -u \end{pmatrix} \text{ et } M = \begin{pmatrix} 0\,0\,1 \\ 0\,0\,0 \\ 1\,0\,0 \end{pmatrix}$$

Le schéma lagrangien avec deux vitesses du son différentes qui généralise (6.11) est

$$\begin{cases} \left(\Phi^*_{j+\frac{1}{2}} - \Phi_j\right) + \rho_j c_j \left(u^*_{j+\frac{1}{2}} - u_j\right) = 0, \\ \left(\Phi^*_{j+\frac{1}{2}} - \Phi_{j+1}\right) - \rho_{j+1} c_{j+1} \left(u^*_{j+\frac{1}{2}} - u_{j+1}\right) = 0. \end{cases} \tag{7.73}$$

On obtient alors le schéma lagrangien ($M_j > 0$ est la masse présente dans la maille j)

$$\begin{cases} M_j\left(\tau_j^{k+1} - \tau_j^k\right) - \left(u^*_{j+\frac{1}{2}} - u^*_{j-\frac{1}{2}}\right) = 0, \\ M_j\left(q_j^{k+1} - q_j^k\right) = 0, \\ M_j\left(u_j^{k+1} - u_j^k\right) + \left(\Phi^*_{j+\frac{1}{2}} - \Phi^*_{j-\frac{1}{2}}\right) = 0, \\ M_j\left(f_j^{k+1} - f_j^k\right) + \left(\Phi^*_{j+\frac{1}{2}} u^*_{j+\frac{1}{2}} - \Phi^*_{j-\frac{1}{2}} u^*_{j-\frac{1}{2}}\right) = 0. \end{cases}$$

Ce schéma respecte par construction les solutions stationnaires et l'équilibre hydrostatique. On peut le reformuler plus directement. On commence par remarquer que la vitesse est

$$u_{j-\frac{1}{2}}^* = \frac{\rho_j c_j u_j + \rho_{j+1} c_{j+1} u_{j+1}}{\rho_j c_j + \rho_{j+1} c_{j+1}} + \frac{\rho_j c_j \rho_{j+1} c_{j+1}}{\rho_j c_j + \rho_{j+1} c_{j+1}} (\Phi_j - \Phi_{j+1}).$$

Le terme visqueux est $\Phi_j - \Phi_{j+1} = p_j - p_{j+1} + q_{j+1} - q_j$. Il paraît naturel de prendre comme initialisation $q_{j+1} - q_j = -g \frac{\Delta x_j \rho_j + \Delta x_{j+1} \rho_{j+1}}{2}$ qui est compatible avec $\partial_x q = -\rho g$. Donc

$$q_{j+1} - q_j = -\frac{1}{2} g M_j - \frac{1}{2} g M_{j+1}$$

et

$$\Phi_j - \Phi_{j+1} = \left(p_j - \frac{1}{2} g M_j\right) - \left(p_{j+1} + \frac{1}{2} g M_{j+1}\right).$$

En incorporant dans la vitesse on trouve

$$u_{j-\frac{1}{2}}^* = \frac{\rho_j c_j u_j + \rho_{j+1} c_{j+1} u_{j+1}}{\rho_j c_j + \rho_{j+1} c_{j+1}}$$

$$+ \frac{\rho_j c_j \rho_{j+1} c_{j+1}}{\rho_j c_j + \rho_{j+1} c_{j+1}} \left(\left(p_j - \frac{1}{2} g M_j\right) - \left(p_{j+1} + \frac{1}{2} g M_{j+1}\right) \right).$$

D'une certaine manière il suffit de modifier la pression (p_j devient $p_j - \frac{1}{2} g M_j$ et p_{j+1} devient $p_{j+1} + \frac{1}{2} g M_{j+1}$) pour obtenir la définition de la vitesse $u_{j-\frac{1}{2}}^*$. On poursuit l'analogie et on définit alors la pression d'interface grâce à

$$\begin{cases} \left(p_{j+\frac{1}{2}}^* - p_j\right) + \rho_j c_j \left(u_{j+\frac{1}{2}}^* - u_j\right) = -\frac{1}{2} g M_j, \\ \left(p_{j+\frac{1}{2}}^* - p_{j+1}\right) - \rho_{j+1} c_{j+1} \left(u_{j+\frac{1}{2}}^* - u_{j+1}\right) = \frac{1}{2} g M_{j+1} \end{cases} \tag{7.74}$$

dont les solutions sont bien sûr conformes aux $p_{j+\frac{1}{2}}^*$ et $u_{j+\frac{1}{2}}^*$ déjà déterminés. Il est alors aisé d'écrire l'équation d'impulsion sous la forme

$$M_j \left(u_j^{k+1} - u_j^k\right) + \left(\Phi_{j+\frac{1}{2}}^* - \Phi_{j-\frac{1}{2}}^*\right) = 0$$

$$\Longleftrightarrow M_j \left(u_j^{k+1} - u_j^k\right) + \left(p_{j+\frac{1}{2}}^* - p_{j-\frac{1}{2}}^*\right) = \left(p_{j+\frac{1}{2}}^* - p_{j-\frac{1}{2}}^*\right) - \left(\Phi_{j+\frac{1}{2}}^* - \Phi_{j-\frac{1}{2}}^*\right). \tag{7.75}$$

Or par construction en comparant les premières lignes de (7.73) et (7.74) on a

$$\left[\left(\Phi_{j+\frac{1}{2}}^* - \Phi_j\right) + \rho_j c_j \left(u_{j+\frac{1}{2}}^* - u_j\right)\right]$$

$$- \left[\left(p_{j+\frac{1}{2}}^* - p_j\right) + \rho_j c_j \left(u_{j+\frac{1}{2}}^* - u_j\right)\right] = \frac{1}{2} g M_j$$

c'est à dire

$$p_{j+\frac{1}{2}}^* - \Phi_{j+\frac{1}{2}}^* = -\frac{1}{2} g M_j + p_j - \Phi_j. \tag{7.76}$$

De même en comparant les deuxièmes lignes de (7.73) et (7.74) on a

$$\left[\left(\Phi^*_{j+\frac{1}{2}} - \Phi_{j+1}\right) - \rho_{j+1}c_{j+1}\left(u^*_{j+\frac{1}{2}} - u_{j+1}\right)\right]$$

$$-\left[\left(p^*_{j+\frac{1}{2}} - p_{j+1}\right) - \rho_{j+1}c_{j+1}\left(u^*_{j+\frac{1}{2}} - u_{j+1}\right)\right] = -\frac{1}{2}gM_{j+1}$$

c'est à dire

$$\Phi^*_{j+\frac{1}{2}} - p^*_{j+\frac{1}{2}} = -\frac{1}{2}gM_{j+1} + \Phi_{j+1} - p_{j+1}.$$

Décalons l'indice

$$\Phi^*_{j-\frac{1}{2}} - p^*_{j-\frac{1}{2}} = -\frac{1}{2}gM_j + \Phi_j - p_j. \tag{7.77}$$

Injectons (7.76) et (7.77) dans (7.75). On obtient l'équation d'impulsion sous la forme

$$M_j\left(u_j^{k+1} - u_j^k\right) + \left(p^*_{j+\frac{1}{2}} - p^*_{j-\frac{1}{2}}\right) = -gM_j. \tag{7.78}$$

En résumé il suffit d'ajouter les second membres dans (7.74) ainsi que le terme source naturel dans (7.78) pour obtenir un solveur hydrostatique en dimension un d'espace.

Le cas 2D

Nous reprenons la remarque précédente pour le solveur multidimensionnel. Le terme source $M_j\mathbf{g}$ ne pose pas de problème particulier. Notons $\mathbf{x}_r^k = \left(x_r^k, y_r^k\right)$ la position du noeud r à l'itéré k. Soit

$$\mathbf{x}_j^k = \left(x_j^k, y_j^k\right)$$

la position du centre de gravité de la maille j.

Nous proposons de remplacer (7.48) par le **solveur hydrostatique**

$$\begin{cases} p^*_{jr} + \alpha_j\left(\mathbf{n}^k_{jr}, \mathbf{u}^*_r\right) = p^k_j + \alpha_j\left(\mathbf{n}^k_{jr}, \mathbf{u}^k_j\right) + \rho^k_j\left(\mathbf{g}, \mathbf{x}^k_r - \mathbf{x}^k_j\right), \forall j, \\ \sum_i l^k_{jr}\mathbf{n}^k_{jr}p^*_{jr} = 0, \end{cases} \tag{7.79}$$

avec $\alpha_j = \rho_j^k c_j^k$.

Le terme nouveau est $\rho_j^k\left(\mathbf{g}, \mathbf{x}_r^k - \mathbf{x}_j^k\right)$ au second membre de la première équation. C'est une généralisation du terme second membre $\pm\frac{1}{2}gM_j$ en dimension un d'espace. Le système (7.79) est inversible : la vitesse $\mathbf{u}_r^*$ et les pressions p_{jr}^* sont uniquement déterminées par cette procédure. Supposons l'équilibre hydrostatique (7.71) réalisé. En reprenant l'analyse précédente on obtient les relations de compatibilité

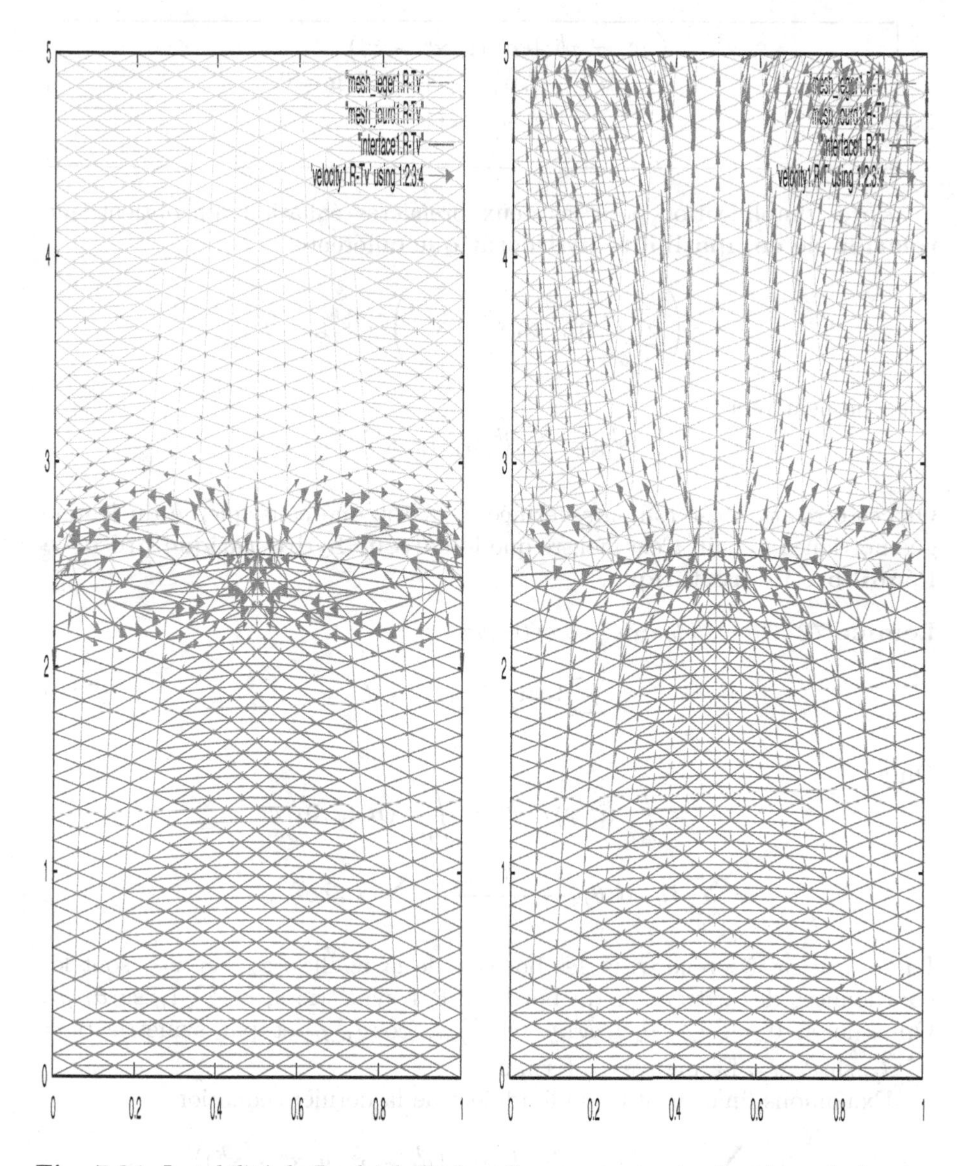

Fig. 7.24. Instabilité de Rayleigh-Taylor. Comparaison entre le solveur hydrostatique à gauche et le solveur classique à droite. La vitesse des noeuds est représentée par les flèches violettes. Le solveur classique développe des **courants parasites** qui sont du même ordre que le champ de vitesse à l'interface. Le solveur hydrostatique ne présente pas de courants parasites.

$$\begin{cases} p_{jr}^* = p_j^k + \rho_j^k \left(\mathbf{g}, \mathbf{x}_r^k - \mathbf{x}_j^k\right), \\ -\Delta t \sum_r l_{jr}^k \mathbf{n}_{jr}^k p_{jr}^* + M_j \Delta t \mathbf{g} = 0, \\ \sum_i l_{jr}^{k+\frac{1}{2}} \mathbf{n}_{jr}^k p_{jr}^* = 0. \end{cases}$$

Après simplification pour les deux premières équations on obtient une **relation de compatibilité hydrostatique** différente

$$-\left(\sum_r l_{jr}^k \mathbf{n}_{jr}^k \left(\mathbf{g}, \mathbf{x}_r^k - \mathbf{x}_j^k\right)\right) + s_j^k \mathbf{g} = 0$$

que l'on peut récrire

$$s_j^k \mathbf{g} = \sum_r l_{jr}^k \mathbf{n}_{jr}^k \left(\mathbf{g}, \mathbf{x}_r^k\right).$$

Or cette relation est toujours vérifiée car c'est une conséquence du lemme géométrique qui suit. Cela montre que **le solveur hydrostatique préserve l'équilibre hydrostatique**.

Lemme 72 *On a l'identité géométrique*

$$\sum_r l_{jr} \mathbf{n}_{jr} \otimes \mathbf{x}_r = s_j I \tag{7.80}$$

On a

$$s_j = \int_{\Omega_j} (\partial_x x)\, dxdy = \int_{\partial \Omega_j} (\mathbf{n}, (x, 0))\, d\sigma$$

$$= \sum_k l_{jk} \cos \theta_{jk} \frac{x_{k^+} + x_{k^-}}{2} = \sum_r l_{jr} \cos \theta_{jr} x_r.$$

La somme est à prendre sur les bords k de la maille : x_{k^+} et x_{k^-} sont les coordonnées des extrémités du bord jk. Par symétrie $s_j = \sum_r l_{jr} \sin \theta_{jr} y_r$. On a aussi $0 = \int_{\Omega_j} (\partial_x y)\, dxdy = \sum_r l_{jr} \cos \theta_{jr} y_r$ et par symétrie $0 = \sum_r l_{jr} \sin \theta_{jr} x_r$. La preuve est terminée.

Examinons finalement ce qu'il advient de la dernière équation

$$0 = \sum_j l_{jr} \mathbf{n}_{jr} p_{jr}^* = \sum_j l_{jr} \mathbf{n}_{jr} \left(p_j^k + \rho_j^k \left(\mathbf{g}, \mathbf{x}_r^k - \mathbf{x}_j^k\right)\right).$$

Cela devient une équation sur les pressions qui caractérise les configurations stationnaires. L'étude des solutions de cette équation en relation avec les éléments géométriques du maillage est un problème ouvert. On notera que l'incompatibilité manifeste du solveur (7.48) a été levée grâce au **solveur hydrostatique** (7.79).

7.6.9 Convergence

Est-il possible de généraliser un théorème de convergence aussi faible que le théorème de Lax-Wendroff 3.4 aux calculs lagrangiens multidimensionnels ? Cela paraît difficile pour des raisons théoriques liées à l'hyperbolicité faible du système lagrangien de la dynamique des gaz compressibles. En effet on pourrait penser à la stratégie de preuve suivante.

1) Écrire le schéma discret (sur grille mobile) dans un référentiel dans lequel la grille est fixe. On pourra consulter [DM05] ou mieux [M07]. Le système complet sera constitué des inconnues physiques et, nécessairement, d'une discrétisation des inconnues géométriques (A, B, L, M).
2) Vérifier que le schéma est compatible avec une condition d'entropie. C'est le cas.
3) Faire l'hypothèse que la solution converge dans L^1 vers une limite : $U_{\Delta x} \to U$.
4) Faire l'hypothèse que la solution est bornée dans L^∞.
5) Puis reproduire le passage à la limite de la preuve du théorème 3.4.

Le point bloquant est le point 4). En effet les inconnues géométriques n'ont pas de raison d'être bornées dans L^∞. Pour des problèmes de cisaillement, les inconnues géométriques prennent des valeurs mesures et ne pourront donc pas être bornées. Considérons la condition initiale de la figure 7.25.

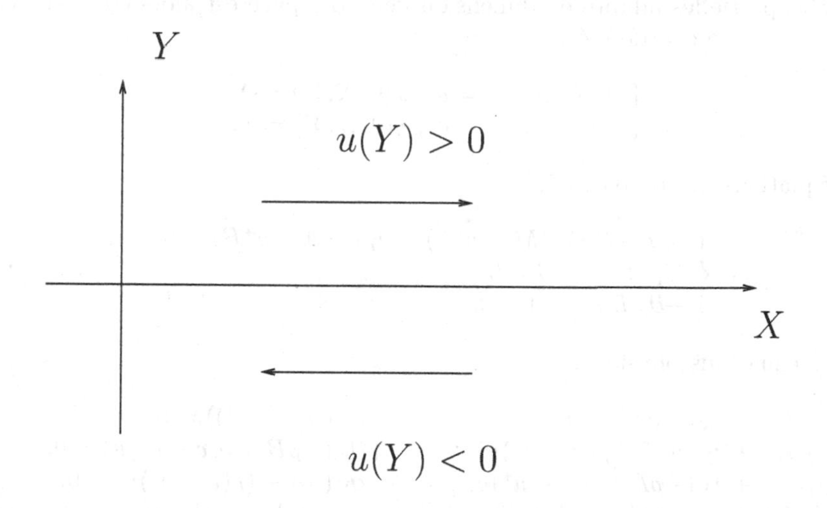

Fig. 7.25. Cisaillement en 2D

On suppose que la vitesse verticale est nulle, la pression constante et que la vitesse horizontale est une fonction de la coordonnée Y. Pour ce problème la solution physique est

$$x = X + tu(Y), \quad y = Y$$

ce qui fait que

$$A = 1,\ B = 0,\ L = tu'(Y),\ M = 1.$$

En supposant que la fonction $u(Y)$ est discontinue

$$u(Y) = 1 \text{ pour } Y > 0, \qquad u(Y) = 0 \text{ pour } Y < 0,$$

L est proportionnel à la fonction de Dirac

$$L = t\delta(Y).$$

Le point 4) dans la stratégie de preuve ne sera pas vérifié dans ce cas de figure (cela dépend de la configuration physique), ce qui rend impossible la preuve de convergence de type Lax-Wendroff. De plus au niveau numérique des problèmes importants de stabilité se poseront nécessairement. Tout ce que l'on peut affirmer est que les cisaillements sont liés à la faible hyperbolicité du système lagrangien de la dynamique des gaz compressibles et sont la source de maillages pathologiques.

Une piste se trouve du côté des méthodes ALE (Arbitrary Lagrange Euler) [C04] pour lesquelles la vitesse du maillage (u^*, v^*) n'est pas égale à la vitesse du fluide (u, v), tout en en étant *a priori* proche. Généralisons l'analyse de la section 5.5 qui a été faire en dimension un . Un système d'équations aux dérivées partielles adapté en dimension deux d'espace est alors constitué du changement de coordonnées

$$\begin{cases} \partial_t x(t, X, Y) = u^*,\ x(0, X, Y) = X, \\ \partial_t y(t, X, Y) = v^*,\ y(0, X, Y) = Y, \end{cases}$$

des équations de compatibilité

$$\begin{cases} \partial_t J - \partial_X(u^* M - v^* L) - \partial_Y(v^* A - u^* B) = 0, \\ \partial_X M - \partial_Y B = 0, \\ -\partial_X L + \partial_Y A = 0. \end{cases}$$

et des équations physiques

$$\begin{cases} \partial_t(\rho J) & +\partial_X(\rho(u - u^*)) & +\partial_Y(\rho(v - v^*)) = 0, \\ \partial_t(\rho J u) & +\partial_X(pM + \rho(u - u^*)u) & +\partial_Y(-pB + \rho(v - v^*)u) = 0, \\ \partial_t(\rho J v) & +\partial_X(-pL + \rho(u - u^*)v) & +\partial_Y(pA + (\rho(v - v^*)v) = 0, \\ \partial_t(\rho J e) & +\partial_X(puM - pvL + \rho(u - u^*)e) & +\partial_Y(pvA - puB + \rho(v - v^*)e) = 0. \end{cases}$$

L'analyse mathématique et numérique de ces questions dans le cas où (u^*, v^*) est proche (u, v) est complètement ouverte.

7.7 Exercices

Exercice 48 •

Soit le système de la dynamique des gaz lagrangienne en dimension un d'espace avec gravité constante

$$\begin{cases} \partial_t \tau - \partial_m u = 0, \\ \partial_t u + \partial_m p = g, \\ \partial_t e + \partial_m pu = gu. \end{cases}$$

Montrer que l'on peut le mettre sous la forme d'un système de taille quatre

$$\begin{cases} \partial_t \tau - \partial_m u = 0, \\ \partial_t x = u, \\ \partial_t u + \partial_m p = g, \\ \partial_t (e - q) + \partial_m pu = 0 \end{cases}$$

pour un potentiel q à déterminer. Vérifier que ce système peut se mettre sous la forme (7.1). En déduire un schéma numérique entropique en s'inspirant de (7.3-7.5).

Exercice 49

Soit le schéma (7.48-7.50). Nous étudions un écoulement numérique lagrangien de translation. On suppose que la vitesse $\mathbf{u}_j^k = \mathbf{U}$ est constante et que la pression $p_j^k = P$ est constante. Montrer que le maillage est juste translaté à la vitesse $\mathbf{U}$ et que $\mathbf{u}_j^{k+1} = \mathbf{U}$ et $p_j^{k+1} = P$ pour toute maille j.

Exercice 50

Soit le schéma (7.48-7.50). On suppose que les flux p_{jr}^* et $\mathbf{u}_{jr}^*$ au second membre de (7.50) sont remplacés par p_j^k et $\mathbf{u}_j^k$. Montrer que ce n'est pas correct.

Exercice 51

Soit un système lagrangien vraiment multidimensionnel de taille n en dimension d, avec $M_0 = 0$ pour simplifier. Montrer qu'on peut l'écrire sous la forme

$$\partial_t u(t, x_1, \cdots, x_d) + \sum_{j=1}^{d} \partial_{x_j} f_j(u(t, x_1, \cdots, x_d)) = 0 \qquad (7.81)$$

avec la propriété de divergence nulle $\sum_{j=1}^{d} \partial_{x_j} f_j(v) = 0$ pour tout $v \in \mathbb{R}^n$.

Exercice 52

On définit la classe des systèmes linéaires de Friedrichs

$$A_0 \partial_t W + \sum_{i=1}^{d} A_i \partial_{X_i} W = 0.$$

Les matrices $A_i = A_i^t$ sont symétriques et $A_0 = A_0^t > 0$ est définie positive. Montrer que la linéarisation d'un système lagrangien vraiment multidimensionnel avec des matrices M_i gelées est un système de Friedrichs. On utilisera la variable $W = \Psi_1$ où $\Psi_1 \in \mathbb{R}^{n-1}$ est le linéarisé de Ψ. On commencera par éliminer le linéarisé de l'entropie.

7.8 Notes bibliographiques

L'étude des relations d'invariance par rotation des modèles issus de la mécanique des milieux continus est traitée dans [GR03]. L'étude du lien ente l'invariance par rotation est les systèmes lagrangiens multidimensionnels est un problème ouvert. Le formalisme présenté met en jeu des relations de divergence nulle qui prennent le nom pour les systèmes fermé de relations involutives, voir les travaux de Boillat résumés dans [B96]. La construction de schémas de MHD multidimensionelles à partir de la formulation lagrangienne multidimensionelle est abordée pour la première fois dans [DD98]. La construction de méthodes numériques lagrangiennes fait référence aux travaux historiques de Von Neumann [VNR50] d'une part, et de Godunov d'autre part [GZIKP79]. Le renouveau de l'étude des méthodes lagrangiennes pour la dynamique des gaz est amorcée dans [L02, HL90, HLL99, HK01]. Voir [W02] dans le cas monodimensionnel. Le schéma lagrangien avec le principe de construction présenté dans ce texte a été publié pour la première fois en 2003 dans [DM03] avec l'idée pour la première fois que les flux doivent passer par les noeuds dans le cas lagrangien. Le principe général est détaillé dans [DM05] avec une discussion des conditions de bord usuelles. Une analyse détaillée est présentée dans le travail de thèse de Constant Mazeran [M07]. La duexième méthode, proche sur le plan des principes généraux mais différente in fine, vient des travaux [AMJ04, M09, MNK08] qui ont pour objet la résolution numérique du système de la dynamique des gaz compressibles dans un contexte FCI (Fusion par Confinement Inertiel). La différence entre les deux variantes se situe au niveau des flux aux noeuds qui sont calculés par des méthodes légèrement différentes. Ce qui donne lieu à des propriétés finales légèrement différentes. De nouvelles variantes vont probablement voir le jour sous peu, l'analyse numérique de ces méthodes en étant à ses débuts. Une famille différente de schémas lagrangiens est proposée dans [LW02]. Dans cette direction on poura aussi consulter les travaux [SLS07, SCHS07, S07, Sc07] avec une inspiration plus Eléments-Finis et un traitement numérique différent de la transformation Euler-Lagrange. Tous ces travaux montrent aussi que les configurations tridimensionelles présentent un accroissement considérable des difficultés tant au niveau de l'analyse numérique que de la mise en oeuvre. Les techniques ALE et de Free Lagrange sont discutées dans [B92, TFC91]. Voir [DM92] pour une analyse des erreurs de vorticité pour le schéma issu de [VNR50]. Le nouveau solveur hydrostatique est présenté pour illustrer les potentialités des schémas lagrangiens pour les fluides géophysiques. L'idée de modifier les flux pour prendre en compte la gravité à été introduite en dimension un d'espace dans le schéma équilibre [CL94]. La définition et l'étude de schémas équilibres [GL96, G01, BD07] qui généralisent le solveur hydrostatique dans un contexte eulérien plus large est un domaine de recherche actif. La théorie mathématique des systèmes hyperbolique sur une variété (7.81) est développée dans [AMO07, BL07].

Littérature

[AG01] R. Abgrall et H. Guillard, *Modélisation numérique des fluides compressibles* , Series in Applied Mathematics, Elsevier, 2001.

[AMJ04] R. Abgrall, P. H. Maire et J. Ovadia, A lagrangian scheme for multidimensional compressible flow problems, SIAM J. Sci. Comp., 27, 2007.

[AMO07] P. Amorim, P. G. Lefloch et B. Okumuster, Finite volume schemes on Lorentzian maniflods, Rapport R07039, Lab JLL, Université Paris VI, 2007.

[BCT05] M. Baudin, F. Coquel et Q.-H. Tran, A semi-implicit relaxation scheme for modeling two-phase flows in a pipeline, SIAM J. Sci. Comp., 27(3), 914-936, 2005.

[BL07] M. Ben-Artzi et P. G. Lefloch, The well-posedness theory for geometry compatible hyperbolic conservation laws on manifolds, Ann. Inst. H. Poincaré, Nonlin. Anal., 2007.

[B92] D. J. Benson, Computational methods in lagrangian and eulerian hydrocodes, Computer Methods in Applied Mechanics and Engineering 99 (1992), 235–394.

[BDP08] Lagrangian method enhanced with edge swapping for the free fall and contact problem, p. 46 Etienne Bernard, Stéphane Del Pino, Erwan Deriaz, Bruno Després, Katerina Jurkova et Frédéric Lagoutire, 46-59, ESAIM : Proceedings Vol. 24, Editeurs : C. Dobrzynski, P. Freyet Ph. Pebay, 2008.

[BD99] F. Bezard and B. Després, An entropic solver for ideal lagrangian magnetohydrodynamics, J. Comp. Phys., 154, no. 1, 65–89. (1999).

[B96] G. Boillat, Nonlinear hyperbolic fields and waves. Recent mathematic59, al methods in nonlinear wave propagation (Montecatini Terme, 1994), 1–47, Lecture Notes in Math., 1640, Springer, Berlin, 1996.

[B03] F. Bouchut, Entropy satisfying fluw vector splittings and kinetic BGK models, Numer. Math., 94, 623-672, 2003.

[B04] F. Bouchut, *Nonlinear stability of finite volume methods for hyperbolic conservation laws and well-balanced schemes for sources*, Frontiers in Mathematics, Bikhäuser, 2004.

[BD07] C. Buet and B. Després, A gas dynamics scheme for a two moments model of radiative transfer, Tech. report CEA-R-6143, 2007.

[Bu48] J. . Burgers, A mathematical model illustrating the theory of turbulence, Adv. Appl. Mech., 1, 171-199, 1948.

[CBSW98] E. J. Caramana, D. E. Burton, M. J. Shashkov et P. P. Whalen, The construction of compatible hydrodynamics algorithms utilizing conservation of total energy, J. Comput. Phys., 146, 227–262, 1998.

[CL06] E. J. Caramana et R. Loubere, Curl-Q : a vorticity damping artificial viscosity for lagrangian hydrodynamics calculations, J. Comput. Phys., 215(2), 385-391, 2006.

[CRB] E. J. Caramana, C. L. Roulscup et D. E. Burton, D. E, A compatible, energy and symmetry preserving lagrangian hydrodynamics algorithm in three-dimensional cartesian geometry, J. Comput. Phys., 157, 89-119, 2000.

[CSW] E. J. Caramana,M. J. Shashkov et P. P. Whalen, Formulations of artificial viscosity for multidimensional shock wave computations, J. Comput. Phys., 144, 70-97, 1998.

[CG97] P. Cargo, G. Gallice, Roe matrices for ideal MHD and systematic construction of Roe matrices for systems of conservation laws, J. Comp. Phys., 136, , pp. 446-466, 1997.

[CGR96] P. Cargo, G. Gallice et P-A. Raviart, Construction d'une linéarisée de Roe pour les équations de la MHD idéale, C. R. Acad. Sci. Paris, 323, série I, pp. 951-955, 1996.

[CL94] P. Cargo and A. Y. Leroux, Un schéma équilibre adapté au modèle d'atmosphère avec termes de gravité, C. R. Acad. Sci. Paris, 318, série I, pp. 73-76, 1994.

[C04] J. Castor, *Radiation hydrodynamics*, Cambridge University Press, 2004.

[CCM07] C. Chalons, F. Coquel et C. Marmignon, Well-balanced time implicit formulation of relaxation schemes for the Euler equations, SIAM J. Sci. Comp., 30(1), 394-415, 2007.

[CP97] F. Coquel and B. Perthame, Relaxation of Energy and Approximate Riemann Solvers for General Pressure Laws in Fluid Dynamics, SIAM J. Numer. Anal. 35, 2223-2249, 1998.

[CGPIR01] F. Coquel, E. Godlewski, . Perthame, A. In, O. Rascle, Some new Godunov and relaxation methods for two-phase flow problems, Godunov methods (Oxford, 1999) 179-188, Kluwer-Plenum, 2001.

[CFL28] R. Courant, K.O. Friedrichs et H. Lewy, Uber die partiellen Differenzengleichungen der mathematisches Physik, Math. Ann., 100, 32-74, 1928.

[D00] C. M. Dafermos, *Hyperbolic conservation laws in continuum physics*, Springer Verlag 325, (2000).

[W94] W. Dai et P. R. Woodward, An approximate Riemann solver for ideal magnetohydrodynamics, J. Comp. Phys., 111, pp. 354-372, 1994.

[DW97] W. Dai et P. R. Woodward, A high-order Godunov-type scheme for shock interactions in ideal magnetohydrodynamics, SIAM J. Sci. Comput., 18, pp. 957-981, 1997.

[DW98] W. Dai et P.R. Woodward, A simple finite difference scheme for multidimensional magnetohydrodynamical equations, J. Comp. Phys. 142, 331-369, 1998.

[D99] B. Després, Structure des systèmes de lois de conservation en variables Lagrangiennes, C. R. Acad. Sci., Série I, 328, pp 721–724, 1999.

[D00] B. Després, About some genuinely conservative Eulerian-Lagrangian models for compressible multi-phase flows, *Trends in numerical and physical modeling for industrial multi-phase flows*, CMLA-ENS Cachan, France, 2000.

[D01] B. Després, Lagangian systems of conservation laws, Numer. Math., 89, 99-134, 2001.

[DM03] B. Després and C. Mazeran, Symetrization of Lagrangian gas dynamics and multidimensional solvers, C. R. Acad. Sci. Mécanique, 331, 475-480, 2003.

[DM05] B. Després and C. Mazeran, Lagrangian Gas Dynamics In Dimension Two, Arch. Rat. Mech. Anal., 178. 327-372, 2005.

[DLR03] B. Despres, F. Lagoutière et D. Ramos, Stability of a thermodynamically coherent multiphase model, M2AS, 13 (10), 1463-1487, 2003.

[DD98] F. Desveaux et B. Després, Etude d'un schéma numrique pour la magnétohydrodynamique multidimensionnelle, Rapport technique CMLA 2000-07, 2000.

[D] F. Dubois, Systèmes de lois de conservation invariants de Galilèe, ESAIM-Proceedings, volume 10, p. 233-266, Cemracs 1999.

[DD05] F. Dubois et B. Després, *Systèmes hyperboliques et dynamiquc dcs gaz, aplication à la dynamique des gaz*, Editions de l'Ecole Polytechnique, 2005.

[DM92] J. K. Dukowicz, B. Meltz, Vorticity errors in multidimensional lagrangian codes, J. Comput. Phys., 99, no. 1, 115–134, 1992.

[EGH00] R. Eymard, T. Gallouet et R. Herbin, *Finite Volume methods*, in Handbook of Numerical Analysis, 2000.

[G03] G. Gallice, Positive and entropy stable Godunov-type schemes for gas dynamics and MHD equations in Lagrangian or Eulerian coordinates, Numer. Math., 94, 673-713, 2003.

[G95] G. Gallice, Méthodes numériques pour la MHD, GdR SPARCH, Marseille France, 1995.

[G] S. Gavrilyuk, communication privée.

[GR96] E. Godlevski et P.A. Raviart, *Numerical approximation of hyperbolic systems of conservation laws*, Springer Verlag New York, AMS 118, 118, (1996).

[GR91] E. Godlevski et P.A. Raviart, *Hyperbolic systems of conservation laws*, Paris Ellipse, 1991.

[GR95] S. K. Godunov et E. I. Romensky, Thermodynamics, conservation laws and symmetric forms of differential equations in mechanics of continuous media, in Comput. Fluid Dynamics Review, John Wiley and Sons, New York, 19–31, 1995.

[GR03] S.K. Godunov et E. I. Romensky, *Elements of continuum mechanics and conservation laws*, Kluwer academic, 2003.

[G60] S. K. Godunov Sur la notion de solution généralisée, DAN, 134 :1279–1282, 1960.

[G86] S. K. Godunov, Lois de conservation et intégrales d'énergie des équations hyperboliques, in Nonlinear hyperbolic problems, Proceedings, St Etienne, 1270, Springer Verlag, 1986.

[GZIKP79] S. K. Godunov, A. Zabrodine, M. Ivanov, A. Kraiko and G. Prokopov, *Résolution numérique des problèmes multidimensionnels de la dynamique de gaz*, Edition Mir, Moscou, 1979.

[G01] L. Gosse, A well-balanced scheme using non-conservative products designed for hyperbolic systems of conservation laws with source terms, M3AS, 11, 2 339–365, 2001.

[GL96] J. M. Greenberg and A. Y. Leroux, A well-balanced scheme for the numerical processing of source terms in hyperbolic equations, SIAM J. Numer. Anal., 33, 1, 1–16, 1996.

[H06] W. H. Hui, Unified coordinate system in computational fluid dynamics, Comm. Comp. Phys., 2, 577–610, 2006.

[HK01] W. H. Hui and S. Kudriakov, A unified coordinate system for solving the three-dimensional Euler equations. J. Comp. Phys. 172, no. 1, 235–260, 2001.

[HLL99] W. H. Hui, P. Y. Li and Z. W. Li, A unified coordinate system for solving the two-dimensional Euler equations, J. Comput. Phys. 153, no. 2, 596–637, 1999.

[HL90] W. H. Hui and C. Y. Loh, A new lagrangian method for steady supersonic flow computation, part I : Godunov scheme, JCP, 89, pp 207–240, 1990.

[K66] T. Kato, *perturbation theory for linear operators*, Springer Verlag, 1966.

[K08] G. Kluth, Analyse mathématique et numérique de modèles élastoplatiques, mémoire de thèse de l'Université de Paris VI, 2008.

[KD08] G. Kluth et B. Després, Perfect plasticity and hyperelastic models for isotropic materials, Continuum Mech. and Therm., 2008.

[KPS01] A. G. Kulikovski, N. V. Pogorelov et A. Yu. Semenov, *Mathematical aspects of numerical solutions of hyperbolic systems*, Chapman et Hall/SRC, Monographs and surveys in pure and applied mathematics, 118, 2001.

[L04] F. Lagoutière, A non dissipative entropic scheme for convex scalar equations via discontinuous cell reconstruction, C. R. Acad. Sci. Série I, 338(7), 549–554, 2004.

[L72] P. D. Lax, Hyperbolic systems of conservation laws and the mathematical theory of shock waves, Conf. Board. Math. Sci. Regional Conferences series in Applied Math., 11, SIAM, Philadelphia, 1972.

[LW60] P.D. Lax and B. Wendroff, Systems of conservation laws, Comm. Pure Appl. Math., 13, 217-237, 1960.

[LL] L. Landau et E. Lifshitz, *Fluid mechanics*, Pergamon Press, 1959.

[LL69] L. Landau et E. Lifschitz, *Electrodynamics of continuous media*, Pergamon Press, 1960.

[L92] R.J. LeVeque, *Numerical methods for conservation laws.* (ETHZ Zurich, Birkhauser, Basel 1992).

[L78] J. Lightill, *Waves in Fluids*, Cambridge University Press, 1978.

[L85] T. P. Liu, Nonlinear stability of shock waves for viscous conservation laws, AMS Memoirs, 328, Providence 1985.

[L02] R. Loubere, Une méthode particulaire lagrangienne de type Galerkin Discontinu, Application à la mécanique des fluides et à la physique des plasmas, Thèse de l'université de Bordeaux I, 2002.

[LC05] R. Loubere et E. J. Caramana, The force/work differencing of exceptional points in the discrete, compatible formulation of Lagrangian hydrodynamics, J. Comput. Phys., 2005.

[M09] P. H. Maire, P.H., A high-order cell centered lagrangian scheme for two-dimensional compressible fluid flows on unstructured meshes, J. Comput. Phys., 228(7), 2391-2425, 2009.

[MNK08] P. H. Maire et B. Nkonga, Multi-scale Godunov type method for cell-centered discrete lagrangian hydrodynamics, J. Comput. Phys., 228(3), 799-821, 2008.

[M07] C. Mazeran, Sur la structure mathématique et l'approximation numérique de l'hydrodynamique lagrangienne bidimensionnelle, Thèse de l'Université de Bordeaux I, 2007.

[MP99] R. Menikoff and B. J. Plohr, The Riemann problem for fluid flows of real materials, Rev. Mod. Phys., 61, 5–130, 1999.

[M94] D. Munz, On Godounov type schemes for Lagrangian formulations SIAM Journal of Numer. Anal., 31, 17–42, 1994.

[N87] W. F. Noh, Errors for calculations of strong schocks using an artificial viscosity and an artificial flux, J. Comp. Phys., 72, (1987), 78–120.

[OM04] L. E. Olmos et J. D. Munos A cellular automaton model for the traffic flow in Bogota, International Journal of Modern Physics C, 15(10), 1397-1411, 2004

[O84] S. Osher, Riemann solvers, the entropy condition, and difference approximations, SIAM J. Numer. Anal., 21, 217-235, 1984.

[PRMG95] K.G. Powell, P.L. Roe, R.S. Myong, T. Gombosi, et D. De Zeeuw, An Upwind Scheme for Magnetohydrodynamics, - AIAA Paper 95-1704-CP, 1995.

[RM57] R. D. Richtmyer et K. W. Morton, *Difference methods for initial-value problems*, Intersciene Publishers, 1957.

[R81] P. L. Roe, Approximate Riemann solvers, parameter vectors an difference schemes, J. Comp. Phys., 43, 357-372, 1981.

[S00] B. Scheurer, Quelques schémas numériques pour l'hydrodynamique lagrangienne, Rapport technique CEA-R-5942, 2000.

[S07] G. Scovazzi, Stabilized shock hydrodynamics : II. Design and physical interpretation of the SUPG operator for Lagrangian computations, Comp. Method. Appl. Mech. Eng., 196(4-6), 967-978, 2007.

[Sc07] G. Scovazzi, A discourse on Galilean invariance, SUPG stabilization, and the variational multiscale framework, Comp. Method. Appl. Mech. Eng., 54(6-8), 1108–1132, 2007.

[SCHS07] G. Scovazzi, M. A. Christon, T J. R. Hugues et J. N. Shadid, Stabilized shock hydrodynamics : I. A Lagrangian method, Comp. Method. Appl. Mech. Eng., 196(4-6), 923–966, 2007.

[SLS07] G. Scovazzi, E. Love and M. Shashkov, A multi/scale Q1P0 approach to lagrangian shock hydrodynamics, Comp. Meth. in Applied Mech. and Eng., 197, 1056–1079, 2008.

[S96] D. Serre, *Systèmes de lois de conservation*, I and II, Diderot, France, 1996.

[SH98] J. C. Simo et T. J. R. Hugues, *Computational Inelasticity*, Springer, New York, 1998.

[S67] J. Smoller, *Shock waves and reaction-diffusion equations*, Springer-Verlag, 1967.

[S78] G. Sod, A survey of several finite difference methods for systems of non-linear hyperbolic conservation laws, J. Comp. Phys., 27, 1-31, 1978.

[T84] E. Tadmor, Numerical viscosity and the entropy condition for conservative difference schemes, Math. Comp., 43, 369-381, 1984.

[T97] E. F. Toro, *Riemann solvers and numerical methods in fluid dynamics, a practical introduction*, Springer, 1997.

[TFC91] H.E. Trease, M. J. Fritts and W. P. Crowley editor, *Free Lagrange Methods*, Lecture Notes in Physics, 395, Springer Verlag, 1991.

[TN92] C. A. Truesdell et W. Noll, *The non-linear fiel theories of mechanics*, Springer-Verlag, New York, 1992.

[VNR50] J. Von Neumann and R. D. Richtmyer , Journal of Applied Physics, A method for the numerical calculations of hydrodynamics shocks, 21, 23-67, 1950.

[LW02] R. Liska, M. Shashkov and B. Wendroff, Lagrangian composite schemes on triangular unstructered grids, Los Alamos National Lab. Report 02-7834, 2002.

[W87] D. H. Wagner, Equivalence of the Euler and Lagrangian equations of gas dynamics for weak solutions, J. Diff. Eq., 68, 118-136, 1987.

[W74] G. Whitham, *Linear and nonlinear waves*, Wiley-Interscience, 1974.

[W64] M. Wilkins, Calculation of elastic-plastic flow, Methods Comput. Phys., 3, 1964.

[W80] M. Wilkins, Use of artificial viscosity in multidimensional shock wave problems, J. Comput. Phys., 36(3), 281-303, 1980.

[W02] Z. N. Wu, A note on the unified coordinate system for computing shock waves, JCP 180, pp 110-119, 2002.

Index

Déjà parus dans la même collection

1. T. Cazenave, A. Haraux : Introduction aux problèmes d'évolution semi-linéaires. 1990
2. P. Joly : Mise en œuvre de la méthode des éléments finis. 1990

3/4. E. Godlewski, P.-A. Raviart : Hyperbolic systems of conservation laws. 1991

5/6. Ph. Destuynder : Modélisation mécanique des milieux continus. 1991

7. J. C. Nedelec : Notions sur les techniques d'éléments finis. 1992
8. G. Robin : Algorithmique et cryptographie. 1992
9. D. Lamberton, B. Lapeyre : Introduction au calcul stochastique appliqué. 1992
10. C. Bernardi, Y. Maday : Approximations spectrales de problèmes aux limites elliptiques. 1992
11. V. Genon-Catalot, D. Picard : Eléments de statistique asymptotique. 1993
12. P. Dehornoy : Complexité et décidabilité. 1993
13. O. Kavian : Introduction à la théorie des points critiques. 1994
14. A. Bossavit : Électromagnétisme, en vue de la modélisation. 1994
15. R. Kh. Zeytounian : Modélisation asymptotique en mécanique des fluides Newtoniens. 1994
16. D. Bouche, F. Molinet : Méthodes asymptotiques en électromagnétisme. 1994
17. G. Barles : Solutions de viscosité des équations de Hamilton-Jacobi. 1994
18. Q. S. Nguyen : Stabilité des structures élastiques. 1995
19. F. Robert : Les systèmes dynamiques discrets. 1995
20. O. Papini, J. Wolfmann : Algèbre discrète et codes correcteurs. 1995
21. D. Collombier : Plans d'expérience factoriels. 1996
22. G. Gagneux, M. Madaune-Tort : Analyse mathématique de modèles non linéaires de l'ingénierie pétrolière. 1996
23. M. Duflo : Algorithmes stochastiques. 1996
24. P. Destuynder, M. Salaun : Mathematical Analysis of Thin Plate Models. 1996
25. P. Rougee : Mécanique des grandes transformations. 1997
26. L. Hörmander : Lectures on Nonlinear Hyperbolic Differential Equations. 1997
27. J.F. Bonnans, J.C. Gilbert, C. Lemaréchal, C. Sagastizábal : Optimisation numérique. 1997
28. C. Cocozza-Thivent : Processus stochastiques et fiabilité des systèmes. 1997
29. B. Lapeyre, É. Pardoux, R. Sentis : Méthodes de Monte-Carlo pour les équations de transport et de diffusion. 1998
30. P. Sagaut : Introduction à la simulation des grandes échelles pour les écoulements de fluide incompressible. 1998
31. E. Rio : Théorie asymptotique des processus aléatoires faiblement dépendants. 1999
32. J. Moreau, P.-A. Doudin, P. Cazes (Eds.) : L'analyse des correspondances et les techniques connexes. 1999
33. B. Chalmond : Eléments de modélisation pour l'analyse d'images. 1999
34. J. Istas : Introduction aux modélisations mathématiques pour les sciences du vivant. 2000
35. P. Robert : Réseaux et files d'attente : méthodes probabilistes. 2000
36. A. Ern, J.-L. Guermond : Eléments finis : théorie, applications, mise en œuvre. 2001
37. S. Sorin : A First Course on Zero-Sum Repeated Games. 2002

38. J. F. MAURRAS : Programmation linéaire, complexité. 2002
39. B. YCART : Modèles et algorithmes Markoviens. 2002
40. B. BONNARD, M. CHYBA : Singular Trajectories and their Role in Control Theory. 2003
41. A. TSYBAKOV : Introdution à l'estimation non-paramétrique. 2003
42. J. ABDELJAOUED, H. LOMBARDI : Méthodes matricielles – Introduction à la complexité algébrique. 2004
43. U. BOSCAIN, B. PICCOLI : Optimal Syntheses for Control Systems on 2-D Manifolds. 2004
44. L. YOUNES : Invariance, déformations et reconnaissance de formes. 2004
45. C. BERNARDI, Y. MADAY, F. RAPETTI : Discrétisations variationnelles de problèmes aux limites elliptiques. 2004
46. J.-P. FRANÇOISE : Oscillations en biologie : Analyse qualitative et modèles. 2005
47. C. LE BRIS : Systèmes multi-échelles : Modélisation et simulation. 2005
48. A. HENROT, M. PIERRE : Variation et optimisation de formes : Une analyse géometric. 2005
49. B. BIDÉGARAY-FESQUET : Hiérarchie de modèles en optique quantique : De Maxwell-Bloch à Schrödinger non-linéaire. 2005
50. R. DÁGER, E. ZUAZUA : Wave Propagation, Observation and Control in $1-d$ Flexible Multi-Structures. 2005
51. B. BONNARD, L. FAUBOURG, E. TRÉLAT : Mécanique céleste et contrôle des véhicules spatiaux. 2005
52. F. BOYER, P. FABRIE : Eléments d'analyse pour l'étude de quelques modèles d'écoulements de fluides visqueux incompressibles. 2005
53. E. CANCÈS, C. L. BRIS, Y. MADAY : Méthodes mathématiques en chimie quantique. Une introduction. 2006
54. J-P. DEDIEU : Points fixes, zeros et la methode de Newton. 2006
55. P. LOPEZ, A. S. NOURI : Théorie élémentaire et pratique de la commande par les régimes glissants. 2006
56. J. COUSTEIX, J. MAUSS : Analyse asympotitque et couche limite. 2006
57. J.-F. DELMAS, B. JOURDAIN : Modèles aléatoires. 2006
58. G. ALLAIRE : Conception optimale de structures. 2007
59. M. ELKADI, B. MOURRAIN : Introduction à la résolution des systèmes polynomiaux. 2007
60. N. CASPARD, B. LECLERC, B. MONJARDET : Ensembles ordonnés finis : concepts, résultats et usages. 2007
61. H. PHAM : Optimisation et contrôle stochastique appliqués à la finance. 2007
62. H. AMMARI : An Introduction to Mathematics of Emerging Biomedical Imaging. 2008
63. C. GAETAN, X. GUYON : Modélisation et statistique spatiales. 2008
64. RAKOTOSON, J.-M. : Réarrangement Relatif. 2008
65. M. CHOULLI : Une introduction aux problèmes inverses elliptiques et paraboliques. 2009
66. W. LIU : Elementary Feedback Stabilization of the Linear Reaction-Convection-Diffusion Equation and the Wave Equation. 2010
67. W. TINSSON : Plans d'expérience: Constructions et Analyses Statistiques. 2010
68. B. DESPRÉS : Lois de Conservations Eulériennes, Lagrangiennes et Méthodes Numériques. 2010